Finanzmathematik

Intensivkurs
Lehr- und Übungsbuch

von
Prof. Dr. Holger Ihrig
und
Prof. Dr. Peter Pflaumer

11., überarbeitete Auflage

Oldenbourg Verlag München

Bibliografische Information der Deutschen Nationalbibliothek

Die Deutsche Nationalbibliothek verzeichnet diese Publikation in der Deutschen Nationalbibliografie; detaillierte bibliografische Daten sind im Internet über <http://dnb.d-nb.de> abrufbar.

© 2009 Oldenbourg Wissenschaftsverlag GmbH
Rosenheimer Straße 145, D-81671 München
Telefon: (089) 45051-0
oldenbourg.de

Das Werk einschließlich aller Abbildungen ist urheberrechtlich geschützt. Jede Verwertung außerhalb der Grenzen des Urheberrechtsgesetzes ist ohne Zustimmung des Verlages unzulässig und strafbar. Das gilt insbesondere für Vervielfältigungen, Übersetzungen, Mikroverfilmungen und die Einspeicherung und Bearbeitung in elektronischen Systemen.

Lektorat: Wirtschafts- und Sozialwissenschaften, wiso@oldenbourg.de
Herstellung: Dr. Rolf Jäger
Coverentwurf: Kochan & Partner, München
Gedruckt auf säure- und chlorfreiem Papier
Gesamtherstellung: Books on Demand GmbH, Norderstedt

ISBN 978-3-486-58925-2

VORWORT ZUR 1. BIS 11. AUFLAGE

Das vorliegende Buch ist aus Grundvorlesungen der Wirtschaftsmathematik entstanden, die wir in den letzten Jahren für Studierende der Wirtschafts- und Sozialwissenschaften sowie für Studierende des Wirtschaftsingenieurwesens gehalten haben. Es ist unser Konzept, mittels Testaufgaben mit Lösungsangaben eine schnelle Ist-Analyse des vorhandenen Wissens zu ermöglichen (um Kapitel überschlagen zu können), durch einen nicht zu umfassend gehaltenen, an Übungsbeispielen orientierten Lehrtext das nötige Wissen rasch zu vermitteln und in einem Übungsteil mit erweitert dargestellten Lösungen, das Gelernte zu verfestigen. Das Ziel ist im besonderen die schnelle Vermittlung von Basiswissen.

Hierzu ist jedem Kapitel ein Testteil mit insgesamt 64 Aufgaben, den zugehörigen Lösungsangaben und Hinweisen auf den zuzuordnenden Abschnitt im Lehrtext vorangestellt. Im Lehrtext verdeutlichen tabellarische Übersichten auf einfache Weise die Entwicklung der finanzmathematischen Formeln. Besonders haben wir darauf geachtet, daß der Leser die mathematischen Herleitungen anhand von zahlreichen, parallel durchgerechneten Beispielen leicht einsehbar nachvollziehen kann. Ein Übungsteil schließt die jeweiligen Kapitel ab. Für die 148 Übungsaufgaben sind in einem Anhang die Lösungshilfen hinreichend ausführlich angegeben. Das Lösen der vermischten Aufgaben in Anhang C dient der optimalen Klausurvorbereitung. Wir haben versucht, möglichst wenige mathematische Vorkenntnisse vorauszusetzen. Leser, die ihr mathematisches Grundwissen auffrischen wollen bzw. müssen, wird vor der Lektüre des finanzmathematischen Teiles empfohlen, den Anhang A durchzuarbeiten.

Wichtig scheint uns, daß dieses Buch als Hilfe zum Gebrauch neben Vorlesungen als Prüfungsvorbereitungs- und im späteren Berufsleben als Nachschlage- und Auffrischungsmedium verstanden wird. Zu diesem Zweck haben wir auch wichtige finanzmathematische Tabellen eingefügt, mit denen auf einfache Weise Rentenendwerte, Rentenbarwerte, Annuitäten und Effektivzinsen ermittelt werden können.

Eine ideale Ergänzung zu dem vorliegenden Lehrbuch ist die Monographie

Pflaumer, P: *Klausurtraining Finanzmathematik,*

welche eine Zusammenstellung von Klausuraufgaben der Finanzmathematik enthält, die in den letzten Jahren von uns gestellt worden sind. Zur Durchführung komplexer Berechnungen ist

Pflaumer, P: *Excel-Funktionen für Finanzmathematik und Investitionsrechnung*

als Lektüre zu empfehlen. Wichtige finanzmathematische Formeln und Funktionen in Excel werden anhand vieler Beispiele der Finanzmathematik und der Investitionsrechnung übersichtsartig erläutert.

Den Herren Prof. Dr. W. Hauke und Dipl.-Phys. C. Heuson danken wir für die kritische Durchsicht des Textes bei der Durchführung ihrer Vorlesungen sowie für wertvolle Hinweise. Unser besonderer Dank gilt auch Herrn Dr. J. Schechler, Oldenbourg Verlag, für die sehr gute und verständnisvolle Zusammenarbeit.

Holger Ihrig und Peter Pflaumer

INHALTSVERZEICHNIS

A. EINFACHE ZINSRECHNUNG   1

  I. Testaufgaben   1

  II. Lehrtext   1

    1. Begriffe   1
    2. Zinsformel für einfache Verzinsung   3
    3. Berechnung von Kapital, Zinsfuß und Laufzeit   4
    4. Berechnung von Tageszinsen   5
    5. Zinssatz bei Gewährung von Skonto   6
    6. Barwert bei einfacher Verzinsung   6

  III. Übungsaufgaben   9

B. RECHNEN MIT ZINSESZINSEN   10

  I. Testaufgaben   10

  II. Lehrtext   11

    1. Jährliche Verzinsung   11
    2. Unterjährliche Verzinsung und stetige Verzinsung   14
    3. Effektivzins und konformer Zins   16
    4. Barwert bei der Zinseszinsrechnung   19
    5. Anwendungen   21
        5.1 Wachstumsraten   21
        5.2 Verdopplungs-, Verdreifachungs- und Halbierungszeiten   24
        5.3 Realzins (inflationsbereinigter Zinsfuß)   26
        5.4 Gemischte Verzinsung   27

  III. Übungsaufgaben   29

C. RENTENRECHNUNG 33

I. Testaufgaben 33

II. Lehrtext 35

1. Grundbegriffe 35
2. Jährliche Renten- (Raten-) Zahlungen 37
   - 2.1 Nachschüssige Zahlungen 37
   - 2.2 Vorschüssige Zahlungen 42
   - 2.3 Kombinierte Renten- und Zinszahlungen 47
     - 2.3.1 Rentenzahlung und Einzelleistung 47
     - 2.3.2 Aufgeschobene, unterbrochene und abgebrochene Renten 49
3. Unterjährliche Renten- (Raten-) Zahlungen 51
   - 3.1 Nachschüssige Zahlung mit jährlicher Verzinsung 52
   - 3.2 Vorschüssige Zahlung mit jährlicher Verzinsung 53
   - 3.3 Unterjährliche Zins- und Rentenzahlung 54
   - 3.4 Einige Fragestellungen bei unterjährlicher Rentenzahlung 56
4. Ewige Rente 59
5. Dynamische Rente 61
   - 5.1 Nachschüssige jährliche Zahlungen 61
   - 5.2 Vorschüssige jährliche Zahlungen 63
   - 5.3 Renten mit gleicher Dynamisierungsrate und gleichem Zinsfuß 64
6. Rentenrechnung bei gemischter Verzinsung und Berechnung der Effektivverzinsung nach Preisangabenverordnung (PAngV 2000) 65
7. Mittlerer Zahlungstermin und Duration 71
8. Zusammenfassung der wichtigsten Formeln der Rentenrechnung 74
9. Investitionsrechnung 78
   - 9.1 Kennzahlen bei konstanten Einzahlungsüberschüssen 78
   - 9.2. Kennzahlen bei variablen Einzahlungsüberschüssen 82

III. Übungsaufgaben 84

D. TILGUNGSRECHNUNG 92

I. Testaufgaben 92

II. Lehrtext 94

1. Grundbegriffe	94
2. Ratentilgung	95
2.1 Jährliche Ratentilgung	95
2.2 Unterjährliche Ratentilgung	98
3. Annuitätentilgung	102
3.1 Jährliche Annuitätentilgung	102
3.2 Unterjährliche Annuitätentilgung	106
3.2.1 Jährliche Verzinsung	107
3.2.2 Unterjährliche Verzinsung	109
III. Übungsaufgaben	**114**
E. KURSRECHNUNG	**118**
I. Testaufgaben	**118**
II. Lehrtext	**119**
1. Definition des Kurses	119
2. Kurs einer am Ende der Laufzeit zurückzahlbaren Schuld	121
2.1 Kurs einer Zinsschuld	121
2.2 Kurse von unverzinslichen Schatzanweisungen und Nullkupon-Anleihen	126
2.3 Der Einfluß des Marktzinses auf den Kurs	127
2.4 Duration und Kurssensitivität	128
3. Kurs einer ewigen Anleihe	131
4. Kurs einer Annuitätenschuld	132
4.1 Jährliche Annuitätenzahlung	132
4.2 Unterjährliche Annuitätenzahlung	133
4.2.1 Jährliche Verzinsung	133
4.2.2 Unterjährliche Verzinsung	134
5. Kurs einer Ratenschuld	134
5.1 Jährliche Ratentilgung	134
5.2 Unterjährliche Ratentilgung	135
6. Rentabilitätsrechnung	136
III. Übungsaufgaben	**140**

F. ABSCHREIBUNG 143

I. Testaufgaben 143

II. Lehrtext 144

1. Vorbemerkung 144
2. Lineare Abschreibung 146
3. Degressive Abschreibung 146
4. Degressive Abschreibung mit Übergang zur linearen Abschreibung 149
5. Digitale Abschreibung 150

III. Übungsaufgaben 152

ANHANG A: EINIGE MATHEMATISCHE GRUNDLAGEN DER REELLEN ZAHLEN 153

1. Potenzrechnung 153
2. Wurzelrechnung 154
3. Logarithmenrechnung 155
4. Summen und Zahlenreihen 156
5. Zahlenreihen in der Finanzmathematik 158
6. Übungsaufgaben zu den Grundlagen 160

ANHANG B: LÖSUNGSHINWEISE 166

A. Einfache Zinsrechnung 166
B. Rechnen mit Zinseszinsen 167
C. Rentenrechnung 173
D. Tilgungsrechnung 186
E. Kursrechnung 192
F. Abschreibung 196

ANHANG C: VERMISCHTE AUFGABEN MIT LÖSUNGEN 198

Aufgaben 198
Lösungen 209

ANHANG D: TABELLEN 213

Hinweise zur Ermittlung von Effektivzinsen mit Hilfe der Tabellen 214

   1. Effektivzins bei jährlichen Zahlungen 214

   2. Effektivzins bei unterjährlichen Zahlungen 214

      2.1 AIBD-Methode bzw. PAngV 2000 214

      2.2 Effektivzins bei gemischter Verzinsung (auch: PAngV 1985) 215

Tabelle I: Nachschüssige Rentenendwertfaktoren 218

Tabelle II: Vorschüssige Rentenendwertfaktoren 220

Tabelle III: Nachschüssige Rentenbarwertfaktoren 222

Tabelle IV: Vorschüssige Rentenbarwertfaktoren 224

Tabelle V: Annuitätenfaktoren 226

Tabelle VI: Nachschüssige monatliche Rentenbarwertfaktoren 228

Tabelle VII: Nachschüssige vierteljährliche Rentenbarwertfaktoren 240

Tabelle VIII: Nachschüssige halbjährliche Rentenbarwertfaktoren 244

Tabelle IX: Vorschüssige monatliche Rentenbarwertfaktoren 246

Tabelle X: Vorschüssige vierteljährliche Rentenbarwertfaktoren 258

Tabelle XI: Vorschüssige halbjährliche Rentenbarwertfaktoren 262

LITERATURHINWEISE 265

SACHVERZEICHNIS 267

A. EINFACHE ZINSRECHNUNG

I. Testaufgaben

1. Ein Geldbetrag über 800 € wird vom 31.05. bis 06.07. zu 5% angelegt. Wie hoch sind die Zinsen?

    Lösung: 4 €   → A 4

2. Wie lange dauert es, bis 500 € auf 600 € angewachsen sind, falls eine einfache Verzinsung von 5% angenommen wird?

    Lösung: 4 Jahre   → A 3

3. Ein Geldbetrag über 1000 € wird für ein Vierteljahr zu 3% angelegt. Berechnen Sie die Zinsen.

    Lösung: 7,50 €   → A 1

4. Ein Wechsel über 1020 €, der in 72 Tagen fällig ist, wird zum Diskont eingereicht. Der Diskontsatz beträgt inkl. Provision 10%. Welchen Betrag zahlt die Bank?

    Lösung: 1000 € (999,60 €)   → A 6

5. Einem Erben soll ein Betrag über 53.000 € bereits 9 Monate vorher ausbezahlt werden. Der Diskontsatz beträgt 8%. Berechnen Sie den Barwert der Zahlung.

    Lösung: 50.000 €   → A 6

6. Welcher Jahresverzinsung entspricht die Skontogewährung in der folgenden Zahlungsbedingung? "Zahlbar 10 Tage nach Rechnungsstellung mit 2% Skontoabzug oder einen Monat nach Rechnungsstellung ohne Abzug".

    Lösung: 36,73%   → A 5

II. Lehrtext

1. Begriffe

Unter Zins versteht man den Preis, den ein Schuldner für die leihweise Überlassung von Geld bezahlen muß (Sollzins) bzw. ein Gläubiger für die Überlassung von Sparkapital erhält (Habenzins). Bei der Berechnung der Zinsen muß unterschieden werden, ob die bereits angefallenen Zinsen mitverzinst werden (Zinseszinsrechnung) oder nicht (einfache Zinsrechnung). Bei der einfachen Zinsrechnung werden die Zinsen jeweils vom Anfangskapital zu

Beginn einer Finanzaktion berechnet. Die am Ende einer Zinsperiode (= Vorperiode) gutgeschriebenen Zinsen werden in der folgenden Periode nicht mitverzinst. Der Zinsbetrag jeder Periode ist daher gleich groß.

Das Kapital bzw. der Geldbetrag am Anfang der ersten Periode wird mit K_0, das Kapital am Ende der letzten Periode wird mit K_n bezeichnet. Der Zinsfuß pro Periode heißt p. Er wird zumeist für das Jahr angegeben. Dies kann durch den Zusatz p.a. (per annum) verdeutlicht werden. Wichtige Begriffe und die in der Finanzmathematik üblichen Bezeichnungen sind in der folgenden Übersicht zusammengestellt.

Einfache Zinsen sind beim Geldverkehr zwischen Privatleuten nach § 248 BGB und zwischen Kaufleuten nach § 353 HGB gestattet. Zinseszinsen dürfen nur von Versicherungsanstalten, Banken und Sparkassen berechnet werden. Der Zinsfuß beträgt beim Fehlen anderer Vereinbarungen 4% im bürgerlichen Recht, 5% im Handelsrecht und 6% im Wechsel- und Scheckrecht.

Übersicht: Wichtige Begriffe der Zinsrechnung

K_0 : Anfangskapital zu Beginn einer Finanzaktion.

p : Zinsfuß in Prozent bzw. vom Hundert; wird vereinbart für einen bestimmten Zeitraum (dieser Zeitraum ist üblicherweise ein Jahr, wenn nicht ausdrücklich anders angegeben! → *Jahreszinsen*).

n : Anzahl der gleich langen Zeiträume, in denen der Zinsfuß p gewährt wird (üblicherweise → *Jahre*, wenn nicht anders angegeben).

m : Anzahl der Zinsperioden im Zeitraum der Gültigkeit von p; jeweils zum Ende einer solchen Zinsperiode wird das Kapital verzinst.
Beispiel: Zeitraum sei ein Jahr (Jahreszinsen p)
halbjährliche Verzinsung : m = 2
vierteljährliche Verzinsung : m = 4
monatliche Verzinsung : m = 12
tägliche Verzinsung : m = 360
(finanztechnisch gilt: 1 Jahr = 360 Tage)

p* : Zinsfuß pro Zinsperiode → p* = p/m.
Beispiel: Jahreszinsen p = 6 (6% Zinsen/Jahr)
→ Monatszinsen p* = 6/12 = 1/2 = 0,5
(0,5% Zinsen/Monat)

Z_n : aufgelaufene Zinserträge eines Anfangskapitals K_0 nach n Zinszeiträumen bzw. nach n·m Verzinsungen; die Zinsen werden jeweils am Ende einer Zinsperiode berechnet.

K_n : Endkapital nach n Zinszeiträumen; dies setzt sich zusammen aus dem Anfangskapital und den aufgelaufenen Zinserträgen:
$$K_n = K_0 + Z_n$$

Merke: Wenn nicht ausdrücklich darauf hingewiesen wird, so gelten Jahreszinsen und die Größe n zählt Jahre.

2. Zinsformel für einfache Verzinsung

In diesem Abschnitt wird die Zinsformel für die einfache Verzinsung anhand eines Beispiels abgeleitet.

<u>Beispiel:</u>   Anfangskapital K_0 = 1.000,-- €; Jahreszinsen von 5% (p=5).

<u>Fall a:</u> m = 1 → eine Zinsperiode, d.h. eine Verzinsung im Zinszeitraum von einem Jahr.

Jahr n	Zu verzinsendes Kapital	Zinsertrag	Endkapital
0			
	K_0 = 1.000,- €	$Z_1 = K_0 \cdot \frac{p}{100} =$ = 1.000,- € $\cdot \frac{5}{100}$ = 50,- €	$K_1 =$ = 1.050,- €
1			
	K_0 = 1.000,- €	$Z_2 = Z_1 + K_0 \cdot \frac{p}{100} =$ = $2 \cdot K_0 \cdot \frac{p}{100}$ = 100,- €	$K_2 =$ = 1.100,- €
2			
		$Z_k = k \cdot K_0 \cdot \frac{p}{100} =$ = k · 50,- €	$K_k = K_0 + Z_k$
k			
	K_0 = 1.000,- €	$Z_n = n \cdot K_0 \cdot \frac{p}{100} =$ = n · 50,- €	$K_n = K_0 + Z_n$
n			

Endkapital nach n Jahren:

$$K_n = K_0 + Z_n = K_0 + n \cdot K_0 \cdot \frac{p}{100} =$$

$$\boxed{K_n = K_0 \cdot \left(1 + n \cdot \frac{p}{100}\right)} = 1.000,- € \cdot (1 + n \cdot 0,05).$$

<u>Fall b:</u> m > 1 → m Zinsperioden im Zinszeitraum von einem Jahr; es wird jeweils nach einer Zinsperiode von $^1/_m$-tel Jahr mit einem Zins pro Zinsperiode von p*=p/m verzinst; es wird somit pro Jahr m mal verzinst; nach n Jahren ergeben sich insgesamt n·m Verzinsungen.

Bezeichnung: *unterjährliche Verzinsung*

z.B.: monatliche Verzinsung → m = 12 und p* = 5/12 .

Endkapital nach n Jahren:

$$K_n = K_0 + Z_n = K_0 + n \cdot m \cdot K_0 \cdot \frac{p^*}{100}$$

$$= K_0 \left(1 + n \cdot m \cdot \frac{p}{m \cdot 100}\right) = 1.000,- € \cdot \left(1 + n \cdot 12 \cdot \frac{5}{12 \cdot 100}\right)$$

$$\boxed{K_n = K_0 \cdot \left(1 + n \cdot \frac{p}{100}\right)} \quad \text{(m fällt heraus!)}.$$

Merke: Bei der einfachen Verzinsung spielt es keine Rolle, wie oft in einem Zinszeitraum verzinst wird, da die jeweils erzielten Zinserträge nicht mitverzinst werden (siehe jedoch Kapitel B: Zinseszinsrechnung).

Fall c: Das Kapital K_0 steht entweder kürzer als ein Jahr oder keine ganzen Jahre n zur Verzinsung an, wie folgende Beispiele zeigen:

α) 3 Monate;   β) 1 Vierteljahr;
γ) 1 3/4 Jahr;   δ) 390 Tage.

Die Zinsen berechnen sich nun zu:

α) $Z_{3/12} = K_0 \cdot 3 \cdot \frac{p/12}{100} = K_0 \cdot \frac{3}{12} \cdot \frac{p}{100}$;

β) $Z_{1/4} = K_0 \cdot \frac{p/4}{100} = K_0 \cdot \frac{1}{4} \cdot \frac{p}{100}$;

γ) $Z_{1,75} = K_0 \cdot 7 \cdot \frac{p/4}{100} = K_0 \cdot \frac{7}{4} \cdot \frac{p}{100} = K_0 \cdot 1{,}75 \cdot \frac{p}{100}$;

δ) $Z_{390/360} = K_0 \cdot 390 \cdot \frac{p/360}{100} = K_0 \cdot \frac{390}{360} \cdot \frac{p}{100}$.

Merke: Bei der einfachen Zinsrechnung ist es unerheblich, ob die Anzahl der Jahre ganzzahlig ist.

3. Berechnung von Kapital, Zinsfuß und Laufzeit

Durch Umformung der Zinsformel können Anfangskapital, Laufzeit und Zinsfuß berechnet werden.

- Berechnung des Kapitals

Welches Kapital bringt bei 5% Verzinsung in 7 Monaten 200 € Zinsen?

$$Z_n = n \cdot K_0 \cdot \frac{p}{100}$$

bzw.
$$K_0 = \frac{100 \cdot Z_n}{n \cdot p} = \frac{100 \cdot 200\ \text{€}}{7/12 \cdot 5} = 6.857{,}14\ \text{€}.$$

- Berechnung des Zinsfußes

Ein Festgeldkonto über 10.000 € erbrachte nach 3 Monaten 100 € Zinsen. Wie hoch ist der Jahreszinsfuß?

bzw.
$$Z_n = n \cdot K_0 \cdot \frac{p}{100}$$

$$p = \frac{100 \cdot Z_n}{n \cdot K_0} = \frac{100 \cdot 100\ \text{€}}{3/12 \cdot 10.000\ \text{€}} = 4.$$

- Berechnung der Laufzeit

In wieviel Tagen bringen 5.000 € zu 5% angelegt 50 € Zinsen?

bzw.
$$Z_n = n \cdot K_0 \cdot \frac{p}{100}$$

$$n = \frac{100 \cdot Z_n}{p \cdot K_0} = \frac{100 \cdot 50\ \text{€}}{5 \cdot 5.000\ \text{€}} = 0{,}2\ \text{Jahre} \,\hat{=}\, 72\ \text{Tage}.$$

4. Berechnung von Tageszinsen

Steht ein Geldbetrag t Tage zu p% p.a. zur Verfügung, so wird die Größe $(K_0 \cdot t)/100$ als *Zinszahl* bezeichnet, während $\frac{360}{p}$ *Zinsdivisor* genannt wird. Die Zinsen erhält man aus

$$Z_t = \frac{K_0 \cdot t}{100} : \frac{360}{p} = \frac{\text{Zinszahl}}{\text{Zinsdivisor}}.$$

Bei der Berechnung von Tageszinsen wird im Text wie folgt verfahren:

a) Das Jahr hat 360 Tage; ein Monat hat 30 Tage.
b) Bei der Berechnung der Zinstage wird der 1. Tag mitgerechnet, während der letzte Tag nicht berücksichtigt wird.

<u>Beispiel</u>: Wieviele Zinstage werden berechnet?

01.01. - 31.01.	Lösung:	29 Tage
01.01. - 30.01.	Lösung:	29 Tage
20.02. - 03.03.	Lösung:	13 Tage*
30.03. - 30.04.	Lösung:	30 Tage
31.05. - 07.06.	Lösung:	7 Tage
01.01. - 31.12.	Lösung:	359 Tage

(* Man nimmt den Februar zu 30 Tagen an. Nur wenn die Zinsen bis zum 28. bzw. 29. Februar zu berechnen sind, berücksichtigt man 28 bzw. 29 Tage.)

Beispiel: Wie viele Zinsen erhält man für 2005, wenn auf ein neu angelegtes Sparbuch folgende Beträge einbezahlt worden sind? Der Zinsfuß beträgt 3%.

Datum	Einzahlung in €	Zinstage	Zinszahlen
03.01.05	1.300	358	4654
17.03.05	1.200	284	3408
07.04.05	500	264	1320
Summe der Zinszahlen:			9382
Zinsdivisor:			120

Zinsen = $\frac{9382}{120}$ = 78,18 €

5. Zinssatz bei Gewährung von Skonto

Skonto ist ein Preisnachlaß, der bei der Barzahlung von Waren gewährt wird.
Die Zahlungsbedingungen eines Angebotes lauten: "Zahlung rein netto innerhalb 30 Tagen, 2% Skonto innerhalb 10 Tagen".
Welchem Jahreszins (Effektivverzinsung) entspricht die Ausnutzung des Skontos, falls unterstellt wird, daß am 10. oder am 30. Tag bezahlt wird?

Lösung: Rechnungsbetrag am 30. Tag : R

Rechnungsbetrag am 10. Tag : R(1-0,02) = 0.98 R

Ersparnis : 0,02 R

→ 0,98 R erbringen in (30-10)=20 Tagen 0,02 R an "Zinsen". Welcher jährlichen Verzinsung entspricht dies?

$$p = \frac{Z_t \cdot 360 \cdot 100}{K_0 \cdot t} = \frac{0,02R \cdot 360 \cdot 100}{0,98R \cdot 20} = 36,73 \ .$$

Es werden somit 36,73% Zinsen für 20 Tage gewährt.

6. Barwert bei einfacher Verzinsung

Unter Barwert versteht man den augenblicklichen Tageswert eines in der Zukunft fälligen Kapitals. Diskont ist der Zins, der bei Ankauf einer noch nicht fälligen Forderung abgezogen wird.

Beispiel: Eine Forderung über 10.000 €, die am 30.10. fällig ist, wird bereits 3 Monate vorher bezahlt. Wie hoch ist der zu zahlende Betrag am 30.07. bei einer Verzinsung von 5%?

Hier wird also nach dem Barwert der Forderung am 30.07. gefragt. Da

$$K_n = K_0\left(1 + n \cdot \frac{p}{100}\right)$$

ist, erhält man den Barwert

$$K_0 = \frac{K_n}{\left(1+n\cdot\frac{p}{100}\right)} = \frac{10.000\ €}{\left(1+\frac{3}{12}\cdot\frac{5}{100}\right)} = 9876{,}54\ €.$$

Das Verfahren zur Berechnung des Barwertes nennt man Abzinsen oder Diskontieren. Die Forderung über 10.000 €, fällig am 30.10., wird auf den 30.07. abgezinst. Würde man den abgezinsten Betrag von 9876,54 € zu 5% 3 Monate lang anlegen, so würde das Kapital wieder auf 10.000 € wachsen. Der Zinsabzug oder Diskont beträgt 123,46 €.

Merke: Im kaufmännischen Geschäftsverkehr ist es jedoch aus Vereinfachungsgründen üblich, den Barwert als Differenz zwischen fälligem Betrag und Zinsen vom fälligen Betrag zu berechnen, d.h.

$$K_0 = K_n - \tilde{Z}_n = K_n\left(1 - n \cdot \frac{p}{100}\right),$$

wobei $\tilde{Z}_n$ den Zinsertrag, berechnet aus dem Endkapital, angibt.

Ist der Abzinsungszeitraum nicht zu groß, so ist der Unterschied zwischen beiden Berechnungsarten gering, wie das nachfolgende Beispiel zeigt:

Beispiel: Einer Bank wird am 20.11. ein am 30.11. fälliger Wechsel über 3.000 € zum Diskont eingereicht. Der Diskontsatz beträgt inkl. Provision 8%. Welchen Betrag zahlt die Bank?

$$K_0 = K_n - \tilde{Z}_n = 3.000\ € - 3.000\ € \cdot \frac{10}{360} \cdot \frac{8}{100}$$
$$= 3.000\ € - 6{,}67\ € = 2.993{,}33\ €$$

(Diskont = 6,67 €).

Die korrekte Berechnung ergäbe einen Barwert von

$$K_0 = \frac{3.000\ €}{1+\frac{10}{360}\cdot\frac{8}{100}} = 2.993{,}35\ €.$$

Die Differenz ist hier zu vernachlässigen. Der Leser mache sich jedoch am folgenden Beispiel klar, daß die kaufmännische Diskontierung bei längeren Abzinsungszeiträumen erheblich von der sogenannten bürgerlichen Diskontierung abweicht.

Beispiel: A überläßt B sein Motorrad mit der Vereinbarung, hierfür in fünf Jahren € 10.000,- von B zu erhalten. Was ist das Motorrad am Tage der Vereinbarung *bar* (bezahlt) wert, wenn bei einfacher Verzinsung von 4,5% Jahreszinsen ausgegangen wird?

Antwort: Das Motorrad ist in bar das Anfangskapital K_0 (= Barwert) wert, das in 5 Jahren bei p=4,5 das Endkapital K_n = 10.000 € erbringt.

$$\boxed{K_0 = \frac{K_n}{1 + n \cdot \frac{p}{100}}} = \frac{10.000,- \text{€}}{1 + 5 \cdot \frac{4,5}{100}} = 8.163,27 \text{ €}.$$

(Das Motorrad entspricht am Tage der Vereinbarung einem Barwert von 8.163,27 €.)

Barwert bei kaufmännischer Diskontierung

$$K_0 = 10.000 \text{ €} - 5 \cdot \frac{4,5}{100} \cdot 10.000 \text{ €} = 7.750,- \text{€}.$$

Setzt man den Barwert von 7750 € in die Formel für den korrekten Barwert ein, so erhält man

$$7750,- \text{€} = \frac{10.000,- \text{€}}{1 + 5 \cdot \frac{p}{100}}$$

bzw.

$$p = \left(\frac{\frac{10.000}{7750} - 1}{5}\right) \cdot 100 = 5,81.$$

Die kaufmännische Diskontierung hat also den gleichen Effekt wie die bürgerliche Diskontierung mit einem höheren Diskontsatz (bzw. Zinsfuß).

Merke: Bei der kaufmännischen Diskontierung (z.B. beim Wechseldiskont) ist der tatsächliche Zinssatz höher als der angegebene. Die Differenz wird um so größer, je länger der Diskontierungszeitraum ist.

Im Gegensatz zur Diskontierung mit einfachen Zinsen, die im kaufmännischen Bereich dominiert, gibt es die Diskontierung mit Zinseszinsen, die beispielsweise im Versicherungswesen oder auf dem Kapitalmarkt üblich ist.

III. Übungsaufgaben

1. Der Student S. überzieht sein Bankkonto in der Zeit vom 06.03. bis 26.06.2002 um 1.500 €. Der Sollzinssatz der Bank beträgt 10% p.a.. Wie hoch sind die Sollzinsen?

2. Ein Rentner bezieht eine Jahresrente von 24.000 €. Welches Kapital muß er in 8%igen Pfandbriefen anlegen, um daraus denselben Ertrag zu erzielen?

3. Eine Rechnung über 3.250 € wird nicht sofort bezahlt. Daher sind Verzugszinsen in Höhe von 144,45 € zu bezahlen. Für welche Zeitspanne wurden Verzugszinsen berechnet, falls der Zinsfuß 8% beträgt?

4. Eine Rechnung von 10.000 € soll bezahlt werden. Die Zahlungsbedingungen lauten: "Zahlung ohne Abzug innerhalb 30 Tagen; bei Zahlung innerhalb 10 Tagen Abzug von 2% Skonto". Welcher Jahresverzinsung entspricht diese Zahlungsbedingung, wenn unterstellt wird, daß genau am 30. bzw. am 10. Tag bezahlt wird?

5. Ein Girokonto weist am Jahresanfang ein Guthaben von 2.400 € auf. Am 06.03. werden auf das Konto 10.000 € überwiesen; am 21.01. und am 16.02. werden jeweils 4.000 € abgebucht. Die Bank berechnet 12% Sollzins und 0,5% Habenzins. Stellen Sie die Zinsabrechnung zum 01.04. auf.

6. Eine Rechnung über 5.000 € mit einem Zahlungsziel von 3 Monaten soll bezahlt werden. Bei Zahlung innerhalb 10 Tagen wird ein Skonto von 2% gewährt. Liquide Mittel stehen in den nächsten 3 Monaten nicht zur Verfügung. Soll die Rechnung dennoch am 10. Tag unter Inanspruchnahme eines Kontokorrentkredits zu 10% bezahlt werden?

7. Folgende drei Wechsel werden von einer Bank zu 8% Zins zum 31.08. kaufmännisch diskontiert:

   3.000 €, fällig am 28.09.
   4.000 €, fällig am 18.10.
   7.000 e, fällig am 02.11.

   Wie hoch ist die Gutschrift der Bank, falls insgesamt 9,- € Spesen anfallen?

8. Jemand kauft Waren für 1.000 € auf 3 Monate Ziel. Lohnt es sich, bei einem Zinssatz von 10%, die Rechnung sofort zu bezahlen, wenn bei Barzahlung 2% Skonto eingeräumt werden?

B. RECHNEN MIT ZINSESZINSEN

I. Testaufgaben

1. Ein Sparer legt 1.000 € zu 3% an. Wie hoch ist sein Kontostand nach 10 Jahren bei jährlicher Zinszahlung?

    Lösung: 1343,92 € → B 1

2. Welcher Betrag muß zu 4% bei jährlicher Zinszahlung angelegt werden, damit daraus nach 10 Jahren 10.000 € werden?

    Lösung: 6.755,64 € → B 4

3. Welcher Betrag muß zu 4% Jahreszinsen bei vierteljährlicher Zinszahlung angelegt werden, damit daraus nach 10 Jahren 10.000 € werden?

    Lösung: 6.716,53 € → B 2, B 4

4. Eine Festgeldanlage werde monatlich zu 3% Jahreszinsen verzinst. Berechnen Sie den effektiven Jahreszinssatz.

    Lösung: 3,04% → B 3

5. Die Weltbevölkerung betrug 1985 etwa 4,5 Mrd.. Für das Jahr 2100 wird sie auf 10,5 Mrd. vorausgeschätzt. Berechnen Sie die durchschnittliche jährliche Wachstumsrate.

    Lösung: 0,74% → B 5.1

6. Die Inflationsrate beträgt 5% pro Jahr. Nach wieviel Jahren hat sich das Preisniveau verdoppelt?

    Lösung: 14,2 Jahre → B 5.2

7. Eine Festgeldanlage wird vierteljährlich verzinst. Der effektive Jahreszinssatz beträgt 5,1%. Berechnen Sie den Jahreszins, den die Bank gewährt.

    Lösung: 5% → B 3

8. Ein Kapital über 5.000 € werde zu 6% für 5 Jahre angelegt. Die jährliche Inflationsrate beträgt 3%. Wie hoch ist die reale Verzinsung?

    Lösung: 2,91% → B 5.3

9. Nach wieviel Jahren verdoppelt sich ein Kapital, falls die Verzinsung monatlich mit 0,5% erfolgt?

    Lösung: 11,58 Jahre → B 2, B 5.2

10. Eine Nullkupon-Anleihe, die heute zum Kurs von 60% gehandelt wird, soll in 8 Jahren zu einem Kurs von 100% zurückbezahlt werden. Wie hoch ist die jährliche Verzinsung?

Lösung: 6,6% → B 1

11. Ein Kapital werde im ersten Jahr zu 2%, im zweiten Jahr zu 6% und im dritten Jahr zu 10% verzinst. Berechnen Sie die durchschnittliche Verzinsung pro Jahr.

Lösung: 5,95% → B 5.1

12. Wie lange müssen 10.000 € angelegt werden, damit sie bei einer Verzinsung von 7% ein Endkapital von 25.000 € erbringen?

Lösung: 13,54 Jahre → B 1

II. Lehrtext

Bei der Zinseszinsrechnung werden die anfallenden Zinsen jeweils zum Kapital hinzugezählt und in der nachfolgenden Zinsperiode mitverzinst.

Abkürzung: (wegen häufigen Vorkommens)

$$\boxed{1 + \frac{p}{100} = q}$$ q heißt Zinsfaktor.

1. Jährliche Verzinsung

Beispiel: Anfangskapital K_0 = 1.000,- €; Jahreszinsen von 5% (p=5); Zinsperiode 1 Jahr, d.h. m=1.

Jahr	Datum	Kapital	Zinsen	Endkapital
	01.01.	K_0 = 1.000,- €		
1	31.12.		$K_0 \cdot \frac{p}{100} = 50,-- €$	$K_1 = K_0 + K_0 \cdot \frac{p}{100} =$
				$= K_0 \cdot \left(1 + \frac{p}{100}\right) = K_0 \cdot q^1$
				$= 1.050,-- €$

	01.01.	$K_1 = K_0 \cdot q^1$	
		$= 1.050,\text{--}\ €$	
2	31.12.	$K_1 \cdot \frac{p}{100} = 52,50\ €$	$K_2 = K_1 + K_1 \cdot \frac{p}{100} = K_1 \cdot q^1$
			$= (K_0 \cdot q) \cdot q = K_0 \cdot q^2$
			$= 1.102,50\ €$
	01.01.	$K_2 = K_0 \cdot q^2$	
		$= 1.102,50\ €$	
3	31.12.	$K_2 \cdot \frac{p}{100} = 55,13\ €$	$K_3 = K_0 \cdot q^3$
			$= 1.157,63\ €$
	01.01.	$K_{n-1} = K_0 \cdot q^{n-1}$	
n	31.12.	$K_{n-1} \cdot \frac{p}{100}$	$K_n = K_0 \cdot q^n$

Endkapital nach n Jahren:

$$\boxed{K_n = K_0 \cdot q^n}$$

$q^n = \left(1 + \frac{p}{100}\right)^n$ heißt Aufzinsungsfaktor, weil das Anfangskapital, das mit diesem Faktor multipliziert wird, sich auf den Wert des Endkapitals vermehrt (= aufzinst).

<u>Typische Fragestellungen:</u>

a) Wieviel Kapital erbringt $K_0 = 1.000.\text{-}€$ nach 7 Jahren bei 5% Jahreszinsen?
   → Frage nach dem Endkapital!

   $K_n = K_0 \cdot q^n$

   $K_7 = 1.000,\text{-}€ \cdot \left(1 + \frac{5}{100}\right)^7 = 1.000.\text{-}€ \cdot 1,05^7 = 1.407,10\ €.$

b) Welche Summe jetzt angelegt bringt nach 8 Jahren bei 5% Jahreszinsen ein Kapital von 1.477,45 € ?
   → Frage nach dem Barwert!

   $K_0 = \frac{K_n}{q^n} = \frac{1.477,45\ €}{1,05^8} = 1.000,\text{--}\ €.$

<u>Anmerkung:</u> Der Faktor $1/q^n$ heißt Abzinsungsfaktor.

c) Welche Zinsen werden gewährt, wenn 1.000,-- € nach 6 Jahren 1.229,25 € erbringen?

→ Frage nach dem Zinsfuß!

$$q^n = \frac{K_n}{K_0} \qquad = q^6 = \frac{1.229,25 \text{ €}}{1.000,-- \text{ €}} = 1,22925$$

$$q = \sqrt[n]{\frac{K_n}{K_0}} = 1 + \frac{p}{100} \qquad = q = \sqrt[6]{1,22925} = 1,034999$$

$$\frac{p}{100} = \sqrt[n]{\frac{K_n}{K_0}} - 1 \qquad = 0,035$$

$$\boxed{p = 100 \cdot \left\{ \sqrt[n]{\frac{K_n}{K_0}} - 1 \right\} = 3,5}$$

Der Zinsfuß beträgt 3,5%.

d) Wie lange müssen 1.000,- € festgelegt werden, wenn sie bei einer Verzinsung von 6.45% ein Endkapital von 1.650,- € erbringen sollen?

→ Frage nach der Zeit bzw. nach der Anzahl der Verzinsungen!

$$q^n = \frac{K_n}{K_0} = \left(1 + \frac{6,45}{100}\right)^n = 1,0645^n.$$

Die Gleichung löst man durch Logarithmieren nach einer beliebigen Basis: (üblicherweise Basis 10 oder e: $\lg x = \log_{10} x$, $\ln x = \log_e x$).

$$\lg q^n = \lg \frac{K_n}{K_0} \qquad = \lg 1,0645^n$$

$$n \cdot \lg q = \lg \frac{K_n}{K_0} = \lg K_n - \lg K_0 \qquad = n \cdot \lg 1,0645 = n \cdot 0,027146$$

$$\qquad\qquad\qquad\qquad\qquad\qquad = \lg \frac{1650}{1000} = \lg 1,65 =$$

$$n = \frac{\lg K_n - \lg K_0}{\lg q} \qquad = n = \frac{0,217483}{0,027146} = 8,011$$

$$\boxed{n = \frac{\lg \frac{K_n}{K_0}}{\lg q}} \qquad n \approx 8 \text{ Jahre bzw. 8 Verzinsungen}$$

Die Ableitung mit dem natürlichen Logarithmus zur Basis e führt bis auf Rundungsunterschiede zum gleichen Ergebnis:

$$n = \frac{\ln 1,65}{\ln 1,0645} = \frac{0,50077}{0,06250} = 8,012.$$

2. Unterjährliche Verzinsung und stetige Verzinsung

Der Zinsfuß p wird bei unterjährlicher Verzinsung als Jahreszins auf den Zinszeitraum von einem Jahr festgelegt, jedoch wird in einer kürzeren Zinsperiode, d.h. mehrmals im Jahr, verzinst; die Zinsperiode ist 1/m-tel Jahr.

Die Zinsen werden nach jeder Verzinsung am Ende der Zinsperiode zum Kapital hinzuaddiert und in der nächsten Zinsperiode wieder mitverzinst.

Beispiel: vierteljährliche Verzinsung → $m = 4$;

Anfangskapital $K_0 = 1.000,-- $ €;

Jahreszinsen von 5% ($p = 5$) .

→ Zinsperiode = 1/4 Jahr ;

Vierteljahreszins $p^* = p/m = 5/4 = 1,25$;

Abkürzung: $q^* = 1 + \frac{p^*}{100} = 1 + \frac{1,25}{100} = 1,0125$.

Jahr	Zins- periode	Kapital am Ende der jeweiligen Zinsperiode
$n = 0$		K_0 $\qquad\qquad\qquad\qquad\qquad\qquad = 1.000,-- $ €
	$m = 1$	$K_0 + K_0 \cdot \frac{p^*}{100} = K_0 \cdot \left(1 + \frac{p^*}{100}\right) = K_0 \cdot q^* \quad = 1.012,50$ €
$n = 1$	$m = 2$	$K_0 \cdot q^* + K_0 \cdot q^* \cdot \frac{p^*}{100} = K_0 \cdot q^* q^* = K_0 \cdot q^{*2} = 1.025,16$ €
	$m = 3$	$K_0 \cdot q^{*2} + K_0 \cdot q^{*2} \cdot \frac{p^*}{100} \qquad = K_0 \cdot q^{*3} = 1.037,97$ €
	$m = 4$	$K_0 \cdot q^{*4} = \qquad\qquad\qquad\qquad = K_0 \cdot q^{*4 \cdot 1} = 1.050,95$ €
	$m = 1$	$K_0 \cdot q^{*4} + K_0 \cdot q^{*4} \cdot \frac{p^*}{100} \qquad = K_0 \cdot q^{*5} = 1.064,08$ €
$n = 2$	$m = 4$	$K_0 \cdot q^{*8} = \qquad\qquad\qquad\qquad = K_0 \cdot q^{*4 \cdot 2} = 1.104,49$ €

allgemein: Nach N Zinsperioden erhält man das Kapital

$$K = K_0 \cdot q^{*N} .$$

speziell: Meist werden ganze Jahre (Zinszeiträume) vereinbart, so daß gilt

$$N = m \cdot n \quad \begin{array}{l}\text{(z.B. Vierteljahreszins} \\ \text{3 Jahre Laufzeit} \rightarrow m=4 \\ n=3 : N=12 \text{ Verzinsungen)}\end{array}$$

und $\quad K_n = K_0 \cdot q^{*N} = K_0 \cdot q^{*m \cdot n} = K_0 \cdot \left(1 + \dfrac{p^*}{100}\right)^{m \cdot n}$;

mit $p^* = \dfrac{p}{m}$ folgt : $\boxed{K_n = K_0 \cdot \left(1 + \dfrac{p}{m \cdot 100}\right)^{m \cdot n}}$

Übersicht: Einfluß der Anzahl der Verzinsungen (= Anzahl m der Zinsperioden) auf den Kapitalertrag für n=1 Jahr: ($K_0 = 1.000,-$ €, $p = 5$).

Verzinsung	m	p*	Kapitalertrag nach einem Jahr	
jährlich	1	5	$1000,-$ € $\cdot 1,05^1$	$= 1.050,00$ €
halbjährlich	2	2,5	$1000,-$ € $\cdot 1,025^2$	$= 1.050,63$ €
vierteljährlich	4	1,25	$1000,-$ € $\cdot 1,0125^4$	$= 1.050,95$ €
monatlich	12	0,417	$1000,-$ € $\cdot 1,00417^{12}$	$= 1.051,16$ €
wöchentlich	52	0,0961	$1000,-$ € $\cdot 1,000961^{52}$	$= 1.051,24$ €
täglich	360	0,0139	$1000,-$ € $\cdot 1,000139^{360}$	$= 1.051,26$ €
stündlich	8640	0,00058		$= 1.051,27$ €

(Die Werte für m>4 sind mit der Formel $\left(1 + \dfrac{5/m}{100}\right)$ berechnet, da sonst stärkere Rundungsfehler auftreten.)

Werden bei unterjährlicher Verzinsung die Zinsperioden immer kleiner und somit die Anzahl der Verzinsungen immer größer, so nähert sich die diskontinuierliche Verzinsung einer kontinuierlichen bzw. einer *stetigen* Verzinsung; die Zinsperioden werden unendlich klein und somit ihre Anzahl im Jahr unendlich groß: $m \rightarrow \infty$.

$$K_1 = 1000,- \text{€} \cdot \lim_{m \rightarrow \infty} \left(1 + \dfrac{0,05}{m}\right)^m =$$
$$= 1000,- \text{€} \cdot e^{0,05} = 1.051,27 \text{€}.$$

Allgemein gilt nach n Jahren: $\boxed{K_n = K_0 \cdot e^{\frac{p}{100} \cdot n}}$

Die Größe e=2,718..., die sog. *Eulersche Zahl*, ist eine irrationale Zahl.

Merke: Der Zuwachs an Kapital wird um so größer, je öfter im Jahr (bzw. im Zinszeitraum) verzinst wird; den größten Zuwachs (= Grenzwert) erhält man bei der stetigen Verzinsung.

3. Effektivzins und konformer Zins

Derjenige Zinssatz, der bei einer jährlichen Verzinsung (= einmalige Verzinsung im Zinszeitraum) den gleichen Kapitalzuwachs erbringt wie die unterjährliche Verzinsung (=mehrmalige Verzinsung im Zinszeitraum) heißt *effektiver Zinsfuß* oder *Effektivzins* p_{eff}, da er den gleichen *Effekt* erzielt wie die mehrmalige Verzinsung.

$$K_n = K_0 \cdot \left(1 + \frac{p}{m \cdot 100}\right)^{m \cdot n} = K_0 \cdot \left[\left(1 + \frac{p}{m \cdot 100}\right)^m\right]^n =$$

$$= K_0 \cdot \left[1 + \frac{p_{eff}}{100}\right]^n$$

Effektivzins: $\boxed{p_{eff} = 100 \cdot \left[\left(1 + \frac{p}{m \cdot 100}\right)^m - 1\right]}$.

Merke: Der Effektivzins hängt von der Anzahl der Verzinsungen im Jahr (= Zinszeitraum) ab.

Übersicht: Effektivzins in Abhängigkeit von der Anzahl der Zinsperioden (Jahreszins p=5).

$m = 1$	$p_{eff} = p = 100 \cdot \left(\left(1 + \frac{5}{100}\right)^1 - 1\right)$	$= 5$
$m = 2$	$p_{eff} = 100 \cdot \left(\left(1 + \frac{5}{2 \cdot 100}\right)^2 - 1\right)$	$= 5{,}063$
$m = 4$	$p_{eff} = 100 \cdot \left(\left(1 + \frac{5}{4 \cdot 100}\right)^4 - 1\right)$	$= 5{,}095$
$m = 12$	$p_{eff} = 100 \cdot \left(\left(1 + \frac{5}{12 \cdot 100}\right)^{12} - 1\right)$	$= 5{,}116$
$m = 52$	$p_{eff} = 100 \cdot \left(\left(1 + \frac{5}{52 \cdot 100}\right)^{52} - 1\right)$	$= 5{,}125$
$m = 360$	$p_{eff} = 100 \cdot \left(\left(1 + \frac{5}{360 \cdot 100}\right)^{360} - 1\right)$	$= 5{,}127$
$m = 8640$	$p_{eff} = 100 \cdot \left(\left(1 + \frac{5}{8640 \cdot 100}\right)^{8640} - 1\right)$	$= 5{,}127$
$m \to \infty$	$p_{eff} = 100 \cdot \left(e^{\frac{5}{100}} - 1\right)$	$= 5{,}127$

Merke: Der hier beschriebene effektive Zinsfuß gilt nur im Zusammenhang mit der unterjährlichen zinseszinslichen Verzinsung. Man kann je nach Fall auch sich anders zusammensetzende sogenannte effektive Zinsfüße im Zusammenhang mit anderen Aufwendungen festlegen; dies zeigen die beiden nachfolgenden Beispiele, die zum tieferen Verständnis des Begriffes *Effektivzins* (= wirksamer Zins) beitragen sollen.

<u>Beispiel 1</u>: K_0 = 1000,- €, p=5, jährliche Verzinsung, die Bank verlangt 10,- € Kontogebühren: z.B. von K_1 = 1050,- € verbleiben *effektiv* nur

$$K_{eff} = 1.040,\text{-} \ € = 1.000,\text{-} \ € \cdot \left(1 + \frac{p_{eff}}{100}\right);$$

mithin beträgt der effektive Zinsfuß nur

$$p_{eff} = 4 \ !$$

<u>Beispiel 2</u>: Ein Kreditgeber gewährt einen Kredit über 1000,- € zu 9% Jahreszinsen; es wird vierteljährlich verzinst. Nach drei Jahren sollen die Schuld sowie die angefallenen Zinsen zurückgezahlt werden. Wie hoch sind Rückzahlungsbetrag und Effektivzins, wenn

a) keine weiteren Kosten anfallen;

b) für jedes Jahr 20,- € an Verwaltungsgebühren berechnet werden, die am Ende der Laufzeit anfallen;

c) zur jährlichen Verwaltungsgebühr bei der Auszahlung noch ein Damnum (Darlehensabschlag) von 3,5% erhoben wird?

a) Schuld und Zinsen ergeben nach drei Jahren:

$$K_n = K_0 \cdot \left(1 + \frac{p}{m \cdot 100}\right)^{m \cdot n} = 1000,\text{-} \ € \cdot \left(1 + \frac{9}{4 \cdot 100}\right)^{4 \cdot 3}$$

$$= K_3 = 1.306,05 \ €$$

$$K_n = K_0 \cdot \left(1 + \frac{p_{eff}}{100}\right)^n = 1.000,\text{-} \ € \cdot \left(1 + \frac{p_{eff}}{100}\right)^3.$$

p_{eff} kann auf zwei Wegen berechnet werden:

1. $p_{eff} = 100 \cdot \left(\sqrt[n]{K_n/K_0} - 1\right) \quad = 100 \cdot \left(\sqrt[3]{1{,}30605} - 1\right) = 9{,}31$.

2. $p_{eff} = 100 \cdot \left(\left(1 + \frac{p}{m \cdot 100}\right)^m - 1\right) = 100 \cdot \left(\left(1 + \frac{2{,}25}{100}\right)^4 - 1\right) = 9{,}31$.

b) Rückzahlung: K_n + 3 mal Verwaltungsgebühr

→ K = 1.306,05 € + 3·20,- € = 1.366,05 €;

Effektivzins: $K = K_0 \cdot \left(1 + \frac{p_{eff}}{100}\right)^n = 1.000,\text{-} \ € \cdot \left(1 + \frac{p_{eff}}{100}\right)^3$

$p_{eff} = 10{,}96$.

c) Rückzahlung: K = 1.366,05 € für erhaltene Kreditsumme von K_0 = 1000,- € minus 35,- € Damnum.

Für den Kreditnehmer verzinsen sich folglich seine erhaltenen 965,- € nach drei Jahren auf 1366,05 €. Nach Berücksichtigung der Verwaltungsgebühren von 60,- € ergibt sich

$$1.366{,}05 \,€ = 965{,}- \,€ \cdot \left(1 + \frac{p_{eff}}{100}\right)^3 \,; \quad p_{eff} = 12{,}28 \,.$$

Der Periodenzinsfuß, der zur vorgegebenen Jahresverzinsung p führt, heißt *konformer Zinsfuß* p_k. Er berechnet sich wie folgt:

$$K_0\left(1 + \frac{p}{100}\right) = K_0\left(1 + \frac{p_k}{100}\right)^m$$

bzw.

$$\boxed{p_k = \left(\sqrt[m]{1 + \frac{p}{100}} - 1\right) \cdot 100}$$

p_k : konformer Zinsfuß

p : Jahreszinsfuß

Beispiel: Eine Festgeldanlage soll vierteljährlich verzinst werden. Die unterjährliche Zinsberechnung soll zu einer Effektivverzinsung führen, die einer Jahresverzinsung von 8% entspricht. Welcher Quartalszins muß dann erhoben werden?

Lösung: Der Periodenzinsfuß $p^* = \frac{8}{4} = 2$ würde zu einer die Jahresverzinsung übersteigenden Effektivverzinsung

$$p_{eff} = \left[\left(1 + \frac{2}{100}\right)^4 - 1\right] \cdot 100 = 8{,}24$$

führen.

Wird jedoch der konforme Zinsfuß

$$p_k = 100 \cdot \left(\sqrt[4]{1 + \frac{8}{100}} - 1\right) = 1{,}94$$

erhoben, so ergibt dies eine Effektivverzinsung, die der geforderten Jahresverzinsung

$$p_{eff} = 100 \cdot \left[\left(1 + \frac{1{,}94}{100}\right)^4 - 1\right] = 8$$

entspricht.

Übersicht: Zinsfüße bei unterjährlicher Verzinsung

---

p	Jahreszinsfuß
$p^* = \dfrac{p}{m}$	Periodenzinsfuß
$p_k = \left(\sqrt[m]{1 + \dfrac{p}{100}} - 1\right) \cdot 100$	konformer Zinsfuß
$p_{eff} = \left(\left(1 + \dfrac{p}{m \cdot 100}\right)^m - 1\right) \cdot 100$	effektiver Zinsfuß

Es gilt
$$p_k < p^* < \frac{p_{eff}}{m}$$
bzw.
$$p_k \cdot m < p < p_{eff}$$

Merke: Die Berechnung mit dem konformen Zinsfuß führt zu einer effektiven Verzinsung, die dem Jahreszinsfuß entspricht:

$$\boxed{p_k \to p = p_{eff}} \; .$$

Die Berechnung mit dem Periodenzinsfuß führt zu einer effektiven Verzinsung, die den Jahreszinsfuß übersteigt:

$$\boxed{p^* \to p_{eff} > p} \; .$$

Beispiel: Eine Festgeldanlage werde monatlich verzinst. Der Jahreszinsfuß beträgt 12%.

→ Jahreszinsfuß $\quad p \;\; = 12$
    Periodenzinsfuß $\quad p^* = \;\; 1$
    konformer Zinsfuß $\quad p_k \; = \;\; 0{,}949$
    effektiver Zinsfuß $\quad p_{eff} = 12{,}68$

4. Barwert bei der Zinseszinsrechnung

Bei der Berechnung des Barwertes muß beachtet werden, ob die anfallenden Zinsen mitverzinst werden oder nicht. In der Zinseszinsrechnung ist der Barwert jenes Anfangskapital (= abgezinstes Endkapital), welches zum Zinseszins angelegt nach einer bestimmten Zahl von Jahren das Endkapital ergibt. Barwerte lassen sich bei jährlicher, unterjährlicher und stetiger Verzinsung berechnen.

Übersicht: Barwerte

Barwert bei einfacher Verzinsung:
$$K_0 = \frac{K_n}{\left(1 + n \cdot \frac{p}{100}\right)}$$

Näherungsformel für kurze Zinsperioden
$$K_0 = K_n \left(1 - n \cdot \frac{p}{100}\right).$$

Barwert bei Zinseszinsen:
- jährliche Verzinsung:
$$K_0 = \frac{K_n}{q^n}$$

Anm.: $1/q^n$ = Abzinsungsfaktor

- unterjährliche Verzinsung:
$$K_0 = \frac{K_n}{q^{*n \cdot m}}$$

- stetige Verzinsung:
$$K_0 = \frac{K_n}{e^{\frac{p}{100} \cdot n}}$$

Beispiel: Die Nullkupon - Anleihe einer Bank wird im Jahre 2018 zu 100.- € zurückbezahlt. Zu welchem Preis wird die Anleihe 2006 bei einer Verzinsung von 5% gehandelt?

(Eine Nullkupon-Anleihe oder ein Zerobond ist ein Wertpapier, bei dem keine laufende Verzinsung erfolgt. Der Anleger bekommt stattdessen am Ende der Laufzeit mehr Geld zurück, als er für den Kauf der Papiere ausgegeben hat.)

Lösung: Gefragt ist nach dem Barwert, der nach 12-jähriger Verzinsung mit 5% das Kapital von 100,- € erbringt.

$$\rightarrow K_0 = \frac{100\ €}{1{,}05^{12}} = 55{,}68\ €.$$

Beispiel: Welcher Betrag muß zu 6% Jahreszinsen bei monatlicher Zinszahlung angelegt werden, damit daraus nach 5 Jahren 10.000,- € werden?

Lösung: Monatszins $p^* = \frac{6}{12} = 0{,}5$

$q^* = 1{,}005$

$m = 12$

$n = 5$

$$K_0 = \frac{10.000\ €}{1{,}005^{60}} = 7.413{,}72\ €.$$

Beispiel: Welcher Betrag muß zu 5% Jahreszinsen bei stetiger Verzinsung angelegt werden, damit daraus nach 10 Jahren 10.000 € werden?

Lösung: $K_0 = \dfrac{10.000\ €}{e^{0,05 \cdot 10}} = \dfrac{10.000\ €}{e^{0,5}} = 6.065,31\ €.$

5. Anwendungen

5.1 Wachstumsraten

a) Diskontinuierliches Wachstum

Verzinsungsformeln werden in den Sozial- und Wirtschaftswissenschaften zur Modellierung von Wachstumsprozessen angewandt.

- Absolutes Wachstum pro Periode ist die Differenz zwischen Anfangs- und Endbestand, d.h.

$$K_1 - K_0.$$

- Bezieht man den absoluten Zuwachs (K_1-K_0) auf den Anfangsbestand, so erhält man das relative Wachstum (bzw. Wachstum im engeren Sinne)

$$\dfrac{K_1-K_0}{K_0} = \dfrac{K_1}{K_0} - 1 = \dfrac{p}{100} = q - 1$$

Merke: Im Zusammenhang mit Wachstumsprozessen wird p *Wachstumsrate* und q *Wachstumsfaktor* genannt.

Beispiel: Der Umsatz eines Unternehmens beträgt im Jahr 2003 50 Mio. €. Wie hoch ist der Umsatz im Jahr 2015, falls eine jährliche durchschnittliche Wachstumsrate von 8% unterstellt wird?

Lösung: n = (2015-2003) = 12

$K_{12} = 50$ Mio. € $\cdot\ 1.08^{12} = 125,9$ Mio. €.

Beispiel: Der Umsatz eines Unternehmens hat sich zwischen 1980 und 1988 von 50 Mio. DM auf 100 Mio. DM verdoppelt. Berechnen Sie die jährliche durchschnittliche Wachstumsrate.

Lösung: $q = \sqrt[n]{\frac{K_n}{K_0}} = \sqrt[8]{2} = 1{,}0905$

→ $p = 9{,}05$.

Beispiel: Die folgende Tabelle gibt die Wachstumsraten des Bruttosozialproduktes der Bundesrepublik Deutschland zwischen 1980 und 1987 an.

Veränderung gegenüber Vorjahr in %						
1981	1982	1983	1984	1985	1986	1987
4,0	3,4	5,1	5,3	4,3	5,6	3,8

a) Im Jahr 1980 betrug das Bruttosozialprodukt 1485,2 Mrd. DM. Wie hoch war es 1987?
b) Berechnen Sie die durchschnittliche Wachstumsrate zwischen 1981 und 1987.

Lösung a: Die Verallgemeinerung der Zinseszinsformel ergibt

$$\boxed{K_n = K_0 \cdot q_1 \cdot q_2 \cdot q_3 \cdots q_n}$$

q_i = Wachstumsfaktor zum Zeitpunkt i.

Man erhält also

$K_7 = (1{,}04 \cdot 1{,}034 \cdot 1{,}051 \cdot 1{,}053 \cdot 1{,}043 \cdot 1{,}056 \cdot 1{,}038) \cdot 1485{,}2$ Mrd. DM

$= 1{,}3606 \cdot 1485{,}2$ Mrd. DM $= \underline{2020{,}8 \text{ Mrd. DM}}$.

Lösung b: Die durchschnittliche Wachstumsrate berechnet man aus

$$K_n = K_0 \, \bar{q}^n$$

$$\bar{q} = \sqrt[n]{\frac{K_n}{K_0}} = \sqrt[n]{q_1 \cdot q_2 \cdots q_n}$$

$$= \sqrt[7]{\frac{2020{,}7}{1485{,}2}} = \sqrt[7]{1{,}04 \cdot 1{,}034 \cdots 1{,}038} = 1{,}045.$$

Die durchschnittliche Wachstumsrate ist 4,5%, da $\bar{p} = (\bar{q} - 1) \cdot 100 = 4{,}5$.

Merke: Durchschnittliche Wachstumsraten (Zinsfüße) lassen sich auf zwei Arten berechnen:

$$\boxed{\begin{array}{l} 1. \quad \bar{p} = \left(\sqrt[n]{\frac{K_n}{K_0}} - 1\right) \cdot 100 \\ 2. \quad \bar{p} = \left(\sqrt[n]{q_1 \cdot q_2 \cdots q_n} - 1\right) \cdot 100 \end{array}}$$

Den Ausdruck $\sqrt[n]{q_1 \cdot q_2 \cdots q_n}$ bezeichnet man als *geometrisches Mittel* der Wachstumsfaktoren q_1 bis q_n. Die Größen unterhalb des Wurzelzeichens müssen positiv sein, da es unmöglich und sinnlos ist, die Wachstumsrate zwischen einer positiven und einer negativen Ausgangsgröße (z.B. Gewinn) ermitteln zu wollen.

Beispiel: Ein Anleger kauft eine Aktie. Im ersten Jahr steigt der Kurs um 50%; im zweiten Jahr sinkt er dagegen um 50%. Berechnen Sie die jährliche durchschnittliche Wachstumsrate.

Lösung: $q_1 = 1 + \frac{p}{100} = 1{,}5$

$q_2 = 1 + \frac{(-p)}{100} = 1 - \frac{p}{100} = 0{,}5$ (negatives Wachstum)

$\bar{p} = \left(\sqrt[2]{1{,}5 \cdot 0{,}5} - 1\right) \cdot 100 = -13{,}4 \stackrel{\wedge}{=} -13{,}4\%$.

Beispiel: Folgende jährliche Wachstumsraten sind gegeben:
200%, -60%, 20%, -30%, 300%.
Berechnen Sie die durchschnittliche Wachstumsrate.

Lösung: $\bar{p} = \left(\sqrt[5]{3 \cdot 0{,}4 \cdot 1{,}2 \cdot 0{,}7 \cdot 4} - 1\right) \cdot 100 = 32{,}16 \stackrel{\wedge}{=} 32{,}16\%$.

Beispiel: Innerhalb eines Jahres stieg der Gewinn eines Unternehmers von 10 € auf 10.000 €. Wie hoch ist die Wachstumsrate?

Lösung: $q = \frac{10.000}{10}$

→ $p = (q-1) \cdot 100$

$= 999 \cdot 100$

$\stackrel{\wedge}{=} 99.900\,\%$.

b) Stetiges Wachstum

Bei einigen Wachstumsprozessen erfolgen die Zuwächse nicht diskontinuierlich nach einer bestimmten Zeit, sondern laufend bzw. stetig. Ein Beispiel dafür sind Bevölkerungswachstumsprozesse. Diese Prozesse werden daher i.d.R. mit der der stetigen Verzinsungsformel modelliert. Im Gegensatz dazu wird Wirtschaftswachstum (Wachstum des Bruttosozialprodukts, Umsatzwachstum, etc.) i.a. mit jährlichen Wachstumsraten berechnet, obwohl die Zuwächse meist laufend zu beobachten sind. Strenggenommen müßte man auch hier die stetige Wachstumsformel anwenden. Dies hat sich in der Praxis aber nicht durchgesetzt.

Beispiel: Zur Zeit beläuft sich die Weltbevölkerung auf etwa 6 Mrd. Menschen, und sie wächst mit einer jährlichen Wachstumsrate von ungefähr 1,8%. Auf welche Zahl ist die Weltbevölkerung nach 20 Jahren angewachsen?

Lösung: $K_0 = 6$ Mrd.

$p = 1,8$

$n = 20$

$K_{20} = K_0 \cdot e^{\frac{p}{100} \cdot n} = 6 \text{ Mrd.} \cdot e^{0,018 \cdot 20}$

$= 6 \text{ Mrd.} \cdot e^{0,36} = 6 \text{ Mrd.} \cdot 1{,}433 = 8{,}6 \text{ Mrd.}$

Beispiel: Italien hatte 1960 eine Bevölkerung von 49,6 Mio.. Bis zum Jahr 1980 stieg sie auf 57,1 Mio. an. Wie hoch war die jährliche Wachstumsrate im Durchschnitt?

Lösung: Aus $K_n = K_0 \, e^{\frac{p}{100} \cdot n}$

folgt

$$p = \frac{100}{n} \ln\left(\frac{K_n}{K_0}\right)$$

bzw.

$$p = \frac{100}{20} \ln\left(\frac{57{,}1}{49{,}6}\right) = 0{,}7 \, .$$

5.2 Verdopplungs-, Verdreifachungs- und Halbierungszeiten

Verdopplungszeit ist die Periode, innerhalb der sich ein gegebenes Kapital bei vorgegebenem Zinssatz verdoppelt.
Da

$$K_n = K_0 \cdot q^n$$

bzw. bei einer Verdopplung

$$\frac{K_n}{K_0} = 2 = q^n$$

ist, erhält man für die Verdopplungszeit

$$n = \frac{\ln 2}{\ln q} = \frac{\ln 2}{\ln(1+p/100)} \, .$$

Da für einen kleinen Zinsfuß p

$$\ln\left(1 + \frac{p}{100}\right) \approx \frac{p}{100}$$

und $\ln 2 = 0{,}7$ ist, ergibt sich für die Verdopplungszeit folgende Faustformel:

$$\text{Verdopplungszeit} \approx \frac{70}{p}$$

Beispiel: In wieviel Jahren verdoppelt sich ein Kapital bei einer Verzinsung von 5%?

Lösung: $n = \dfrac{\ln 2}{\ln 1{,}05} = 14{,}21$ Jahre

Faustformel: $\dfrac{70}{5} = 14$ Jahre.

In entsprechender Weise lassen sich Verdreifachungszeiten, Halbierungszeiten etc. für jährliche, unterjährliche und stetige Verzinsung ableiten.

Beispiel: Ein Sparer legt 1.000 € zu 5% Zinsen p.a. an. Nach wieviel Jahren hat sich sein Kapital verdreifacht?

Lösung: $\dfrac{K_n}{K_0} = 3 = q^n = 1{,}05^n$

bzw.

$n = \dfrac{\ln 3}{\ln(1{,}05)} = 22{,}52$ Jahre.

Beispiel: Eine Bevölkerung schrumpft jährlich um 0,5%. Nach wieviel Jahren hat sich die Bevölkerung halbiert?

Lösung: $K_n = K_0 \, e^{-0{,}005n}$

bzw.

$\dfrac{K_n}{K_0} = \dfrac{1}{2} = e^{-0{,}005n}$

$n = \dfrac{\ln \frac{1}{2}}{-0{,}005} = 138{,}63$ Jahre.

Beispiel: Nach wieviel Jahren verdoppelt sich ein Kapital, falls die Verzinsung vierteljährlich mit 1,5% erfolgt?

Lösung: $2 = (1{,}015)^{m \cdot n}$

bzw.

$2 = (1{,}015)^{4 \cdot n}$

$n = \dfrac{1}{4} \dfrac{\ln 2}{\ln 1{,}015} = 11{,}64$ Jahre.

5.3 Realzins (inflationsbereinigter Zinsfuß)

Realzins ist der Zinsertrag einer Kapitalanlage, der sich nach Berücksichtigung der Inflationsrate ergibt. Zu seiner Ermittlung wird das Anfangskapital K_0 einerseits mit dem Nominalzins aufgezinst und andererseits mit der Inflationsrate abgezinst, um das Realkapital in der nächsten Periode zu erhalten.

Nach n Jahren bei p%-iger Verzinsung erhöht sich zwar das Anfangskapital K_0 auf

$$K_n = K_0\left(1 + \frac{p}{100}\right)^n,$$

aber wegen der Inflationsrate von i% ist dieses K_n, gemessen an der heutigen Kaufkraft nur

$$\tilde{K}_n = K_0 \frac{\left(1 + \frac{p}{100}\right)^n}{\left(1 + \frac{i}{100}\right)^n}$$

real wert; demnach verzinst sich K_0 nach n Jahren real nur mit p_r% auf

$$\tilde{K}_n = K_0\left(1 + \frac{p_r}{100}\right)^n = K_0 \frac{\left(1 + \frac{p}{100}\right)^n}{\left(1 + \frac{i}{100}\right)^n}.$$

Der Realzinsfuß berechnet sich zu

$$\boxed{p_r = \left(\frac{\left(1 + \frac{p}{100}\right)}{\left(1 + \frac{i}{100}\right)} - 1\right) \cdot 100}$$

p_r : realer Zinsfuß p.a.
i : Inflations- bzw. Preissteigerungsrate p.a.
p : nominaler Zinsfuß p.a. .

Durch Umformung erhält man

$$p_r = \frac{\frac{p}{100} - \frac{i}{100}}{1 + \frac{i}{100}} \cdot 100 = \frac{p - i}{1 + \frac{i}{100}} \ ;$$

hieraus läßt sich für nicht zu große Inflationsraten i als Näherungsformel

$$\boxed{p_r \approx p - i}$$

gewinnen, wobei $\left(1 + \frac{i}{100}\right) \approx 1$ gesetzt wird.

Beispiel: Jemand legt 10.000 € fünf Jahre zu 5% an. Die Inflationsrate beträgt 4% jährlich.

a) Berechnen Sie die reale Verzinsung.

b) Berechnen Sie das reale (= inflationsbereinigte) Endkapital nach 5 Jahren.

a) $p_r = \left(\frac{1,05}{1,04} - 1\right) \cdot 100 = 0,96$

Näherungsformel: $p_r = 5-4 = 1$.

b) $K_5 = 10.000 \, € \cdot \left(\frac{1,05}{1,04}\right)^5 = 10.490,10 \, €$.

5.4 Gemischte Verzinsung

Es ist eine oft geübte Bankpraxis, bei nicht voll abgelaufenen Zinsperioden (meist zu Ende einer Laufzeit) nur noch einfach gemäß der Dauer der angebrochenen Zinsperiode zu verzinsen.

Beispiel: Es werden 10.000,- € zu 6% Jahreszinsen zinseszinslich angelegt. Nach 3 1/2 Jahren und 14 Tagen wird das Kapital zurückgefordert. Wieviel Kapital hat sich angesammelt?

Lösung: Laufzeit: 3 volle Zinsperioden von 3 Jahren, 6 Monate (1 Monat = 30 Tage) und 14 Tage angebrochene Zinsperiode. Für die 194 Tage der angebrochenen 4. Zinsperiode werden einfache Zinsen auf das Kapital K_n gewährt. (n* = Bruchteil der Zinsperiode; n*=194/360)

$$N = n + n^* = 3 + \frac{194}{360}$$

$$K_N = K_n\left(1 + n^* \frac{p}{100}\right) \; ;$$

$$\boxed{K_N = K_0\left(1 + \frac{p}{100}\right)^n \left(1 + n^* \frac{p}{100}\right)}$$

$$= 10.000 \, € \, \left(1 + \frac{6}{100}\right)^3 \left(1 + \frac{194}{360} \cdot \frac{6}{100}\right) = 12.295,25 \, €.$$

Merke: Bezieht man die einfache Verzinsung auf Bruchteile von Zinsperioden, so ergeben sich höhere Zinsen als mit der zinseszinslichen Formel berechnet;

für $0 < n^* < 1$ gilt $\left(1 + n^* \frac{p}{100}\right) > \left(1 + \frac{p}{100}\right)^{n^*}$.

Beispiel: $K_0 = 10.000,- €, p = 5$.

n^*	einfache Zinsen $K_0\left(1 + n^* \frac{p}{100}\right) - K_0$	zinseszinsliche Zinsen $K_0\left(1 + \frac{p}{100}\right)^{n^*} - K_0$
0,25	125,-- €	122,72 €
0,5	250,-- €	246,95 €
0,75	375,-- €	372,70 €
1,0	500,-- €	500,00 €
1,5	750,-- €	759,30 €
2,0	1.000,--€	1.025,00 €

In der Realität wird Kapital nicht nur zu Beginn, sondern meistens an einem beliebigen Tag innerhalb eines Jahres angelegt, so daß sich auch am Anfang der Verzinsungsperiode eine gebrochene Laufzeit ergibt. In diesem Fall beträgt der Kapitalendwert:

$$K_N = K_0\left(1 + n^{**} \frac{p}{100}\right)\left(1 + \frac{p}{100}\right)^n \left(1 + n^* \frac{p}{100}\right)$$

(n^{**} = Bruchteil der Zinsperiode bis zum Ende des ersten Jahres)

Beispiel: Jemand legt am t-ten Tag des Jahres 2006 10.000 € 5 Jahre lang zu 5% Verzinsung an. Wie hoch ist das Endkapital in Abhängigkeit vom Anlagetag?

Lösung: $K_5 = 10.000 \ € \left(1 + \frac{360 - t + 1}{360} \cdot \frac{5}{100}\right)\left(1 + \frac{5}{100}\right)^4 \left(1 + \frac{t-1}{360} \cdot \frac{5}{100}\right)$

Anlage am 01.01. (t = 1)   → $K_5 = 12.762,82 \ €$

Anlage am 01.07. (t = 181)   → $K_5 = 12.770,41 \ €$

Da die erste Ableitung obiger Funktion $\frac{dK_5}{dt} = -\frac{2401 \ (t - 181)}{5.120.000}$ ist, hat die Funktion an der Stelle t = 181 ein Maximum; folglich erreicht eine n-jährige Anlage bei gegebenem Zinsfuß ein Maximum, wenn der Anlagezeitpunkt der 1. Juli eines Jahres ist.

III. Übungsaufgaben

1. Das Bruttoinlandsprodukt (in Preisen von 1980) der Bundesrepublik betrug 1970 1134 Mrd. DM und 1980 1485,2 Mrd. DM. Berechnen Sie die durchschnittliche Wachstumsrate pro Jahr.

2. Jemand legt 20.000 € zu 6% zinseszinslich an. Auf welche Summe wächst das Kapital in 5 Jahren bei

   a) jährlicher   b) halbjährlicher   c) monatlicher   d) täglicher
   e) stetiger Verzinsung an?

3. Die Weltbevölkerung verdoppelte sich während der letzten 35 Jahre. Berechnen Sie die durchschnittliche jährliche Wachstumsrate bei stetiger Betrachtung.

4. Welches Kapital wächst nach 5 Jahren und 6 Monaten bei gemischter Verzinsung und 6% Zins auf 10.000 € an?

5. Eine Aktienanlage, die nach zwei Jahren verkauft wurde, hatte im ersten Jahr eine Kurssteigerung von 50% und im 2. Jahr einen Kursrückgang von 20%. Dividenden wurden keine ausgeschüttet. Wie hoch war die reale Effektivverzinsung des eingesetzten Kapitals, falls eine jährliche Inflationsrate von 3% sowie 1,5% Spesen jeweils von der Kauf- und der Verkaufssumme unterstellt werden?

6. Das nominale Bruttoinlandsprodukt der Bundesrepublik ist zwischen 1980 und 1985 von 1478,9 Mrd. DM auf 1830,5 Mrd. DM gestiegen. Berechnen Sie die durchschnittliche reale Wachstumsrate pro Jahr bei einer jährlichen Inflationsrate von 3,1%.

7. Eine Kapitalanlage hat sich in 10 Jahren verdoppelt. In der ersten Hälfte der Laufzeit betrug der Zinssatz 4%. Wie hoch war er in der zweiten Hälfte?

8. Eine Bevölkerung wuchs 5 Jahre lang 2,5% jährlich, 10 Jahre lang 1,5% jährlich und 20 Jahre lang 1% jährlich. Wie hoch war die durchschnittliche Wachstumsrate bei stetiger Betrachtung?

9. Ein Schuldner hat 10.000 € sofort, 10.000 € nach drei Jahren und 10.000 € nach 7 Jahren zu zahlen.

   a) Es wird neu vereinbart, die Gesamtschuld in sechs Jahren zu begleichen. Wie hoch ist diese bei einem Zinssatz von 8%?

   b) Wann ist die Gesamtsumme von 30.000 € bei einem Zinssatz von 8% fällig?

10. Die Bevölkerungszahl eines Industrielandes, die jährlich um 0,5% abnimmt, ist doppelt so hoch wie die eines Entwicklungslandes, die jährlich um 3% zunimmt. In wieviel Jahren wird die Bevölkerungszahl des Entwicklungslandes doppelt so hoch wie die des Industrielandes sein?

11. Das Prokopfeinkommen im Land A ist z. Zt. dreimal so hoch wie im Land B. Das Bruttosozialprodukt wächst in A jährlich um 2%, in B jährlich um 5%. Das Bevölkerungswachstum beträgt in B 1% pro Jahr, während in A kein Bevölkerungswachstum vorhanden ist. In wieviel Jahren ist das Prokopfeinkommen in B doppelt so hoch wie in A bei stetiger Betrachtung der Wachstumsraten?
(*Hinweis:* Prokopfeinkommen = Bruttosozialprodukt/Bevölkerungszahl).

12. Die Effektivverzinsung einer Anlage, die vierteljährlich verzinst wird, ist 6,14%. Wie hoch ist der Jahreszinsfuß?

13. Jemand zahlt auf sein Sparkonto am 2. Juli 1979 1.000 DM ein. Wie hoch ist der Kontostand am 2. April 1988 bei 3% Zins, falls das Konto zu diesem Zeitpunkt abgerechnet wird?

14. Welcher Betrag muß zu 6% bei
a) halbjährlicher
b) stetiger
Verzinsung angelegt werden, damit daraus nach 10 Jahren 10.000 € werden?

15. Eine Kapitalanlage hat sich nach 10 Jahren verdoppelt. In der ersten Hälfte der Laufzeit war der Zinssatz halb so hoch wie in der zweiten Hälfte. Wie hoch waren die Zinssätze?

16. Ein Kapital verzinse sich im ersten Jahr mit 4%, danach nimmt der Zinsfuß jährlich um 0,1 Prozentpunkte ab. Nach wieviel Jahren verdoppelt sich das Kapital?
(*Hinweis:* $ln\left(1 + \frac{p}{100}\right) \approx \frac{p}{100}$).

17. Veränderung des Preisindexes für die Lebenshaltung gegenüber dem Vorjahr:
1985 : 2,2%   1986 : -0,2%   1987 : 0,2%   1988 : 1,2%.
Berechnen Sie die durchschnittliche Veränderung des Preisindexes.

18. Zwischen 1970 und 1980 stiegen die Preise im Durchschnitt jährlich um 5%, zwischen 1980 und 1985 stiegen sie um 4%. Berechnen Sie den durchschnittlichen jährlichen Preisanstieg zwischen 1970 und 1985.

19. Eine Nullkupon-Anleihe wird in 5 Jahren zu 1.000 € zurückgezahlt. Berechnen Sie den Kurswert der Anleihe in zwei Jahren bei einer Verzinsung von 7%.

20. Das Bruttosozialprodukt in der Bundesrepublik betrug 1988 etwa 2,1 Billionen DM. Auf welchen Nominalwert wird es im Jahr 2000 gestiegen sein, falls eine reale Zuwachsrate von 3% und eine Inflationsrate von 4% jährlich unterstellt werden.

21. Ein Spekulant kauft ein Grundstück für 200.000 €. Nach vier Jahren verkauft er es mit einem Gewinn von 75%. Wie hoch ist die Effektivverzinsung?

22. Ein Kapital verdoppelt sich in 10 Jahren bei monatlicher Verzinsung. Wie hoch ist der Jahreszinsfuß?

23. In wieviel Jahren verfünffacht sich ein Kapital zu 6% Zinseszins bei

   a) jährlicher   b) halbjährlicher   c) monatlicher   d) stetiger

   Verzinsung?

24. Das Land A hat 20 Mio. Einwohner bei einer (stetigen) Wachstumsrate von 3% jährlich. Das Land B mit 60 Mio. Einwohnern wächst mit einer jährlichen (stetigen) Wachstumsrate von 1%.

   a) In wieviel Jahren wird die Bevölkerung von A größer als die von B sein?

   b) Mit welcher Wachstumsrate müßte die Bevölkerung von A wachsen, um das Land B bevölkerungsmäßig in 25 Jahren einzuholen?

25. In welcher Zeit ver-x-facht sich ein Kapital K_0 zu p%

   a) bei m Zinszahlungen pro Jahr?

   b) bei stetiger Verzinsung?

26. Ein Kapital über 5.000 € wurde zu 8% für fünf Jahre angelegt. Die jährliche Inflationsrate betrug in den ersten drei Jahren 4%, dann 6%. Wie hoch war die reale Verzinsung?

27. Ein Waldbestand hat einen Tageswert von 1 Mio. €. Aufgrund von Abholzung und Umweltschäden nimmt der mengenmäßige Bestand jährlich um 10% (stetig) ab; der Preis des Holzes steigt halbjährlich um 4%.

   a) Welchen Tageswert hat der Wald in 10 Jahren?

   b) Nach wieviel Jahren hat sich der Wert des Waldes halbiert?

28. Vergleich zweier Nullkupon-Anleihen:

	Kurswert	Laufzeit	Rückzahlung
A	660 €	5 Jahre	1.000 €
B	1450 €	4 Jahre	2.000 €

Bei welcher Anleihe ist die Verzinsung höher?

29. Jemand zahlt am 27.12.1989 3.000 DM auf sein Sparkonto ein. Am 01.05.1991 werden weitere 2.000 DM einbezahlt. Wie hoch ist der Kontostand am 18.12.1993 bei einem Zinsfuß von 3%, falls das Konto zu diesem Zeitpunkt abgerechnet wird?

30. Nach wieviel Jahren, Monaten und Tagen verdoppelt sich ein Kapital, welches zu Beginn eines Jahres angelegt wurde, bei gemischter Verzinsung zu 7%?

31. Ein Kredit über 20.000 € wird zu 10% Jahreszinsen bei halbjährlicher Verzinsung gewährt. Nach fünf Jahren sollen die Schuld sowie die angefallenen Zinsen zurückbezahlt werden. Für jedes Jahr muß eine Verwaltungsgebühr von 0,5% der Kreditsumme bezahlt werden. Die Verwaltungsgebühren werden am Ende der Laufzeit in einem Betrage eingezogen. Außerdem wird ein Damnum von 3% erhoben. Wie hoch ist die Effektivverzinsung des Kredits?

32. Jemand legt 20.000 € zinseszinslich 10 Jahre lang an. Für die ersten sechs Jahre werden 6% Zinsen gewährt. Danach steigt der Zinssatz jährlich um einen Prozentpunkt.
    a) Wie hoch ist das Guthaben am Ende der Laufzeit?
    b) Wie hoch ist die durchschnittliche Verzinsung?

33. Zwischen 1950 und 1985 hat sich der Schadstoffgehalt eines Sees vertausendfacht. In den darauffolgenden fünf Jahren ist er um 14% zurückgegangen. Um wieviel Prozent ist der Schadstoffgehalt zwischen 1950 und 1990 angestiegen?

34. Am 22.07.1996 werden 30.000 DM auf ein Zuwachskonto einbezahlt. Das Geld wird 5 Jahre fest angelegt. Im ersten Anlagejahr werden 4,5%, im zweiten 5,25%, im dritten 6%, im vierten 6,75% und im fünften Anlagejahr 7% Zinsen gewährt. Wie hoch ist das Guthaben am 22.07.2001, dem Tag der Kontoauflösung? Die Zinsen werden jeweils am Jahresende berechnet.

C. RENTENRECHNUNG

I. Testaufgaben

1. Jemand zahlt am Ende eines jeden Jahres 1.000 € auf sein Sparkonto ein, welches zu 3% verzinst wird. Wie hoch ist der gesparte Betrag einschließlich Zinseszins am Ende des 10. Jahres?

    Lösung: 11.463,88 €   → C 2.1.a

2. Als Kaufpreis für ein Haus hat der Erwerber 5 Raten von je 100.000 € zu leisten. Die erste Rate muß sofort bezahlt werden, die übrigen in jährlichen Abständen. Mit welchem Betrag könnte bei 5% Zins die ganze Schuld sofort beglichen werden?

    Lösung: 454.595 €   → C 2.2.b

3. Der gerade vierzigjährige Fachhochschullehrer F. möchte zu seinem 60. Geburtstag 200.000 € angespart haben. Wie hoch sind die jährlichen Sparleistungen bei nachschüssiger Zahlung, wenn ein Zinssatz von 5% unterstellt wird?

    Lösung: 6.048,52 €   → C 2.1.d

4. Eine fällige Lebensversicherung über 100.000 € soll nicht sofort, sondern als nachschüssige Jahresrente ausbezahlt werden. Mit welcher Rente kann bei einer Laufzeit von 10 Jahren und einem Zinssatz von 6% gerechnet werden?

    Lösung: 13.586,80 €   → C 2.1.d

5. Ein Lottospieler hat 500.000 € gewonnen. Er legt sein Geld zu 6% an. Wie lange kann er von seinem Gewinn leben, wenn er jeweils am Ende eines Jahres 50.000 € abhebt?

    Lösung: 15,7 Jahre   → C 2.1.c, e

6. Ein Sparer legt jeweils zu Beginn eines Jahres 10 Jahre lang 1.000 € an, wobei das Sparkapital zu 3% verzinst wird. Nach Ablauf der Sparzeit erhält er noch eine Sparprämie von 14% auf die von ihm eingezahlte Summe (= 1.400 €). Wie hoch ist die effektive Verzinsung dieser Anlage?

    Lösung: 5%   → C 2.2.f

7. Welches Kapital muß bereitgestellt werden, wenn daraus zu jedem Quartalsbeginn eine Spende von 1.000 € 5 Jahre lang überwiesen werden soll? Die vierteljährliche Verzinsung betrage 1%.

    Lösung: 18.226 €   → C 2.2.c, 3.3.d

8. Ein Sparer spart monatlich 100 €. Die Einzahlungen erfolgen jeweils am Ende eines Monats. Die monatliche Verzinsung betrage 0,5%. Wie hoch ist sein Guthaben nach 10 Jahren?

   Lösung: 16.387,93 €   → C 2.1.a, 3.3.d

9. Jemand legt am 01.01.1988 100.000 DM zu 5% Zinseszins an. Beginnend mit dem 31.12.1988 werden dann jeweils am Jahresende 10.000 DM abgehoben. Wie hoch ist das Restkapital am 31.12.1999 nach der letzten Abhebung?

   Lösung: 20.414,36 DM   → C 2.3.1

10. Jemand hat eine Rentenzusage auf monatlich 1.000 € nachschüssig für 10 Jahre. Wie groß ist der Rentenendwert bei 6% Zinseszins?

    Lösung: 162.519,20 €   → C 3.1

11. In einer Pensionszusage wird eine Rente über 5.000 € zu Beginn eines Quartals 10 Jahre lang bezahlt. Welchen Betrag muß die Firma bei einem Jahreszinssatz von 5% am Anfang der Rentenzahlungen für die Pensionsrückstellung (Barwert) einsetzen?

    Lösung: 159.260,78 €   → C 3.2

12. Jemand zahlt jeweils zum 1. eines Monats 100 € auf ein Anlagekonto ein, welches vierteljährlich mit 2% verzinst wird. Über welchen Betrag verfügt der Sparer nach 5 Jahren?

    Lösung: 7.386,40 €   → C 3.3

13. Eine Unternehmung erzielt einen durchschnittlichen Jahresgewinn von 100.000 €. Wie groß ist der sogenannte Ertragswert (Barwert des Gewinnes), wenn eine unendliche Lebensdauer und ein Kalkulationszinsfuß von 8% angenommen werden?

    Lösung: 1.250 000 €   → C 4

14. Ein Rentner hat sein Haus für 300.000 € verkauft und das Geld zu 7% Jahreszins angelegt. Am Ende des 1. Jahres hebt er 25.000 € ab, rechnet aber damit, daß er wegen der Teuerung den Betrag jährlich um 5% erhöhen muß. Wie lange kann er vom Erlös seines Hauses leben?

    Lösung: 14,54 Jahre   → C 5, 2.1.e

15. Ein Vater legt bei der Geburt seines Sohnes ein Sparbuch an und zahlt zu Beginn eines jeden Monats 50 € ein über einen Zeitraum von 20 Jahren. Der Jahreszins beträgt 5%. Wie lange kann sein Sohn von dem gesparten Geld studieren, wenn er jeden Monat 600 € (vorschüssig) abhebt?

    Lösung: 3 Jahre   → C 3.4

16. Wie groß ist bei 4% Zinseszins der Barwert einer nachschüssigen Rente, die bei achtjähriger Dauer mit 3.000 € beginnt und jährlich um 4% steigt?

   Lösung: 23.076,92 €   → C 5

17. Eine Kreditvermittlung bietet einen Kleinkredit über 1.000 € an, der in 48 Monatsraten (nachschüssig) zu je 24,50 € zurückzuzahlen ist. Wie hoch ist die effektive Jahresverzinsung, wenn zusätzlich eine Bearbeitungsgebühr von 67,50 €, die bei der Kreditauszahlung anfällt, erhoben wird? Es wird jährliche Verzinsung unterstellt.

   Lösung: 12,62%   → C 3.3, C 6

18. Jemand erhält nach Ablauf von genau drei Jahren fünfmal eine jährliche Rente von 20.000 €. Wie hoch ist der Rentenbarwert bei einem Zinssatz von 6%?

   Lösung: 74.979,78 €   → C 2.3.2

19. Ein Kredit über 5.000 € soll in 47 nachschüssigen Monatsraten zu je 136 € getilgt werden. Wie hoch ist der effektive Zinssatz bei jährlicher Verzinsung?

   Lösung: 13,74%   → C 6

20. Ein Sparer möchte in 30 Monaten ein Kapital von 10.000 € ansparen. Wie hoch muß die Sparrate zu jedem Monatsanfang bei einer jährlichen Verzinsung von 6% sein?

   Lösung: 308,70 €   → C 6

II. Lehrtext

1. Grundbegriffe

Eine in gleichen Zeitabständen regelmäßig wiederkehrende Zahlung heißt *Rente*. Unter Rente versteht man sowohl die Gesamtheit aller Zahlungen als auch die einzelne Zahlung selbst, welche auch *Rentenrate* oder kurz *Rate* genannt wird. Man bezeichnet nicht nur regelmäßige Auszahlungen, sondern auch regelmäßige Einzahlungen in der Finanzmathematik als Renten.

Beispiele für Renten sind Versicherungsbeiträge, Mieten, Löhne und Gehälter, Altersrenten, Einzahlungen auf ein Sparkonto oder die Rückzahlungen für einen Kredit.

Bezüglich des Zahlungstermins werden zwei Arten von Renten unterschieden:
(1) Erfolgen die Zahlungen am Anfang einer Periode, so spricht man von *vorschüssigen* oder pränumerando-Renten.
(2) Erfolgen die Zahlungen am Ende einer Periode, so spricht man von *nachschüssigen* oder postnumerando-Renten.

Es ist allgemein üblich, das jeweils gebundene Kapital jährlich mit Zinseszinsen zu verzinsen, wobei Abweichungen von der jährlichen Verzinsung möglich sind. Zins- und Zahlungsperioden müssen nicht übereinstimmen (z.B. monatliche Raten bei jährlicher Verzinsung). Ist die Zahlungsperiode kürzer als der Zinszeitraum, dann liegt eine *unterjährliche* Rate vor.

Typische Rentenprobleme

1. Frage nach dem Rentenendwert:

Welches Kapital sammelt sich in wieviel Jahren bei einer festen periodischen Zahlung an, wenn das jeweils einliegende Geld mit p% jährlich verzinst wird?

Beispiel: Ein Bausparer verpflichtet sich, monatlich 100 € auf sein Bausparkonto einzubezahlen. Auf welchen Betrag (= Rentenendwert) ist die Sparsumme nach 10 Jahren bei 3%iger Verzinsung angewachsen?

Der Rentenendwert ist das angesammelte Endkapital am Ende der Laufzeit einer Rente.

2. Frage nach dem Rentenbarwert:

Wie hoch muß das einliegende Kapital bei jährlicher Verzinsung von p% sein, wenn hieraus periodische Auszahlungen über soundso viele Jahre erfolgen sollen?

Beispiel: Welches Kapital (= Rentenbarwert) muß zur Verfügung stehen, damit daraus 10 Jahre lang eine jährliche Rente von 10.000 € nachschüssig bei 5% Verzinsung bezahlt werden kann?

Der Rentenbarwert ist das Kapital, das eine Rente, deren Zins, Auszahlung, Laufzeit und Zahlungsperioden festliegen, (bar) wert ist, so daß man sie durch eine einmalige Zahlung ablösen kann.

Beispiel: Hauskauf auf Rentenbasis

Es wird vereinbart, dem Verkäufer oder seinem Erben 20 Jahre lang 2.000 € monatlich als Rente zu bezahlen. Der zu erwartende durchschnittliche Zins während der 20 Jahre betrage 6%. Der Rentenbarwert ist dann der Geldbetrag, der, auf einem Konto mit 6%iger Verzinsung deponiert, die Rente voll finanziert.

Folgende Symbole werden im Zusammenhang mit der Rentenrechnung verwandt:

Übersicht: Wichtige Begriffe der Rentenrechnung

r	:	Rentenrate, Rate (unterjährliche oder jährliche Ein- und Auszahlungen)
R_n	:	Rentenendwert
R_0	:	Rentenbarwert
p	:	Zinsfuß
$q = 1 + \frac{p}{100}$	:	Zinsfaktor
n	:	Laufzeit

2. Jährliche Renten- (Raten-) Zahlungen

2.1 Nachschüssige Zahlungen

Folgende Fragestellungen werden behandelt:

> a) Rentenendwert R_n
> b) Rentenbarwert R_0
> c) Verrentung: $R_0 q^n - R_n = 0$
> d) Rentenrate r
> e) Laufzeit n
> f) Zinsfuß p

Sie werden alle mit den Zahlenwerten des folgenden Beispiels diskutiert.

Beispiel: Am Ende eines Jahres werden r=100,- € eingezahlt (jährliche nachschüssige Zahlung). Das einliegende Kapital wird mit 7% (p=7) verzinst. Die Laufzeit beträgt n=5 Jahre.

a) Wieviel beträgt das angesammelte Kapital am Ende der Laufzeit?

→ Rentenendwert R_n?

Jahr n	Rate r	Kapital am Ende des Jahres n → R_n	
0			
1. Jahr	$r = 100,- €$	$R_1 = r$	$= 100,00 €$
1			
2. Jahr	$r = 100,- €$	$R_2 = r + \left[r + r\frac{p}{100}\right] = r + rq^1$	$= 207,00 €$
2			
3. Jahr	$r = 100,- €$	$R_3 = r + \left[r + rq^1\right] \cdot q^1 = r + rq + rq^2$	$= 321,49 €$
3			
4. Jahr	$r = 100,- €$	$R_4 = r + \left[r + rq + rq^2\right]q = r + rq + rq^2 + rq^3$	$= 443,99 €$
4			
5. Jahr	$r = 100,- €$	$R_5 = r + rq + rq^2 + rq^3 + rq^4 = r(1+q+q^2+q^3+q^4) =$	
		$= r\frac{1-q^5}{1-q} = r\frac{q^5-1}{q-1}$	$= 575,07 €$
5			
n-tes Jahr	$r = 100,- €$	$\boxed{R_n = r\frac{1-q^n}{1-q} = r\frac{q^n-1}{q-1}}$	nachschüssige Rentenendwertformel
n			

b) Wie groß ist der Rentenbarwert der obigen Rentenzahlung?

→ Rentenbarwert R_0?

Der Rentenbarwert von 5 nachschüssigen Rentenzahlungen ist der Betrag, der einmalig zu Beginn der Laufzeit angelegt nach 5 Jahren den gleichen Endbetrag R_5 ergibt wie die 5 Rentenzahlungen.

Es gilt also:

$$R_0 \cdot q^5 = R_5 = r \cdot \frac{q^5-1}{q-1}$$

bzw.

$$R_0 = \frac{R_5}{q^5} = \frac{r}{q} + \frac{r}{q^2} + \frac{r}{q^3} + \frac{r}{q^4} + \frac{r}{q^5} = \frac{575,07 €}{1,075} = 410,02 €.$$

Allgemein: $\boxed{R_0 = \frac{R_n}{q^n} = \frac{r}{q^n} \cdot \frac{q^n-1}{q-1}}$ nachschüssige Rentenbarwertformel

c) Welches Kapital K_0 muß eingelegt werden, damit 5 Jahre lang nachschüssig die Rate $r=100,- €$ ausgezahlt werden kann (p=7)?

→ Verrentungsproblem, Rentenbarwert R_0?

Jahr n	Auszah-lung	Kapital am Ende des Jahres n		
0		$K_0 = R_0$		$= 410{,}02\ €$
1. Jahr 1	r	$K_1 = R_0\,q - r$	$= 410{,}02\ € \cdot 1{,}07 - 100{,}-\ €$	$= 338{,}70\ €$
2. Jahr 2	r	$K_2 = \big[R_0\,q - r\big]q - r$ $= R_0\,q^2 - rq - r$	$=$ $= 338{,}70\ € \cdot 1{,}07 - 100{,}-\ €$	$= 262{,}41\ €$
3. Jahr 3	r	$K_3 = R_0\,q^3 - rq^2 - rq - r$	$= 262{,}41\ € \cdot 1{,}07 - 100{,}-\ €$	$= 180{,}78\ €$
4. Jahr 4	r	$K_4 = R_0\,q^4 - rq^3 - rq^2 - rq - r$	$= 180{,}78\ € \cdot 1{,}07 - 100{,}-\ €$	$= 93{,}43\ €$
5. Jahr 5	r	$K_5 = R_0\,q^5 - rq^4 - rq^3 - rq^2 - rq - r =$	$93{,}43\ € \cdot 1{,}07 - 100{,}-\ €$	$= 0\ €$
n-tes Jahr n	r	$K_n = 0 = R_0\,q^n - r\,\dfrac{q^n-1}{q-1} = R_0\,q^n - R_n$		$= 0\ €$

dα) Welche Rate muß jährlich nachschüssig bei 7% 5 Jahre lang eingezahlt werden, um am Ende 575,07 € zu erhalten?

→ Rentenrate r bei R_n?

$$R_n = r \cdot \frac{q^n-1}{q-1} = 575{,}07\ €$$

$$\boxed{r = R_n\,\frac{q-1}{q^n-1}} = 575{,}07\ € \cdot \frac{0{,}07}{(1{,}07^5-1)} = 100{,}--\ €.$$

dβ) Welche Rate kann jährlich nachschüssig bei 7% 5 Jahre lang ausbezahlt werden, wenn ein Kapital von 410,02 € zur Verfügung steht?

→ Rentenrate r bei R_0?

$$R_0 = \frac{r}{q^n} \cdot \frac{q^n-1}{q-1} = 410{,}02\ €$$

$$\boxed{r = R_0 \cdot q^n\,\frac{q-1}{q^n-1}} = 410{,}02\ € \cdot 1{,}07^5 \cdot \frac{0{,}07}{(1{,}07^5-1)} = 100{,}--\ €.$$

e) Wie lange (wie oft) wird bei einer Verzinsung von 7% jährlich nachschüssig 100,- €

α) angespart, um 575,07 € zu erhalten;

β) ausgezahlt, wenn 410,02 € zur Verfügung stehen?   → Laufzeit n?

$$R_n = R_0 \, q^n = r \cdot \frac{q^n-1}{q-1} = 575{,}07 \, €$$
$$= 410{,}02 \, € \cdot 1{,}07^n = 100 \, € \cdot \frac{1{,}07^n-1}{0{,}07}$$

zu α):

$$q^n - 1 = \frac{R_n}{r}(q-1) \qquad\qquad = \frac{575{,}05 \, €}{100{,}00 \, €} \cdot 0{,}07 = 0{,}4025$$

$$q^n = \frac{R_n}{r}(q-1) + 1 \qquad\qquad = 1{,}4025$$

$$lg \, q^n = n \cdot lg \, q = lg\left[\frac{R_n}{r}(q-1) + 1\right] = lg \, 1{,}4025$$

$$\boxed{n = \frac{lg\left[\frac{R_n}{r}(q-1) +1\right]}{lg \, q}} \qquad = \frac{lg \, 1{,}4025}{lg \, 1{,}07} = \frac{0{,}1469}{0{,}0294} \approx 5$$

$$\left[\text{Logarithmierung ist auch mit anderer Basis möglich:} \quad n = \frac{ln \, 1{,}4025}{ln \, 1{,}07} \approx 5\right].$$

zu β):

$$\frac{q^n-1}{q^n} = \frac{R_0}{r}(q-1) \qquad\qquad = \frac{410{,}02 \, €}{100{,}00 \, €} \cdot 0{,}07 = 0{,}2870$$

$$1 - \frac{1}{q^n} = \frac{R_0}{r}(q-1)$$

$$\frac{1}{q^n} = 1 - \frac{R_0}{r}(q-1) \qquad\qquad = 0{,}7130$$

$$q^n = \frac{1}{1 - \frac{R_0}{r}(q-1)} \qquad\qquad = 1{,}4025$$

$$n \, lg \, q = lg\left\{\frac{1}{1 - \frac{R_0}{r}(q-1)}\right\} \quad = lg \, 1{,}4025$$

$$\boxed{n = \frac{lg\left[\frac{1}{1 - \frac{R_0}{r}(q-1)}\right]}{lg \, q}} \qquad = \frac{lg \, 1{,}4025}{lg \, 1{,}07} \approx 5$$

f) Wie groß ist der Zinsfuß, wenn 5 Jahre lang eine Rate (Rente) von 100,-- € jährlich nachschüssig

   α) angespart 575,07 € ergeben;

   β) von einem Kapital von 410,02 € ausgezahlt werden kann?

   → Zinsfuß p bzw. $q = 1 + \frac{p}{100}$?

zu α):

$$R_n = r \frac{q^n-1}{q-1} = 575{,}07 \;€$$

$$\frac{q^n-1}{q-1} = \frac{R_n}{r} = 5{,}7507$$

Ein einfaches Auflösen nach q ist mit dieser Gleichung nicht mehr möglich. Man kann spezielle Lösungsverfahren, die in der Fachliteratur beschrieben sind, zwar anwenden, aber man erhält durch Probieren, d.h. Einsetzen geeigneter Werte in die obige Gleichung - mit dem Taschenrechner - rasch praktikable Lösungsnäherungen (vgl. aber auch das Verfahren mit Hilfe der Tabellen im Anhang D).

Der Ausdruck $\frac{q^n-1}{q-1} = 1+q+q^2+\ldots+q^{n-1}$ wächst vom Wert 1 bei $q=0$ mit steigendem q monoton an (Summe von positiven Potenzfunktionen); somit gibt es nur einen (positiven) Lösungswert q, der diesen Ausdruck gleich R_n/r macht.

Als Startwert für das Probieren wählt man einen auf dem Kapitalmarkt üblichen Zinsfuß, z.B. $p=10$ ($q=1{,}1$) oder $p=5$ ($q=1{,}05$) und setzt diese Werte in die Gleichung

$$F(q) = \frac{q^n-1}{q-1} - \frac{R_n}{r}$$

ein:

$$F(1{,}1) = \frac{1{,}1^5-1}{0{,}1} - 5{,}7507 = 0{,}354 > 0$$

$$F(1{,}05) = \frac{1{,}05^5-1}{0{,}05} - 5{,}7507 = -0{,}225 < 0$$

Somit hat man den Lösungswert bereits eingegrenzt. Bei negativem F(q) hat man q zu klein, bei positivem Wert zu groß angesetzt.

Aus Gründen der Zweckmäßigkeit sollte man sich eine kleine Wertetabelle anlegen.

<u>Wertetabelle</u>

p	q	F(q)	Bemerkung
10	1,1	0,354	zu groß
5	1,05	-0,225	zu klein
7,5	1,075	0,0577	noch zu groß
6,75	1,0675	-0,0286	noch zu klein
7,25	1,0725	0,0288	noch zu groß
7,0	1,07	$3{,}900 \cdot 10^{-5}$	"Näherung", Lösung

zu β):

$$R_n = R_0 q^n = r \frac{q^n-1}{q-1} = 410{,}02 \,€ \cdot q^5$$

$$\frac{1}{q^n} \frac{q^n-1}{q-1} = \frac{R_0}{r} = 4{,}1002$$

Probieren oder die Tabellen im Anhang D führen zur Lösung. Der Ausdruck

$$\frac{1}{q^n} \frac{q^n-1}{q-1} = \frac{1}{q^n}(1+q+\ldots+q^{n-1}) = \frac{1}{q^n} + \frac{1}{q^{n-1}} + \ldots + \frac{1}{q}$$

fällt für q>0 (Unendlichkeitsstelle bei q=0) mit wachsendem q monoton, so daß es wiederum nur eine Lösung gibt:

$$F(q) = \frac{1}{q^n}\frac{q^n-1}{q-1} - \frac{R_0}{r} = \frac{1}{q^5}\frac{q^5-1}{q-1} - 4{,}1002 \ .$$

In diesem Falle bedeutet wegen der fallenden Monotonie des ersten Ausdruckes F(q)<0, daß der q-Wert größer, und F(q)>0, daß er kleiner als die Lösung ist.

Wertetabelle

p	q	F(q)	Bemerkung
10	1,1	-0,3094	zu groß
5	1,05	0,2292	zu klein
7,5	1,075	-0,0543	noch zu groß
7,0	1,07	$-2{,}56 \cdot 10^{-6}$	Lösung

Merke: Es ist nicht sehr sinnvoll, sich für alle diese Fragestellungen die entsprechende Formel zu merken - abgesehen von der Gefahr, eine falsche herauszugreifen. Von der Grundformel $R_n = r \frac{q^n-1}{q-1}$ lassen sich alle Fälle leicht ableiten. Mathematisch Ungeübten ist anzuraten, frühzeitig Werte einzusetzen, um die mathematischen Ausdrücke zu vereinfachen.

2.2 Vorschüssige Zahlungen

Man kann die Fragestellungen des Beispiels im vorigen Abschnitt übernehmen, wenn man überall den Begriff "nachschüssig" durch "vorschüssig" ersetzt, da die Zahlungen zu Beginn des Zinszeitraumes von einem Jahr vorgenommen werden.

Folgende Fragestellungen werden behandelt:

a) Rentenendwert R_n
b) Rentenbarwert R_0
c) Verrentung: $R_0 q^n - R_n = 0$
d) Rentenrate r
e) Laufzeit n
f) Zinsfuß p

Beispiel: Zu Beginn eines Jahres werden r=100,- € eingezahlt (= jährliche vorschüssige Zahlung). Das einliegende Kapital wird mit 7% (p=7) verzinst. Die Laufzeit beträgt n=5 Jahre.

a) Wieviel beträgt das angesammelte Kapital am Ende der Laufzeit?
→ Rentenendwert R_n ?

Jahr n	Rate r	Kapital am Ende des Jahres n R_n	
0			
1. Jahr	r = 100,- €	$R_1 = r + r\frac{p}{100} = r\left(1 + \frac{p}{100}\right) = r \cdot q^1$	= 107,00 €
1			
2. Jahr	r = 100,- €	$R_2 = r \cdot q^1 + R_1 q = rq + rq^2$	= 221,49 €
2			
3. Jahr	r = 100,- €	$R_3 = rq + R_2 q = rq + rq^2 + rq^3$	= 343,99 €
3			
4. Jahr	r = 100,- €	$R_4 = rq + R_3 q = rq + rq^2 + rq^3 + rq^4$	= 475,07 €
4			
5. Jahr	r = 100,- €	$R_5 = rq + rq^2 + rq^3 + rq^4 + rq^5 =$ $= rq\left(1+q+q^2+q^3+q^4\right) = rq\frac{q^5-1}{q-1}$	= 615,33 €
5			
n-1			
n-tes Jahr	r = 100,- €	$R_n = rq\frac{q^n-1}{q-1}$	vorschüssige Rentenendwertformel
n			

b) Wie groß ist der Rentenbarwert der obigen Rentenzahlung?
→ Rentenbarwert R_0 ?

Der Rentenbarwert von 5 vorschüssigen Rentenzahlungen ist der Betrag, der, einmalig zu Beginn der Laufzeit angelegt, nach 5 Jahren den gleichen Endbetrag R_5 ergibt wie die 5 Rentenzahlungen. Es gilt also:

$$R_0 \cdot q^5 = R_5 = r \cdot q \frac{q^5-1}{q-1}$$

bzw.

$$R_0 = \frac{R_5}{q^5} = \frac{615,33 \text{ €}}{1,07^5} = 438,72 \text{ €}.$$

Allgemein: $\boxed{R_0 = \frac{R_n}{q^n} = \frac{r}{q^{n-1}} \cdot \frac{q^n-1}{q-1}}$

vorschüssige Rentenbarwertformel

c) Welches Kapital K_0 muß eingelegt werden, damit 5 Jahre lang vorschüssig die Rate r=100,- € ausgezahlt werden kann (p=7)?

→ Verrentungsproblem, Rentenbarwert R_0 ?

Jahr n	Auszahlung r	Kapital am Ende des Jahres n K_n	
0		$K_0 = R_0$	= 438,72 €
1. Jahr 1	r = 100,- €	$K_1 = (R_0-r)q = R_0 q - rq$	= 362,43 €
2. Jahr 2	r = 100,- €	$K_2 = (K_1-r)q = R_0 q^2 - rq^2 - rq$	= 280,80 €
3. Jahr 3	r = 100,- €	$K_3 = (K_2-r)q = R_0 q^3 - rq^3 - rq^2 - rq$	= 193,46 €
4. Jahr 4	r = 100,- €	$K_4 = (K_3-r)q = R_0 q^4 - rq^4 - rq^3 - rq^2 - rq$	= 100,00 €
5. Jahr 5	r = 100,- €	$K_5 = (K_4-r)q = R_0q^5 - rq^5 - rq^4 - rq^3 - rq^2 - rq$ = $= R_0q^5 - rq(1+q+q^2+q^3+q^4)$ = $= R_0q^5 - rq\frac{q^5-1}{q-1} = R_0q^5 - R_5$	= = 0,00 €
n-1			
n-tes Jahr n	r = 100,- €	$K_n = R_0q^n - R_n = R_0 q^n - rq\frac{q^n-1}{q-1}$	= 0 €

dα) Welche Rate muß jährlich vorschüssig bei 7% 5 Jahre lang eingezahlt werden, um am Ende 615,33 € zu erhalten?

→ Rentenrate r bei R_n ?

$$R_n = r \cdot q \frac{q^n-1}{q-1} = 615,33 \text{ €}$$

$$\boxed{r = \frac{R_n}{q} \cdot \frac{q-1}{q^n-1}} = \frac{615,33 \text{ €}}{1,07} \cdot \frac{0,07}{1,07^5-1} = 100,- \text{ €}.$$

dβ) Welche Rate kann jährlich vorschüssig bei 7% 5 Jahre lang ausbezahlt werden, wenn ein Kapital von 438,72 € zur Verfügung steht?

→ Rentenrate r bei R_0 ?

$$R_0 = \frac{r}{q^{n-1}} \cdot \frac{q^n-1}{q-1} = 438,72 \text{ €}$$

$$\boxed{r = R_0 \cdot q^{n-1} \cdot \frac{q-1}{q^n-1}} = 438,72 \text{ €} \cdot 1,07^4 \cdot \frac{0,07}{(1,07^5-1)} = 100,- \text{ €}.$$

e) Wie lange (wie oft) wird bei einer Verzinsung von 7% jährlich vorschüssig 100,-- €

α) angespart, um 615,33 € zu erhalten;

β) ausgezahlt, wenn 438,72 € zur Verfügung stehen?   → Laufzeit n

<u>zu α)</u>:

$$q^n-1 = \frac{R_n}{r \cdot q}(q-1) = \frac{615,33 \text{ €}}{100,-\text{€} \cdot 1,07} \cdot 0,07 = 0,4025.$$

Die Auflösung nach n ergibt:

$$\boxed{n = \frac{lg\left[\frac{R_n}{r \cdot q}(q-1)+1\right]}{lg\, q}} = \frac{lg\, 1,4025}{lg\, 1,07} \approx 5.$$

<u>zu β)</u>:

$$\frac{q^n-1}{q^n} = \frac{R_0}{r \cdot q}(q-1) = \frac{438,72 \text{ €}}{100,--\text{€}} \cdot \frac{0,07}{1,07} = 0,2870.$$

Die Auflösung nach n ergibt:

$$\boxed{n = \frac{lg\left[\frac{1}{1-\frac{R_0}{r}\frac{q-1}{q}}\right]}{lg\, q}} \approx 5.$$

f) Wie groß ist der Zinsfuß, wenn 5 Jahre lang eine Rate (Rente) von 100,-- € jährlich vorschüssig

α) angespart 615,33 € ergeben;

β) von einem Kapital von 438,72 € ausgezahlt werden kann?

→ Zinsfuß p bzw. $q = 1 + \frac{p}{100}$?

zu α):

$$R_n = r \cdot q \frac{q^{n}-1}{q-1} = 615,33 \text{ €}$$

$$q \frac{q^{n}-1}{q-1} = \frac{R_n}{r} = 6,1533 .$$

Zur Lösung gelangt man auch hier durch Probieren;

$$F(q) = q \frac{q^{n}-1}{q-1} - \frac{R_n}{r} = q \frac{q^{5}-1}{q-1} - 6,1533 .$$

Wertetabelle

p	q	F(q)	Bemerkung
10	1,1	0,562	zu groß
5	1,05	-0,351	zu klein
7,5	1,075	0,091	noch zu groß
7,0	1,07	$9,1 \cdot 10^{-5}$	Lösung

zu β):

$$R_0 q^n = rq \frac{q^{n}-1}{q-1} = 438,72 \text{ €} \cdot q^5$$

$$\frac{1}{q^{n-1}} \frac{q^{n}-1}{q-1} = \frac{R_0}{r} = 4,3872 .$$

Lösung durch Probieren:

$$F(q) = \frac{1}{q^{n-1}} \cdot \frac{q^{n}-1}{q-1} - \frac{R_0}{r} = \frac{1}{q^4} \cdot \frac{q^{5}-1}{q-1} - 4,3872 .$$

Wertetabelle

p	q	F(q)	Bemerkung
10	1,1	-0,217	zu groß
5	1,05	0,159	zu klein
7,5	1,075	-0,038	noch zu groß
7,0	1,07	$1,13 \cdot 10^{-5}$	Lösung

2.3. Kombinierte Renten- und Zinszahlungen

2.3.1 Rentenzahlung und Einzelleistung

Gelegentlich wird ein Kapital K_0 zu p% für n Jahre zinseszinslich angelegt und jedes Jahr eine Rente von r hinzugefügt oder abgehoben. Der Endwert der verzinsten einmaligen Einzahlung (Einzelleistung) und der n Rentenzahlungen beträgt nach n Jahren bei p% Zinseszins

$$\tilde{R}_n = K_n \pm R_n$$

$$\tilde{R}_n = K_0 \cdot q^n \pm r \frac{q^n - 1}{q - 1} \qquad \text{(nachschüssige Zahlungsweise)}$$

bzw.

$$\tilde{R}_n = K_0 \cdot q^n \pm r \cdot q \frac{q^n - 1}{q - 1} \qquad \text{(vorschüssige Zahlungsweise)}.$$

Beispiel: Jemand legt am 01.01.2002 50.000 € zu 4% zinseszinslich an. Danach werden jährlich regelmäßig weitere 5.000 € nachschüssig (beginnend am 31.12.2002) eingezahlt Wie hoch ist das Guthaben am 01.01.2014?

$$\tilde{R}_{12} = 50.000\,\text{€} \cdot 1{,}04^{12} + 5.000\,\text{€} \cdot \frac{1{,}04^{12} - 1}{0{,}04} = 155.180{,}64\,\text{€}.$$

a) Die Barwerte erhält man durch Abzinsung:

$$\tilde{R}_0 = \frac{\tilde{R}_n}{q^n} = K_0 \pm \frac{r}{q^n} \frac{q^n - 1}{q - 1} \qquad \text{(nachschüssige Zahlungsweise)}$$

$$\tilde{R}_0 = \frac{\tilde{R}_n}{q^n} = K_0 \pm \frac{r}{q^{n-1}} \frac{q^n - 1}{q - 1} \qquad \text{(vorschüssige Zahlungsweise)}$$

b) Die Rentenrate r ergibt bei gegebenem Endwert $\tilde{R}_n$:

$$r = \left(\tilde{R}_n - K_0 \cdot q^n\right) \cdot \frac{q - 1}{q^n - 1} \qquad \text{(nachschüssige Zahlungsweise)}$$

$$r = \left(\tilde{R}_n - K_0 \cdot q^n\right) \cdot \frac{1}{q} \cdot \frac{q-1}{q^n - 1} \quad \text{(vorschüssige Zahlungsweise)}$$

Bei positivem r handelt es sich um eine Einzahlung, bei negativem r um eine Auszahlung.

Beispiel: Der Student A. gewinnt 200.000 €. Er legt das Geld zu 5% zinseszinslich an. In 30 Jahren möchte er über ein Vermögen von 500.000 € verfügen. Welchen Betrag kann er jährlich vorschüssig von seinem Guthaben abheben?

$$r = \left(500.000\,€ - 200.000\,€ \cdot 1{,}05^{30}\right) \cdot \frac{1}{1{,}05} \cdot \frac{0{,}05}{1{,}05^{30} - 1} = -5.223{,}40\,€.$$

Er kann 5.223,40 € abheben.

c) Die Auflösung der Formeln nach der Laufzeit ergibt bei gegebenem Endwert $\tilde{R}_n$:

$$n = \frac{\ln\left(\dfrac{\tilde{R}_n \cdot (q-1) \pm r}{K_0 \cdot (q-1) \pm r}\right)}{\ln q} \quad \text{(nachschüssige Zahlungsweise)}$$

$$n = \frac{\ln\left(\dfrac{\tilde{R}_n \cdot (q-1) \pm r \cdot q}{K_0 \cdot (q-1) \pm r \cdot q}\right)}{\ln q} \quad \text{(vorschüssige Zahlungsweise)}$$

Beispiel: Jemand legt 500.000 € zu 3% an. Jährlich werden nachschüssig 50.000 € abgehoben. Nach wieviel Jahren ist das Konto erstmals unter 100.000 € gesunken?

$$n = \frac{\ln\left(\dfrac{100.000 \cdot 0{,}03 - 50.000}{500.000 \cdot 0{,}03 - 50.000}\right)}{\ln 1{,}03} = \frac{\ln\left(\dfrac{-47.000}{-35.000}\right)}{\ln 1{,}03} = \frac{\ln\left(\dfrac{47}{35}\right)}{\ln 1{,}03} = 9{,}97$$

Nach 10 Jahren ist das Konto erstmals unter 100.000 € gesunken.

Hinweis: Ist $K_0 = 0$, dann erhalten wir die Formeln der Rentenrechnung, ist dagegen $r = 0$, dann erhalten wir die Formeln der Zinseszinsrechnung.

d) Eine Auflösung der Formeln nach q bzw. p ist i.a. nicht möglich, falls $r \neq 0$. Wie in den Abschnitten C 2.1 und C 2.2 gezeigt, erhält man durch Probieren, d.h. durch Einsetzen geeigneter Werte in die Ausgangsgleichungen, rasch gute Lösungsnäherungen.

Beispiel: Jemand legt am 01.01.2002 50.000 € zinseszinslich an. Danach werden jährlich regelmäßig weitere 5.000 € nachschüssig (beginnend am 31.12.2002) eingezahlt Das Guthaben am 01.01.2014 beläuft sich auf 155.180,64 €. Wie hoch war die jährliche Verzinsung p?

$$\tilde{R}_{12} = 155.180,64 \, € = 50.000 \, € \cdot q^{12} + 5.000 \, € \cdot \frac{q^{12}-1}{q-1}.$$

Einsetzen in eine Wertetabelle ergibt:

q	p	Ergebnis	Bemerkung
1,03	3	142.248,19	p zu klein
1,05	5	169.378,45	p zu groß
1,04	4	155.180,64	Lösung

2.3.2 Aufgeschobene, unterbrochene und abgebrochene Renten

Bei *aufgeschobenen* Renten beginnt die Rentenzahlung erst nach einer bestimmten Warte- oder Leerzeit. Liegen die Leerzeiten dagegen zwischen den Rentenzahlungen, so spricht man von *unterbrochenen* Renten. Bei *abgebrochenen* Renten liegt die Leerzeit hingegen hinter den Rentenzahlungen; während der Leerzeit wird das angesammelte Kapital verzinst.

Die Berechnung von Endwert, Barwert, Laufzeit, Zinsfuß, etc. erfordert in diesen Fällen eine gleichzeitige Anwendung von Formeln aus der Renten- und Zinseszinsrechnung. Die folgenden Beispiele sollen das Vorgehen verdeutlichen.

Beispiel 1: (aufgeschobene Rente)
Eine nachschüssige Rente von 1.000 € mit einer Leerzeit von vier Jahren soll sechs Jahre lang bezahlt werden; der Zinssatz betrage 5%.
   a) Wie hoch ist der Rentenendwert?
   b) Wie hoch ist der Rentenbarwert?

Lösung: Zur Lösung dieser Art von Aufgaben ist es vorteilhaft, den Verlauf der Rentenzahlungen durch eine Zeitachse zu skizzieren.

a) Der Rentenendwert ist

$$R_{n=10} = R_{n'=6} = 1.000 \cdot \frac{1{,}05^6 - 1}{0{,}05} = 6.801{,}91 \ €.$$

Die Berechnung des Rentenendwertes erfolgt wie bisher.

b) $R_{n'=0} = \frac{1.000}{1{,}05^6} \cdot \frac{1{,}05^6 - 1}{0{,}05} = 5.075{,}69 \ €$

ist der Rentenbarwert für den Zeitpunkt n=4 (n'=0).

Die Abzinsung auf den Zeitpunkt n=0 ergibt

$$R_0 = \left(\frac{1.000}{1{,}05^6} \cdot \frac{1{,}05^6 - 1}{0{,}05}\right) \cdot \frac{1}{1{,}05^4} = 4.175{,}78 \ €.$$

Zum gleichen Ergebnis gelänge man, wenn der Rentenendwert zum Zeitpunkt n=10 auf den Zeitpunkt n=0 abgezinst werden würde:

$$R_0 = \left(1.000 \cdot \frac{1{,}05^6 - 1}{0{,}05}\right) \frac{1}{1{,}05^{10}} = 4.175{,}78 \ €.$$

Beispiel 2: (abgebrochene Rente)

Jemand zahlt auf ein Konto 10 Jahre lang nachschüssig 1.000 € bei einem Zinssatz von 6% ein. Wie lange muß er nach der letzten Einzahlung warten, bis er 17.639 € auf seinem Konto hat?

Lösung: $17.639 \ € = \underbrace{\left(1.000 \ € \cdot \frac{1{,}06^{10} - 1}{0{,}06}\right)}_{\text{Rentenendwert}} \cdot \underbrace{1{,}06^n}_{\text{Aufzinsung}}$

$= 13.180{,}79 \ € \cdot 1{,}06^n$

$n = \frac{\ln 17.639 - \ln 13.180{,}79}{\ln 1{,}06} = 5 \text{ Jahre}.$

Beispiel 3: (unterbrochene Rente)

Ein Sparvertrag wird mit einem Zinssatz von 5% abgeschlossen. Die Laufzeit beträgt 10 Jahre. Jährlich sollen nachschüssig 1.000 € einbezahlt werden. Am Ende des 3., 4. und 5. Jahres werden jedoch

    a) nichts   b) 500 €

einbezahlt. Wie hoch ist der Kontostand am Ende der Vertragszeit?

Lösung:

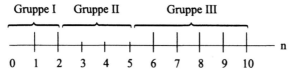

Der Endwert zum Zeitpunkt n=10 ergibt sich aus den Summen der Endwerte in den einzelnen Gruppen

Gruppe I: $\left(1.000 \ € \cdot \frac{1{,}05^2-1}{0{,}05}\right)(1{,}05)^8 = 3.028{,}78 \ €$

Gruppe II: a) 0

b) $\left(500 \ € \cdot \frac{1{,}05^3-1}{0{,}05}\right)(1{,}05)^5 = 2.011{,}74 \ €$

Gruppe III: $1.000 \ € \cdot \frac{1{,}05^5-1}{0{,}05} = 5.525{,}63 \ €$

a) $R_{10} = 8.554{,}41 \ €$

b) $R_{10} = 10.566{,}15 \ €$.

3. Unterjährliche Renten- (Raten-) Zahlungen

Die Zahlungsperiode ist kleiner als ein Jahr, z.B. monatliche Zahlungen; der Zinszeitraum bleibt ein Jahr; es werden Zinseszinsen nur für das Kapital berechnet, das volle Zinszeiträume festliegt; für das Kapital, das weniger als den vollen Zinszeitraum von einem Jahr - z.B. Monate - festliegt, werden einfache Zinsen berechnet (s. auch Abschnitt B 5.5: Gemischte Verzinsung).

Das erste Kapital zur zinseszinslichen Verzinsung liegt erst <u>nach</u> Abschluß des ersten Jahres (nach Vollendung des ersten Zinszeitraumes) vor. Die gleich große zweite, dritte etc. Kapitalmenge (die sogenannte Ersatzrentenrate r_e) kommt dann im zweiten, dritten etc. Jahr zusammen und wird ebenfalls erst <u>nach</u> Ende des zweiten, dritten etc. Jahres zinseszinslich verzinst; es gelten daher für diese Kapitalmengen (= Ersatzrentenraten) die Formeln der <u>nachschüssigen</u> jährlichen Rentenrechnung. Unterjährliche Rentenrechnung beschränkt sich darauf, wie man aus den unterjährlichen, periodischen Zahlungen die Ersatzrentenrate r_e ermittelt.

Man unterscheidet nachschüssige und vorschüssige Zahlung, je nachdem, ob am Anfang oder am Ende der Zahlungsperioden die Raten fällig sind.

3.1 Nachschüssige Zahlung mit jährlicher Verzinsung

Beispiel: Ein Sparvertrag über 5 Jahre mit Zahlungen am Ende eines Quartals in Höhe von 25,- € bei 7% Verzinsung wird abgeschlossen.

	Jahr	Rate	Kapital	
n=0				
1. Jahr	m=1	r = 25,- €	$K = r$	= 25,00 €
	m=2	r = 25,- €	$K = r{+}r{+}r\frac{p/m}{100} = r{+}r\left(1 + \frac{p}{m\cdot 100}\right)$	= 50,44 €
	m=3	r = 25,- €	$K = r{+}r\left(1 + \frac{p}{m\cdot 100}\right) + r\left(1 + \frac{p}{m\cdot 100}\cdot 2\right)$	= 76,31 €
2. Jahr	m=4	r = 25,- €	$K = r{+}r\left(1 + \frac{p}{m\cdot 100}\right) + r\left(1 + \frac{p}{m\cdot 100}\cdot 2\right)$ $\quad + r\left(1 + \frac{p}{m\cdot 100}\cdot 3\right) = r_e$	= 102,63 €
n=1			$K = R_1 = r_e$	
		$r_e = 102{,}63$ €	$K = r_e + r_e\left(1 + \frac{p}{100}\right) = r_e(1+q)$	= 212,44 €
n=2				
5. Jahr		$r_e = 102{,}63$ €	$K = R_5 = r_e\left(1 + q + q^2 + q^3 + q^4\right)$ $= r_e \frac{q^5-1}{q-1}$	= 590,20 €
n=5				

Nimmt man für den allgemeinen Fall m Zahlungen pro Jahr und n Jahre an, so erhält man:

$$r_e = r + r\left(1 + \frac{p}{m\cdot 100}\cdot 1\right) + r\left(1 + \frac{p}{m\cdot 100}\cdot 2\right) +$$
$$+ r\left(1 + \frac{p}{m\cdot 100}\cdot 3\right) + \ldots + r\left(1 + \frac{p}{m\cdot 100}(m{-}1)\right)$$
$$= r + r + r\frac{p}{m\cdot 100}\cdot 1 + r + r\frac{p}{m\cdot 100}\cdot 2 +$$
$$+ r + r\cdot\frac{p}{m\cdot 100}\cdot 3 + \ldots + r + r\frac{p}{m\cdot 100}(m{-}1) =$$
$$= r\cdot m + r\cdot \frac{p}{m\cdot 100}\ \underbrace{(1+2+3+\ldots+[m-1])}_{\frac{(m-1)\cdot m}{2}}$$

$$r_e = r\left[m + \frac{p}{m \cdot 100} \frac{(m-1) \cdot m}{2}\right].$$

$$\boxed{r_e = r\left[m + \frac{p}{100} \cdot \frac{(m-1)}{2}\right]}$$ nachschüssige Rentenendwertformel

$$\boxed{R_n = r_e \frac{q^n-1}{q-1}}$$

Den Rentenbarwert erhält man, indem R_n durch q^n dividiert wird:

$$\boxed{R_0 = \frac{R_n}{q^n} = \frac{r_e}{q^n} \frac{q^n-1}{q-1}}$$ nachschüssige Rentenbarwertformel

3.2 Vorschüssige Zahlung mit jährlicher Verzinsung

Beispiel: Ein Sparvertrag mit Zahlungen zu Beginn des Quartals in Höhe von 25,- € bei 7% Verzinsung wird abgeschlossen.

Jahr		Rate	Kapital	
--- n=0 ---				
	m=1	r = 25,- €	$K = r + r\frac{p/m}{100} = r\left(1 + \frac{p}{m \cdot 100}\right)$	= 25,44 €
	m=2	r = 25,- €	$K = r\left(1 + \frac{p/m}{100}\right) + r\left(1 + \frac{p/m}{100} \cdot 2\right)$	= 51,31 €
1. Jahr	m=3	r = 25,- €	$K = r\left(1 + \frac{p/m}{100}\right) + r\left(1 + \frac{p/m}{100} \cdot 2\right) +$ $+ r\left(1 + \frac{p/m}{100} \cdot 3\right)$	= 77,63 €
	m=4	r = 25,- €	$K = R_1 = r_e = r\left(1 + \frac{p/m}{100}\right) + r\left(1 + \frac{p/m}{100} \cdot 2\right) +$ $+ r\left(1 + \frac{p/m}{100} \cdot 3\right) + r\left(1 + \frac{p/m}{100} \cdot 4\right)$	= 104,38 €
--- n=1 ---				
2. Jahr		$r_e = 104{,}38$ €	$K = R_2 = r_e + r_e \, q$	= 216,06 €
--- n=2 ---				
5. Jahr		$r_e = 104{,}38$ €	$R_5 = r_e \frac{q^5-1}{q-1}$	= 600,26 €
--- n=5 ---				

Nimmt man für den allgemeinen Fall m Zahlungen pro Jahr und n Jahre an, so erhält man:

$$r_e = r\left(1 + \frac{p}{m \cdot 100}\right) + r\left(1 + \frac{p}{m \cdot 100} \cdot 2\right) + r\left(1 + \frac{p}{m \cdot 100} \cdot 3\right) +$$
$$+ r\left(1 + \frac{p}{m \cdot 100} \cdot 4\right) + \ldots + r\left(1 + \frac{p}{m \cdot 100} \cdot m\right) =$$
$$= r \cdot m + r \frac{p}{m \cdot 100} \underbrace{(1+2+3+4+\ldots+m)}_{\frac{m(m+1)}{2}}$$

$$r_e = r\left[m + \frac{p}{m \cdot 100} \cdot \frac{m(m+1)}{2}\right].$$

$$\boxed{\begin{array}{l} r_e = r\left[m + \frac{p}{100} \cdot \frac{(m+1)}{2}\right] \\[2mm] R_n = r_e \frac{q^n - 1}{q - 1} \qquad \text{(Rentenendwert)} \\[2mm] R_0 = \frac{R_n}{q^n} = \frac{r_e}{q^n} \frac{q^n - 1}{q - 1} \qquad \text{(Rentenbarwert)} \end{array}} \quad \text{vorschüssige Rentenformeln}$$

Merke: Die Ersatzrente r_e ist eine <u>nachschüssige</u> jährliche Rente, die aus nachschüssigen oder aus vorschüssigen unterjährlichen Raten berechnet wird.

3.3 <u>Unterjährliche Zins- und Rentenzahlung</u>

Es wurde bisher angenommen, daß der Zinszeitraum ein Jahr beträgt. Erfolgt die Verzinsung ebenfalls unterjährlich, dann muß zuerst die Anzahl der Verzinsungen während der gesamten Laufzeit sowie die Anzahl der Einzahlungen pro Zinszeitraum ermittelt werden, bevor die Rentenformeln aus den vorherigen Abschnitten angewandt werden können.
Ein Beispiel soll das Verfahren verdeutlichen.

Beispiel: Ein Sparvertrag wird abgeschlossen. Zu Beginn eines jeden Monats werden 7 Jahre lang 50,- € angespart. Die Verzinsung betrage
a)   jährlich 5%
b)   halbjährlich 2,5%
c)   vierteljährlich 1,25%
d)   monatlich $\frac{5}{12}$%.
Wie hoch ist der Rentenendwert?

Lösung: Ausgangspunkt für die Berechnung des Rentenendwertes ist die in Abschnitt 3.2 abgeleitete Rentenendwertformel für unterjährliche (vorschüssige) Zahlungen. Bei unterjährlicher Verzinsung gibt n jetzt nicht mehr die Anzahl der Jahre, sondern die Anzahl der Zinszeiträume (Halbjahre, Monate etc.) innerhalb der Gesamtlaufzeit an

$$R = R_n = r\left(m + \frac{p}{100} \cdot \frac{m+1}{2}\right) \frac{q^n-1}{q-1} = r_e \cdot \frac{q^n-1}{q-1}$$

n : Anzahl der Zinszeiträume

m : Anzahl der Zahlungen mit einfacher Verzinsung pro Zinszeitraum

p : Zinsfuß der jeweiligen Zinszeiträume

a) Die Anzahl der Zinszeiträume (Verzinsungen) ist n=7. Pro Zinszeitraum (Jahr) erfolgen m=12 (monatliche) Einzahlungen. Der Rentenendwert beträgt

$$R = R_7 = 50 \text{ €} \left(12 + \frac{5}{100} \cdot \frac{13}{2}\right) \frac{1{,}05^7-1}{0{,}05} = 5.017{,}51 \text{ €}.$$

b) Die Anzahl der Verzinsungen ist n=14, da der Zinszeitraum ein Halbjahr ist und die Laufzeit 7 Jahre beträgt. Der Zinssatz beträgt halbjährlich p=2,5. Die Anzahl der Renten pro Zinszeitraum (Halbjahr) ist hier m=6, weil jeden Monat 50 € einbezahlt werden sollen. Der Rentenendwert beträgt

$$R = R_{14} = 50 \text{ €} \left(6 + \frac{2{,}5}{100} \cdot \frac{7}{2}\right) \frac{1{,}025^{14}-1}{0{,}025} = 5.027{,}96 \text{ €}.$$

c) Wie man sich leicht überlegen kann, ist in diesem Falle n=7·4=28 und m=3, da der Zinszeitraum ein Vierteljahr ist. Der Vierteljahreszins beträgt p=1,25. Man erhält

$$R = R_{28} = 50 \text{ €} \left(3 + \frac{1{,}25}{100} \cdot \frac{4}{2}\right) \frac{1{,}0125^{28}-1}{0{,}0125} = 5.033{,}51 \text{ €}.$$

d) Da n=7·12=84 Verzinsungen vorliegen und Einzahlungs- und Verzinsungsperiode übereinstimmen, d.h. m=1 ist, erhält man bei einem Zinssatz von $p = \frac{5}{12}$

$$R = R_{84} = r\left(1 + \frac{5/12}{100} \cdot \frac{2}{2}\right) \cdot \frac{q^{84}-1}{q-1}$$

$$= r \cdot q \cdot \frac{q^{84}-1}{q-1} = 5.037{,}33 \text{ €}.$$

Dies ist die Formel für die vorschüssige jährliche Rente mit 84-maliger Verzinsung zu 5/12 % Zinsen.

Merke: Stimmen bei unterjährlicher Zins- und Rentenzahlung Zins- und Zahlungszeitraum überein, so gelten die Formeln der jährlichen Rentenrechnung, wobei n in diesem Fall die Anzahl der Verzinsungen bzw. die Anzahl der Zahlungen innerhalb der Gesamtlaufzeit bedeutet.

Beispiel: Wie hoch ist der Barwert einer vierteljährlichen nachschüssig zahlbaren Rente von je 2.000 €, wenn die Laufzeit 5 Jahre beträgt und eine vierteljährliche Verzinsung (Vierteljahreszins) von 1% unterstellt wird?
Lösung: Laufzeit 5 Jahre → n = 5·4

$$R_0 = \frac{r}{q^n} \cdot \frac{q^n-1}{q-1} = \frac{2.000\,€}{1,01^{20}} \cdot \frac{1,01^{20}-1}{0,01} = 36.091,11\,€.$$

Man muß noch den Fall, die Zinsperiode ist kürzer als die Rentenperiode, betrachten.

Beispiel: Jemand zahlt 1.000 € halbjährlich nachschüssig auf ein Konto, welches vierteljährlich mit 1% verzinst wird. Wie hoch ist der Kontostand nach 5 Jahren?
Lösung: Die nachschüssige Halbjahresrate r wird formal in eine (konforme) nachschüssige Vierteljahresrate bei einem Zinsfuß von p=1 umgeformt, damit Zins- und Rentenperiode identisch sind. Die Halbjahresrate ist der (nachschüssige) Rentenendwert von zwei Vierteljahresraten; mit n=20 (Anzahl der Zinszeiträume) und k=2 (Anzahl der Zinszeiträume pro Zahlungsperiode) erhält man:

$$r = r_k \frac{q^k-1}{q-1} \rightarrow r_k = r \frac{q-1}{q^k-1} = 1.000\,€ \; \frac{0,01}{1,01^2-1} = 497,51\,€$$

$$R_{20} = 1.000\,€ \; \frac{0,01}{1,01^2-1} \; \frac{1,01^{20}-1}{0,01} = 1.000\,€ \; \frac{1,01^{20}-1}{1,01^2-1} = 10.954,73\,€$$

$$\boxed{R_n = r \frac{(q-1)}{q^k-1} \frac{q^n-1}{(q-1)} = r \frac{q^n-1}{q^k-1}}$$

vorschüssig:
$$R_n = rq^{k-1} \frac{(q-1)}{q^k-1} q \frac{q^n-1}{(q-1)} = rq^k \frac{q^n-1}{q^k-1}$$

3.4 Einige Fragestellungen bei unterjährlicher Rentenzahlung

a) Kombination aus einmaliger Zahlung und Rentenzahlungen

Beispiel: Beim Leasing eines PKWs werden eine Laufzeit von 7 Jahren, monatliche vorschüssige Mieten zu € 250,- und eine Anzahlung von € 3.000,- vereinbart. Wieviel Geld hat die Firma nach Ablauf des Vertrages zur Verfügung, wenn sie das Geld zu 5,5% Jahreszins anlegt?

Lösung: $n = 7$, $r = 250{,}- €$, $m = 12$,
$K_0 = 3.000{,}- €$, $p = 5{,}5$ ($q = 1{,}055$)

$$\to K_n + R_n = K$$

$$K = K_n + R_n$$
$$= K_0 \cdot q^n + r\left(m + \frac{p}{100} \cdot \frac{m+1}{2}\right) \frac{q^n-1}{q-1} =$$
$$= 3.000{,}- € \cdot 1{,}055^7 + 250{,}- € \left(12 + \frac{5{,}5}{100} \cdot \frac{13}{2}\right) \cdot \frac{1{,}055^7-1}{0{,}055} =$$
$$= 4.364{,}04 \, € + 25.539{,}54 \, € = 29.903{,}58 \, €.$$

b) Fragestellungen nach der Rentenrate r und nach der Laufzeit n analog zu Abschnitt 2.1 und 2.2 (jährliche Rentenrechnung)

Beispiel: Eine Schuld über 10.000 € soll mit nachschüssigen Quartalsraten in drei Jahren getilgt werden. Wie hoch sind die zu zahlenden Raten bei 4% jährlichen Jahreszinsen?

Lösung: $r_e = R_0 \cdot q^n \cdot \dfrac{q-1}{q^n-1}$ (vgl. 2.1d)

$$= 10.000 \cdot 1{,}04^3 \cdot \frac{0{,}04}{1{,}04^3-1} = 3.603{,}49 \, €$$

$$r_e = 3.603{,}49 \, € = r\left(4 + \frac{4}{100} \cdot \frac{3}{2}\right)$$

$$\to \quad r = 887{,}56 \, €.$$

Beispiel: Gegen Zahlung von 50.000 € soll eine nachschüssige Monatsrente von 200 € gezahlt werden. Wie lange kann diese Rente bei 4% Zinseszins geleistet werden?

Lösung: $r = 200 \, €$ \quad $r_e = 200 \, € \cdot 12{,}22 = 2444 \, €$

$$n = \frac{lg\left\{\dfrac{1}{1 - \dfrac{50.000}{2444} \cdot 0{,}04}\right\}}{lg \, 1{,}04} \quad \text{(vgl. 2.1e)}$$

$= 43{,}5$ Jahre.

c) Fragestellungen nach der Zahlungsperiode m sind unüblich, aber denkbar!

Beispiel: Jemand "least" einen PKW und zahlt 3.000,- € an; der Mietpreis beträgt 250,- € vorschüssig. Die Laufzeit sei n=7 Jahre.

Wenn die Gesellschaft dieses Geld zu 5,5% Jahreszinsen anlegt, dann hat sie am Ende der Laufzeit 29.903,58 € zusammen.

Wie groß ist die Zahlungsperiode m ?

Lösung: $K = K_0 \cdot q^n + r\left(m + \frac{p}{100} \cdot \frac{m+1}{2}\right) \frac{q^n-1}{q-1}$

$= 29.903,58\ € = 4.364,04\ € + 2.066,72\ €\left(m + \frac{5,5}{200}(m+1)\right)$

$m + \frac{p}{100} \cdot \frac{m+1}{2} = \frac{\left[K - K_0 q^n\right]}{r} \cdot \frac{q-1}{q^n-1} = m + \frac{5,5}{200}(m+1) = 12,3575$

$m\left[1 + \frac{p}{200}\right] = \frac{\left[K - K_0 q^n\right]}{r} \cdot \frac{q-1}{q^n-1} - \frac{p}{200} = 12,3575 - 0,0275 = 12,33$

$m = \dfrac{\dfrac{(K - K_0 q^n)}{r} \cdot \dfrac{q-1}{q^n-1} - \dfrac{p}{200}}{\left(1 + \dfrac{p}{200}\right)} = \dfrac{12,33}{1,0275} = 12$.

d) Fragestellungen nach dem Zinssatz p sind etwas schwieriger als im vorigen Abschnitt

Beispiel: Konditionen beim PKW-Leasing:

Laufzeit 7 Jahre, Monatsmiete 250,- € (vorschüssig), Anzahlung 3.000,- €; wenn man die Anzahlung und die Monatsmieten anlegt, erhält man nach 7 Jahren 29.903,58 €. Wie hoch ist der Jahreszins ?

Lösung: → p = ? bzw. q = ?

$R_n = K_0\, q^n + r\left(m + \frac{p}{100} \cdot \frac{m+1}{2}\right) \frac{q^n-1}{q-1} = 29.903,58\ €$

$= 3.000,-\ € \cdot q^7 + 250,-\ €\left(12 + \frac{p}{100} \cdot \frac{13}{2}\right) \frac{q^7-1}{q-1}$

$F(q) = K_0\, q^n + r\left(m + (q-1)\frac{m+1}{2}\right) \frac{q^n-1}{q-1} - R_n = 0$

$F(q) = 3.000,-\ € \cdot q^7 + 250,-\ €\left(12 + \frac{13}{2}(q-1)\right) \frac{q^7-1}{q-1} - 29.903,58\ € = 0$

Die Lösung erfolgt wieder durch Probieren; als Näherungslösung erhält man p≈5,5 .

e) Vermischtes Rentenproblem: Ansparen und anschließendes Verrenten

Beispiel: Ein Elternpaar legt bei der Geburt seiner Tochter ein Sparbuch an, und es spart 20 Jahre lang zu 4,5% Zinsen am Ende eines Quartals 200,-€. Die Tochter benötigt für ihr Studium monatlich 750,-€. Wie lange kann sie studieren, wenn dann der Zinssatz bei 3,5% liegt ?

Fragestellungen: 1) beim Ansparen → R_n

2) beim Verrenten: R_n (Ansparen) = R_0 (Verrenten) → n

Lösung: 1. Ansparen: nachschüssig

$$R_n = r\left(m + \frac{p}{100} \cdot \frac{m-1}{2}\right)\frac{q^n-1}{q-1} = 200,- € \left(4 + \frac{4,5}{100} \cdot \frac{3}{2}\right)\frac{1,045^{20}-1}{0,045}$$

$$= 25.520,65 €$$

2. Verrenten: Monatswechsel ist vorschüssig.

Da $R_0 q^n - R_n = 0$ ist (vgl. 2.1c und 3.2), gilt

$$R_0 \cdot q^n = r\left(m + \frac{p}{100} \cdot \frac{m+1}{2}\right)\frac{q^n-1}{q-1}$$

bzw.

$$n = \frac{lg\left\{\dfrac{1}{1 - \dfrac{R_0(q-1)}{r\left(m + \dfrac{p}{100}\cdot\dfrac{m+1}{2}\right)}}\right\}}{lg\ q}$$

$$= \frac{lg\left\{\dfrac{1}{1 - \dfrac{25.520,65 € \cdot 0,035}{750\ € \left(12 + \dfrac{3,5}{100}\cdot\dfrac{13}{2}\right)}}\right\}}{lg\ 1,035}$$

$$= \frac{lg\ 1,1079}{lg\ 1,035} = 2,98 \stackrel{\wedge}{=} 3 \text{ Jahre.}$$

4. Ewige Rente

Renten mit ewig langer Laufzeit können dann von einem Kapital gezahlt werden, wenn nur die Zinsen ausgeschüttet werden. Der Wert der Rentenrate hängt dann natürlich vom jeweiligen Zins und den Inflationsraten ab (i.d.R. bedeutet Inflation aber auch steigende Zinsen). Die Fragestellung bei ewiger Rente ist die nach dem Ausgangskapital, d.h. nach dem Rentenbarwert R_0.

Beispiele:

1. Für eine Grunddienstbarkeit eines Gebäudes, z.B. Verbauung der Aussicht, muß am Ende eines jeden Jahres 2.000,- € bezahlt werden. Der Gebäudeeigentümer will dies durch eine einmalige Zahlung ablösen. Wieviel muß er zahlen?

→ Fragestellung: Aus welchem Kapital fallen jährlich "ewig" (nachschüssig) 2000,- € an? Für den Zinsfuß muß natürlich ein mittlerer Wert für alle Jahre abgeschätzt werden; z.B. p=5 .

$$R_n = R_0 \, q^n = r \, \frac{q^n-1}{q-1} \quad \text{(nachschüssige Rentenendwertformel)}$$

$$R_0 = \frac{r}{q^n} \cdot \frac{q^n-1}{q-1} = \frac{r}{q-1}\left(1 - \frac{1}{q^n}\right)$$

Anzahl der Jahre: $n \to \infty$

$$R_0 = \lim_{n \to \infty} \frac{r}{q-1}\left(1 - \frac{1}{q^n}\right)$$

wegen $q = 1 + \frac{p}{100} > 1$ folgt $\lim_{n \to \infty} \frac{1}{q^n} = 0$

$$\boxed{R_0 = \frac{r}{q-1}} = \frac{2.000,\text{-}\,\text{€}}{0,05} = 40.000,\text{--}\,\text{€}.$$

nachschüssige ewige Rentenbarwertformel

2. Ein Wirtschaftsmathematikenthusiast will für die beste Wirtschaftsmathematikprüfung eines jeden Semesters 500,- € als Preis stiften. Wieviel Kapital muß er bereitstellen, wenn der mittlere Jahreszins 4% beträgt ?

→ Jedes Semester bedeutet halbjährliche Auszahlung

  → Ersatzrentenrate (nachschüssig)

$$m=2 : r_e = 500,\text{-}\,\text{€}\left(2 + \frac{4}{100} \cdot \frac{1}{2}\right) = 1.010,\text{--}\,\text{€}.$$

Das Kapital muß 1.010,- € Zinsen erbringen.

$$R_0 = \frac{1.010,\text{-}\,\text{€}}{0,04} = 25.250,\text{--}\,\text{€}.$$

Im allgemeinen werden ewige Renten von bereits angefallenen Zinsen, d.h. nachschüssig, gezahlt. Es ist aber auch denkbar, daß die Rente vorschüssig ausbezahlt wird.

$$R_n = R_0 \, q^n = r \cdot q \, \frac{q^n-1}{q-1} \quad \text{vorschüssige Rentenendwertformel}$$

$$R_0 = \lim_{n \to \infty} \frac{1}{q^n} rq \, \frac{q^n-1}{q-1} = \lim_{n \to \infty} \frac{rq}{q-1}\left(1 - \frac{1}{q^n}\right)$$

$$\boxed{R_0 = \frac{r \cdot q}{q-1}} \quad \text{vorschüssige ewige Rentenbarwertformel}$$

Man kann diese Formel natürlich auch mit einer anderen, viel einfacheren Überlegung finden:

a) <u>nachschüssig</u>

Eine einmalige Verzinsung des Kapitals muß die auszuzahlende Rate erbringen, d.h.

$$R_0 \cdot \frac{p}{100} = r = R_0(q-1)$$
$$R_0 = \frac{r}{q-1}.$$

b) <u>vorschüssig</u>

Eine einmalige Verzinsung des wegen der sofortigen Auszahlung von r verminderten Kapitals muß dieses wieder auf den alten Stand bringen bzw. die Rate r ergeben, d.h.

$$(R_0 - r)\frac{p}{100} = r$$
$$R_0 - r = \frac{r}{q-1}$$
$$R_0 = \frac{r}{q-1} + r = \frac{r+rq-r}{q-1} = \frac{rq}{q-1}.$$

Allgemeine ewige Barwertformeln (k=Anzahl der Zinszeiträume pro Zahlungszeitraum):

$$R_0 = \frac{r}{q^k - 1} \text{ (nachschüssig) und } R_0 = \frac{rq^k}{q^k - 1} \text{ (vorschüssig)}.$$

<u>Merke</u>: Rentenbarwerte von Renten mit sehr langer Laufzeit unterscheiden sich nur unwesentlich von Barwerten der ewigen Renten. Ewige Rentenformeln werden i.a. auch dann angewandt, wenn die Laufzeit zwar endlich, aber unbekannt und lang ist (z.B. bei Unternehmensbewertungen).

<u>Beispiel</u>: Ein Unternehmen erwirtschaftet jährlich nachschüssig einen Gewinn von 1 Mio. EUR. Berechnen Sie den Barwert der Gewinne (Unternehmenswert) bei einem Zinsfuß (Kalkulationszinsfuß) von 10% und einer Lebensdauer von

a) 10 Jahren   b) 50 Jahren   c) 100 Jahren   d) ewig.

<u>Lösung</u>:   a)   6,145 Mio. €   b)   9,915 Mio. €
          c)   9,999 Mio. €   d)   10,000 Mio. €

5. Dynamische Rente

Bei der dynamischen (geometrischen) Rente steigen die Raten jährlich um einen bestimmten Prozentsatz an. Dynamische Renten werden beispielsweise vereinbart, um Teuerungsraten auszugleichen.

5.1 Nachschüssige jährliche Zahlungen

<u>Beispiel</u>: Für die Wiederbeschaffung eines Autos wird ein Sparvertrag über fünf Jahre zu 5% Jahreszinsen abgeschlossen.

C. Rentenrechnung

Die nachschüssige Anfangsrate von 2.000,- € soll jährlich um 2% steigen. Wieviel Geld steht nach 5 Jahren zur Verfügung?

→ Fragestellung $R_n = ?$

Dynamisierungsrate: $s = 2 \rightarrow l = 1 + \frac{s}{100} = 1{,}02$

Jahr n	Rate r	Rentenendwert (Kapital)	
0			
1. Jahr	$r = 2.000{,}-$ €	$R_1 = r$	$= 2.000{,}00$ €
1			
2. Jahr	$r + r\frac{s}{100} = r\left(1 + \frac{s}{100}\right) =$ $= rl = 2.040{,}-$ €	$R_2 = rq + r \cdot l$	$= 4.140{,}00$ €
2			
3. Jahr	$r \cdot l + r \cdot l \cdot \frac{s}{100} = rl\left(1 + \frac{s}{100}\right)$ $= rl^2 = 2.080{,}80$ €	$R_3 = rq^2 + rlq + rl^2$	$= 6.427{,}80$ €
3			
4. Jahr	$rl^2 + rl^2 \frac{s}{100} = rl^3$ $= 2.122{,}42$ €	$R_4 = rq^3 + rlq^2 + rl^2q + rl^3$	$= 8.871{,}61$ €
4			
5. Jahr	$rl^4 = 2.164{,}86$ €	$R_5 = rq^4 + rlq^3 + rl^2q^2 + rl^3q + rl^4$	$= 11.480{,}05$ €
5			
	rl^{n-1}	$R_n = rq^{n-1} + rlq^{n-2} + rl^2q^{n-3} + \ldots$ $+ rl^{n-3}q^2 + rl^{n-2}q + rl^{n-1}$	
n-tes Jahr		$R_n = rq^{n-1}\left\{1 + \frac{l}{q} + \frac{l^2}{q^2} + \frac{l^3}{q^3} \ldots \frac{l^{n-3}}{q^{n-3}} + \frac{l^{n-2}}{q^{n-2}} + \frac{l^{n-1}}{q^{n-1}}\right\} =$ $= rq^{n-1}\underbrace{\left\{1 + \left(\frac{l}{q}\right) + \left(\frac{l}{q}\right)^2 + \left(\frac{l}{q}\right)^3 + \ldots + \left(\frac{l}{q}\right)^{n-1}\right\}}_{\text{geometrische Reihe}}$	
n			

$$\rightarrow \quad \frac{\left(\frac{l}{q}\right)^n - 1}{\left(\frac{l}{q}\right) - 1} = \frac{\frac{l^n}{q^n} - 1}{\frac{l}{q} - 1} = \frac{\frac{l^n - q^n}{q^n}}{\frac{l - q}{q}}$$

$$= \frac{l^n - q^n}{l - q} \cdot \frac{q}{q^n} = \frac{l^n - q^n}{l - q} \cdot \frac{1}{q^{n-1}}$$

$$R_n = r \cdot q^{n-1} \cdot \frac{l^n - q^n}{l - q} \cdot \frac{1}{q^{n-1}}$$

$$\boxed{R_n = r \cdot \frac{l^n - q^n}{l - q} = r \cdot \frac{q^n - l^n}{q - l}}$$

Rentenendwertformel für nachschüssige jährliche dynamische Rente

Einsetzen in das Beispiel ergibt:

$$r = 2.000,- \text{€}; \quad s = 2 \rightarrow l = 1,02; \quad p = 5 \rightarrow q = 1,05; \quad n = 5$$

$$R_5 = 2.000,- \text{€} \cdot \frac{1,05^5 - 1,02^5}{1,05 - 1,02}$$

$$R_5 = 11.480,05 \text{ €} \text{ (s. oben)}.$$

Aufgabe: Ermitteln Sie den Barwert einer ewigen dynamischen Rente, falls $l < q$.

Lösung: $R_0 = \frac{r}{q^n} \cdot \frac{q^n - l^n}{q - l} = \frac{r}{q - l}\left(1 - \frac{l^n}{q^n}\right)$;

für $n \rightarrow \infty$ $\quad R_0 = \lim\limits_{n \rightarrow \infty} \frac{r}{q - l}\left(1 - \frac{l^n}{q^n}\right) = \frac{r}{q - l}$.

5.2 Vorschüssige jährliche Zahlungen

Beispiel: Für die Wiederbeschaffung eines Autos wird ein Sparvertrag über fünf Jahre zu 5% Jahreszinsen abgeschlossen. Die vorschüssige Anfangsrate von 2.000,- € soll jährlich um 2% steigen. Wieviel Geld steht nach 5 Jahren zur Verfügung?

→ Fragestellung $R_n = ?$

Dynamisierungsrate: $s = 2 \rightarrow l = 1 + \frac{s}{100} = 1,02$.

Jahr	Rate	Rentenendwert	
n	r		
0			
1. Jahr	$r = 2.000,- \text{€}$	$R_1 = r \cdot q$	$= 2.100,00 \text{ €}$
1			
2. Jahr	$r \cdot l$	$R_2 = rq^2 + rlq = q(rq + rl)$	$= 4.347,00 \text{ €}$
2			
3. Jahr	$r \cdot l^2$	$R_3 = rq^3 + rlq^2 + rl^2q = q(rq^2 + rlq + rl^2)$	$= 6.749,19 \text{ €}$
3			
4. Jahr	$r \cdot l^3$	$R_4 = q(rq^3 + rlq^2 + rl^2q + rl^3)$	$= 9.315,19 \text{ €}$
4			
5. Jahr	$r \cdot l^4$	$R_5 = q(rq^4 + rlq^3 + rl^2q^2 + rl^3q + rl^4)$	
		$= 1,05 \cdot 11.480,05 \text{ €}$	$= 12.054,05 \text{ €}$
5			
n		$\boxed{R_n = r \cdot q \cdot \frac{q^n - l^n}{q - l}}$	

Rentenendwertformel für vorschüssige
jährliche dynamische Rente

5.3 Renten mit gleicher Dynamisierungsrate und gleichem Zinsfuß

Entspricht die Dynamisierungsrate dem Zinsfuß, d.h. s=p und somit l=q, dann entsteht das Problem, daß man Ausdrücke der Form $\frac{0}{0}$ erhält. Die Rentenendwerte berechnen sich in diesem Fall wie folgt:

Nachschüssiger Rentenendwert (5.1):

$$R_n = r\left(q^{n-1} + q^{n-2} \cdot l + q^{n-3} \cdot l^2 + \ldots + q \cdot l^{n-2} + l^{n-1}\right)$$
$$= r\left(q^{n-1} + q^{n-1} + q^{n-1} + \ldots + q^{n-1} + q^{n-1}\right) = r \cdot n \cdot q^{n-1}$$

$$\boxed{R_n = n \cdot r \cdot q^{n-1} = n \cdot r \cdot l^{n-1}}$$

Vorschüssiger Rentenendwert (5.2):

$$R_n = r \cdot q \left(q^{n-1} + \ldots + q^{n-1}\right)$$
$$= r \cdot q \cdot n \cdot q^{n-1}$$

$$\boxed{R_n = n \cdot r \cdot q^n = n \cdot r \cdot l^n}$$

Beispiel: Für die Wiederbeschaffung eines Autos wird ein Sparvertrag über fünf Jahre zu 5% Jahreszinsen abgeschlossen. Die vorschüssige Anfangsrate von 2.000,- € soll jährlich um 5% steigen. Wieviel Geld steht nach 5 Jahren zur Verfügung ?

→ Fragestellung $R_n = ?$

$r = 2.000,- €;\quad s = 5 \to l = 1,05;\quad p = 5 \to q = 1,05;\quad n = 5$

$R_5 = 5 \cdot 2.000,- € \cdot 1,05^5$

$= 12.762,82\ €.$

Beispiel: Berechnen Sie den Barwert aus dem vorigen Beispiel.

$$R_0 = \frac{R_n}{q^n} = \frac{n \cdot r q^n}{q^n} = n \cdot r$$

$= 5 \cdot 2.000,- € = 10.000,- €.$

Da sich Zinsgewinn und Inflationsverlust ausgleichen, ergeben sich gerade die Einzahlungen.

6. Rentenrechnung bei gemischter Verzinsung und Berechnung der Effektivverzinsung

Gemischte Verzinsung ist dann anzuwenden, wenn die letzte Zahlung zwar mit dem Ende der Zahlungsperiode, aber nicht mit dem Ende der Zinsperiode zusammenfällt.

Beispiel: Ein Sparer spart monatlich nachschüssig 250,- € bei einer jährlichen Verzinsung von 5%. Wie groß ist sein Guthaben nach 4 Jahren und 5 Monaten?

Lösung: Hierbei werden die abgeschlossenen 4 Jahre mit Zinseszinsen und die letzten 5 Monate mit einfachen Zinsen berechnet.

$$n = n_1 + n_2 = 4 + \frac{5}{12}.$$

Für die abgeschlossenen Jahre gilt:

$$R_{n_1} = r\left(m + \frac{p}{100} \cdot \frac{m-1}{2}\right)\frac{q^{n_1}-1}{q-1} = 13.226{,}70 \text{ €}.$$

Für den restlichen Zeitraum erhält man für diese Summe:

$$R_{n_1}\left(1 + n_2 \frac{p}{100}\right) = 13.226{,}70 \text{ €} \left(1 + \frac{5}{12} \cdot \frac{5}{100}\right) = 13.502{,}26 \text{ €}.$$

Zudem werden aber noch Raten, die einfach verzinst werden, eingezahlt und ergeben:

$$R_{n_2} = n_2 \cdot m \cdot r + \left(n_2 - \frac{1}{m}\right)\frac{p}{100} \cdot r + \left(n_2 - \frac{2}{m}\right)\frac{p}{100} \cdot r$$
$$+ \left(n_2 - \frac{3}{m}\right)\frac{p}{100} \cdot r + \ldots + \frac{1}{m}\frac{p}{100} \cdot r$$

$$R_{5/12} = 5 \cdot 250 \text{ €} + \frac{4}{12} \cdot \frac{5}{100} \cdot 250 \text{ €} + \ldots + \frac{1}{12} \cdot \frac{5}{100} \cdot 250 \text{ €} =$$
$$= 1.260{,}42 \text{ €}.$$

$$R_{n_2} = n_2 \cdot m \cdot r + r \frac{p}{100} \left\{\frac{n_2 \cdot m - 1}{m} + \frac{n_2 \cdot m - 2}{m} + \frac{n_2 \cdot m - 3}{m} + \ldots + \frac{1}{m}\right\}$$

$$= n_2 \cdot m \cdot r + r \frac{p}{m \cdot 100}\left\{1 + 2 + \ldots (n_2 \cdot m - 2) + (n_2 \cdot m - 1)\right\}$$

$$= n_2 \cdot m \cdot r + r \frac{p}{m \cdot 100} \cdot \frac{(n_2 \cdot m - 1 + 1)}{2} \cdot (n_2 \cdot m - 1)$$

$$= n_2 \cdot m \cdot r + r \frac{p}{100} \cdot \frac{n_2(n_2 \cdot m - 1)}{2}$$

$$R_{n_2} = n_2 \cdot r \left(m + \frac{p}{100} \cdot \frac{(n_2 \cdot m - 1)}{2}\right)$$

$$R_{5/12} = \frac{5}{12} \cdot 250{,}- \text{ €} \left(12 + \frac{5}{100} \cdot \frac{5-1}{2}\right)$$
$$= 1.260{,}42 \text{ €}.$$

Zusammenfassend ergibt sich für die nachschüssige Rentenendwertformel bei gemischter Verzinsung:

$$R_n = R_{n_1}(1+n_2 \frac{p}{100}) + R_{n_2}$$

$$\boxed{R_n = r\left\{\left(m + \frac{p}{100} \frac{m-1}{2}\right) \frac{q^{n_1}-1}{q-1}\left(1 + n_2 \frac{p}{100}\right) + n_2\left(m + \frac{p}{100} \cdot \frac{n_2 \cdot m - 1}{2}\right)\right\}}$$

$$R_{4\frac{5}{12}} = 13.502{,}26 \text{ €} + 1.260{,}42 \text{ €} = 14.762{,}68 \text{ €}.$$

Entsprechend folgt für dasselbe Beispiel, jedoch bei vorschüssiger Ratenzahlung:

$$\boxed{R_n = r\left\{\left(m + \frac{p}{100} \frac{m+1}{2}\right) \frac{q^{n_1}-1}{q-1}\left(1 + n_2 \frac{p}{100}\right) + n_2\left(m + \frac{p}{100} \frac{n_2 \cdot m + 1}{2}\right)\right\}}$$

Den Rentenbarwert erhält man in gleicher Weise durch Anwendung der gemischten Verzinsung:

$$R_n = R_0 \, q^{n_1}\left(1 + n_2 \frac{p}{100}\right)$$

bzw. $\boxed{R_0 = \dfrac{R_n}{q^{n_1}\left(1 + n_2 \frac{p}{100}\right)}}$

Beispiel: Ein Sparer spart monatlich vorschüssig 250 € bei einer jährlichen Verzinsung von 5%. Wie hoch ist der Barwert bei einer Laufzeit von 4 Jahren und 5 Monaten?

$$R_0 = \frac{250 \text{ €} \left\{\left(12 + \frac{5}{100} \cdot \frac{13}{2}\right)\frac{1{,}05^4-1}{0{,}05}\left(1 + \frac{5}{12} \cdot \frac{5}{100}\right) + \frac{5}{12}\left(12 + \frac{5}{100} \cdot \frac{5+1}{2}\right)\right\}}{1{,}05^4\left(1 + \frac{5}{12} \cdot \frac{5}{100}\right)}$$

$$= \frac{14.822{,}88 \text{ €}}{1{,}05^4\left(1 + \frac{25}{1200}\right)} = 11.945{,}95 \text{ €}.$$

Mit Hilfe o.a. Formeln lassen sich alle Fragestellungen der vorigen Abschnitte dieses Kapitels entsprechend behandeln. Als Beispiel sollen hier nur die Effektivzinsen von Krediten mit nicht ganzzahligen Laufzeiten bei jährlicher Verzinsung berechnet werden.

Bei Krediten wurde der effektive Jahreszinsfuß in Deutschland bis zum Jahr 2000 im Prinzip mit o.a. Formeln ermittelt. Die gesetzliche Grundlage waren § 4 der PAngV 1985 (Preisangabenverordnung) und die Ausführungsbestimmungen der Länder. Bei der Berechnung des effektiven Jahreszinses sind alle unmittelbaren Kredit- und Vermittlungskosten einzubeziehen (z.B. Nominalzins, Bearbeitungsgebühren, Disagio, Maklerprovisionen, unterjährliche Zinszahlungen). Einige Aufwendungen, z.B. Aufwendungen im Zusammenhang mit der Absicherung des Darlehens (Notariatsgebühren und Grundbuchkosten), Versicherungskosten und Kontoführungsgebühren im marktüblichen Umfang, sind nicht zu berücksichtigen. Weiter ist gesetzlich geregelt, daß der jährliche Effektivzins mindestens mit einer, höchstens aber mit zwei Stellen hinter dem Komma anzugeben ist. Bei "variablen" Krediten, d.h. bei Krediten mit nicht über die gesamte Laufzeit festen Kreditkonditionen, ist ein sogenannter *anfänglicher* effektiver Jahreszins über die Festschreibungszeit zu berechnen (vgl. Übungsaufgabe 49).

Zur Berechnung des effektiven Jahreszinses muß (bei nachschüssiger Zahlungsweise) die Gleichung

$$F(q) = \frac{\left\{\left(m + \frac{p}{100} \cdot \frac{m-1}{2}\right)\frac{q^{n_1}-1}{q-1}\left(1 + n_2 \frac{p}{100}\right) + n_2\left(m + \frac{p}{100} \cdot \frac{n_2 \cdot m-1}{2}\right)\right\}}{q^{n_1}\left(1 + n_2 \frac{p}{100}\right)} - \frac{R_0}{r} = 0 \quad ,$$

die sich aus obiger Rentenbarwertformel ergibt, durch Probieren gelöst werden. Man nennt das Verfahren *360-Tage-Methode*. Für die tägliche Praxis wird man Hilfsmittel (Rechner, Rechenprogramme oder die Tabellen im Anhang D) einsetzen. Zur Einbeziehung weiterer Faktoren, wie tilgungsfreie Zeiten, Berechnung des anfänglichen Effektivzinses, muß die Lösungsgleichung entsprechend modifiziert werden.

Die folgenden Beispiele sollen das Vorgehen verdeutlichen. Die beiden ersten Beispiele sind den Ausführungsbestimmungen zur PAngV 1985 entnommen.

Beispiel: Kredithöhe (Auszahlungsbetrag): 8.000 DM
Laufzeit: 30 Monate
Zinssatz: 0,62% pro Monat, bezogen auf den Auszahlungsbetrag
Bearbeitungsgebühr: 2% des Auszahlungsbetrages; sie wird monatlich verrechnet und ist nicht zu verzinsen
Rückzahlung: 1 Monat nach Kreditauszahlung, monatlich.
Lösung: $n = n_1 + n_2 = 2 + \frac{6}{12}$, $m = 12$
$R_0 = 8.000$ DM
$r = \frac{8.000 \text{ DM}}{30} + 0,0062 \cdot 8.000 \text{ DM} + \frac{0,02 \cdot 8.000 \text{ DM}}{30} = 321,60$ DM.
→ $p_{eff} = 16,26$ (durch Probieren oder mit Hilfe der Tab. VI und linearer Interpolation in Anhang D)

Beispiel: Kredithöhe (Rückzahlungsbetrag):   8.000 DM

Auszahlung: 98% (= 2% Disagio),   Laufzeit: 10 Quartale

Quartalsrate: 890,61 DM (nachschüssig)

Rückzahlung: 1 Quartal nach Kreditauszahlung, vierteljährlich

Lösung: $n = n_1 + n_2 = 2 + \frac{2}{4}$, $m = 4$

$R_0 = 0{,}98 \cdot 8.000$ DM $= 7.840$ DM, $r = 890{,}61$ DM

→ $p_{eff} = 9{,}94$ (durch Probieren oder mit Hilfe der Tab. VII und linearer Interpolation in Anhang D)

Beispiel: Kredithöhe (Auszahlungsbetrag) am 30.04.1990:   2.400 DM

Laufzeit: 6 Monate

Zinssatz: 0,5% pro Monat vom Auszahlungsbetrag

Bearbeitungsgebühr: 8 DM pro Monat, nicht zu verzinsen

Rückzahlung: 1 Monat nach Kreditauszahlung, monatlich

Lösung: $n = n_1 + n_2 = 0 + \frac{6}{12}$, $m = 12$

$R_0 = 2.400$ DM, $r = 400$ DM $+ 12$ DM $+ 8$ DM $= 420$ DM

Die Ermittlung des effektiven Jahreszinses vereinfacht sich hier, da nur

$$F(q) = \frac{n_2\left(m + \frac{p}{100} \cdot \frac{n_2 \cdot m - 1}{2}\right)}{1 + n_2 \frac{p}{100}} - \frac{R_0}{r} = 0$$

zu lösen ist. Die Gleichung kann algebraisch nach p aufgelöst werden. Man erhält

$$p = p_{eff} = 100 \frac{m \cdot n_2 \cdot r - R_0}{n_2 \cdot \left(R_0 - r\frac{n_2 \cdot m - 1}{2}\right)} = 100 \cdot \frac{2520 - 2400}{\frac{6}{12}(2400 - 1050)} = 100 \cdot \frac{120}{\frac{6}{12} \cdot 1350} = 17{,}78$$

mit $m \cdot n_2 = N$ = Anzahl der Ratenzahlungen.

Setzt man im Nenner näherungsweise $r = \frac{R_0}{N}$, so folgt

$$p^*_{eff} = 100 \cdot \frac{N \cdot r - R_0}{\frac{N}{m}\left(R_0 - \frac{R_0}{N}\frac{N-1}{2}\right)} = \boxed{200 \cdot m \cdot \frac{Z}{R_0(N+1)}}$$

mit $Z = N \cdot r - R_0$ = Zinsen und sonstige Aufwendungen.

Mit Hilfe dieser Formel, der sogenannten *Uniformmethode*, kann der jährliche Effektivzinsfuß einer ausbezahlten Kreditsumme R_0 auf einfache Weise - auch für Laufzeiten, die länger als ein Jahr sind, - abgeschätzt werden; dabei wird der Kredit in N Raten, die jedes $\frac{1}{m}$-tel Jahr fällig sind, getilgt. Mit der Uniformmethode wurde bis 1980 der Effekivzinsfuß, insbesondere bei Teilzahlungskrediten, berechnet.

Bei monatlicher Tilgung: $p^*_{eff} = \dfrac{2.400 \cdot (\text{Zinsen und sonstige Aufwendungen})}{\text{Kreditauszahlungbetrag} \cdot (\text{Laufzeitmonate} + 1)}$

Für das letzte bzw. das vorletzte Beispiel ergibt die Uniformmethode

$p^*_{eff} = \dfrac{2400 \cdot 120}{2400 \cdot (6+1)} = 17{,}14$ bzw. $p^*_{eff} = 200 \cdot 4 \cdot \dfrac{(10 \cdot 890{,}61 - 0{,}98 \cdot 8000)}{(0{,}98 \cdot 8000) \cdot (10+1)} = 9{,}89$.

Ob ein angegebener effektiver Jahreszins richtig ist, kann relativ einfach mit Hilfe eines Kontos für einen Vergleichskredit überprüft werden. Das Konto für den Vergleichskredit entwickelt sich bei dem im letzten Beispiel ermittelten effektiven Jahreszins von p_{eff}=17,78 bei 360 Zinstagen und nachschüssiger Zinsbelastung wie folgt:

Kapitalkonto	DM		Zinskonto DM	
30.04.1994 Auszahlung	2.400,00	Soll	213,36	(Zinsen für 180 Tage)
30.05.1994 1. Rate	420,00	Haben	- 31,11	(Zinsen für 150 Tage)
30.06.1994 2. Rate	420,00	Haben	- 24,89	(Zinsen für 120 Tage)
30.07.1994 3. Rate	420,00	Haben	- 18,67	(Zinsen für 90 Tage)
30.08.1994 4. Rate	420,00	Haben	- 12,45	(Zinsen für 60 Tage)
30.09.1994 5. Rate	420,00	Haben	- 6,22	(Zinsen für 30 Tage)
30.10.1994 6. Rate	420,00	Haben	0	(Zinsen für 0 Tage)
Saldo	120,00	Haben	120,00	
Zinsbelastung	120,00	Soll		
Endsaldo	0			

Bei richtiger Berechnung des effektiven Jahreszinses muß der Endsaldo des Kontos für den Vergleichskredit Null ergeben; geringe Differenzen können durch Rundungen auftreten.

Die kapitalwirksamen Zinsverrechnungen werden beim Effektivzins nach Preisangabenverordnung jeweils nach Ablauf eines vollen Jahres (nach 360 Tagen) berücksichtigt. Bei gebrochenen Laufzeiten wird die letzte Zinsverrechnung nach Ablauf der verbliebenen Dauer von weniger als einem Jahr nach einfacher Zinsrechnung durchgeführt. Im Gegensatz dazu wird beim "Effektivzins nach Braess" die erste Zinsverrechnung nach Ablauf der gebrochenen Laufzeit vorgenommen. Danach folgen nur noch ganze Laufzeitjahre.

Bei der sogenannten AIBD-Methode (Association of International Bond Dealers) erfolgt die Zinsverrechnung mit der Ratenzahlung. Während man beim Effektivzinsverfahren nach der 360-Tage-Methode im unterjährlichen Bereich mit einfachen Zinsen rechnet, wird bei der AIBD-Methode sowohl im jährlichen als auch im unterjährlichen Bereich mit Zinseszinsen kalkuliert. Auf- und Abzinsungen erfolgen bei unterjährlichen Raten mit Bruchteilen der Zinsperiode. Unterschiede ergeben sich daher nur im unterjährlichen Bereich. In §6 und im Anhang zu §6 der neuen PAngV 2000, die seit 1.9.2000 gilt, wird die bislang in Deutschland geltende 360-Tage-Methode durch die AIBD-Methode ersetzt. Zugrunde gelegt werden für das Jahr jetzt 365 Tage (1 Monat = 1/12 Jahr = 365/12 Tage). Der Effektivzins ist jetzt auf zwei Nachkommastellen genau anzugeben. Im Falle der Auszahlung eines Darlehens als Einmalbetrag R_0 zum Zeitpunkt 0 lautet die Berechnungsvorschrift:

$$R_0 = \sum_{k=1}^{K} \frac{r_k}{\left(1 + \frac{p_{eff}}{100}\right)^{t_k}}$$

r_k = Ratenauszahlung mit der Nummer k

t_k = in Jahren oder Jahresbruchteilen ausgedrückte Zeitabstand zwischen Darlehensauszahlung und der Ratenzahlung r_k

p_{eff} = Effektivzinsfuß.

Beispiel: Ein Darlehen beträgt 4.000 €, jedoch hält der Darlehensgeber 80 € Bearbeitungsgebühr ein. Die Darlehensauszahlung erfolgt Ende 2002. Die erste Rückzahlung r_1 = 1.000 € wird nach 3 Monaten, die zweite r_2 = 2.000 € nach 6 Monaten und die dritte r_3 = 1.200 € nach 12 Monaten getätigt. Nach obiger Berechnungsformel ergibt sich die Gleichung

$$3.920\,€ = \frac{1.000\,€}{\left(1+\frac{p_{eff}}{100}\right)^{\frac{3}{12}}} + \frac{2.000\,€}{\left(1+\frac{p_{eff}}{100}\right)^{\frac{6}{12}}} + \frac{1.200\,€}{\left(1+\frac{p_{eff}}{100}\right)^{\frac{12}{12}}}$$

und als Lösung (durch Probieren) ein effektiver Jahreszinssatz von 12,66%.

Geschehen die n gleich hohen Zahlungen r in gleichen zeitlichen Abständen, dann vereinfacht sich die Berechnung. Die Lösungsgleichung

$$R_0 = \frac{r}{q^{*n}} \cdot \frac{q^{*n}-1}{q^*-1}$$

liefert den unterjährlichen Zinsfuß $p^* = (q^* - 1) \cdot 100$, der auf einfache Weise mittels Tab. III (vgl. Anhang D) ermittelt werden kann. Der unterjährliche Zinsfuß p^* wird dann in den jährlichen Effektivzinsfuß umgerechnet (vgl. Abschnitt B 3):

$$p_{eff} = 100 \cdot \left[\left(1 + \frac{p^*}{100}\right)^m - 1 \right].$$

7. Mittlerer Zahlungstermin und Duration

Für eine Rente mit n Zahlungen verteilt auf n Zinszeiträume ist die Angabe einer mittleren Laufzeit, die die durchschnittliche Kapitalbindungsdauer bemißt, von besonderer Bedeutung. Als mittlere Dauer z legt man den Zeitpunkt fest, an dem alle Zahlungen der Rente ($= n \cdot r$) auf einmal erfolgen sollen. Abgezinst auf den Beginn der Rente muß sich dann der gleiche Barwert ergeben:

$$R_0 = \frac{n \cdot r}{q^z}.$$

Hieraus folgt für eine nachschüssige Rente:

$$R_0 = \frac{n \cdot r}{q^z} = \frac{1}{q^n} \cdot r \cdot \frac{q^n - 1}{q - 1}$$

und nach Umformung

$$z = \frac{\ln\left(n \cdot q^n \frac{q-1}{q^n - 1}\right)}{\ln q}.$$

Entsprechend gilt für die vorschüssige Rente

$$R_0 = \frac{n \cdot r}{q^z} = \frac{1}{q^n} \cdot r \cdot q \cdot \frac{q^n - 1}{q - 1} \quad \text{und} \quad z = \frac{\ln\left(n \cdot q^n \frac{q-1}{q^n - 1}\right)}{\ln q} - 1.$$

Der Unterschied von einem Zinszeitraum zwischen der mittleren Dauer einer nach- und einer vorschüssigen Renten spiegelt den um einen Zeitraum früheren Zahlungsbeginn der vorschüssigen Rente wider.

Eine einfache Abschätzung der mittleren Dauer erhält man durch die Angabe der mittleren Zeit aller Zahlungstermine k. Für nachschüssige Zahlungen ist dies das arithmetische Mittel aus erstem (k=1) und letztem (k=n) Zahlungstermin:

$$z \approx m = \frac{n+1}{2}.$$

Entsprechend gilt für vorschüssige Zahlungen, wo der erste Zahlungstermin sofort (k=0) und der letzte eine Periode vor Ablauf (k=n-1) erfolgt:

$$z \approx m = \frac{n-1}{2}.$$

Beide Zeiten werden als *mittlerer Zahlungstermin* bezeichnet.

Eine andere Annäherung zur gemittelten Zeitdauer-Abschätzung, *Duration* genannt, berücksichtigt, daß Zahlungen zu späteren Zeitpunkten ein zunehmend geringeres Gewicht erhalten. Je später nämlich eine Zahlung r geleistet werden muß, desto weniger ist sie auch zu Beginn einer Rente (bar) wert. Als Gewichtsfaktor ihres Zahlungstermins wird daher ihr auf den Barwert bezogenes Verhältnis r/R_0, abgezinst auf den Beginn der Rente, angenommen. Der Gewichtsfaktor zum Zeitpunkt t ist also:

$$\frac{r}{R_0} \cdot \frac{1}{q^t}.$$

Die gewichteten Zeiten t' werden nun zur Gesamtzeit, der *Duration*, aufaddiert. Dieser Näherungswert findet in der Anlage- und Vermögensberatung Verwendung.

Für nachschüssige Rentenzahlungen folgt:

$$z \approx D = \sum_{t'=1}^{n} t' = \sum_{t=1}^{n} t \cdot \frac{r}{R_0 \cdot q^t} = \frac{r}{R_0} \sum_{t=1}^{n} t \cdot \frac{1}{q^t} =$$

$$= \frac{\frac{1}{q^n}\left(q\frac{q^n-1}{(q-1)^2} - \frac{n}{q-1}\right)}{\frac{1}{q^n} \cdot \frac{q^n-1}{q-1}} \quad \text{(vgl. Anhang A.5)}$$

$$D = \frac{q^{n+1} - n(q-1) - q}{(q^n-1)(q-1)}.$$

Entsprechend ergibt sich für vorschüssige Rentenzahlungen:

$$D = \sum_{t'=0}^{n-1} t' = \frac{r}{R_0} \sum_{t=0}^{n-1} t \cdot \frac{1}{q^t} =$$

$$= \frac{\frac{1}{q^{n-1}}\left(q\frac{q^{n-1}-1}{(q-1)^2} - \frac{n-1}{q-1}\right)}{\frac{1}{q^{n-1}}\frac{q^n-1}{q-1}} = \frac{q^n - (n-1)(q-1) - q}{(q^n-1)(q-1)}.$$

C. Rentenrechnung

Hieraus folgt für den Unterschied zwischen der Duration einer nach- und einer vorschüssigen Rente:

$$D_{nach} - D_{vor} = \frac{q^{n+1}-n(q-1)-q}{(q^n-1)(q-1)} - \frac{q^n-(n-1)(q-1)-q}{(q^n-1)\cdot(q-1)}$$

$$= \frac{q^{n+1}-q^n-q+1}{(q^n-1)(q-1)} = \frac{(q^n-1)(q-1)}{(q^n-1)(q-1)} = 1.$$

Die Differenz der Duration ergibt wieder die um einen Zinszeitraum vorgezogene Zahlungsweise einer vorschüssigen Rente.

Die verschiedenen Mittelungszeiten erläutert das folgende Beispiel.

Beispiel: Jemand hat für ein Grundstück 10 Jahre lang r € zu bezahlen. Wie groß sind die gemittelten Zahlungstermine bei nach- bzw. vorschüssiger Zahlungsweise und einem Zinsfuß von 8%?

Lösung: nachschüssig:

$$z = ln\left(10 \cdot 1{,}08^{10} \frac{0{,}08}{1{,}08^{10}-1}\right) / ln\, 1{,}08 = 5{,}18 \text{ Jahre}$$

mittlerer Zahlungstermin: $m = \frac{11}{2} = 5{,}5$ Jahre

Duration: $D = \frac{1{,}08^{11}-10\cdot 0{,}08-1{,}08}{(1{,}08^{10}-1)\, 0{,}08} = 4{,}87$ Jahre

vorschüssig:

alle Zeiten um ein Jahr kürzer.

Merke: Die Mittelungen der Zeitdauer sind von den jeweiligen (konstanten) Zahlungsbeträgen unabhängig; sie hängen nur von Laufzeit und Zinsfuß ab.

Beispiel: Beim obigen Rentengeschäft sei ein Zinsfuß von 10% gegeben.
→ nachschüssig: z = 5,10 Jahre
m = 5,5 Jahre
D = 4,73 Jahre.

Der *mittl. Zahlungstermin* weicht vom exakten Mittelwert z nach oben, die *Duration* nach unten ab.

Bei einer ewigen Rente berechnet sich die Duration zu:

nachschüssig:
$$D = \lim_{n \to \infty} \frac{q^{n+1} - n(q-1) - q}{(q^n - 1)(q-1)} =$$
$$= \lim_{n \to \infty} \frac{q^{n+1}}{q^n} \cdot \frac{1}{q-1} \cdot \frac{1 - [n(q-1) + q]/q^{n+1}}{1 - \frac{1}{q^n}} = \frac{q}{q-1}.$$

vorschüssig:
$$D = \frac{1}{q-1}.$$

Die zeitliche Differenz der Duration von nach- und vorschüssiger ewiger Rente

$$D_{nach} - D_{vor} = \frac{q}{q-1} - \frac{1}{q-1} = \frac{q-1}{q-1} = 1 \text{ Jahr}$$

beträgt auch hier ein Jahr.

8. Zusammenfassung der wichtigsten Formeln der Rentenrechnung

Dieser Abschnitt faßt die wichtigsten Formeln der Rentenrechnung wegen ihrer zentralen Bedeutung für die gesamte Finanzmathematik in Übersichten zusammen.

a) Übersicht: Jährliche Rentenzahlungen

Rentenbarwert: $R_0 = R_n / q^n$

nachschüssig:

Rentenendwert: $R_n = r \cdot \frac{q^n - 1}{q - 1}$

Laufzeit: $n = \dfrac{lg[R_n(q-1)/r + 1]}{lg\, q}$

$$= \frac{lg\left[\dfrac{1}{1 - \dfrac{R_0}{r}(q-1)}\right]}{lg\, q}$$

Zinsfuß: $F(q) = \dfrac{q^n - 1}{q - 1} - \dfrac{R_n}{r} = 0$

Lösung q durch Probieren oder mit Hilfe der Tabellen im Anh. D.

$$p = 100(q-1)$$

<u>vorschüssig:</u>

Rentenendwert: $$R_n = r \cdot q \frac{q^n-1}{q-1}$$

Laufzeit: $$n = \frac{lg\left[\frac{R_n}{r \cdot q}(q-1)+1\right]}{lg\, q}$$

$$= \frac{lg\left[\frac{1}{1-\frac{R_0}{r} \cdot \frac{(q-1)}{q}}\right]}{lg\, q}$$

Zinsfuß: $$F(q) = q \cdot \frac{q^n-1}{q-1} - \frac{R_n}{r} = 0$$

Lösung q durch Probieren oder mit Hilfe der Tabellen im Anh. D.

$$p = 100(q-1)$$

b) <u>Übersicht:</u> Unterjährliche Rentenzahlungen:

Rentenendwert: $$R_n = r_e \frac{q^n-1}{q-1}$$

Ersatzrentenrate: 1. nachschüssig $r_e = r\left[m + \frac{p}{100}\frac{(m-1)}{2}\right]$

                  2. vorschüssig $r_e = r\left[m + \frac{p}{100}\frac{(m+1)}{2}\right]$

Laufzeit: wie in Übersicht a) (nachschüssig) mit r_e statt r.

Zinsfuß: wie in Übersicht a) (nachschüssig) mit r_e statt r.

c) <u>Übersicht:</u> Ewige Rente

nachschüssiger Barwert: $$R_0 = \frac{r}{q-1}$$

vorschüssiger Barwert: $$R_0 = \frac{r \cdot q}{q-1}$$

d) Übersicht: Dynamische Rente

Rentenendwert $q \neq l$

nachschüssig jährlich: $\quad R_n = r \dfrac{q^n - l^n}{q - l}$

vorschüssig jährlich: $\quad R_n = rq \dfrac{q^n - l^n}{q - l}$

Rentenendwert $q = l$

nachschüssig jährlich: $\quad R_n = n \cdot r \, q^{n-1}$

vorschüssig jährlich: $\quad R_n = n \cdot r \cdot q^n$

e) Übersicht: Gemischte Verzinsung

Rentenendwert, $n = n_1 + n_2$

nachschüssig:
$$R_n = r\left\{\left(m + \frac{p}{100}\frac{m-1}{2}\right)\frac{q^{n_1}-1}{q-1}\left(1 + n_2 \frac{p}{100}\right)\right.$$
$$\left. + n_2\left(m + \frac{p}{100}\frac{n_2 \cdot m - 1}{2}\right)\right\}$$

vorschüssig:
$$R_n = r\left\{\left(m + \frac{p}{100}\frac{m+1}{2}\right)\frac{q^{n_1}-1}{q-1}\left(1 + n_2 \frac{p}{100}\right)\right.$$
$$\left. + n_2\left(m + \frac{p}{100}\frac{n_2 \cdot m + 1}{2}\right)\right\}$$

Rentenbarwert:
$$R_0 = \frac{R_n}{q^{n_1}\left(1 + n_2 \frac{p}{100}\right)}$$

Zinsfuß (nach- und vorschüssig)

allgemein:
$$F(q) = \frac{R_n/r}{q^{n_1}\left(1 + n_2 \frac{p}{100}\right)} - \frac{R_0}{r} = 0$$

Lösung durch Probieren.
$p = 100(q-1)$

$n_1 = 0$ (Laufzeit $n \leq 1$, nachschüssig):
$$p = 100 \cdot \frac{m \cdot n_2 \cdot r - R_0}{n_2\left(R_0 - r \dfrac{n_2 \cdot m - 1}{2}\right)}$$

f) Übersicht: Mittlere Rentenlaufzeiten

n Zahlungs- und Zinszeiträume

nachschüssig:

gemittelte Renten- (Kapitalbindungs-)dauer $\quad z = \dfrac{ln\left(n \cdot q^n \dfrac{q-1}{q^n-1}\right)}{ln\, q}$

mittlerer Zahlungstermin (Näherung) $\quad m = \dfrac{n+1}{2}$

Duration (Näherung) $\quad D = \dfrac{q^{n+1} - n(q-1) - q}{(q^n-1)(q-1)}$

Duration einer ewigen Rente $\quad D = \dfrac{q}{q-1}$

vorschüssig:

alle Mittelungswerte der nachschüssigen Rente minus Eins infolge der um einen Zinszeitraum früher erfolgenden ersten Ratenzahlung.

9. Investitionsrechnung

Unter einer Investition versteht man einen Strom von Auszahlungsrenten für die Anschaffung eines Gutes, durch dessen Nutzung Einzahlungsrenten oder Minderungen der Auszahlungsrentenverpflichtungen erzielt werden sollen. Eine Investitionsrechnung umfaßt Methoden und Modelle, mit denen die Wirtschaftlichkeit einer Investition ermittelt wird. Zu den bekanntesten finanzmathematischen Verfahren zählen: Kapitalwertmethode, Methode des internen Zinsfußes und Baldwin-Zinsfußmethode (vgl. auch Pflaumer, 2004).

Bezeichnungen:

e_t	Einzahlungsrente (kurz: Einzahlung) zum Zeitpunkt t
a_t	Auszahlungsrente (kurz: Auszahlung) zum Zeitpunkt t
c_t	Einzahlungsüberschuß (Cash Flow) zum Zeitpunkt t: $c_t = e_t - a_t$
I_0	Investitionsauszahlung zum Zeitpunkt 0 mit $\sum_{t=1}^{n} c_t > I_0$
n	Investitionsdauer in Jahren
p	Kalkulationszinsfuß
C_0	Kapitalwert
r_I	interner Zinsfuß
r_B	Baldwin-Zinsfuß (Kapitalverzinsung)

Es wird unterstellt, daß die Ein- und Auszahlungen jährlich nachschüssig anfallen und daß vollkommene Sicherheit bei den zukünftigen Zahlungen (Prognosen) vorliegt.

9.1 Kennzahlen bei konstanten Einzahlungsüberschüssen

Anhand folgenden Beispiels sollen die wichtigsten Kennzahlen der Investitionsrechnung hergeleitet werden.

Beispiel: Eine Investition in eine Silbermine über 100.000 € führe 10 Jahre lang zu jährlichen Einzahlungen von 50.000 € und zu jährlichen Auszahlungen von 30.000 €. Nach 10 Jahren ist die Silbermine abgebaut. Es wird daher kein Restverkaufserlös erzielt. Lohnt sich die Investition bei einem Kalkulationszinsfuß von 5%?

Wird die Silbermine nicht erworben, kann der Investor sein Vermögen zum Kalkulationszinsfuß anlegen (Basisalternative).

Vermögensendwert der Basisalternative nach 10 Jahren:

$$K_n^B = I_0 \cdot q^n = 100.000 \,€ \cdot 1,05^{10} = 162.889,46 \,€.$$

Beim Kauf der Silbermine wird unterstellt, daß die jährlichen Rückflüsse $c_t = c = 50.000\,€ - 30.000\,€ = 20.000\,€$ zum Kalkulationszinsfuß wieder angelegt werden können. Der Vermögensendwert berechnet sich als Rentenendwert einer konstanten Rente von 20.000 €.

Vermögensendwert (Rentenendwert) der Investitionsalternative nach 10 Jahren:

$$K_n^I = c \cdot \frac{q^n - 1}{q - 1} = 20.000\,€ \cdot \frac{1,05^{10} - 1}{1,05 - 1} = 251.557,85\,€.$$

Die Alternative "Kauf der Silbermine" führt zu einem höheren Vermögensendwert als die Basisalternative (Anlage zum Kalkulationszinsfuß). Daher sollte aus rechnerischen Gesichtspunkten die Investition in die Silbermine getätigt werden. Die Differenz der Vermögensendwerte beträgt: $251.557,85\,€ - 162.889,46\,€ = 88.668,39\,€$.

Allgemein kann gesagt werden, daß sich die Investition lohnt, wenn gilt:

$$c \cdot \frac{q^n - 1}{q - 1} > I_0 \cdot q^n \quad \text{bzw.} \quad \frac{c}{q^n} \cdot \frac{q^n - 1}{q - 1} > I_0 \quad \text{bzw.} \quad -I_0 + \frac{c}{q^n} \cdot \frac{q^n - 1}{q - 1} > 0.$$

Die Größe

$$\boxed{C_0 = -I_0 + \frac{c}{q^n} \cdot \frac{q^n - 1}{q - 1}}$$

nennt man in der Investitionsrechnung den **Kapitalwert** (bei konstanten Einzahlungsüberschüssen). Formal ist der Kapitalwert die Differenz der abgezinsten Einzahlungsüberschüsse und der Investitionsauszahlung. Der Kapitalwert beträgt im vorliegenden Fall:

$$C_0 = -100.000\,\text{€} + \frac{20.000\,\text{€}}{1,05^{10}} \cdot \frac{1,05^{10}-1}{1,05-1} = 54.434,70\,\text{€}.$$

Der Kapitalwert kann aber auch als abgezinste Differenz der Vermögensendwerte betrachtet werden:

$$C_0 = \frac{K_n^I - K_n^B}{q^n} = \frac{88.668,39\,\text{€}}{1,05^{10}} = 54.434,70\,\text{€}.$$

Eine Investition ist aus rechnerischen Gründen durchzuführen, wenn der Kapitalwert positiv ist, und zu unterlassen, wenn er negativ ist. Zwischen dem Vermögensendwert der Investitionsalternative und dem Kapitalwert besteht folgender Zusammenhang:

$$\boxed{K_n^I = (C_0 + I_0) \cdot q^n}$$

$$= c \cdot \frac{q^n - 1}{q-1} = \left(-I_0 + \frac{c}{q^n} \cdot \frac{q^n-1}{q-1} + I_0\right) \cdot q^n.$$

Denjenigen Zinsfuß, bei welchem das Anfangskapital I_0 auf das Endkapital bzw. auf den Vermögensendwert K_n^I wächst, nennt man **Baldwin-Zinsfuß** oder Kapitalverzinsung. Der Baldwin-Zinsfuß gibt die Verzinsung des eingesetzten Kapitals an (vgl. S. 13):

$$r_B = \left(\sqrt[n]{\frac{K_n^I}{I_0}} - 1\right) \cdot 100 = \left(\sqrt[n]{\frac{c \cdot \frac{q^n-1}{q-1}}{I_0}} - 1\right) \cdot 100 = \left(\sqrt[n]{\frac{(C_0 + I_0) \cdot q^n}{I_0}} - 1\right) \cdot 100.$$

Für das Silberminenbeispiel ergibt sich für den Baldwin-Zinsfuß:

$$r_B = \left(\sqrt[10]{\frac{251.557,85}{100.000}} - 1\right) \cdot 100 = 9,66.$$

Die Investition lohnt sich, da der Baldwin-Zinsfuß größer als der Kalkulationszinsfuß ist.

Zu unterscheiden vom Baldwin-Zinsfuß ist der **interne Zinsfuß** r_I, der die Verzinsung des jeweils gebundenen Kapitals angibt; von der Investitionssumme von 100.000 € könnte bei einer Verzinsung, die dem internen Zinsfuß entspricht, 10 Jahre lang eine Rente von 20.000 € jährlich ausgezahlt werden (vgl. S. 40). Er ist der Zinsfuß, bei welchem der Kapitalwert der Investition Null wird.

$$\boxed{C_0 = 0 = -I_0 + \frac{c}{q_r^n} \cdot \frac{q_r^n - 1}{q_r - 1}}$$

mit $q_r = 1 + \frac{r_I}{100}$.

Rechnerisch wird er durch Probieren oder mit Hilfe von Rentenbarwerttabellen ermittelt (vgl. auch S. 41f).

Mit $\frac{I_0}{c} = 5$ und n=10 erkennt man aus der Tabelle der Rentenbarwertfaktoren (Tab. III), daß der interne Zinsfuß zwischen 15% und 16% liegen muß. Lineare Interpolation führt zu:

$$r_I = 15 + \frac{5 - 5,0188}{4,8332 - 5,0188} = 15,1.$$

Die Investition lohnt sich, da der interne Zinsfuß größer als der Kalkulationszinsfuß ist.

<u>Merke</u>: Ist der Kapitalwert positiv, dann sind sowohl Baldwin-Zinsfuß als auch interner Zinsfuß größer als der Kalkulationszinsfuß. Bei Beurteilung eines einzigen Investitionsprojektes reicht es daher, nur eine der Kennzahlen auszurechnen, um die Vorteilhaftigkeit der Investition zu beurteilen.

9.2 Kennzahlen bei variablen Einzahlungsüberschüssen

Bei vielen Investitionen in der Praxis werden die Einzahlungsüberschüsse unterschiedlich groß sein. Der Kapitalwert ist auch in diesem Fall die Differenz aus den abgezinsten Einzahlungsüberschüssen und der Investitionsauszahlung, d.h.:

$$C_0 = -I_0 + \frac{c_1}{q} + \frac{c_2}{q^2} + \ldots + \frac{c_n}{q^n}$$

Im Einzahlungsüberschuß c_n ist neben dem laufenden Überschuß aus Umsatztätigkeit auch der Resterlös des Investitionsobjektes enthalten.

Zur Berechnung des Baldwin-Zinsfußes gilt wie oben:

$$r_B = \left(\sqrt[n]{\frac{K_n^I}{I_0}} - 1\right) \cdot 100 = \left(\sqrt[n]{\frac{(C_0 + I_0) \cdot q^n}{I_0}} - 1\right) \cdot 100$$

Zur Bestimmung des internen Zinsfußes setzt man die Kapitalwertgleichung gleich Null. Die Bestimmungsgleichung für den internen Zinsfuß lautet dann im allgemeinen Fall:

$$C_0 = 0 = -I_0 + \frac{c_1}{q_r} + \frac{c_2}{q_r^2} + \ldots + \frac{c_n}{q_r^n}$$

Der interne Zinsfuß kann (i.a.) nur durch Probieren ermittelt werden.

<u>Beispiel:</u>

Ein Investitionsobjekt mit einer Auszahlung von 1 Mio. € und einer Laufzeit von vier Jahren führe zu folgenden Einzahlungsüberschüssen:

1. Jahr: 200.000 €, 2. Jahr: 400.000 €,
3. Jahr: 400.000 €, 4. Jahr: 308.000 €.

Der Kalkulationszinsfuß sei 8%.

Der Kapitalwert beträgt:

$$C_0 = -1.000.000\,\text{€} + \frac{200.000\,\text{€}}{1,08} + \frac{400.000\,\text{€}}{1,08^2} + \frac{400.000\,\text{€}}{1,08^3} + \frac{308.000\,\text{€}}{1,08^4} = 72.042,80\,\text{€}.$$

Der Baldwin-Zinsfuß berechnet sich zu:

$$r_B = \left(\sqrt[4]{\frac{(72.042,80\,\text{€} + 1.000.000\,\text{€}) \cdot 1,08^4}{1.000.000}} - 1 \right) \cdot 100 = 9,89.$$

Die Bestimmungsgleichung für den internen Zinsfuß lautet:

$$C_0 = 0 = -1.000.000\,\text{€} + \frac{200.000\,\text{€}}{q_r} + \frac{400.000\,\text{€}}{q_r^2} + \frac{400.000\,\text{€}}{q_r^3} + \frac{308.000\,\text{€}}{q_r^4}.$$

Zur Ermittlung des internen Zinsfußes stellt man zweckmäßigerweise eine kleine Tabelle auf, in der man den Kapitalwert in Abhängigkeit vom Kalkulationszinsfuß berechnet:

p	Kapitalwert
8%	72042,80
9%	47226,59
10%	23290,76
11%	194,85
12%	-22099,35

Aus der Tabelle (tabellarische Darstellung der sogenannten Kapitalwertfunktion) erkennt man, daß der interne Zinsfuß etwas mehr als 11% beträgt. Durch Probieren, durch lineare Interpolation oder durch ein geeignetes Programm erhält man schließlich $r_I = 11,01$.

III. Übungsaufgaben

1. Ein Sparer zahlt jeweils zum Jahresende 2.000 € auf sein Sparkonto ein, welches zu 4% verzinst wird. Über welches Guthaben verfügt der Sparer nach 10 bzw. 20 Jahren?

2. Einer Tankstelle wird eine Autowaschanlage zum Preis von 100.000 € angeboten. Es wird jährlich mit Einzahlungsüberschüssen von 20.000 € (nachschüssig) gerechnet. Nach Ablauf der Nutzungsdauer von 10 Jahren kann für die Anlage ein Schrottwert von 10.000 € erzielt werden. Lohnt sich die Investition bei einem Kalkulationszinsfuß von 10%?

3. Eine ständige Wegebaulast von jährlich 1.000 € nachschüssig mit einem alle 5 Jahre fälligen Instandhaltungsbeitrag von 2.000 € soll abgelöst werden. Der nächste Instandhaltungsbeitrag fällt in drei Jahren an. Wie hoch ist die Ablösesumme bei einem Zinssatz von 5%?

4. Auf ein Konto werden monatlich 10 Jahre lang 100 € einbezahlt. Wie hoch ist der Kontostand nach 15 Jahren bei

    a) nachschüssiger   b) vorschüssiger

    Zahlungsweise, falls der Zinssatz 5% beträgt?

5. Eine Investition über 100.000 € bringt 5 Jahre lang jeweils zum Jahresende 30.000 € an Einzahlungsüberschüssen. Wie hoch ist die Verzinsung?

6. Ein Bausparer hat einen Bausparvertrag über 50.000 € Bausparsumme abgeschlossen. Der Habenzins beträgt 3%. Der Bausparvertrag ist zuteilungsreif, wenn 40% der Bausparsumme einbezahlt sind.

    a) Nach wieviel Jahren ist der Bausparvertrag zuteilungsreif, wenn

        aa) 3.000 € jährlich nachschüssig

        ab) 3.000 € jährlich vorschüssig

        ac) 300 € monatlich nachschüssig

    einbezahlt werden?

    b) Welche Sparrate muß der Bausparer

        ba) jährlich nachschüssig

        bb) jährlich vorschüssig

        bc) monatlich nachschüssig

    leisten, damit der Vertrag in vier Jahren zuteilungsreif ist?

7. Jemand zahlt zu Beginn eines jeden Monats 500 € auf sein Sparkonto ein, welches mit 4,5% jährlich verzinst wird.
   a) Über welches Guthaben verfügt der Sparer nach 10 Jahren?
   b) Welchen Betrag hätte er zum Zeitpunkt n=0 auf sein Konto einzahlen müssen, um bei gleicher Laufzeit und Verzinsung über dasselbe Guthaben zu verfügen?

8. Eine vorschüssige Rente von jährlich 12.000 € soll 20 Jahre lang bezahlt werden. Der Jahreszinsfuß beträgt 6%.
   a) Wie hoch ist der Barwert?
   b) Wie hoch sind Barwert und Monatsrate, wenn die Jahresrate in monatliche (vorschüssige) Beträge umgewandelt wird?

9. Jemand erhält nach Ablauf von genau fünf Jahren zehnmal eine jährliche Rente von 10.000 €.
   a) Diese Rente soll in eine monatliche nachschüssige Rente umgewandelt werden, die sofort beginnt und sieben Jahre bezahlt wird. Wie hoch ist die Monatsrente bei einem Zinssatz von 7%?
   b) Diese Rente soll in eine vorschüssige Vierteljahresrente von 2.000 € umgewandelt werden, die in genau zwei Jahren beginnt. Wie lange kann die Vierteljahresrente bei einer von da an halbjährlichen Verzinsung von 3,5% bezahlt werden?

10. Ein Vater zahlt auf das Konto seines Sohnes 10 Jahre lang jeweils am Ende eines Jahres 10.000 € ein. Der Zinssatz beträgt 5%. Fünf Jahre nach der letzten Einzahlung beginnt der Sohn sein Studium.
    a) Welchen Betrag kann der Sohn während seines vierjährigen Studiums jährlich vorschüssig abheben, damit das gesparte Geld gerade für das Studium ausreicht?
    b) Der Sohn möchte jährlich vorschüssig 30.000 € abheben. Nach wieviel Jahren ist das Geld aufgebraucht?
    c) Welchen Betrag kann der Sohn monatlich vorschüssig während seines vierjährigen Studiums abheben, wenn in dieser Zeit seine Tante zusätzlich vierteljährlich nachschüssig vier Jahre lang 1.000 € auf das Konto überweist, damit das Geld für das Studium ausreicht?

11. Das Vermögen von A ist mit 100.000 € doppelt so hoch wie das Vermögen von B. A spart jährlich 4.000 € nachschüssig, während B 8.000 € spart. Die jährliche Verzinsung ist 6%.
    a) Nach wieviel Jahren sind die Vermögen von A und B gleich hoch?
    b) Wie hoch muß die jährliche Sparleistung von B sein, damit er in 10 Jahren das gleiche Vermögen wie A hat?

12. Auf einen Bausparvertrag wurden am Ende der Jahre 1981, 1982 und 1983 jeweils 10.000 DM einbezahlt. Danach ließ der Sparer den Vertrag ruhen. Zum Ende der Jahre 1987, 1988 und 1989 wurden jeweils 20.000 DM einbezahlt. Wie hoch ist der Kontostand am 31.12.1990 bei einem Zinsfuß von 3%?

13. Aus einem Kapital von 100.000 € soll eine 12-jährige Rente, die sofort fällig ist, gebildet werden. Der Zinssatz betrage 5% . Berechnen Sie die
    a) nachschüssige Jahresrente
    b) nachschüssige Monatsrente
    c) vorschüssige Jahresrente
    d) vorschüssige Monatsrente .

14. In welche nachschüssige Monatsrente kann eine jährliche nachschüssige Rente von 5.000 € umgewandelt werden, falls der Zinssatz 6% beträgt ?

15. Das Vermögen von A beträgt 100.000 €. Er spart monatlich nachschüssig 300 €. Das Vermögen von B beträgt 60.000 €. Wie hoch muß die monatliche nachschüssige Sparleistung von B sein, damit er in 20 Jahren ein doppelt so hohes Vermögen wie A bei einem Zinssatz von 7% hat?

16. Für den Kauf einer Maschine stehen folgende Zahlungsalternativen zur Auswahl:
    a) 8.000 € sofort, 4 jährliche Raten zu je 2.000 €, zahlbar am Ende eines jeden Jahres
    b) vier jährliche Raten zu je 4.000 €, zahlbar am Ende eines jeden Jahres
    c) 5.000 € sofort, je 3.000 € am Ende des 2. und 3. Jahres und 5.000 € am Ende des 4. Jahres.

    Für welche Zahlungsalternative soll man sich bei einem Zinssatz von 10% entscheiden?

17. Für den Kauf eines Mietshauses, dessen Wiederverkauf nach fünf Jahren erwogen wird, sind folgende Daten gegeben:

Anschaffungsausgaben:	650.000 €
Mieteinnahmen pro Jahr (nachschüssig)	35.000 €
Betriebskosten pro Jahr (nachschüssig)	18.000 €
Verkaufspreis nach fünf Jahren	750.000 €.

    Der Investor verlangt eine Mindestrentabilität von 10% . Soll er das Haus kaufen?

18. Ein Unternehmer überlegt sich, ob er eine Maschine im Wert von 20.000 € kaufen soll. Der Schrottwert der Maschine wird auf 1.000 € geschätzt.
    a) Der Kauf der Maschine führt zu einer jährlichen Einsparung von 4.600 € (nachschüssig). Wie lange muß die Maschine mindestens genutzt werden, damit sich die Investition bei einem Kalkulationszinsfuß von 11% rentiert?
    b) Wie groß muß die jährliche Einsparung mindestens sein, wenn die Lebensdauer 10 Jahre beträgt, damit sich die Investition bei einem Kalkulationszinsfuß von 12% rentiert?

19. Eine Schuld von 2.400 € wird in 13 Monatsraten zu je 200 € abgetragen. Wie hoch ist der Zinsfuß bei

    a) nachschüssiger   b) vorschüssiger

    Zahlungsweise und monatlicher Verzinsung?

20. Eine Erbschaft von 30.000 € soll in eine 10-jährige Rente umgewandelt werden. Wie hoch sind die nachschüssigen Monatsraten bei einer vierteljährlichen Verzinsung von 1,5%?

21. Ein heute 55-jähriger Arbeitnehmer hat in 10 Jahren einen Anspruch auf eine monatliche Betriebsrente von 500 €, die vorschüssig bezahlt wird. Durch welche Gegenleistung kann sie heute bei einem Zinssatz von 6% abgelöst werden, wenn eine Lebenserwartung von 77 Jahren angenommen wird?

22. Ein Sparer spart zu Beginn eines jeden Vierteljahres 10 Jahre lang 1.000 €. Wie hoch ist das Sparguthaben nach 20 Jahren bei einer halbjährlichen Verzinsung von 2,5%?

23. Aus einer Anzeige:

    "Barkredit sofort und bequem für jeden Zweck: z.B. 5.000 € für 136 € monatlich bei 47 Monaten Laufzeit".

    Wie hoch ist der effektive Jahreszinssatz bei nachschüssiger Betrachtung und monatlicher Verzinsung?

24. Aus einem Kapital von 250.000 € soll eine nachschüssige Quartalsrente von 22.900 € bezahlt werden. Wie oft kann diese Rente bei einem Semesterzins von 3% geleistet werden?

25. Eine Schuld über 100.000 € soll in nachschüssigen Monatsraten in den nächsten fünf Jahren getilgt werden. Wie hoch sind die Monatsraten bei vierteljährlicher Verzinsung von 2%?

26. Ein Pensionär hat ein Vermögen von 1 Million €. Jährlich hebt er nachschüssig 80.000 € ab. Ein Berufsanfänger mit einem geerbten Vermögen von 100.000 € spart am Ende seines ersten Berufsjahres 10.000 €. Er plant, diesen Sparbetrag jährlich um 20% zu steigern. Nach wieviel Jahren haben beide ein gleich hohes Vermögen, wenn die Verzinsung zu 6% erfolgt?

27. Welchen Preis sollte ein potentieller Käufer, der eine Verzinsung von 10% seines eingesetzten Kapitals verlangt, für ein Unternehmen maximal bezahlen, welches

    a) einen durchschnittlichen Jahresüberschuß von 1 Million € erzielt?

    b) am Ende des ersten Jahres einen Jahresüberschuß von 1 Million € erzielt, der dann jährlich um 5% wächst?

28. Ein Bankkunde benötigt für den Kauf eines PKWs 40.000 €. Er akzeptiert folgende Kreditkonditionen: Laufzeit zwei Jahre, Rückzahlung in zwei gleich hohen Beträgen zum jeweiligen Jahresende, Jahreszins von 6,5% bei 95%-iger Auszahlung.
    a) Wie hoch sind die beiden Jahresraten?
    b) Welchen Effektivzins bezahlt er?

29. Mit welchem Kapital kann im Alter von 30 Jahren bei einer Lebenserwartung von 70 Jahren eine monatliche Rente von 1.100 €, die nachschüssig bezahlt wird, abgelöst werden, wenn man eine jährliche Dynamisierungsrate von 2.5% und einen Jahreszins von 4,5% zugrundelegt?

30. Jemand möchte von seinem 63. Geburtstag an 20 Jahre lang eine jährliche nachschüssige Rente in Höhe von 20.000 € ausbezahlt bekommen. Welchen Betrag muß er dafür 30 Jahre lang bis zu seinem 63. Geburtstag monatlich vorschüssig einbezahlen? Der Zinsfuß betrage 5,5% jährlich.

31. Sie wollen für die beste Vorprüfung eines jeden Jahres einen Preis von 1.000 € nachschüssig aussetzen. Welches Kapital müssen Sie bei einem Jahreszins von 6% anlegen?

32. Jemand legt 500.000 € zu 8% Jahreszinsen an. Am Ende des ersten Jahres werden 50.000 € abgehoben. Aufgrund der Teuerung wird damit gerechnet, daß der Betrag jährlich um 5,5% erhöht werden muß. Nach wieviel Jahren ist das angelegte Kapital aufgebraucht?

33. Jemand zahlt jährlich nachschüssig folgende Beiträge in seine Lebensversicherung:

1971 - 1975	5.000 DM
1976 - 1980	10.000 DM
1981 - 1985	20.000 DM

    Die Lebensversicherung wird im Erlebensfall Ende 1990 ausbezahlt. Die durchschnittliche Verzinsung des einbezahlten Kapitals beträgt 7%.
    a) Wie hoch ist der Auszahlungsbetrag?
    b) Welche konstanten jährlichen Beiträge zwischen 1971 und 1985 hätten zur gleichen Auszahlung geführt?
    c) Der Auszahlungsbetrag 1990 soll in eine monatliche nachschüssige Rente umgewandelt werden. Wie hoch ist diese bei einer ferneren Lebenserwartung von 15 Jahren, falls der Jahreszins 5,5% beträgt?

34. Das Vermögen von A beträgt 100.000 € und das von B 50.000 €. Beide sparen 10.000 € jährlich nachschüssig. A hat sein Geld zu 3% angelegt. Nach 20 Jahren möchte B ein gleich hohes Vermögen wie A haben. Zu welchem Zinssatz muß er sein Geld anlegen?

35. Aus einem Kapital von 250.000 € soll 20 Jahre lang eine vorschüssige Monatsrente bezahlt werden. Wie hoch ist diese bei vierteljährlicher Verzinsung von 1% ?

36. Eine jährliche nachschüssige Rente über 10.000 € wird nach fünf Jahren fünf Jahre lang unterbrochen; danach wird sie wieder fünf Jahre gewährt. Wie hoch ist der Barwert der Rente bei einem Zinsfuß von 5% ?

37. Wieviel muß am Ende eines jeden Monats gespart werden, um bei 5% Verzinsung in 10 Jahren ein Kapital von 100.000 € anzusparen?

38. Um welchen Prozentsatz muß eine jährliche nachschüssige Sparrate von anfänglich 500 € pro Jahr steigen, damit man nach 10 Jahren ein Kapital von 10.000 € besitzt? Es werden 5% Zinsen gewährt.

39. Wie lange dauert es, bis man mit einer monatlichen vorschüssigen Sparrate von 100 € ein Kapital von 20.000 € erspart hat, wenn die Verzinsung halbjährlich mit 2,5% erfolgt?

40. Ein Sparer spart am Ende des ersten Jahres 500 €. Danach steigt die Sparsumme jährlich um 10% . Die Verzinsung beträgt 6% . Nach wieviel Jahren hat er ein Sparkapital von 10.000 € erreicht?

41. Berechnen Sie den Barwert einer nachschüssigen Rente von 1.000 €, die alle
    a) zwei Jahre
    b) fünf Jahre
    für einen Zeitraum von 20 Jahren bei einem Jahreszinsfuß von 6% bezahlt wird.

42. Herr Müller möchte in 5 Jahren ein Auto der Marke BMV kaufen, welches 58.666 € kostet. Zu diesem Zweck schließt er einen Sparvertrag über 5 Jahre zu 8% Zinsen ab.
    a) Wie hoch ist die jährliche nachschüssige Sparrate?
    b) Um wieviel Prozent muß die nachschüssige Anfangsrate aus a) jährlich steigen, falls der Preis des Autos pro Jahr um 5% zunimmt?

43. Eine 5,5%-DM-Anleihe mit einer Restlaufzeit von sieben Jahren wird zum Kurs von 89,4% gekauft. Zinsen werden noch siebenmal jährlich nachschüssig ausgeschüttet. Der Rücknahmekurs ist 100%. Wie hoch ist die Rendite bzw. die effektive Verzinsung?

44. Eine 8%-DM-Anleihe mit einer Restlaufzeit von vier Jahren wird zum Kurs von 100% gekauft. Zinsen werden noch viermal jährlich nachschüssig ausgeschüttet. Der Rücknahmekurs ist 100%. Wie hoch ist die Rendite bzw. die effektive Verzinsung?

45. Ein Waldbestand beträgt heute 200.000 m³. Wie groß ist er in 20 Jahren, wenn am Ende eines jeden Jahres 5.000 m³ Holz geschlagen werden und 3% stetiges Wachstum pro Jahr zu erwarten ist?

46. Welchen Betrag muß man monatlich vorschüssig 10 Jahre lang sparen, um anschließend eine monatliche nachschüssige ewige Rente in Höhe von 1.000 € bei einem Zinssatz von 5% zu erhalten?

47. Aus einer Anzeige für ein Kreditangebot:
    "Schnell und Einfach: 15.000 € für 282,05 € monatlich, Laufzeit: 72 Monate".
    Wie hoch ist der effektive Jahreszins bei nachschüssiger Betrachtung und
    a) jährlichen Zinsperioden
    b) monatlichen Zinsperioden?

48. Ein Fernsehgerät kostet bei Barzahlung 1.300 €. Bei Ratenzahlung, die einen Monat nach Kauf beginnt, sind 250 € sofort als Anzahlung und sechs Monatsraten zu je 190 € zu entrichten. Wie hoch ist der effektive Jahreszins bei jährlichen Zinsperioden?

49. Ein Kredit wird mit folgenden Konditionen angeboten:
    Kredithöhe (Rückzahlungsbetrag):   8.000 €
    Auszahlung: 98% (2% Disagio)
    Laufzeit: 10 Quartale
    Festschreibungszeit: 2 Jahre
    Quartalsrate: 890,61 € (nachschüssig)
    Restschuld nach zwei Jahren: 1.729,19 €.
    Berechnen Sie den sogenannten anfänglichen Effektivzins, d.h. den Effektivzins für die ersten zwei Jahre.

50. Am 01.01.1990 wurde ein Sparkonto von 1.000 DM eröffnet. Das Guthaben wurde vierteljährlich mit 1% verzinst.
    a) Wie hoch war das Guthaben am 01.01.2000, wenn
       aa) alle Gutschriften auf dem Konto blieben?
       ab) an jedem Jahresende 5% des verzinsten Kapitals abgehoben wurden?
    b) Nach wie vielen Jahren war der Kontostand zum ersten Mal geringer als 500 DM, wenn an jedem Jahresende 5% des verzinsten Kapitals abgehoben wurden?

51. Ein Kredit über R_0 € soll in 12 nachschüssigen Monatsraten zu r € zurückbezahlt werden. Wie hoch ist der Effektivzins bei jährlicher Zinsperiode?

52. Ein Kredit über 1.000 € mit einer Laufzeit von 12 Monaten wird gewährt. Wie hoch muß die nachschüssige Monatsrate sein, damit sich ein Effektivzins bei jährlicher Verzinsung von 20% ergibt?

53. Jemand zahlt alle zwei Jahre nachschüssig 2.000 € auf sein Sparkonto ein, welches jährlich zu 3% verzinst wird. Wie hoch ist der gesparte Betrag einschließlich Zinseszins am Ende des 10. Jahres?

54. Eine Bevölkerung von 80 Millionen, die aufgrund ihres niedrigen Geburtenniveaus jährlich um 1% sinkt, wobei der Einfachheit halber <u>diskretes</u> (negatives) Wachstum unterstellt wird, verzeichnet eine Nettozuwanderung von 300.000 Personen pro Jahr. Die Geburtenraten der Zuwanderer und der einheimischen Bevölkerung seien gleich hoch. Weiter wird unterstellt, daß die Zuwanderung jeweils am Ende eines Jahres erfolgt.
   a) Wie hoch ist der gesamte Bevölkerungsbestand nach 50 Jahren?
   b) Nach wieviel Jahren hat sich der gesamte Bevölkerungsbestand halbiert?
   c) Gegen welche Zahl wird der gesamte Bevölkerungsbestand langfristig streben?
   d) Wie hoch müßte der Zuwanderungsstrom jährlich sein, damit die Bevölkerungszahl bei 80 Millionen bleibt?
   e) Wie hoch müßte der Zuwanderungsstrom jährlich sein, damit die Bevölkerungszahl nach 50 Jahren 70 Millionen beträgt?

55. Ein Wertpapier, welches 100 € kostet, wird nach einem Monat für 101 € verkauft. Wie hoch ist die Effektivverzinsung nach
   a) PAngV 1985?   b) AIBD bzw. PAngV 2000?

56. Jemand spart 1.000 € jährlich vorschüssig 10 Jahre lang. Danach kann aus dem angesammelten Kapital jährlich eine ewige nachschüssige Rente von 1.000 € gezahlt werden. Wie hoch ist der für beide Rentenzahlungen gleiche Zinsfuß?

57. Sie wollen alle zwei Jahre einen Preis von 10.000 € (vorschüssig) für außerordentliche Leistungen auf dem Gebiet der Finanzmathematik aussetzen. Welches Kapital müssen Sie bei einem Jahreszinsfuß von 6% bereitstellen?

58. Jemand erhält alle 5 Jahre eine Rente in Höhe von 20.000 €. Die erste Rentenzahlung fällt in genau drei Jahren an. Berechnen Sie den Rentenbarwert dieser Rente, falls die Zahlungen
   a) 10 mal   b) ewig
   geleistet werden. Der Zinssatz betrage 5% p.a.

D. TILGUNGSRECHNUNG

I. Testaufgaben

1. Eine Schuld von 200.000 € soll in 25 Jahren mit konstanten Tilgungsraten bei einer jährlichen Verzinsung von 8% getilgt werden.
   a) Wie hoch sind die Zinsen im 12. Jahr?
      Lösung: 8.960,- €   → D 2.1
   b) Wie hoch ist die Restschuld nach 18 Jahren?
      Lösung: 56.000,- €   → D 2.1
   c) Wie hoch sind die Gesamtaufwendungen?
      Lösung: 408.000,- €   → D 2.1

2. Eine Anleihe von 1.000.000 € soll mit 8% verzinst und im Verlauf der nächsten fünf Jahre durch gleich große Tilgungsraten getilgt werden. Wie gestaltet sich der Tilgungsplan?
      Lösung: siehe Beispiel   → D 2.1

3. Eine Schuld von 120.000 € soll mit einem Jahreszinsfuß von 6% halbjährlich verzinst und innerhalb der nächsten sechs Jahre in gleich großen Tilgungsraten halbjährlich getilgt werden.
   a) Wie hoch sind die Zinsen im 2. Halbjahr des 4. Jahres?
      Lösung: 1.500,- €   → D 2.2
   b) Wie hoch ist die Restschuld nach Ablauf des 1. Halbjahres im 3. Jahr?
      Lösung: 70.000,- €   → D 2.2
   c) Wie hoch sind die Aufwendungen im 2. Halbjahr des 5. Jahres?
      Lösung: 10.900,- €   → D 2.2

4. Eine Anleihe von 10.000.000 € der XY-AG soll innerhalb von 50 Jahren mit gleichbleibenden Annuitäten getilgt werden. Wie groß sind bei 6% Zinsen
   a) die Annuität ?
      Lösung: 634.442,86 €   → D 3.1
   b) das Restkapital nach 31 Jahren ?
      Lösung: 7.079.187,38 €   → D 3.1
   c) die Tilgung im 39. Jahr ?
      Lösung: 315.298,67 €   → D 3.1
   d) die Zinsen im 24. Jahr ?
      Lösung: 502.879,74 €   → D 3.1

e) die Gesamtaufwendungen?
   Lösung: 31.722.143,- €   → D 3.1
f) die gesamte Zinsbelastung?
   Lösung: 21.722.143,- €   → D 3.1

5. Ein Darlehen über 100.000 € soll mit 8% jährlich verzinst und mittels gleichbleibender Annuitäten von 10.000 € getilgt werden. Wie lange dauert die Tilgung?
   Lösung: 20,91 Jahre   → D 3.1

6. Ein Darlehen von 1.000.000 € soll mit 4% verzinst und innerhalb der nächsten fünf Jahre durch gleich hohe Annuitäten zurückbezahlt werden. Erstellen Sie den Tilgungsplan.
   Lösung: siehe Beispiel   → D 3.1

7. Eine Schuld über 40.000 € wird in 5 Jahren durch gleichbleibende Annuitäten von 10.000 € verzinst und getilgt. Wie hoch ist der Zinsfuß?
   Lösung: 7,9%   → D 3.1

8. Ein Darlehen über 20.000 € soll mit Hilfe monatlich konstanter Annuitätenraten in sechs Jahren getilgt werden. Der Jahreszinssatz beträgt 8%. Wie groß sind die Monatsraten?
   Lösung: 347,77 €   → D 3.2.1

9. Ein Hypothekendarlehen über 100.000 € hat eine Laufzeit von 25 Jahren. Das Darlehen soll monatlich zurückbezahlt werden. Die Verzinsung erfolgt vierteljährlich mit 2%. Wie groß sind
   a) die Monatsraten?
      Lösung: 768,30 €   → D 3.2.2
   b) die Gesamtaufwendungen?
      Lösung: 230.490,- €   → D 3.2.2

10. Ein Fernsehgerät koste bar 2.205,- €. Geht man ein Teilzahlungsgeschäft ein, so bezahlt man 30 Monatsraten (nachschüssig) zu je 89,80 €. Wie hoch ist der effektive Jahreszinssatz bei Betrachtung jährlicher Zinsperioden?
    Lösung: 17,53%   → D 3.1, C 6

II. Lehrtext

1. Grundbegriffe

Unter Tilgung versteht man die Rückzahlung einer (langfristigen) Schuld. Die Rückzahlung erfolgt entweder in einem Betrag oder in Form von regelmäßigen Teilbeträgen, die nach verschiedenen Gesichtspunkten berechnet werden. Die wichtigsten Begriffe und die entsprechenden Symbole der Tilgungsrechnung sind der Übersicht zu entnehmen. Die Tilgungsrechnung ist ein spezielles Problemfeld der Rentenrechnung. Alle Fragestellungen der Rentenrechnung lassen sich somit auf die Tilgungsrechung übertragen.

Nachschüssige Verzinsung und nachschüssige Zahlungen (= Annuitäten) sind in der Praxis üblich, d.h., die Zahlungen sind jeweils am Ende eines Zinszeitraums fällig; desgleichen enthalten die Konditionen oft auch unterjährliche Verzinsungen und Zahlungen.

Übersicht: Wichtige Begriffe der Tilgungsrechnung

S	: Schuld, die zurückgezahlt (= getilgt) werden muß.
n	: Anzahl der Zinszeiträume (im allgemeinen: Jahre), nach deren Ablauf die Schuld S getilgt sein muß.
p	: Zinsfuß des Zinszeitraumes, der auf die jeweils noch ausstehende Schuld (= Restschuld) erhoben wird.
m	: Anzahl der Zahlungsperioden eines Zinszeitraums.
T	: Tilgungsbetrag, um den die Schuld bzw. Restschuld jeweils im Zinszeitraum getilgt wird.
Z	: Zinsen auf die jeweilige Schuld.
$A = T + Z$	: Aufwand der Zahlungen innerhalb eines Zinszeitraums (= Rückzahlung und anfallende Zinsen); da der Zinszeitraum im allgemeinen ein Jahr beträgt, auch Annuitäten genannt (der Begriff gilt auch dann noch, wenn andere Zinszeiträume gewählt sind).

Bei der Tilgung in Teilbeträgen sind zwei Arten von Verfahren üblich.

1. <u>Ratentilgung</u>:

T = const. :   konstante Tilgungsbeträge während der Laufzeit; wegen der fallenden Schuld und den dadurch abnehmenden Zinsen sinkt auch der Annuitätenaufwand $A=T+Z$ mit der Zeit.

2. Annuitätentilgung:

A = const. : konstante Zahlungsbeträge während der Laufzeit; mit der Zeit werden wegen der abnehmenden Schuld die Zinsen geringer; die Verringerung der Zinsbeträge (= ersparte Zinsen) kommt der Tilgung zugute, die in gleichem Maße ansteigt.

2. Ratentilgung

2.1 Jährliche Ratentilgung

Beispiel: Eine Schuld S = 9.000,- € soll in 3 Jahren mit konstanten Tilgungsraten getilgt werden; der Zinsfuß betrage 7%. Die Zahlungen sind jeweils am Jahresende fällig.

→ n = 3 Tilgungsraten

$$\boxed{T = \frac{S}{n}} = \frac{9.000,- €}{3} = 3.000,-- €.$$

Tilgungsplan:

Jahr n	Restschuld nach Ablauf des Jahres k	Zinsen Z_k	Tilgung T	Annuität A_k
0				
1. Jahr	$R_0 = S = 9.000,-$	$Z_1 = S \cdot \frac{p}{100}$ $= 630,-$	$T = \frac{S}{n} =$ $= 3.000,- €$	$A_1 = \frac{S}{n} + S \cdot \frac{p}{100}$ $= 3.630,- €$
1				
2. Jahr	$R_1 = S - \frac{S}{n} = S\left(1 - \frac{1}{n}\right)$ $= \frac{S}{n}(n-1) = T(n-1)$ $= 3.000,- € \cdot 2$ $= 6.000,- €$	$Z_2 = T(n-1) \cdot \frac{p}{100}$ $= 420,- €$	$T = \frac{S}{n} =$ $= 3.000,- €$	$A_2 = T + T(n-1) \cdot \frac{p}{100}$ $= T\left(1 + (n-1) \cdot \frac{p}{100}\right)$ $= 3.420,- €$
2				
3. Jahr	$R_2 = R_1 - T =$ $= T(n-1-1) = T(n-2)$ $= 3.000,- € \cdot 1 =$ $= 3.000,- €$	$Z_3 = T(n-2) \cdot \frac{p}{100}$ $= 210,- €$	$T = \frac{S}{n} =$ $= 3.000,- €$	$A_3 = T + T(n-2) \cdot \frac{p}{100}$ $= 3.210,- €$
3				

→ Schuld S ist am Ende des 3. Jahres zurückgezahlt: $R_3 = 0$

Fortsetzung des Tilgungsplanes:

allgemein:

k-1

$R_{k-1} = T(n-(k-1))$ $\quad Z_k = T(n-k+1)$ $\quad T = \frac{S}{n}$ $\quad A_k = T+T(n-k+1)$

$\qquad = T(n-k+1)$ $\qquad \cdot \frac{p}{100}$ $\qquad \qquad \qquad \cdot \frac{p}{100}$

k-tes Jahr $\qquad \qquad \qquad \qquad \qquad \qquad \qquad \qquad A_k =$

$\qquad R_k =$ Restschuld am $\qquad \qquad \qquad \qquad = T\left[1+(n-k+1)\cdot\frac{p}{100}\right]$
$\qquad \qquad$ Ende des k-ten
$\qquad \qquad$ Jahres

k

$\qquad R_n = T(n-n) = 0$ $\quad Z_n = T \cdot \frac{p}{100}$ $\quad T = \frac{S}{n}$ $\quad A_n = T\left[1 + \frac{p}{100}\right]$

n

Damit werden die Gesamtaufwendungen in n Jahren zu:

$$A_{ges} = \sum_{k=1}^{n} A_k = \sum_{k=1}^{n} \left(T + T(n-k+1)\cdot\frac{p}{100}\right)$$

$$= \sum_{k=1}^{n} \left(T + T(n+1)\cdot\frac{p}{100}\right) - \sum_{k=1}^{n} T \cdot \frac{p}{100} \cdot k$$

$$= T\left[1 + (n+1)\cdot\frac{p}{100}\right]\sum_{k=1}^{n} 1 - T \cdot \frac{p}{100} \sum_{k=1}^{n} \cdot k$$

$$= T\left[1 + (n+1)\cdot\frac{p}{100}\right] \cdot n - T \cdot \frac{p}{100} \cdot \frac{n(n+1)}{2}$$

(2. Summe = arithmet. Reihe)

$$A_{ges} = T \cdot n + T \cdot n \frac{(n+1)}{2} \cdot \frac{p}{100}$$

$$\boxed{A_{ges} = S + S \cdot \frac{p}{100} \cdot \frac{(n+1)}{2}} \; .$$

Beispiel: Eine Schuld von 240.000,- € sei in 25 Jahren mit konstanten Tilgungsraten zu tilgen; die Verzinsung erfolge zu 7,5 % .

a) Welche Zahlungen sind insgesamt zu leisten?

$$A_{ges} = 240.000,- € + 240.000,- € \cdot \frac{7,5}{100} \cdot \frac{(25+1)}{2}$$
$$= 474.000,- €.$$

b) Wie hoch ist die Restschuld nach 10 Jahren?

k-1 = 10 → k = 11   (= Restschuld am Anfang des 11. Jahres)

$$R_{k-1} = T(n-k+1) = \frac{S}{n}(n-k+1)$$

$$k = 11 \rightarrow R_{10} = \frac{240.000,- €}{25} \cdot (25-11+1)$$

$$= 144.000,-- €$$

c) Wieviel Zinsen müssen im 10. Jahr gezahlt werden?

→ Zinsen von der Restschuld am Ende des 9. Jahres

$$Z_k = T(n-k+1) \cdot \frac{p}{100} = \frac{S}{n}(n-k+1) \cdot \frac{p}{100} = R_{k-1} \cdot \frac{p}{100}$$

$$k = 10 \rightarrow Z_{10} = 240.000,- € \cdot \frac{25-10+1}{25} \cdot \frac{7,5}{100}$$

$$Z_{10} = 11.520,-- €.$$

Die wichtigsten Formeln der jährlichen Ratentilgung sind in der folgenden Übersicht zusammengefaßt.

Übersicht: Formeln der jährlichen Ratentilgung

Tilgungsbetrag	$T = \frac{S}{n}$
Restschuld nach (k-1) Jahren bzw. am Anfang des k-ten Jahres	$R_{k-1} = T(n-(k-1)) = T(n-k+1)$
Zinsen im k-ten Jahr	$Z_k = T(n-k+1) \cdot \frac{p}{100}$
Annuität im k-ten Jahr	$A_k = T + Z_k$
Gesamtaufwendungen in n Jahren	$A_{ges} = S + S \cdot \frac{p}{100} \cdot \frac{(n+1)}{2}$

In der kaufmännischen Praxis ist es der Übersichtlichkeit wegen üblich, den Rückzahlungsvorgang ausführlich in einem Tilgungsplan mit Angabe der Restschuld, der Zinsen und der Annuitäten darzustellen.

Beispiel: Eine Anleihe von 1.000.000,- € soll mit 8% verzinst werden und im Verlauf der nächsten fünf Jahre durch gleich große Tilgungsraten getilgt werden. Wie gestaltet sich der Tilgungsplan?

Tilgungsplan:

Jahr	Restschuld am Anfang €	Tilgung €	Zinsen €	Annuität €
1	1.000.000	200.000	80.000	280.000
2	800.000	200.000	64.000	264.000
3	600.000	200.000	48.000	248.000
4	400.000	200.000	32.000	232.000
5	200.000	200.000	16.000	216.000
Summe	---	1.000.000	240.000	1.240.000

Die Restschuld, die Zinsen und die Annuitäten können entweder unmittelbar dem Tilgungsplan entnommen werden oder durch die entsprechenden Formeln berechnet werden.

- Insgesamt zu leistende Zahlungen:

$$A_{ges} = 1.000.000,\text{-} \,€ + 1.000.000,\text{-} \,€ \cdot \frac{8}{100} \cdot \frac{6}{2}$$
$$= 1.240.000,\text{--} \,€$$

- Restschuld nach 2 Jahren:

$$R_2 = 200.000,\text{-} \,€ \,(5\text{-}3\text{+}1) = 600.000,\text{--} \,€$$

- Zinsen im 4. Jahr:

$$Z_4 = 200.000,\text{-} \,€ \,(5\text{-}4\text{+}1) \cdot \frac{8}{100} = 32.000,\text{--} \,€.$$

2.2 Unterjährliche Ratentilgung

Es ist oft üblich, die Jahreszinsen p und die Laufzeit n anzugeben, aber die Fälligkeit der Raten und die Verzinsung unterjährlich vorzunehmen, wobei Raten- und Zinstermine i.d.R. zusammenfallen.

Beispiel: Eine Schuld S = 9.000,- € soll in drei Jahren vierteljährlich (m=4) in konstanten Tilgungsraten getilgt werden. Der Jahreszinsfuß betrage 7% bei vierteljährlicher Verzinsung.

→ n·m = 12 Tilgungsraten

$$\boxed{T = \frac{S}{n} : m = \frac{S}{n \cdot m}} = \frac{9.000,\text{-} \,€}{3 \cdot 4} = 750,\text{--} \,€$$

Periodenzinssatz: $\quad p^* = \frac{p}{m} = 1{,}75$

Effektiver Zinssatz: $\quad p_{eff} = 100\left(\left[1 + \frac{p}{100 \cdot m}\right]^m - 1\right) = 7{,}19$.

Die tatsächliche oder effektive Jahresverzinsung beträgt 7,19%, da vierteljährlich 1,75% Zinsen zu zahlen sind.

Tilgungsplan:

Jahr		Restschuld	Zinsen	Annuität
n	m			
0	0			
		$R_{0,0} = 9.000,- €$	$Z_{1,1} = R_{0,0} \cdot \frac{p/m}{100} =$ $= 157,50 €$	$A_{1,1} = T + Z_{1,1} = 907,50 €$
	---1---			
		$R_{0,1} = S - T =$ $= 8.250,- €$	$Z_{1,2} = R_{0,1} \cdot \frac{p/m}{100} =$ $= 144,38 €$	$A_{1,2} = T + Z_{1,2} = 894,38 €$
	---2---			
		$R_{0,2} = S - T \cdot 2 =$ $= 7.500,- €$	$Z_{1,3} = 131,25 €$	$A_{1,3} = T + Z_{1,3} = 881,25 €$
	---3---			
		$R_{0,3} = S - T \cdot 3 =$ $= 6.750,- €$	$Z_{1,4} = 118,13 €$	$A_{1,4} = T + Z_{1,4} = 868,13 €$
1	4/0			
		$R_{1,0} = S - T \cdot m =$ $= S - T \cdot 4 =$ $= 6.000,- €$	$Z_{2,1} = 105,00 €$	$A_{2,1} = T + Z_{2,1} = 855,00 €$
2	4/0			
		$R_{2,0} = S - T \cdot m \cdot 2 =$ $= 3.000,- €$	$Z_{3,1} = 52,50 €$	$A_{3,1} = T + Z_{3,1} = 802,50 €$
	---3---			
		$R_{2,3} = S-T\cdot m\cdot 2 - T\cdot 3 =$ $= 750,- €$	$Z_{3,4} = 13,13 €$	$A_{3,4} = T + Z_{3,4} = 763,13 €$
3	4/0			
		$R_{3,0} = 0,- €$		

$\boxed{\text{allgemein}}$:

k-1	0			
	l			
		$R_{k-1,l} = S - T \cdot$ $\cdot m(k-1) - T \cdot l$	$Z_{k,l+1} = R_{k-1,l} \frac{p/m}{100}$	$A_{k,l+1} = T + Z_{k,l+1}$
	l+1			
k	m			

Restschuld im k-ten Jahr nach Ablauf der *l*-ten Periode:

$$R_{k-1,l} = S - T \cdot m(k-1) - T \cdot l$$

mit $S = T \cdot m \cdot n$ folgt:

$$\boxed{R_{k-1,l} = T[m(n-k+1) - l]}$$

Zinsen im k-ten Jahr und in der *l*-ten Periode:

$$Z_{k,l} = R_{k-1,l-1} \cdot \frac{p^*}{100} =$$

$$\boxed{Z_{k,l} = T[m(n-k+1) - l+1] \cdot \frac{p}{m \cdot 100}}$$

Aufwendungen im k-ten Jahr und in der *l*-ten Periode:

$$A_{k,l} = T + Z_{k,l}$$

$$\boxed{A_{k,l} = T\left\{1 + [m(n-k+1) - l+1] \cdot \frac{p}{m \cdot 100}\right\}}$$

Gesamtaufwendungen:

$$A_{ges} = \sum_{k=1}^{n}\left(\sum_{l=1}^{m} A_{k,l}\right)$$

Bei der Aufsummierung treten nur Summen der folgenden Art auf:

$$a\sum_{i=1}^{N} 1 = a \cdot N \quad \text{und} \quad a\sum_{i=1}^{N} i = a\frac{N(N+1)}{2}.$$

$$A_{ges} = T \cdot \sum_{k=1}^{n}\left\{m + \left[m(n+k-1)+1\right]\frac{p}{m \cdot 100} \cdot m - \frac{p}{m \cdot 100}\sum_{l=1}^{m} l\right\}$$

$$= T\left\{m \cdot n + \frac{p}{100}\left[m(n+1)+1\right]n - \frac{p \cdot m}{100}\sum_{k=1}^{n} k - \frac{p}{m \cdot 100}\frac{m(m+1)}{2} \cdot n\right\}$$

$$= T\left\{m \cdot n + \frac{p}{100}\left[m \cdot n(n+1)+n - m\frac{(n+1)n}{2} - \frac{m+1}{2} \cdot n\right]\right\}$$

$$= T \cdot m \cdot n\left\{1 + \frac{p}{100}\left[\frac{n+1}{2} + \frac{1}{m} - \frac{m+1}{2 \cdot m}\right]\right\}$$

$$\boxed{A_{ges} = S\left\{1 + \frac{p}{100}\left(\frac{n+1}{2} - \frac{m-1}{2 \cdot m}\right)\right\}}$$

Zinsen insgesamt:

$$\boxed{Z_{ges} = S \cdot \frac{p}{100}\left(\frac{n+1}{2} - \frac{m-1}{2m}\right)}$$

Übersicht: Formeln bei unterjährlicher Ratentilgung

Tilgungsbetrag	$T = \dfrac{S}{n \cdot m}$
Restschuld im k-ten Jahr nach Ablauf der l-ten Periode	$R_{k\text{-}1,l} = T\{m(n\text{-}k+1)\text{-}l\}$
Zinsen im k-ten Jahr und in der l-ten Periode	$Z_{k,l} = T\{m(n\text{-}k+1)\text{-}l+1\} \cdot \dfrac{p}{m \cdot 100}$
Aufwendungen im k-ten Jahr und in der l-ten Periode	$A_{k,l} = T + Z_{k,l} =$ $= T\left\{1 + \left[m(n\text{-}k+1)\text{-}l+1\right] \cdot \dfrac{p}{m \cdot 100}\right\}$
Gesamtaufwendungen	$A_{ges} = S\left\{1 + \dfrac{p}{100}\left(\dfrac{n+1}{2} - \dfrac{m\text{-}1}{2 \cdot m}\right)\right\}$

Beispiel: Eine Anleihe von 1.200.000 € soll zum Jahreszinsfuß 8% halbjährlich verzinst und durch gleichbleibende Tilgungsraten innerhalb der nächsten drei Jahre halbjährlich getilgt werden. Wie gestaltet sich der Tilgungsplan?

Jahr	Halbjahr	Restschuld am Anfang der Periode €	Tilgung €	Zinsen €	Aufwendung €
1	1	1.200.000	200.000	48.000	248.000
	2	1.000.000	200.000	40.000	240.000
2	1	800.000	200.000	32.000	232.000
	2	600.000	200.000	24.000	224.000
3	1	400.000	200.000	16.000	216.000
	2	200.000	200.000	8.000	208.000
Summe			1.200.000	168.000	1.368.000

Die Restschuld, die Zinsen und die Aufwendungen können entweder direkt dem Tilgungsplan entnommen werden oder durch die entsprechenden Formeln berechnet werden.

- Restschuld nach Ablauf des 1. Jahres (d.h. im 2. Jahr) und des 1. Halbjahres:

$$R_{1,1} = 200.000,\text{-} € \, [2(3\text{-}2+1)\text{-}1] = 600.000,\text{-} €$$

- Zinsen im 2. Halbjahr des 3. Jahres:

$$Z_{3,2} = 200.000,\text{-} € \, [2(3\text{-}3+1)\text{-}2+1] \cdot \dfrac{8}{2 \cdot 100} = 8.000,\text{-} €$$

- Aufwendungen im 2. Halbjahr des 2. Jahres:

$$A_{2,2} = 200.000,\text{-} € \left\{1 + [2(3\text{-}2+1) - 2+1] \cdot \dfrac{8}{2 \cdot 100}\right\} = 224.000,\text{-} €.$$

3. Annuitätentilgung

Der Nachteil der Ratentilgung, nämlich die ungleichmäßige Jahresbelastung durch Tilgung und Verzinsung, wird durch die Annuitätentilgung vermieden, bei der jedes Jahr die Summe aus Tilgungs- und Zinsbeträgen gleich groß ist. Eine derartige tilgbare Schuld wird als Annuitätenschuld bezeichnet. Die Zinsbelastung fällt infolge des Tilgungsvorganges, während die Tilgungsbeträge steigen.

3.1 Jährliche Annuitätentilgung

Zum Verständnis der Annuitätentilgung geht man wie folgt vor:
Man betrachte zwei Konten, die mit dem gleichen Zinsfuß p verzinst werden; auf dem einen Konto befinde sich die Schuld und wachse zinseszinslich nach n Jahren auf

$$K_n = S\,q^n$$

an.

Die konstanten Aufwendungen A werden auf einem anderen Konto als nachschüssig gezahlte (Spar-) Raten gesammelt und verzinst. Die Raten wachsen in n Jahren auf

$$R_n = A\,\frac{q^n - 1}{q - 1}$$

an.

Wenn beide Konten den gleichen Betrag aufweisen, dann können sie ausgeglichen werden, und die Schuld ist getilgt.

$$K_n = S\,q^n = R_n = A\,\frac{q^n - 1}{q - 1}$$

$$\boxed{\begin{array}{l} S\,q^n = A\,\dfrac{q^n - 1}{q - 1} \\[2mm] A = S\,q^n\,\dfrac{q - 1}{q^n - 1} \end{array}}$$

Beispiel: Eine Schuld von 9.000,- € soll mit Hilfe konstanter jährlicher Aufwendungen (Annuitäten) in drei Jahren getilgt sein; der Zins betrage 7%.

Man berechne die jährlichen Aufwendungen (Annuitäten):

$$\begin{aligned} A &= S \cdot q^n\,\frac{q - 1}{q^n - 1} \\ &= 9.000\text{,-}\,€ \cdot 1{,}07^3\,\frac{0{,}07}{1{,}07^3 - 1} \\ &= 3.429{,}46\ €. \end{aligned}$$

Merke: Die Annuität kann auch als nachschüssige Rentenrate r bei gegebenem Rentenbarwert $R_0=S$ betrachtet werden; es ist nämlich

$$r = R_0 \cdot q^n \frac{q-1}{q^n-1}$$

(vgl. Abschnitt C 2.1).

Tilgungsplan:

Jahr	Restschuld	Zinsen	Tilgung
0			
	$R_0 = S$	$Z_1 = S \cdot \frac{p}{100} = S(q-1)$	$T_1 = A - Z_1$
	$= 9.000,- €$	$= S(q-1)\frac{q^n-q^0}{q^n-1}$	$= A\frac{q^n}{q^n} - \frac{A}{q^n}(q^n-q^0)$
1. Jahr		$= \frac{A}{q^n}(q^n-q^0) =$	$= \frac{A}{q^n} \cdot q^0 =$
		$= \frac{3.429,46\,€}{1,07^3}(1,07^3-1)$	$= \frac{3.429,46\,€}{1,07^3} \cdot 1$
		$Z_1 = 630,-- €$	$T_1 = 2.799,46 €$
1			
	$R_1 = S - T_1$	$Z_2 = R_1 \frac{p}{100} = R_1(q-1)$	$T_2 = A - Z_2$
	$= S\frac{q^n-1}{q^n-1} - \frac{S(q-1)}{q^n-1}$	$= S\frac{(q-1)}{q^n-1} \cdot (q^n-q^1)$	$= \frac{A}{q^n}(q^n-q^n+q^1)$
2. Jahr	$= S\frac{q^n-q^1}{q^n-1}$	$= \frac{A}{q^n}(q^n-q^1)$	$= \frac{A}{q^n} \cdot q^1$
	$= 6.200,54 €$	$= 434,04 €$	$= 2.995,42 €$
2			
	$R_2 = R_1 - T_2$	$Z_3 = R_2(q-1)$	$T_3 = A - Z_3$
	$= S\frac{\left(\left[q^n-q^1\right]-(q-1)q^1\right)}{q^n-1}$	$= S\frac{(q-1)}{q^n-1}(q^n-q^2)$	$= \frac{A}{q^n}(q^n-q^n+q^2)$
3. Jahr	$= S\frac{q^n-q^2}{q^n-1}$	$= \frac{A}{q^n}(q^n-q^2)$	$= \frac{A}{q^n} \cdot q^2$
	$= 3.205,10 €$	$= 224,36$	$= 3.205,10 €$
3			
	$R_3 = 0 \rightarrow$ Schuld getilgt		

allgemein:

k-1			
k-tes Jahr	$R_{k-1} = S\frac{q^n-q^{k-1}}{q^n-1}$	$Z_k = \frac{A}{q^n}(q^n-q^{k-1})$	$T_k = \frac{A}{q^n} \cdot q^{k-1}$
k			

$\left(\text{mit } \frac{A}{q^n} = \frac{S(q-1)}{q^n-1} \text{ folgt } R_{k-1} = \frac{A}{q^n(q-1)}(q^n-q^{k-1}).\right)$

Für die Ermittlung der Tilgungsdauer ist eine Auflösung der Annuitätengleichung nach n erforderlich. Aus

$$S\, q^n = A\, \frac{q^n-1}{q-1}$$

folgt

$$q^n = \frac{A}{A-S(q-1)}.$$

Da $S(q-1) = S \cdot \frac{p}{100} = Z_1$ und $A = T_1 + Z_1$, folgt

$$q^n = \frac{A}{T_1}$$

bzw.

$$n = \frac{\ln A - \ln T_1}{\ln q}$$

Die wichtigsten Formeln für die Annuitätentilgung sind in der nächsten Übersicht zusammengefaßt.

Übersicht: Formeln der Annuitätentilgung

Annuität	$A = S \cdot q^n \dfrac{q-1}{q^n-1}$
Restschuld nach k-1 Jahren bzw. am Anfang des k-ten Jahres	$R_{k-1} = S \cdot \dfrac{q^n - q^{k-1}}{q^n - 1}$
Tilgung im k-ten Jahr	$T_k = \dfrac{A}{q^n} q^{k-1} = T_1 q^{k-1}$
Zinsen im k-ten Jahr	$Z_k = A - T_k$
Tilgungsdauer	$n = \dfrac{\ln A - \ln T_1}{\ln q}$
Gesamtaufwendungen	$A_{ges} = n \cdot A \quad (n \in \mathbb{N})$
Gesamte Zinsbelastung	$Z_{ges} = n \cdot A - S \quad (n \in \mathbb{N})$

Beispiel: Eine Anleihe von 1.000.000 € soll mittels gleichbleibender Annuität zu 4% verzinst und innerhalb der nächsten fünf Jahre getilgt werden. Wie gestaltet sich der Tilgungsplan?

$$A = 1.000.000,-\, €\ (1{,}04)^5\, \frac{1{,}04-1}{1{,}04^5-1}$$
$$= 224.627{,}--\, €.$$

Jahr	Restschuld am Anfang der Periode €	Tilgung €	Zinsen €	Annuität €
1	1.000.000	184.627	40.000	224.627
2	815.373	192.012	32.615	224.627
3	623.361	199.693	24.934	224.627
4	423.668	207.680	16.947	224.627
5	215.988	215.988	8.640	224.627
Summe:		1.000.000	123.136	1.123.135

Nach der Berechnung der Annuität werden die Zinsen von der jeweiligen Restschuld ermittelt. Der Tilgungsbetrag ergibt sich aus der Differenz von Annuität und Zinsen. Die neue Restschuld erhält man aus der Differenz von der alten Restschuld und dem Tilgungsbetrag.

Die Restschuld, die Zinsen, die Tilgung und die gesamte Zinsbelastung können entweder unmittelbar dem Tilgungsplan entnommen werden oder durch die entsprechenden Formeln berechnet werden.

- Restschuld nach 3 Jahren

$$R_3 = 1.000.000,- € \cdot \frac{1,04^5 - 1,04^3}{1,04^5 - 1} = 423.668,- €$$

- Tilgung im 4. Jahr

$$T_4 = \frac{224.627,- €}{1,04^5} \cdot 1,04^3 = 207.680,- €$$

- Zinsen im 2. Jahr

$$Z_2 = 224.627,- € - \frac{224.627,- €}{1,04^5} \cdot 1,04^1 = 32.615,- €$$

- Insgesamt zu zahlende Zinsen

$$Z_{ges} = 5 \cdot 224.627,- € - 1.000.000,- € = 123.135,- €.$$

Beispiel: Eine Anleihe von 1.000.000 € soll mit 4% verzinst und mittels einer gleichbleibenden Annuität von 224.627 € getilgt werden. Wie groß ist die Tilgungsdauer?

Da $Z_1 = 40.000 €$ und $A = 224.627 €$ ist, folgt $T_1 = 184.627 €$.

Für die Tilgungsdauer ergibt sich

$$n = \frac{ln\, 224.627 - ln\, 184.627}{ln\, 1,04} = 5\ \text{Jahre}.$$

Der Zinsfuß p bzw. der Zinsfaktor q wird in gleicher Weise wie bei der Rentenrechnung ermittelt (vgl. C 2.1). Die Umformung der Annuitätengleichung

$$S\, q^n = A \cdot \frac{q^n-1}{q-1}$$

führt zu

$$F(q) = \frac{1}{q^n} \frac{q^n-1}{q-1} - \frac{S}{A} = 0 \ .$$

Die praktische Lösung erfolgt auch hier entweder durch systematisches Probieren (vgl. C 2.1) oder durch Verwendung der Tab. III bzw. der Tab.V.

Beispiel: Eine Anleihe von 1.000.000 € wird in fünf Jahren durch gleichbleibende Annuitäten von 224.627 € verzinst und getilgt. Wie hoch ist der Zinsfuß?

Lösung: Durch Einsetzen in F(q) und Probieren (mit Hilfe einer Wertetabelle) erhält man als Lösung q =1,04. Alternativ kann man mit dem Rentenbarwertfaktor

$$\frac{1}{q^n} \frac{q^n-1}{q-1} = \frac{1.000.000}{224.627} = 4{,}4518$$

bzw. mit seinem Kehrwert, dem Annuitätenfaktor

$$q^n \frac{q-1}{q^n-1} = 0{,}2246,$$

unter Verwendung der Tab. III bzw. Tab. V (n=5) den Zinsfuß p=4 bestimmen.

Merke: Nicht der gesamte Schuldbetrag, sondern nur die jeweilige Restschuld verzinst sich zum Zinsfuß (Effektivzins) p. Die Verzinsung zurückgezahlter Schuldteile hängt von deren Wiederanlage ab.

3.2 Unterjährliche Annuitätentilgung

Die Tilgungsperiode ist kleiner als ein Jahr, z.B. monatliche oder vierteljährliche Annuitätentilgungen. Stimmen Zins- und Tilgungsperiode überein, z.B. halbjährliche Zins- und Tilgungszahlungen, dann behalten die Formeln der jährlichen Tilgung ihre Gültigkeit. Jetzt gibt n aber nicht mehr die Anzahl der Jahre, sondern die Anzahl der Zins- bzw. Tilgungsperioden an. Fallen dagegen Zins- und Tilgungstermine auseinander, dann ist ein Vorgehen wie im Falle der unterjährlichen nachschüssigen Rentenrechnung erforderlich (vgl. Kap. C3.1 und C 3.3). Die Berechnung einer Ersatzrente ist notwendig.

3.2.1 Jährliche Verzinsung

<u>Beispiel:</u> Eine Schuld von 9.000 € soll durch vierteljährliche konstante Annuitätenraten in 3 Jahren getilgt werden. Der Jahreszinssatz beträgt 7%. Wie groß sind die Vierteljahresraten?

Man löst das Problem mit Hilfe der "Zweikontenbetrachtung" des vorigen Abschnitts: Es handelt sich jetzt um das Ansparen unterjährlicher, einfach verzinster (nachschüssig gezahlter) Raten a zu einer Gesamtannuität A entsprechend der Ersatzrentenrate r_e (vgl. C 3.1), d.h.

$$A = a\left(m + \frac{p}{100} \cdot \frac{m-1}{2}\right)$$

bzw.

$$a = \frac{A}{\left(m + \frac{p}{100} \cdot \frac{m-1}{2}\right)} = \frac{S \cdot q^n \cdot \frac{q-1}{q^n - 1}}{\left(m + \frac{p}{100} \cdot \frac{m-1}{2}\right)}$$

a: unterjährliche Annuität

n: Jahre

m: Anzahl der Tilgungen pro Jahr

p: Zinsfuß pro Jahr

<u>Lösung:</u> S = 9.000,- €, n = 3, p = 7, m = 4

$$a = \frac{A}{\left(m + \frac{p}{100} \cdot \frac{m-1}{2}\right)} = \frac{S \cdot q^n \cdot \frac{q-1}{q^n - 1}}{\left(m + \frac{p}{100} \cdot \frac{m-1}{2}\right)}$$

$$a = \frac{3.429{,}46\ €}{\left(4 + \frac{7}{100} \cdot \frac{3}{2}\right)} = 835{,}44\ €.$$

Der Rückzahlungsvorgang läßt sich übersichtlich durch ein Kapital- und ein Zinskonto darstellen.

Übersicht: Rückzahlungsvorgang bei unterjährlicher Annuität

	Kapitalkonto	€		Zinskonto € (p = 7)	
1. Jahr					
Auszahlung	9.000,00	Soll		630,00	(Zinsen für 360 Tage)
1. Rate	835,44	Haben	-	43,86	(Zinsen für 270 Tage)
2. Rate	835,44	Haben	-	29,24	(Zinsen für 180 Tage)
3. Rate	835,44	Haben	-	14,62	(Zinsen für 90 Tage)
4. Rate	835,44	Haben	-	0	(Zinsen für 0 Tage)
Saldo	5.658,24	Soll		542,28	
Zinsbelastung	542,28	Soll			
Saldo	6.200,52	Soll		(Restschuld nach 1 Jahr)	
2. Jahr					
Neuer Saldo	6.200,52	Soll		434,04	(Zinsen für 360 Tage)
1. Rate	835,44	Haben	-	43,86	(Zinsen für 270 Tage)
2. Rate	835,44	Haben	-	29,24	(Zinsen für 180 Tage)
3. Rate	835,44	Haben	-	14,62	(Zinsen für 90 Tage)
4. Rate	835,44	Haben	-	0	(Zinsen für 0 Tage)
Saldo	2.858,76	Soll		346,32	
Zinsbelastung	346,32	Soll			
Saldo	3.205,08	Soll		(Restschuld nach 2 Jahren)	
3. Jahr					
Neuer Saldo	3.205,08	Soll		224,36	(Zinsen für 360 Tage)
1. Rate	835,44	Haben	-	43,86	(Zinsen für 270 Tage)
2. Rate	835,44	Haben	-	29,24	(Zinsen für 180 Tage)
3. Rate	835,44	Haben	-	14,62	(Zinsen für 90 Tage)
4. Rate	835,44	Haben	-	0	(Zinsen für 0 Tage)
Saldo	- 136,68	Soll		136,64	
Zinsbelastung	136,64	Soll			
Saldo	~ 0			(Restschuld nach 3 Jahren)	

Aufgrund der "Zweikontenbetrachtung" kann die Restschuld im k-ten Jahr bzw. nach (k-1) Jahren auch mit der Formel

$$R_{k-1} = S\, q^{k-1} - A\, \frac{q^{k-1}-1}{q-1} = S\, q^{k-1} - a\left(m + \frac{p}{100} \cdot \frac{m-1}{2}\right) \frac{q^{k-1}-1}{q-1}$$

berechnet werden (vgl. auch C 2.3).

Will man die Restschuld am Ende einer Zahlungsperiode ermitteln, die nicht mit dem Ende eines Jahres zusammenfällt, dann ist gemischte Verzinsung anzuwenden.

Berücksichtigt man die Ergebnisse der Abschnitte B 5.5 und C 6, dann ergibt sich für die Restschuld nach (k-1) Jahren bzw. im k-ten Jahr und nach Ablauf der l-ten Periode

$$R_{k-1,l} = S\, q^{k-1}\left(1 + \frac{l}{m}\frac{p}{100}\right) - a\left\{\left(m + \frac{p}{100}\frac{m-1}{2}\right)\frac{q^{k-1}-1}{q-1}\left(1 + \frac{l}{m}\frac{p}{100}\right) + \frac{l}{m}\left(m + \frac{p}{100}\frac{l-1}{2}\right)\right\}$$

Beispiel: Berechnen Sie die Restschuld nach 1 1/2 Jahren für o.a. Beispiel.

$S = 9.000,-€,\ a = 835,44\ €,\ m = 4,\ k = 2,\ l = 2,\ p = 7$

$\rightarrow R_{1,2} = 9.000,-€ \cdot 1,07^1\left(1 + \frac{2}{4}\cdot\frac{7}{100}\right) - 835,44\ €$

$\cdot\left\{\left(4 + \frac{7}{100}\cdot\frac{3}{2}\right)\frac{1,07-1}{0,07}\left(1 + \frac{2}{4}\cdot\frac{7}{100}\right) + \frac{2}{4}\left(4 + \frac{7}{100}\cdot\frac{1}{2}\right)\right\}$

$= 9.967,05\ € - 5.235,01\ € = 4.732,04\ €.$

Die Restschuld ist auch kontomäßig zu ermitteln:

Kapitalkonto	€		Zinskonto €	(p = 7)
Saldo zu Beginn des				
2. Jahres	6.200,52	Soll	217,02	(Zinsen für 180 Tage)
1. Rate	835,44	Haben	- 14,62	(Zinsen für 90 Tage)
2. Rate	835,44	Haben	- 0	(Zinsen für 0 Tage)
Saldo	4.529,64	Soll	202,40	
Zinsbelastung	202,40	Soll		
Saldo	4.732,04	Soll	(Restschuld nach 1 1/2 Jahren)	

Merke: Bei unterjährlicher Annuitätentilgung betragen die Gesamtaufwendungen

$$A_{ges} = n \cdot m \cdot a$$.

3.2.2 Unterjährliche Verzinsung

Unterjährliche Verzinsung findet man häufig bei Hypothekendarlehen, für die jährliche Zins- und Tilgungsraten angegeben werden, aber bei denen unterjährliche Aufwendungen und Verzinsungen in der Regel vereinbart sind. Hierbei können beide Perioden sogar unterschiedlich sein. Unterjährliche Verzinsung führt zu einem gegenüber p höheren effektiven Zins.

Beispiel: Eine Schuld von 9.000,- € soll mit Hilfe vierteljährlich konstanter Annuitäten in drei Jahren getilgt werden. Zins- und Tilgungstermine sind

a) halbjährlich zu p = 3,5
b) vierteljährlich zu p = 1,75
c) monatlich zu p = 7/12 .

Wie groß sind die Vierteljahresraten?

Lösung: Ausgangspunkt ist die Formel für die unterjährliche Annuität im vorigen Abschnitt. Wie aber im Fall der unterjährlichen Zins- und Rentenzahlung ist n jetzt die Anzahl der unterjährlichen Zinszeiträume (Halbjahre, Monate, etc.), m die Anzahl der Zahlungen pro Zinszeitraum und p der unterjährliche Periodenzinsfuß.

a) n = 3 · 2 = 6 (Halbjahre)
m = 2 (Einzahlungen pro Halbjahr)
p = 3,5

$$a = \frac{9.000,- \text{€} \cdot 1{,}035^6 \; \frac{0{,}035}{1{,}035^6-1}}{\left(2 + \frac{3{,}5}{100} \cdot \frac{1}{2}\right)} = \frac{1.689{,}01 \text{ €}}{2{,}0175}$$
$$= 837{,}18 \text{ €}$$

b) n = 3 · 4 = 12 (Vierteljahre)
m = 1 (Einzahlung pro Vierteljahr)
p = 1,75

$$a = \frac{9.000,- \text{€} \cdot 1{,}0175^{12} \; \frac{0{,}0175}{1{,}0175^{12}-1}}{1} = 838{,}02 \text{ €}.$$

c) Man kann die Vierteljahresrate auf zwei Wegen ermitteln.
Bei der ersten Alternative berechnet man zuerst die Annuitätsrate pro Verzinsungsperiode

→ n = 3 · 12 = 36 (Monate)
m = 1
p = 7/12 .

$$a^* = 9.000,- \text{€} \; \left(1 + \frac{7/12}{100}\right)^{36} \frac{7/1200}{\left(1 + \frac{7/12}{100}\right)^{36}-1} = 277{,}89 \text{ €}.$$

Die Aufwendungen a* müssen hierbei bis zum Eintreffen der Vierteljahresrate als zu verzinsende Schuld betrachtet werden.
Die Vierteljahresrate ist dann der nachschüssige Rentenendwert der drei Monatsraten bei einem Zinsfuß von p=7/12 .

$$a = R_3 = 277{,}89 \text{ €} \; \frac{\left(1 + \frac{7/12}{100}\right)^3 - 1}{\left(1 + \frac{7/12}{100}\right) - 1} = 838{,}54 \text{ €}.$$

Bei der zweiten Alternative wird aus der monatlichen Verzinsung die "effektive" Vierteljahresverzinsung berechnet.

Dem monatlichen Zinsfuß p=7/12 entspricht der vierteljährliche Zinsfuß $p = 100\left\{\left(1 + \frac{7/12}{100}\right)^3 - 1\right\} = 1,76$.

Da Verzinsungs- und Tilgungsperiode gleich sind, beträgt für n=12, m=1 und p=1,76

$$a = 9.000,- € \cdot 1,0176^{12} \frac{0,0176}{1,0176^{12}-1} = 838,54 €.$$

Bei Hypothekendarlehen mit unterjährlicher Verzinsung gibt es mehrere Varianten in der Vereinbarung. Sie ergeben unterschiedliche effektive Zinssätze und Gesamtaufwendungen. Das folgende Beispiel soll diesen Sachverhalt verdeutlichen.

Beispiel: Einem Bauherrn werden drei Varianten eines Hypothekendarlehens über 300.000 € zu 7% angeboten. Gesucht sind die Gesamtaufwendungen.

Vereinbarung A:

30 Jahre Laufzeit, monatliche Aufwendungen, jährliche Verzinsung und Tilgung.

Annuität: $A = 300.000,- € \cdot 1,07^{30} \cdot \frac{0,07}{1,07^{30}-1} = 24.175,92 €$

monatliche Aufwendungen: $a = \frac{24.175,92\ €}{12 + \frac{7}{100} \cdot \frac{11}{2}} = 1.952,03 €$

Gesamtaufwand: $A_{ges} = 1.952,03\ € \cdot 12 \cdot 30 = 702.730,80\ €$

Zinsaufwand: $Z_{ges} = 402.730,80\ €$.

Vereinbarung B:

30 Jahre Laufzeit, monatliche Aufwendungen, vierteljährliche Verzinsung und Tilgung.

$N = 4 \cdot 30 = 120$ Zinsperioden

$p^* = \frac{7}{4} = 1,75$ Vierteljahreszins

Vierteljahresaufwendung: $A^* = 300.000,- € \cdot 1,0175^{120} \cdot \frac{0,0175}{1,0175^{120}-1} =$
$= 5.997,95 €$

monatliche Aufwendungen (3 Zahlungen pro Periode):

$$a^* = \frac{A^*}{3 + \frac{1,75}{100} \cdot \frac{2}{2}} = 1.987,72\ €$$

Gesamtaufwand: $A_{ges} = 1.987,72\ € \cdot 12 \cdot 30 = 715.579,20\ €$

Zinsaufwand: $Z_{ges} = 415.579,20\ €$.

112   D. Tilgungsrechnung

Merke: Um glatte Beträge zu erhalten, ist es üblich, die Annuität als Prozentsatz (*Prozentannuität*) der ursprünglichen Schuld auszudrücken. Dieser Prozentsatz setzt sich aus dem Zinsfuß p und dem *Tilgungsfuß* t zusammen. Der Tilgungsfuß gilt nur für das erste Jahr, da später die Tilgungsbeträge um die ersparten Zinsen zunehmen.

Ist z.B. S=100.000,- €, p=8 und t=2, so beträgt die Annuität (p+t)% = 10% der Anfangsschuld, nämlich 10.000,- €. Bei glatten Annuitätsbeträgen wird i.d.R. eine "krumme" Tilgungsdauer herauskommen. Die Tilgungsdauer berechnet man, indem man die Annuitätengleichung nach n auflöst (vgl. D 3.1).

Vereinbarung C: (Prozentannuität)

Jahresaufwand: 7% Zinsen und 1% Tilgung

$$A = 300.000,- € \cdot (0{,}07+0{,}01) = 24.000,- €.$$

Unterjährliche Zahlung und unterjährliche Verzinsung beeinflussen etwas die Laufzeit und damit die Gesamtaufwendungen.

Fall a): jährliche Verzinsung und Aufwendungen:

Laufzeit: $\quad 300.000,- € \cdot 1{,}07^n = 24.000,- € \cdot \frac{(1{,}07^n-1)}{0{,}07}$

$0{,}875 \cdot 1{,}07^n - 1{,}07^n = -1$

$1{,}07^n = \frac{1}{0{,}125} = 8$

$n = \frac{lg\,8}{lg\,1{,}07} = 30{,}73$ Jahre .

Gesamtaufwand: $A_{ges} = 737.520{,}00\,€ = 24.000\,€ \cdot 30{,}73$

Zinsaufwand: $Z_{ges} = 437.520{,}00\,€.$

Fall b): jährliche Verzinsung und Tilgung sowie monatliche Aufwendungen:

$$a = \frac{24.000,- €}{12 + \frac{7}{100} \cdot \frac{11}{2}} = 1.937{,}83\,€$$

Laufzeit: $\quad n = 30{,}73$ Jahre

Gesamtaufwand: $A_{ges} = 12 \cdot 30{,}73 \cdot 1.937{,}83 = 714.594{,}19\,€$

Zinsaufwand: $Z_{ges} = 414.594{,}19\,€.$

(Der kleinere Wert für den Gesamtaufwand (A_{ges}) ist die Folge der Zinsgewinne der Monatsraten.)

Fall c): monatliche Aufwendungen, vierteljährliche Verzinsung und Tilgung $p^* = 1{,}75$:

$$A = 24.000,- € \quad \rightarrow \quad a = \frac{24.000,- €/4}{3 + \frac{1{,}75}{100} \cdot \frac{2}{2}} = 1.988{,}40\,€$$

Laufzeit: $\quad 300.000,- € \cdot 1{,}0175^N = \frac{24.000,- €}{4} \cdot \frac{1{,}0175^N-1}{0{,}0175}$

$N = 119{,}86 \mathrel{\hat{=}} 120$ Quartale $\mathrel{\hat{=}} 30$ Jahre

Gesamtaufwand: $A_{ges} = 715.824{,}-- € = 1.988{,}40 € \cdot 12 \cdot 30$

Zinsaufwand: $Z_{ges} = 415.824{,}-- €$

Fall d): monatliche Aufwendungen, monatliche Verzinsung:

$$p^* = \frac{7}{12} = 0{,}583$$

$$a = \frac{24.000{,}-€}{12} = 2.000{,}-- €$$

Laufzeit: $300.000{.}-€ \cdot 1{,}00583^N = 2.000{,}-€ \cdot \frac{1{,}00583^N - 1}{0{,}00583}$

$N = 357$

357 Monate $\mathrel{\hat{=}} 29{,}75$ Jahre

Gesamtaufwand: $A_{ges} = 714.000{,}00 € = 2.000{,}- € \cdot 357$

Zinsaufwand: $Z_{ges} = 414.000{,}00 €$.

Zusammenfassung des Beispiels:

Hypothekendarlehen über 300.000,-- € - Jahreszinsfuß 7%		
Vereinbarung	Gesamtaufwand	Zinsaufwand
A: jährliche Verzinsung, monatliche Aufwendung, Laufzeit = 30 Jahre	702.730,80 €	402.730,80 €
B: vierteljährliche Verzinsung, monatliche Aufwendung, Laufzeit = 30 Jahre	715.579,20 €	415.579,20 €
C: Prozentannuität (8% = 24.000,- €)		
Fall a: jährliche Verzinsung, jährliche Aufwendung, Laufzeit = 30,73 Jahre	737.520,00 €	437.520,00 €
Fall b: jährliche Verzinsung, monatliche Aufwendung, Laufzeit = 30,73 Jahre	714.594,19 €	414.594,19 €
Fall c: vierteljährliche Verzinsung, monatliche Aufwendung, Laufzeit = 30 Jahre	715.824,00 €	415.824,00 €
Fall d: monatliche Verzinsung, monatliche Aufwendung, Laufzeit = 29,75 Jahre	714.000,00 €	414.000,00 €

Die Gesamt- und die Zinsaufwendungen variieren teilweise erheblich. Welche Vereinbarung der Darlehensnehmer wählt, hängt aber auch von seinen Liquiditätsverhältnissen und seinen Anlagemöglichkeiten ab. Beispielsweise ist es durchaus denkbar, daß jemand den scheinbar schlechtesten Fall präferiert, nämlich jährliche Aufwendungen bei jährlicher Verzinsung mit Gesamtaufwendungen von 737.520,-- €, wenn er die Möglichkeit hat, sein Geld hochverzinslich (hier: p > 7) anzulegen. In diesem Fall ist der Anleger durchaus daran interessiert, das Kapital möglichst lange in der rentablen Anlage zu halten, bevor er es als Annuitätenleistung verwendet. Die Frage, welche Vereinbarung getroffen werden soll, kann eigentlich nur im Zusammenhang mit einer Investitionsrechnung bei gegebenem Kalkulationszinsfuß getroffen werden. Da aber für die meisten Privatanleger der zu zahlende Sollzins größer als der zu erzielende Habenzins ist, spielt die Summe der Gesamtaufwendungen doch wieder eine Rolle bei der Entscheidung.

III. Übungsaufgaben

1. Eine KG nimmt einen Kredit über 500.000 € zu 7% Zins auf. Der Kredit ist in fünf Jahren mit gleichbleibenden Tilgungsraten zu tilgen. Erstellen Sie den Tilgungsplan.

2. Eine GmbH nimmt einen Kredit über 2.000.000 € zu 10% Zins auf, der mit gleichbleibenden Tilgungsraten in 20 Jahren zu tilgen ist. Berechnen Sie
   a) die Restschuld am Anfang des 10. Jahres,
   b) die Restschuld nach 15 Jahren,
   c) den Zinsbetrag im 12. Jahr,
   d) die Aufwendung im 18. Jahr,
   e) die insgesamt zu zahlenden Zinsen.

3. Eine AG nimmt einen Kredit über 10 Mio. € auf, der in 10 Jahren mit gleichbleibenden vierteljährlichen Tilgungsraten zu tilgen ist. Der Vierteljahreszins beträgt 2%.
   a) Wie hoch ist der effektive Jahreszins?
   b) Berechnen Sie
      ba) die Restschuld nach 5 3/4 Jahren,
      bb) die Restschuld zu Beginn des 9. Jahres,
      bc) die Zinsen in der 2. Hälfte des 5. Jahres,
      bd) die Aufwendungen im 3. Quartal des 7. Jahres,
      be) die insgesamt zu leistenden Zinsen.

4. Bei einem Kredit, der in zehn gleich großen Tilgungsraten zurückzuzahlen ist, beträgt die Restschuld nach 8 Jahren 200.000 €. Die Annuität beträgt im 5. Jahr 166.000 €. Wie hoch ist der Zinsfuß?

5. Ein Kredit über 500.000 €, der in gleich großen Tilgungsraten zurückzuzahlen ist, wird mit 12% verzinst. Die Zinsen betragen im achten Jahr 25.000 €. Berechnen Sie die Laufzeit.

6. Ein Kredit über 800.000 € ist in 8 Jahren mit konstanten vierteljährlichen Tilgungsraten zu tilgen. Die effektive Jahresverzinsung beträgt 12,55%. Erstellen Sie den Tilgungsplan für das 3. Jahr.

7. Eine Schuld von 1 Mio. € soll in 6 Jahren mit konstanten Annuitäten bei einem Zinssatz von 10% getilgt werden. Wie gestaltet sich der Tilgungsplan?

8. Ein Bauherr nimmt zur Finanzierung seines Hauses ein Hypothekendarlehen über 200.000 € auf; der Zinssatz beträgt 8% und der Tilgungsprozentsatz 1%.
   a) Berechnen Sie die Laufzeit der Hypothek. (Genauigkeit: 2 Stellen hinter dem Komma)
   b) Erstellen Sie den Tilgungsplan für das 27., 28. und 29. Jahr.
   c) Nach 10 Jahren soll die Hypothek vollständig durch einen Bausparvertrag abgelöst werden (40% Ansparung und 60% Kredit). Wieviel muß der Bauherr monatlich (nachschüssig) sparen, damit die Umschuldung nach 10 Jahren erfolgen kann? Der Guthabenzins der Bausparkasse beträgt 3%.

9. Eine Schuld von 50.000 € soll innerhalb von 30 Jahren mit gleichbleibenden jährlichen Annuitäten getilgt werden. Berechnen Sie bei einem Zinsfuß von 10%
   a) die Annuität,
   b) die Restschuld nach 24 Jahren,
   c) die Tilgung im 18. Jahr,
   d) die Zinsen im 14. Jahr,
   e) die gesamten Aufwendungen,
   f) die gesamte Zinsbelastung,
   g) die Restschuld im 11. Jahr.

10. Nach 20 Jahren beträgt die Restschuld eines Annuitäten-Kredits, der zu 8% verzinst wird, eine Gesamtlaufzeit von 25 Jahren hat und mit gleich hohen Annuitäten getilgt wird, noch 37.403,27 €. Erstellen Sie den Tilgungsplan der letzten 5 Jahre.

11. Ein Bausparer tilgt im 4. Jahr 2.444,52 € seines Bauspardarlehens, welches eine Laufzeit von 11 Jahren hat, mit 5% jährlich verzinst und mit gleich hohen Annuitäten getilgt wird. Wie hoch sind die im 4. Jahr zu zahlenden Zinsen?

12. Ein Kredit über 100.000 € mit einer Laufzeit von 5 Jahren wird vierteljährlich mit konstanten Annuitäten getilgt. Der Vierteljahreszins beträgt 2%. Berechnen Sie
    a) die Annuität,
    b) die Restschuld nach 1 3/4 Jahren,
    c) die Tilgung im 15. Quartal,
    d) die Zinsen im 20. Quartal,
    e) die gesamte Zinsbelastung.

13. Ein Darlehen von 500.000 € soll monatlich mit 1% verzinst und in 10 Jahren durch konstante Annuitäten getilgt werden. Wie hoch sind
    a) die Monatsraten?
    b) die Vierteljahresraten?

14. Ein Hypothekendarlehen von 200.000 € soll in 25 Jahren durch konstante Annuitäten getilgt werden. Der Zins beträgt vierteljährlich 2%. Berechnen Sie
    a) die Monatsraten,
    b) die insgesamt zu zahlenden Zinsen.

15. Der Zinsfuß eines Darlehens über 100.000 €, welches monatlich mit 1.198 € zurückzuzahlen ist, beträgt 8% jährlich. Nach wieviel Jahren ist das Darlehen getilgt?

16. Eine Schuld von 200.000 € wird mit konstanten halbjährlichen Annuitäten von 15.877,60 € in 10 Jahren getilgt. Wie hoch ist der Jahreszinsfuß?

17. Die Verzinsung für ein Darlehen über 100.000 € erfolgt halbjährlich. Das Darlehen soll in 6 Jahren mit Hilfe von monatlichen Annuitäten von 1.939,47 € getilgt werden. Berechnen Sie den Semesterzinssatz.

18. Wie hoch sind die gesamten Zinsaufwendungen einer Schuld von 200.000 €, die durch halbjährliche Annuitäten von 14.000 € bei einem Jahreszinsfuß von 7% getilgt wird?

19. Ein Teilzahlungskredit über 10.000 € soll in 38 Monaten getilgt werden. Monatlich müssen 300 € zurückbezahlt werden. Bei der Kreditauszahlung fällt eine einmalige Bearbeitungsgebühr von 800 € an. Berechnen Sie den effektiven Jahreszins bei monatlicher Verzinsung.

20. Ein Unternehmer benötigt genau 100.000 € für eine Investition. Diesen Betrag möchte er durch ein Bankdarlehen decken, welches zu folgenden Konditionen angeboten wird: Zins 6,1% p.a.;   Auszahlung 91,5%;   Laufzeit 10 Jahre.
    a) Wie hoch sind die konstanten Annuitäten?
    b) Welchen Effektivzins bezahlt der Unternehmer?
    c) Wie hoch sind die Gesamtaufwendungen für den Kredit?

21. Eine Annuitätenschuld von 50.000 € ist monatlich mit 490,38 € zurückzuzahlen. Die jährliche Verzinsung beträgt 5%.
    a) Berechnen Sie die Laufzeit.
    b) Wie groß ist die Restschuld nach 5 Jahren und 3 Monaten?

22. Ein Kredit über 20.000 € wird zu 10% Jahreszinsen bei halbjährlicher Verzinsung gewährt. Nach fünf Jahren sollen die Schuld sowie die angefallenen Zinsen zurückbezahlt werden. Jedoch muß am Ende eines jeden Jahres eine Verwaltungsgebühr von 0,5% der Kreditsumme an den Kreditgeber überwiesen werden. Außerdem wird ein Disagio von 3% erhoben. Wie hoch ist die Effektivverzinsung des Kredits?

23. Nach acht Jahren beträgt die Restschuld eines Annuitätenkredits mit einer Gesamtlaufzeit von 10 Jahren, der zu 8% verzinst und jährlich getilgt wird, noch 2657,60 €.
    a) Erstellen Sie den Tilgungsplan der letzten beiden Jahre.
    b) Wie hoch sind die insgesamt für den Kredit zu zahlenden Zinsen?

24. Ein Annuitätendarlehen über 300.000 € (bei jährlicher Tilgung) wurde Ende 1990 zu einem Zinssatz von 9% p.a. bei einer Bank aufgenommen. Die Laufzeit (Zinsbindungsdauer) betrug 8 Jahre. Weil 3 Jahre später das Zinsniveau auf 7% p.a. gesunken ist, möchte der Darlehensnehmer die Restschuld jetzt zurückzahlen (ablösen). Die Bank macht die Ablösung des Darlehens davon abhängig, ob der Kunde bereit ist, als Ersatz für den entstandenen Schaden eine **Vorfälligkeitsentschädigung** zu zahlen. Sie berechnet die Vorfälligkeitsentschädigung nach der sogenannten Bankenformel: Die Restschuld am Vorfälligkeitstermin wird mit der Restlaufzeit und der prozentualen Zinsdifferenz zwischen Vertrags- und Wiederanlagezins multipliziert.

    a) Wie hoch ist der finanzielle Schaden, welcher der Bank ohne Berücksichtigung von Kreditbearbeitungskosten tatsächlich entsteht?
    b) Ermitteln Sie die Höhe der Vorfälligkeitsentschädigung nach der Bankenformel.
    c) Wie lautet die Formel für die "finanzmathematische" Vorfälligkeitsentschädigung?

E. KURSRECHNUNG

I. Testaufgaben

1. Bestimmen Sie den Kurswert (Kaufpreis) einer Anleihe über 100 € mit acht Jahren Laufzeit bei 6% nominaler Verzinsung. Der Marktzinssatz betrage 7%. Die Rückzahlung erfolgt zu pari, d.h. zum Nennwert.
   Lösung: 94,03 €   → E 2.1

2. Bestimmen Sie den Kurswert (Kaufpreis) einer Anleihe über 100 € mit acht Jahren Laufzeit bei 6% nominaler Verzinsung. Der Marktzinssatz betrage 7%. Die Rückzahlung erfolgt zu 105 €.
   Lösung: 96,94 €   → E 2.1

3. Eine Nullkupon-Anleihe, die in 10 Jahren zu einem Kurs von 100% zurückbezahlt wird, notiert gegenwärtig zu einem Kurs von 55,84%. Um wieviel Prozent (Prozentpunkte) wird der Kurs zurückgehen, falls das Marktzinsniveau um einen Prozentpunkt steigt?
   Lösung: 8,96% (5 Prozentpunkte)   → E 2.2

4. Bestimmen Sie den Kurs einer ewigen Anleihe mit einer Nominalverzinsung von 7%, falls der Marktzins 6% beträgt.
   Lösung: 116,67%   → E 3

5. Wie hoch ist der Begebungskurs (Ausgabekurs) einer jährlich rückzahlbaren Annuitätenschuld mit einer Laufzeit von 10 Jahren und einer Nominalverzinsung von 5%, falls der Marktzins bei 6% liegt?
   Lösung: 95,32%   → E 4

6. Ein Darlehen von 100.000 € wird mit einer Nominalverzinsung von 5% angeboten. Die Tilgung beträgt 10.000 € jährlich. Wie hoch muß das Damnum sein, damit der Gläubiger eine Effektivverzinsung von 6,5% erreicht?
   Lösung: 6488 €   → E 5

7. Eine Industrieobligation mit einer Nominalverzinsung von 7% wird zum Kurs von 95% gekauft. Nach sieben Jahren wird sie zum gleichen Kurs wieder verkauft. Wie hoch war die effektive Verzinsung?
   Lösung: 7,37%   → E 6

8. Eine Auslandsanleihe mit einer Restlaufzeit von sieben Jahren weist eine Nominalverzinsung von 11,25% aus. Der gegenwärtige Kurs ist 106%. Die Rückzahlung erfolgt zu 100%. Wie hoch ist die effektive Verzinsung dieser Anlage?

Lösung: 10,02% → E 6

9. Wie hoch ist der Ausgabekurs einer Annuitätenschuld mit einer Laufzeit von 10 Jahren und einer Nominalverzinsung von 5%, falls der Marktzinssatz 6% beträgt und die Schuld monatlich zurückbezahlt wird?

Lösung: 95,75% → E 4.2

10. Eine Schuld soll in 5 Jahren mit konstanten jährlichen Tilgungsraten getilgt werden. Die Nominalverzinsung betrage 5%. Wie hoch ist die effektive Verzinsung der Schuld, falls der Auszahlungskurs 90% beträgt?

Lösung: 9,06% → E 6

11. Bestimmen Sie den Kurs einer Anleihe mit acht Jahren Laufzeit bei halbjährlicher Verzinsung von 3%. Der Marktzinssatz betrage 7%. Die Rückzahlung erfolgt zu 100%.

Lösung: 94,65% → E 2.1

II. Lehrtext

1. Definition des Kurses

Staat und Unternehmen decken ihren langfristigen Finanzbedarf i.d.R. mit Anleihen. Die Schuldenaufnahme erfolgt gegen Ausgabe von Schuldverschreibungen, in denen die Ansprüche des Gläubigers verbrieft sind (Staatsanleihen, Bundesobligationen, Kommunalobligationen, Pfandbriefe, Industrieobligationen). Die meisten Anleihen werden zum Nenn- oder Nominalwert von 100 € oder von 1.000 € ausgegeben. Sie werden i.d.R. mit einem festen Zinssatz (Nominalzins) ausgestattet. Der Zinssatz bezieht sich auf den Nennwert. Der Kurs, d.h. der Preis, zu dem die Anleihen gehandelt werden, richtet sich nach dem Zinsniveau auf dem Kapitalmarkt (Marktzins). Je höher das Zinsniveau ist, desto geringer sind die Kurse für die festverzinslichen Wertpapiere. Dieser Zusammenhang zwischen Kurs und Marktzins wird im folgenden weiter ausführlich erörtert werden. Die Rückzahlung oder Tilgung der Anleihe erfolgt entweder als Gesamtrückzahlung am Ende der Laufzeit oder als Rückzahlung in Teilbeträgen nach festen Regeln durch Auslosung oder Kündigung. Üblicherweise erfolgt die Rückzahlung zum Nennwert, d.h. zu pari.

Beispiel: Es wird eine Schuldverschreibung von 1.000,- € auf fünf Jahre zu 5% Zinsen begeben, wobei die Zinsen von 50,- € jeweils zum Ende eines Jahres ausgezahlt werden; am Ende der Laufzeit erhält man (= Gläubiger) das eingelegte Kapital von 1.000,- € vom Schuldverschreibungsausgeber (= Schuldner) zurück.

→ $K_0 = 1.000,-$ €, $p = 5$, $n = 5$

1. Bleibt der Zins am Kapitalmarkt p' (= Marktzins, = Realzins, = Effektivzins) bei 5%, so kann man mit 1.000,- € überall 50,- € erwirtschaften → das Geschäft ist normal!

2. Steigt der Marktzins auf 7%, so hätte man jedoch pro Jahr die 50,- € auch mit $K_0 = \frac{50,- €}{0,07} = 714,-$ € erwirtschaften können → das Geschäft ist schlecht!

3. Fällt hingegen der Marktzins auf 3,5%, dann benötigt man allerdings $K_0 = \frac{50,- €}{0,035} = 1.428,-$ €, um zu 50,- € Zinsen pro Jahr zu gelangen → das Geschäft ist gut!

Will man nun mit der Schuldverschreibung handeln - z.B. das Wertpapier von 1.000,- € verkaufen -, so ist dieses Papier je nach Höhe der Marktzinsen mehr oder weniger als 1.000,- € wert, d.h. 1.000,- € auf dem Kapitalmarkt erbringen mehr oder weniger als 50,- €.

Um dieses "Mehr-oder-weniger-wert-Sein" eines festgeschriebenen Wertpapiers zu erfassen, führt man die Größe "Kurs" ein; dieser Kurs gibt den Momentanwert (= Jetztwert = zur Zeit gültiger Marktwert) eines Wertpapieres oder Geldgeschäftes im Verhältnis zu seinem Nominal- bzw. Nennwert (= genannter, d.h. "aufgedruckter" bzw. vereinbarter Wert) an. Der Kurs wird in Prozent des Nominalwertes angegeben. Mit dem Kurs kann man den Unterschied zwischen (genanntem) Nominalzins und Marktzins feinfühlig anpassen; zudem nimmt der oft rasch wechselnde Marktzins meist "unschöne" Werte, z.B. 6,948%, an.

Da der Kurs immer nur zu Beginn eines Geldgeschäftes von Interesse ist (z.B. Ausgabe oder Verkauf), sind bei seiner Berechnung nur Barwerte (= Momentanwerte, = Jetztwerte) maßgeblich.

$$\text{Kurs in \% : } C = 100\% \cdot \frac{\text{Barwert des Geldgeschäftes, berechnet zum Marktzins p'}}{\text{Barwert des Geldgeschäftes, berechnet zum Nominalzins p}}$$

$$C = 100\% \frac{\text{Marktwert}}{\text{Nennwert}} = 100\% \cdot \frac{K_0'}{K_0}$$

Der Barwert des Geldgeschäftes ist der Barwert aller irgendwann anfallenden Zahlungen (vom Zeitpunkt der Kursberechnung an gezählt); das sind auch Zinsen, Rückzahlungen, Raten, Gebühren, Zuschläge, Gewinnausschüttungen, etc., abgezinst auf das Kursberechnungsdatum.

Es ist offensichtlich, daß bei Gleichheit von Markt- und Nominalzins der Kurs C=100% ist; d.h. die 1.000,- € sind dann auch 1.000,- € "wert". Steigt der Marktzins, dann fällt der Kurs unter 100%, andernfalls wird er größer. Weiterhin ist erkennbar, daß im Kurs wegen des Barwertes - im besonderen wegen des Abzinsens der Zahlungen - die Laufzeiten eines Geldgeschäftes enthalten sind. Die folgenden Ausführungen werden zeigen, daß die Kapitalbeträge in die Kursberechnung nicht eingehen.

2. Kurs einer am Ende der Laufzeit zurückzahlbaren Schuld

2.1 Kurs einer Zinsschuld

Beispiel: Ein Wertpapier (Schuldschein, Anleihe, Obligation, etc.) über 1.000,- € wird auf fünf Jahre ausgegeben und mit 5% verzinst; die anfallenden Zinsen werden zum Ende jeden Jahres ausbezahlt. Während der Ausgabezeit betrage der Marktzins 6%. Zu welchem Kurs (Begebungskurs) muß die Anleihe ausgegeben werden?

→ $K_0 = 1.000,-$ €, $n = 5$, $p = 5$, $p' = 6$
$q = 1 + \frac{5}{100} = 1{,}05$, $q' = 1{,}06$.

Zur Lösung des Problems werden die Barwerte aller Zahlungen, u.a. die am Ende des ersten Jahres anfallenden Zinsen, berechnet:

$$Z = K_0 \cdot \frac{p}{100} = K_0(q-1) = 1.000,- € \cdot 0{,}05 = 50,- €.$$

Den Barwert der Zinsen zum Marktwert erhält man nach einem Jahr durch Abzinsen mit $p'=6$

$$Z_0 = \frac{50,- €}{1{,}06} = 47{,}17 \text{ €};$$

d.h., die nach einem Jahr zu erwartenden Zinsen von 50,- € bei 6% Verzinsung sind am Tage der Kursberechnung (= jetzt) 47,17 € wert.

E. Kursrechnung

<u>Zahlungsschema</u>:

Jahr n	Zahlungen			Barwerte zum Marktzins p'		
— 0 —						
1. Jahr	$K_0 \cdot \frac{p}{100} = K_0(q-1) =$	50,-- €		$\frac{K_0(q-1)}{q'} = \frac{50,-€}{1,06} =$		47,17 €
— 1 —						
2. Jahr	$K_0 \cdot \frac{p}{100}$	=	50,-- €	$\frac{K_0(q-1)}{q'^2} = \frac{50,-€}{1,06^2} =$		44,50 €
— 2 —						
3. Jahr	$K_0 \cdot \frac{p}{100}$	=	50,-- €	$\frac{K_0(q-1)}{q'^3} =$	=	41,98 €
— 3 —						
4. Jahr	$K_0 \cdot \frac{p}{100}$	=	50,-- €	$\frac{K_0(q-1)}{q'^4} =$	=	39,60 €
— 4 —						
5. Jahr	$K_0 \cdot \frac{p}{100}$	=	50,-- €	$\frac{K_0(q-1)}{q'^5} =$	=	37,36 €
	K_0	=	1.000,-- €	$\frac{K_0}{q'^5}$ =	=	747,26 €
— 5 —						

Summe aller Barwerte zum Marktzins:

$$K_0' = \frac{K_0}{q'^5} + K_0(q-1)\left\{\frac{1}{q'^5} + \frac{1}{q'^4} + \frac{1}{q'^3} + \frac{1}{q'^2} + \frac{1}{q'}\right\}$$

$$= \frac{K_0}{q'^5}\left[1 + (q-1)\underbrace{\left\{1 + q' + q'^2 + q'^3 + q'^4\right\}}_{\text{geom. Reihe}}\right]$$

$$= \frac{K_0}{q'^5}\left[1 + (q-1) \cdot \frac{q'^5-1}{q'-1}\right] = 957{,}87 \text{ €}$$

Summe aller Barwerte zum Nominalzins:

$$q' = q$$

$$K_0 = \frac{K_0}{q^5}\left[1 + (q-1) \cdot \frac{q^5-1}{q-1}\right] = \frac{K_0}{q^5}\left[1 + q^5 - 1\right]$$

$$= K_0$$

→ Kurs: $C = 100\% \cdot \frac{K_0'}{K_0} = 100\% \cdot \frac{957{,}87 \text{ €}}{1.000{,}-- \text{ €}}$

$C = 95{,}79\%$

Für den allgemeinen Fall erhält man nach n Jahren:

$$K_0' = \frac{K_0}{q'^n}\left[1 + (q-1)\left\{1 + q' + q'^2 + \ldots + q'^{n-1}\right\}\right]$$

bzw.

$$K_0' = \frac{K_0}{q'^n}\left[1 + (q-1)\frac{q'^n-1}{q'-1}\right]$$

Für den Kurs einer Zinsschuld folgt

$$C = 100\% \cdot \frac{K_0'}{K_0}$$

bzw.

$$\boxed{C = 100\% \cdot \frac{1}{q'^n}\left\{1 + (q-1)\frac{q'^n-1}{q'-1}\right\}}$$

Kurs einer Zinsschuld

Beispiel: $\quad n = 5, \; q = 1{,}05, \; q' = 1{,}06$

$$C = 100\% \cdot \frac{1}{1{,}06^5}\left(1 + 0{,}05 \cdot \frac{(1{,}06^5-1)}{0{,}06}\right)$$
$$C = 95{,}79\%.$$

Wird das Wertpapier zu diesem Kurs mit einer Nominalverzinsung von 5% ausgegeben, dann beträgt die Effektivverzinsung gerade 6%; der Kurswert entspricht dem Barwert aller künftigen Zahlungen.

Die Differenz des Ausgabekurses zu 100% nennt man Disagio (ital. = Abschlag, Abgeld). Im vorliegenden Fall beträgt es 100% - 95,79% = 4,21% bzw. 1.000 € - 957,90 € = 42,10 €. Dagegen ist das Agio (ital. = Aufgeld) der Betrag, um den der Kurswert eines Wertpapiers den Nennwert übersteigt. Agio und Disagio werden meist in Prozent des Nennwertes ausgedrückt.

Bei der Kursbestimmung spielt das eingesetzte Kapital keine Rolle mehr; der Kurs berechnet sich allein aus Laufzeit des Geldgeschäftes, Markt- und Nominalzins. Werden jedoch am Ende der Laufzeit noch andere Zahlungen geleistet (Prämie, Bonus, Rückzahlung mit Aufgeld, etc.), so sind diese für die Barwertbestimmung über die Laufzeit entsprechend abzuzinsen, d.h. bei einer Prämie P

$$P_0' = \frac{P}{q'^n} \quad \text{bzw.} \quad P_0 = \frac{P}{q^n}$$

$$\rightarrow \quad \boxed{C = 100\% \cdot \frac{K_0'+P_0'}{K_0+P_0}}$$

mit
$$K_0' = \frac{K_0}{q'^n}\left[1 + (q-1) \cdot \frac{q'^n-1}{q'-1}\right].$$

Durch Umformung der Kursformel erhält man den Kaufpreis (*Kurswert*) einer Zinsschuld als

$$\boxed{\left(K_0' + P_0'\right) = \frac{C \cdot (K_0 + P_0)}{100\%}}$$

bzw.

$$\boxed{K_0' = \frac{C \cdot K_0}{100\%}},$$

falls $P_0=0$.

Zusatzbeispiel 1: Das obige Wertpapier (1.000,- €, n=5, p=5) soll nach drei Jahren Laufzeit verkauft werden; der Marktzins sei nun 3,5%. Für wieviel darf man dieses Papier kaufen?

→ verbleibende Laufzeit n = 2

$$C = 100\% \cdot \frac{1}{1{,}035^2}\left(1 + 0{,}05 \cdot \frac{(1{,}035^2-1)}{0{,}035}\right)$$

$$= 102{,}85\%$$

→ Kaufpreis: $K_0' = \frac{C \cdot K_0}{100\%} = 1.028{,}50$ €.

Zusatzbeispiel 2: Für das obige Wertpapier werde nach Ablauf noch ein Bonus von 200 € gezahlt. Wieviel ist das Papier nach zwei Jahren wert bei einem Marktzins von 7% ?

→ Restlaufzeit n = 3

→ Berechnung der Barwerte:

1. $p' = 7 \to q' = 1{,}07$; $P = 200,-$ €

$$K_0' + P_0' = \frac{K_0}{q'^n}\left\{1 + (q-1) \cdot \frac{q'^n-1}{q'-1}\right\} + \frac{P}{q'^n}$$

$$= \frac{1.000{,}-€}{1{,}07^3}\left\{1 + 0{,}05 \cdot \frac{1{,}07^3-1}{0{,}07}\right\} + \frac{200{,}-€}{1{,}07^3}$$

$$= 1.110{,}77 \text{ €.}$$

2. $p = 5$, $q = 1{,}05$

$$K_0 + P_0 = K_0 + \frac{P}{q^n} = 1.000{,}-€ + \frac{200{,}-€}{1{,}05^3}$$

$$= 1.172{,}77\ €$$

$$\rightarrow C = 100\% \cdot \frac{1.110{,}77\ €}{1.172{,}77\ €} = 94{,}713\%$$

$\rightarrow$ Kaufpreis: $\left(K_0' + P_0'\right) = \frac{C \cdot (K_0 + P_0)}{100\%} = 1.110{,}77\ €$.

Abschließend soll der Kurs einer Zinsschuld ermittelt werden, bei der die Zinszahlungen in m Quoten pro Jahr erfolgen. Auf ausländischen Rentenmärkten findet man häufig Anleihen mit unterjährlicher Kupon- bzw. Zinszahlung.

Beispiel: Eine Anleihe mit einer Laufzeit von 4 Jahren wird zu pari zurückbezahlt. Der Marktzinssatz beträgt 8,5%. Bestimmen Sie den Kurs, falls die Kuponzahlungen

a) jährlich mit 8%

b) halbjährlich mit 4%

c) vierteljährlich mit 2%

erfolgen.

Lösung: Der Marktzinssatz wird in den entsprechenden konformen Periodenzinssatz umgerechnet, d.h.

$$p_k' = 100\left(\sqrt[m]{1 + \frac{p'}{100}} - 1\right).$$

Die periodisierten Markt- und Nominalzinssätze werden in die Kursformel für jährliche Verzinsung eingesetzt, wobei n jetzt aber die Anzahl der Verzinsungen während der Laufzeit angibt.

a) $n = 4$

$p = 8$

$p' = 8{,}5$

$$\rightarrow C = 100\% \cdot \frac{1}{1{,}085^4}\left\{1 + 0{,}08 \cdot \frac{1{,}085^4 - 1}{0{,}085}\right\}$$

$$= 98{,}36\%$$

b) $n = 8$
   $p = 4$
   $p'_2 = 100\left(\sqrt{1 + \frac{8,5}{100}} - 1\right) = 4,163$

   $\rightarrow C = 100\% \cdot \frac{1}{1,04163^8}\left\{1 + 0,04 \cdot \frac{1,04163^8 - 1}{0,04163}\right\}$

   $= 98,91\%$

c) $n = 16$
   $p = 2$
   $p'_4 = 100\left(\sqrt[4]{1 + \frac{8,5}{100}} - 1\right) = 2,060$

   $\rightarrow C = 100\% \cdot \frac{1}{1,0206^{16}}\left\{1 + 0,02 \cdot \frac{1,0206^{16} - 1}{0,0206}\right\}$

   $= 99,19\%$

2.2 Kurse von unverzinslichen Schatzanweisungen und Nullkupon-Anleihen

Bei unverzinslichen Schatzanweisungen und Nullkupon-Anleihen (Zerobonds) erfolgt keine Zahlung nominaler Zinsen. Die eigentliche Verzinsung wird im Unterschied zwischen Rückzahlungskurs und Kauf- bzw. Begebungskurs berücksichtigt. Die Ausdrucksweise "unverzinslich" ist irreführend, da die Zinsen bei der Rückzahlung mitvergütet werden.

Den Kurs dieser Art von Wertpapieren erhält man durch Abzinsen der Rückzahlung am Ende der Laufzeit mit dem Marktzins, d.h.

$$\boxed{C = \frac{C_n}{q'^n}}$$

C_n : Rückzahlungskurs zum Zeitpunkt n .

Beispiel: Ein Zerobond, der in 12 Jahren zu einem Kurs von 100% zurückgezahlt wird, notiert gegenwärtig zu einem Kurs von 44,4%. Zu welchem Kurs wird er in zwei Jahren gehandelt, falls dann das Zinsniveau bei 9% liegt?

   Lösung: $C = \frac{100\%}{1,09^{10}} = 42,24\%$.

   Obwohl die Laufzeit sich um zwei Jahre verkürzt hat, ist der Kurs gesunken; die Ursache ist ein von 7% auf 9% gestiegene Zinsniveau (gegenwärtiger Kurs: $44,4\% = \frac{100\%}{1,07^{12}}$).

2.3 Der Einfluß des Marktzinses auf den Kurs

Der Kurs einer Zinsschuld (Anleihe, Obligation, Pfandbrief, Bond) hängt vom Nominalzins, vom Marktzins, von der Laufzeit und gegebenenfalls von der Prämie bzw. vom Aufgeld ab. Für Anleger ist es wichtig zu wissen, wie sensitiv Kurse auf Zinsänderungen auf dem Kapitalmarkt reagieren.

Beispiel: Das Marktzinsniveau betrage für langfristige Anleihen 7,5% und für kurz- bzw. mittelfristige 7,0%. Man rechnet in einem Jahr mit einem um 1 Prozentpunkt niedrigeren Zinsniveau. Welche der folgenden Anleihen mit einem Nominalwert von 100 € würden Sie unter Berücksichtigung einer Kuponauszahlung kaufen?

a) 5%-Anleihe mit 5-jähriger Laufzeit, Rückzahlung 100%
b) 5%-Anleihe mit 20-jähriger Laufzeit, Rückzahlung 100%
c) 8%-Anleihe mit 5-jähriger Laufzeit, Rückzahlung 100%
d) 8%-Anleihe mit 20-jähriger Laufzeit, Rückzahlung 100%
e) 5%-Anleihe mit 5-jähriger Laufzeit, Rückzahlung 110%
f) 5%-Anleihe mit 20-jähriger Laufzeit, Rückzahlung 110%
g) 8%-Anleihe mit 5-jähriger Laufzeit, Rückzahlung 110%
h) 8%-Anleihe mit 20-jähriger Laufzeit, Rückzahlung 110%
i) Nullkupon-Anleihe mit 5-jähriger Laufzeit, Rückzahlung zu 100%
j) Nullkupon-Anleihe mit 20-jähriger Laufzeit, Rückzahlung zu 100%.

Das Einsetzen in die Kursformeln für die Zinsschuld und die Nullkupon-Anleihe ergibt die in der folgenden Tabelle aufgeführten Ergebnisse:

| | Zeitpunkt 0 | | | | | Zeitpunkt 1 | | | | |
	p	p'	n	P(%)	Kurswert €	p	p'	n	P(%)	Kurswert €
a)	5	7	5	0	91,80	5	6	4	0	96,53
b)	5	7,5	20	0	74,51	5	6,5	19	0	83,90
c)	8	7	5	0	104,10	8	6	4	0	106,93
d)	8	7,5	20	0	105,10	8	6,5	19	0	116,10
e)	5	7	5	10	98,93	5	6	4	10	104,46
f)	5	7,5	20	10	76,87	5	6,5	19	10	86,92
g)	8	7	5	10	111,23	8	6	4	10	114,85
h)	8	7,5	20	10	107,45	8	6,5	19	10	119,12
i)	-	7	5	0	71,30	-	6	4	0	79,21
j)	-	7,5	20	0	23,54	-	6,5	19	0	30,22

Wie die nachstehende Tabelle zeigt, ist beim Kauf der Nullkupon-Anleihe mit 20-jähriger Laufzeit die Rendite, d.h. der Gesamtertrag, bezogen auf das eingesetzte Kapital, am höchsten.

	Absoluter Kursgewinn zzgl. Kupon	Rendite
a)	9,73 € (= 4,73 € + 5,- €)*	10,6% = $\left(\frac{9,73\ €}{91,80\ €} \cdot 100\%\right)$**
b)	14,39 €	19,3%
c)	10,83 €	10,4%
d)	19,00 €	18,1%
e)	10,53 €	10,6%
f)	15,05 €	19,6%
g)	11,62 €	10,4%
h)	19,67 €	18,3%
i)	7,91 €	1,1%
j)	6,68 €	28,4%

*a) 9,73 € = 96,53 € - 91,80 € + 5,- € Kupon der 5%-Anleihe

**a) $\text{Rendite} = \frac{100\% \cdot (\text{Kursgewinn} + \text{Kupon})}{\text{Eingesetztes Kapital}}$

Merke: Bei einer Verringerung des Marktzinsniveaus steigen die Kurse von festverzinslichen Wertpapieren, bei einer Erhöhung fallen sie. Die Kursveränderung ist im allgemeinen um so größer, je länger die Laufzeit und je niedriger der Nominalzins ist. Langfristige Nullkupon-Anleihen reagieren am heftigsten auf Zinsänderungen.

2.4 Duration und Kurssensitivität

Die Kurssensitivität (-empfindlichkeit) eines Wertpapiers auf Grund von Zinsänderungen kann auch mit Hilfe der Kennzahl Duration abgeschätzt werden.

Die Duration einer am Ende ihrer Laufzeit zurückzahlbaren Zinsschuld berechnet sich, wie in Abschnitt C7 definiert, aus der Summe der gewichteten Zeiten; die Gewichtsfaktoren sind hierbei die jeweiligen Zahlungen (laufende (nominale) Zinsen $K_0(q-1)$ und die Rückzahlschuld K_0), die zu den Marktzinsen ($q'=1+p'/100$) auf den Laufzeitbeginn abgezinst und zum Barwert auf Marktzinsbasis (K_0') ins Verhältnis gesetzt werden.

$$D = \sum_{t=1}^{n} \left[t \frac{(q-1)K_0}{K_0'} \cdot \frac{1}{q'^t} + \frac{K_0}{K_0'} \cdot \frac{1}{q'^n} \right]$$

$$= \frac{K_0}{K_0'} \left\{ (q-1) \sum_{t=1}^{n} \frac{t}{q'^t} + \frac{1}{q'^n} \sum_{t=1}^{n} 1 \right\}.$$

Mit K_0' aus Abschnitt 2.1 und Einsetzen der Summenformeln von Anhang A4 sowie Kürzen von K_0/q'^n folgt:

$$D = \frac{(q-1)\left(q' \frac{q'^n-1}{(q'-1)^2} - \frac{n}{q'-1}\right) + n}{1 + (q-1) \frac{q'^n-1}{q'-1}}.$$

Der Zusammenhang zwischen relativer Kurs- und Zinsänderung ergibt sich, wie am Ende dieses Abschnitts mit Hilfe der Differentialrechnung gezeigt wird, aus folgender Gleichung:

$$\boxed{\frac{dC}{C} = -\frac{dp'}{100+p'} \cdot D = -\frac{D}{100+p'} \cdot p' \cdot \frac{dp'}{p'}}.$$

Hierbei sind

$dC \approx \Delta C$, $dp' \approx \Delta p'$ die absoluten,

$\frac{dC}{C} \approx \frac{\Delta C}{C}$, $\frac{dp'}{p'} \approx \frac{\Delta p'}{p'}$ die relativen

Änderungen von Kurs C und Marktzinsfuß p'.

Beispiel: Das Marktzinsniveau betrage 7%. Um wieviel Prozent wird eine 5%-Anleihe mit 5-jähriger Laufzeit bei einer Rückzahlung von 100% in etwa steigen, falls das Zinsniveau um einen Prozentpunkt sinkt?

Lösung:

$$D = \frac{\frac{K_0}{100}\left(1 \cdot \frac{5}{1,07} + 2 \cdot \frac{5}{1,07^2} + 3 \cdot \frac{5}{1,07^3} + 4 \cdot \frac{5}{1,07^4} + 5 \cdot \frac{5}{1,07^5} + 5 \cdot \frac{100}{1,07^5}\right)}{\frac{K_0}{100}\left(\frac{5}{1,07} + \frac{5}{1,07^2} + \frac{5}{1,07^3} + \frac{5}{1,07^4} + \frac{5}{1,07^5} + \frac{100}{1,07^5}\right)}$$

$$= \frac{0,05\left(1,07 \frac{1,07^5-1}{0,07^2} - \frac{5}{0,07}\right) + 5}{1 + 0,05 \frac{1,07^5-1}{0,07}} = 4,52 \text{ Jahre}$$

$$\rightarrow \frac{dC}{C} = -\frac{(-1)}{100+7} \cdot 4,52 = 0,0422.$$

Bei einer Verringerung des Zinsniveaus von 7 auf 6 Prozent wird das Wertpapier um ca. 4.2% steigen. Exakt berechnet steigt der Kurs von 91,80% auf 95,79%, welches einem prozentualen Anstieg um 4,3% entspricht. Die Approximation durch die Formel wird um so genauer, je kleiner die Zinsänderung ist.

Besonders einfach gestaltet sich die Berechnung der relativen Kursänderung für Nullkuponanleihen, da bei diesen wegen der Nichtverzinsung (q-1=0) die Duration sich zu D=n ergibt

$$\frac{dC}{C} = -\frac{dp'}{100+p'} \cdot n.$$

Beispiel 1: Um wieviel Prozent steigt unter den Annahmen des vorigen Beispiels der Kurs einer Nullkuponanleihe mit 5-jähriger Laufzeit bei einem Rückzahlungskurs von 100%?

Lösung:
$$\frac{dC}{C} = -\frac{(-1)}{100+7} \cdot 5 = 0,047 \stackrel{\wedge}{=} 4,7\%.$$

Beispiel 2: Zehnjährige Bundesanleihe

Schuldner	Kupon	Duration	Marktzinsfuß
BRD 1987/89	$6\frac{3}{4}$ %	4 Jahre	6,7 %

↓

Prozentuale Kursänderung der Anleihe bei einem erwarteten Zinsrückgang von 1 Prozentpunkt:
$$-4 \cdot \frac{-0,01}{1,067} = 0,0375 \stackrel{\wedge}{=} 3,75\%.$$

Merke: Die Kursveränderung ist um so höher, je größer die Duration und je geringer das Marktzinsniveau ist.

Ableitung der Formel für die Kurssensitivität:

$$C = 100\% \cdot \frac{1}{q'^n} \left\{ 1 + (q-1) \frac{q'^n - 1}{q' - 1} \right\}$$

$$= 100\% \left\{ \frac{1}{q'^n} + \frac{q-1}{q'^n} \sum_{i=1}^{n} q'^{(i-1)} \right\}$$

$$= 100\% \left\{ \frac{1}{q'^n} + (q-1) \sum_{i=1}^{n} \frac{1}{q'^i} \right\}$$

$$\frac{dC}{dq'} = 100\% \left\{ \frac{-n}{q'^{(n+1)}} + (q-1) \sum_{i=1}^{n} \frac{-i}{q'^{(i+1)}} \right\}$$

$$= -100\% \cdot \frac{1}{q'} \left\{ \frac{n}{q'^n} + (q-1) \sum \frac{i}{q'^i} \right\}$$

$$= -100\% \cdot \frac{1}{q'} \left\{ \frac{n}{q'^n} + (q-1) \cdot \frac{1}{q'^n} \left[q' \frac{q'^n - 1}{(q'-1)^2} - \frac{n}{q'-1} \right] \right\}.$$

Hieraus wird nach Multiplikation mit q'/C:

$$\frac{dC}{dq'} \cdot \frac{q'}{C} = - \frac{n + (q-1) \left\{ q' \frac{q'^n - 1}{(q'-1)^2} - \frac{n}{q'-1} \right\}}{1 + (q-1) \frac{q'^n - 1}{q'-1}} = -D$$

$$\rightarrow \quad \boxed{\frac{dC}{C} = -\frac{dq'}{q'} D = -\frac{dp'}{100+p'} D}$$

wobei $\quad q' = 1 + \frac{p'}{100} \quad$ und $\quad dq' = \frac{dp'}{100}$.

3. Kurs einer ewigen Anleihe

Abgesehen von wenigen Ausnahmen, haben Anleihen alle eine begrenzte Laufzeit. Bei Anleihen mit ewiger Laufzeit ist eine Rückzahlung der Schuld nicht zugesagt. Den Kurs einer ewigen Anleihe erhält man, wenn in der Kursformel aus dem vorigen Abschnitt n→∞ geht.

$$\boxed{C = 100\% \cdot \frac{q-1}{q'-1} = 100\% \cdot \frac{p}{p'}}.$$

Die Kursformel für die ewige Rente wird in der Praxis zur ungefähren Abschätzung der Kurse von Wertpapieren mit langer Laufzeit verwendet.

Beispiel: Ein Pfandbrief mit einer Restlaufzeit von a) 25, b) 50, c) 100 Jahren und einer Nominalverzinsung von 5% soll verkauft werden. Der Marktzins liege bei 6%. Zu welchem Kurs wird das Wertpapier gehandelt?

- ungefähre Abschätzung

$$C = 100\% \cdot \frac{5}{6} = 83{,}33\%$$

- exakte Berechnung

$$C = 100\% \cdot \frac{1}{1{,}06^n}\left(1 + 0{,}05 \cdot \frac{(1{,}06^n-1)}{0{,}06}\right)$$

a) $n = 25 \quad C = 87{,}22\%$

b) $n = 50 \quad C = 84{,}24\%$

c) $n = 100 \quad C = 83{,}38\%$.

4. Kurs einer Annuitätenschuld

4.1 Jährliche Annuitätenzahlung

Eine Annuitätenschuld ist dadurch gekennzeichnet, daß zu jedem Tilgungstermin gleich hohe Aufwendungen für Zinsen und Tilgung zu zahlen sind.

Beispiel: Ein Darlehen habe eine Laufzeit von n Jahren; die Annuität sei jährlich fällig; der Zinssatz sei mit 6% festgeschrieben. Wie hoch muß der Auszahlungskurs sein, wenn der Marktzins (über die Laufzeit geschätzt) 7,5% beträgt?

Die n Annuitätenzahlungen besitzen bezüglich des Nominalzinssatzes den Barwert K_0 und bezüglich des Marktzinssatzes den Barwert K_0'. Die Barwerte berechnen sich aus der Summe der Barwerte aller Zahlungen bzw. Annuitäten:

$$K_0 = \frac{A}{q} + \frac{A}{q^2} + \frac{A}{q^3} + \ldots + \frac{A}{q^{n-1}} + \frac{A}{q^n} = \frac{A}{q^n}\left(\overbrace{q^{n-1} + q^{n-2} + \ldots + q + 1}^{\text{geom. Reihe}}\right)$$

$$K_0' = \frac{A}{q'} + \frac{A}{q'^2} + \frac{A}{q'^3} + \ldots + \frac{A}{q'^{n-1}} + \frac{A}{q'^n} = \frac{A}{q'^n}\left(q'^{n-1} + q'^{n-2} + \ldots + q' + 1\right)$$

$$K_0 = \frac{A}{q^n} \cdot \frac{q^n - 1}{q - 1} = S \quad \text{(Schuld)}$$

$$K_0' = \frac{A}{q'^n} \cdot \frac{q'^n - 1}{q' - 1}$$

$$C = 100\% \cdot \frac{K_0'}{K_0} = 100\% \cdot \frac{\frac{A}{q'^n} \cdot \frac{q'^n-1}{q'-1}}{\frac{A}{q^n} \cdot \frac{q^n-1}{q-1}}$$

$$\boxed{C = 100\% \cdot \frac{q^n(q-1)(q'^n-1)}{q'^n(q'-1)(q^n-1)}}$$

Kurs einer Annuitätenschuld

Beispiel: $n = 10$; $p = 6$; $p' = 7,5$

(p' sollte vernünftigerweise eine Schätzung über die 10 Jahre repräsentieren.)

$$C = 100\% \cdot \frac{1,06^{10} \cdot 0,06(1,075^{10}-1)}{1,075^{10} \cdot 0,075(1,06^{10}-1)} = 93,26\%.$$

Das Darlehen wird zu 93,26% seiner Summe ausgezahlt.

Merke: Für die Kursbestimmung sind weder die Darlehenssumme noch die Höhe der Annuitäten von Bedeutung. Das Damnum (lat. = Schaden) oder das Darlehensabgeld ist der Unterschiedsbetrag zwischen dem Nennbetrag eines Darlehens und dem tatsächlich an den Darlehensnehmer gezahlten Betrag.

4.2 Unterjährliche Annuitätenzahlung

Hier müssen wie unter D 3.2 zwei Gruppen unterschieden werden.

4.2.1 Jährliche Verzinsung

In die Kursformel des vorigen Abschnitts werden die jährlichen Gesamtannuitäten, die sich aus den einfach verzinsten unterjährlichen Annuitäten ergeben, eingesetzt:

für $K_0 \to A = a\left(m + \frac{p}{100} \cdot \frac{m-1}{2}\right)$

für $K_0' \to A' = a\left(m + \frac{p'}{100} \cdot \frac{m-1}{2}\right)$

$$\to \boxed{\tilde{C} = \frac{m + \frac{p'}{100} \cdot \frac{m-1}{2}}{m + \frac{p}{100} \cdot \frac{m-1}{2}} \cdot C}$$

C = Kurs bei jährlicher Annuitätenzahlung

Beispiel: Ein Darlehen habe eine Laufzeit von 10 Jahren; die Annuität sei vierteljährlich fällig; der Zinssatz sei mit 6% festgeschrieben. Berechnen Sie den Auszahlungskurs bei einem Marktzins von 7,5%.

$$\tilde{C} = \frac{4 + \frac{7,5}{100} \cdot \frac{3}{2}}{4 + \frac{6}{100} \cdot \frac{3}{2}} \cdot 93,26\% = 93,77\%.$$

4.2.2 Unterjährliche Verzinsung

In diesem Fall muß sorgfältig der jeweilige Variantentyp berücksichtigt werden beim Abzinsen der Zahlungen.

Im einfachen Falle, bei dem die Fälligkeit des Zinses und der Annuität zusammenfallen, ergibt sich das folgende:

Nominalzins p → unterjährlicher Zins $\frac{p}{m} = p^*$

Marktzins p' → unterjährlicher Zins $\frac{p'}{m} = p^{*'}$

Zahl der Zinszeiträume: $N = n \cdot m$

Diese Situation entspricht der jährlichen Annuitätentilgung, wobei q, q' durch q^*, $q^{*'}$ und n durch $n \cdot m$ ersetzt sind:

$$\boxed{C = 100\% \cdot \frac{q^{*n \cdot m}(q^*-1)(q^{*'n \cdot m}-1)}{q^{*'n \cdot m}(q^{*'}-1)(q^{*n \cdot m}-1)}}$$

Beispiel: Ein Darlehen habe eine Laufzeit von 10 Jahren; die Annuität sei vierteljährlich fällig. Der Nominalzinssatz betrage vierteljährlich 1,5% und der Marktzinssatz vierteljährlich 1,875%. Berechnen Sie den Auszahlungskurs.

$$C = 100\% \cdot \frac{1,015^{40} \cdot 0,015(1,01875^{40}-1)}{1,01875^{40} \cdot 0,01875(1,015^{40}-1)} = 93,48\%.$$

5. Kurs einer Ratenschuld

5.1 Jährliche Ratentilgung

Bei einer Ratenschuld wird die ursprüngliche Schuld in gleichbleibenden Tilgungsraten zurückbezahlt. Die Annuitäten verringern sich im Laufe der Zeit, da mit abnehmender Restschuld die Zinszahlungen kleiner werden.

Die Barwerte K_0 bzw. K_0' erhält man durch Abzinsen der Annuitäten A_i und Aufsummieren:

```
Jahr   0   1   2   ——//——   k   ——//——   n
               ↓   ↓              ↓              ↓
```

$$K_0 = \frac{A_1}{q^1} + \frac{A_2}{q^2} + \ldots + \frac{A_k}{q^k} + \ldots + \frac{A_n}{q^n} = S = T \cdot n$$

$$K_0' = \frac{A_1}{q'^1} + \frac{A_2}{q'^2} + \ldots + \frac{A_k}{q'^k} + \ldots + \frac{A_n}{q'^n}$$

$$K_0' = \sum_{k=1}^{n} \frac{A_k}{q'^k} = \sum_{k=1}^{n} \frac{T + T(n-k+1)\frac{p}{100}}{q'^k}$$

$$= \frac{S}{n}\left(1 + (n+1)\frac{p}{100}\right) \sum_{k=1}^{n} \frac{1}{q'^k} - \frac{S}{n} \cdot \frac{p}{100} \sum_{k=1}^{n} \frac{k}{q'^k}$$

$$= \frac{S}{n}\left(1 + (n+1)\frac{p}{100}\right) \cdot \frac{1}{q'^n} \frac{q'^n - 1}{q' - 1} - \frac{S}{n}\frac{p}{100} \sum_{k=1}^{n} \frac{k}{q'^k}$$

$$C = 100\% \cdot \frac{K_0'}{K_0} = 100\% \frac{K_0'}{S}$$

Für $\sum_{k=1}^{n} \frac{k}{q'^k}$ gilt die Summenformel

$$\sum_{k=1}^{n} \frac{k}{q'^k} = \frac{1}{q'^n}\left[\frac{q'(q'^n - 1)}{(q'-1)^2} - \frac{n}{q'-1}\right] \quad \text{(vgl. Anhang A: 5d)}.$$

Durch Einsetzen und Umformen sowie der Verwendung von $q' - 1 = \frac{p'}{100}$ erhält man

$$\boxed{C = \frac{100\%}{n \cdot q'^n}\left[\frac{q'^n - 1}{q' - 1}\left(1 - \frac{p}{p'}\right) + nq'^n \cdot \frac{p}{p'}\right]}$$

Beispiel: Eine Schuld $S = 9.000$ € soll in drei Jahren mit konstanten Tilgungsraten getilgt werden. Die Nominalverzinsung sei 7%, während der Marktzins 8% betrage. Wie hoch ist der Auszahlungskurs?

$$C = \frac{100\%}{3 \cdot 1{,}08^3}\left[\frac{1{,}08^3 - 1}{0{,}08}\left(1 - \frac{7}{8}\right) + 3 \cdot 1{,}08^3 \cdot \frac{7}{8}\right] = 98{,}24\%.$$

5.2 Unterjährliche Ratentilgung

Wenn die Fälligkeit von Tilgung und Zinsen gleichzeitig erfolgt, so kann man die Formel des vorigen Abschnitts verwenden, indem man n durch n·m, p durch p/m sowie p' durch p'/m ersetzt; desgleichen muß q' mit $q^{*'} = 1 + \frac{p'/m}{100}$ substituiert werden. Diese Situation entspricht der jährlichen Ratentilgung mit n·m Zinszeiträumen zum jeweiligen Periodenzins.

6. Rentabilitätsrechnung

Zwischen Marktzins (= Effektivzins, Realzins, Rendite, Rentabilität) und Kurs besteht ein Zusammenhang. Zu jedem Marktzins p' gehört ein bestimmter Kurs C und umgekehrt. Ist der Kurs C gegeben, so kann der Marktzins oder die Rentabilität p' berechnet werden.

Fall 1: Rentabilität einer ewigen Anleihe

Die Auflösung der Kursformel der ewigen Anleihe führt zu

$$\boxed{p' = 100\% \cdot \frac{p}{C}}\ .$$

Beispiel: Eine ewige Anleihe mit einer Nominalverzinsung von 5% notiert zum Kurs von $83\frac{1}{3}\%$. Wie hoch ist die Rentabilität?

Lösung: $p' = 100\% \cdot \frac{5}{83\frac{1}{3}\%} = 6$.

Merke: Die Formel $p' = 100\% \cdot \frac{p}{C}$ wird oft benutzt, um auch für Anleihen mit begrenzter Laufzeit den Zinsertrag abzuschätzen. In diesem Zusammenhang nennt man p' *laufende Rendite*. Als brauchbare Annäherung für die Effektivverzinsung kann sie nur bei langfristigen Anleihen benutzt werden.

Fall 2: Rentabilität einer Anleihe, deren Kauf- und Verkaufskurs übereinstimmt.

Stimmen bei einer Anleihe Kauf- und Verkaufskurs überein, so kann zur Berechnung der Effektivverzinsung p' die Rentabilität der ewigen Anleihe herangezogen werden, da der Kurs einer ewigen Anleihe sich im Zeitablauf (bei konstantem Marktzins) nicht verändert, d.h.

$$\boxed{p' = 100\% \cdot \frac{p}{C}}\ .$$

Beispiel: Ein 5-prozentiges Wertpapier wird zum Kurs von 83,33% gekauft und nach vier Jahren (vier Zinstermine) zum gleichen Kurs wieder verkauft. Wie hoch ist die Effektivverzinsung?

Lösung: $p' = 100\% \cdot \dfrac{5}{83,33\%} = 6$.

Die laufende Rendite ist in diesem speziellen Fall die Effektivverzinsung des Wertpapiers, da die Rückzahlung von 83,33 € zum Erwerb einer ewigen Anleihe gleichen Kurses verwendet werden kann.

Fall 3: Rentabilität einer Nullkupon-Anleihe

Löst man die Kursformel für eine Nullkupon-Anleihe nach q' auf, so erhält man

$$q' = \sqrt[n]{\dfrac{C_n}{C}}$$

bzw.

$$p' = \left(\sqrt[n]{\dfrac{C_n}{C}} - 1\right) \cdot 100$$

Beispiel: Ein Zerobond, der in 12 Jahren zu einem Kurs von 100% zurückgezahlt wird, notiert gegenwärtig zu 44,4%. Berechnen Sie die effektive Verzinsung.

Lösung: $p' = \left(\sqrt[12]{\dfrac{100\%}{44,4\%}} - 1\right) \cdot 100 = 7$.

Fall 4: Rentabilität einer Zinsschuld

Die algebraische Auflösung der Kursformel

$$C = 100\% \cdot \dfrac{1}{q'^n}\left(1 + (q-1)\dfrac{q'^n - 1}{q' - 1}\right)$$

nach p' führt zu einer Gleichung höheren Grades, so daß die Lösung durch systematisches Probieren erfolgt. Das Vorgehen läßt sich am besten an einem Beispiel zeigen.

Beispiel: Eine Anleihe mit einer Nominalverzinsung von 5% wird zu einem Kurs von 95,79% erworben und nach sechs Jahren zu einem Kurs von 100% verkauft. Wie hoch ist die Rentabilität der Anlage?

Lösung: Ausgangspunkt ist die Kursformel

$$95{,}79\% = 100\% \cdot \frac{1}{q'^6}\left(1 + 0{,}05 \cdot \frac{q'^6-1}{q'-1}\right).$$

Durch Probieren gelangt man zu der Lösung q' = 1,0585; d.h., die Effektivverzinsung ist p' = 5,85. Als Startwert für das Probieren eignet sich z.B. die laufende Rendite $p' = \frac{p}{C} \cdot 100 = 5{,}22$.

In der Bank- und Börsenpraxis existiert zur Berechnung der Rendite von Anleihen eine einfache Faustformel. Man addiert zur laufenden Rendite eine Korrekturgröße, welche die Differenz zwischen Kauf- und Rückzahlungskurs gleichmäßig auf die Laufzeit verteilt und auf den Kaufkurs bezieht

$$\boxed{p' = 100\%\frac{p}{C} + \frac{100}{C} \cdot \frac{C_n-C}{n}} \quad \begin{array}{l} C \;: \text{Kaufkurs} \\ C_n : \text{Rückzahlungskurs} \end{array}$$

$$\left[\text{Rendite} = \frac{\text{laufende}}{\text{Verzinsung}} + \frac{100}{\text{Kurs}} \cdot \frac{\text{Disagio (Agio)}}{\text{Laufzeit}}\right]$$

Diese Faustformel folgt aus der Näherung

$$q'^n = \left(1 + \frac{p'}{100}\right)^n \approx 1 + n\,\frac{p'}{100}$$

und ist um so genauer, je kleiner p' ist.

Hieraus folgt für das obige Beispiel

$$p' = 100\%\frac{5}{95{,}79\%} + \frac{100}{95{,}79\%} \cdot \frac{100\%-95{,}79\%}{6} = 5{,}95.$$

Die Formel liefert nur Näherungswerte (5,95%) für die exakten Ergebnisse (5,85%). Sie dient jedoch der schnellen Überschlagsrechnung und kann als Startwert für das Probierverfahren verwendet werden.

Beispiel: Eine €-Auslandsanleihe mit einem Nominalzins von 8% und einer Restlaufzeit von 3,7 Jahren wird zu einem Kurs von 106,75% gehandelt. Wie hoch ist die Rentabilität der Anlage, wenn die Rückzahlung zu pari (zum Nennwert 100) erfolgt?

Lösung: 1. laufende Rendite:

$$p' = \frac{8}{106{,}75\%} \cdot 100\% = 7{,}49$$

2. Effektivverzinsung nach der Faustformel:

$$p' = 7{,}49 - 1{,}71 = 5{,}78$$

3. Lösung durch Probieren:

Man erhält durch Probieren 5,92%.

Fall 5: Rentabilität (Effektivverzinsung) einer Annuitätenschuld

Wie im vorigen Fall kann eine Lösung auch hier wieder durch systematisches Probieren gefunden werden.

Beispiel: Eine mit einem nominellen Zinssatz von 6% ausgestattete Annuitätenschuld hat eine Laufzeit von 10 Jahren. Tilgung und Verzinsung erfolgen jährlich. Wie hoch ist die effektive Verzinsung der Schuld bei einem Ausgabekurs von 95%?

Lösung: Zur Lösung wird die Kursformel für die Annuitätenschuld

$$C = 100\% \ \frac{q^n(q-1)(q'^n-1)}{q'^n(q'-1)(q^n-1)}$$

herangezogen. Durch Einsetzen erhält man

$$95\% = 100\% \ \frac{1{,}06^{10}(1{,}06-1)}{1{,}06^{10}-1} \cdot \frac{(q'^{10}-1)}{q'^{10}(q'-1)}$$

bzw.

$$6{,}992 = \frac{q'^{10}-1}{q'^{10}(q'-1)}.$$

Probieren ergibt q'=1,071 bzw. p'=7,10, d.h., der Effektivzinsfuß beträgt 7,1%.

Näherungswerte liefert folgende Faustformel:

$$\text{Effektivzinsfuß} = 100 \ \frac{\text{Kreditzinsfuß} + \frac{\text{Damnum (in Prozent)}}{\text{Laufzeit}}}{\text{Ausgabekurs}}.$$

Im vorliegenden Beispiel ergibt die Faustformel:

$$p' = \frac{6 + \frac{5}{10}}{95} \cdot 100 = 6{,}84 \ .$$

Fall 6: Rentabilität (Effektivverzinsung) einer Ratenschuld

Beispiel: Eine Schuld soll in drei Jahren mit konstanten jährlichen Tilgungsraten getilgt werden. Die Nominalverzinsung beträgt 7%. Wie hoch ist die effektive Verzinsung der Schuld bei einem Auszahlungskurs von 98,24%?

Lösung: Durch Einsetzen in die Kursformel einer Ratenschuld (vgl. 5.1) erhält man

$$g(q') = 98{,}24\% = \frac{100\%}{3 \cdot q'^3} \left(\frac{q'^3-1}{q'-1} \left(1 - \frac{7}{p'}\right) + 3q'^3 \cdot \frac{7}{p'} \right).$$

Ohne die Gleichung umzuformen, werden Werte für q' bzw. p' in die Gleichung eingesetzt, wobei berücksichtigt wird, daß p'>p=7 ist, da der Ausgabekurs unter 100% liegt.

Mit Hilfe einer Wertetabelle erhält man q'=1,08 bzw. p'=8 als Lösung.

Wertetabelle:

p'	q'	g(q')	Bemerkung
7,5	1,075	98,73	zu klein
8,5	1.085	97,38	zu groß
8,0	1,08	98,24	Lösung

III. Übungsaufgaben

1. Eine 100-€-Anleihe, die in 5 Jahren fällig ist, verzinst sich mit 7%. Wie hoch ist ihr Kurswert bei einem Marktzins von 6%, falls die Rückzahlung
   a) zu pari
   b) zu 103%
   erfolgt?

2. Eine Industrieobligation wird in 4 Jahren zu pari zurückbezahlt. Markt- und Nominalverzinsung sind gleich hoch. Welchen Kurs hat die Obligation?

3. Eine Zinsschuld über 1 Million € wird auf 5 Jahre ausgegeben und mit 5% verzinst. Der Marktzins sei 6%. Wie hoch ist das Tilgungsaufgeld?

4. Ein Anleger besitzt einen Pfandbrief, der mit 7% verzinst und in 11 Jahren zu pari fällig ist. Das Marktzinsniveau betrage heute 7%. Um wieviel Prozent wird der Pfandbrief in einem Jahr niedriger notieren, wenn dann das Marktzinsniveau auf 8% gestiegen ist?

5. Ein Portfoliomanager einer Versicherung rechnet bei einem Marktzinsniveau von 7% mit einem baldigen Zinsrückgang um einen Prozentpunkt. Soll er einen größeren Geldbetrag in 5%-Anleihen mit einer Restlaufzeit von 20 Jahren oder in 8%-Anleihen mit einer Restlaufzeit von 4 Jahren anlegen? (Begründung!)

6. Ein Zerobond, der in 30 Jahren zu 100% zurückbezahlt wird, notiert gegenwärtig zu einem Kurs von 13,13%. Zu welchem Kurs wird er in zwei Jahren gehandelt, falls dann das Zinsniveau um zwei Prozentpunkte höher liegt?

7. Bei einem Marktzinsniveau von 6% soll eine Anleihe mit ewiger Laufzeit und einem Nominalzins von 8% begeben werden. Wie hoch ist der Ausgabekurs?

8. Eine Anleihe mit einer jährlichen Nominalverzinsung von 8% und einer Restlaufzeit von fünf Jahren wird zu einem Kurs von 95% gehandelt. Die Rückzahlung erfolgt zu 100%. Wie hoch ist
   a) die laufende Rendite?
   b) die Effektivverzinsung?

9. Wie hoch ist der Ausgabekurs einer jährlich rückzahlbaren Annuitätenschuld mit einer Laufzeit von 8 Jahren und einer Nominalverzinsung von 6%, falls der Marktzins bei 7% liegt?

10. Eine Annuitätenschuld über 200.000 € wird mit 6% verzinst und in 7 Jahren zurückgezahlt. Der Marktzins betrage 7%.
    a) Wie hoch ist der Auszahlungsbetrag bei
       aa) jährlicher
       ab) vierteljährlicher
       ac) monatlicher
       Rückzahlung?
    b) Wie hoch sind die monatlichen Aufwendungen?
    c) Wie hoch ist die effektive Verzinsung, falls die Schuld monatlich zurückbezahlt wird?

11. Eine Annuitätenschuld über 50.000 € wird mit 6% verzinst und in 6 Jahren zurückgezahlt. Der Auszahlungsbetrag ist 45.000 €. Wie hoch ist die Effektivverzinsung bei
    a) jährlicher
    b) monatlicher
    Rückzahlung?

12. Ein Unternehmer benötigt für den Kauf einer Maschine 100.000 €. Seine Bank bietet ihm einen Ratenkredit mit einer Nominalverzinsung von 6% und einer Laufzeit von fünf Jahren an. Das Marktzinsniveau beträgt 8%. Wie hoch ist der aufzunehmende Bankkredit bei jährlicher Rückzahlung?

13. Eine Schuld über 50.000 € mit einer Laufzeit von 5 Jahren und einer Nominalverzinsung von 7% wird bei jährlicher Rückzahlung zur Verfügung gestellt. Es soll eine Effektivverzinsung von 8% erzielt werden. Berechnen Sie die Höhe des Damnums bei einer
    a) Ratenschuld
    b) Annuitätenschuld.

14. Eine Ratenschuld über 200.000 € soll in 5 Jahren bei einer Nominalverzinsung von 5% jährlich zurückgezahlt werden. Wie hoch ist die Effektivverzinsung der Schuld, falls das Damnum 20.000 € beträgt?

15. Ein Zerobond, der zu 100% zurückbezahlt wird, soll zu einem Kurs von 40% ausgegeben werden. Berechnen Sie die Laufzeit bei einem Marktzinsniveau von 8%.

16. Eine 5%-Anleihe, die zu einem Kurs von 100% zurückbezahlt wird, hat eine laufende Rendite von 6,25%. Der Marktzins beträgt 8%. Berechnen Sie die Laufzeit.

17. Eine ausländische Anleihe wird in 7 Jahren zu pari zurückbezahlt. Die Marktverzinsung beläuft sich auf 10% pro Jahr. Welchen Kurs hat die Anleihe, falls die Zinszahlungen halbjährlich mit 3% erfolgen?

18. Eine Anleihe mit einer Restlaufzeit von 5 Jahren wird zu einem Kurs von 93% gehandelt. Die Rückzahlung erfolgt zu 100%. Die Nominalverzinsung beträgt halbjährlich 3%. Wie hoch ist die Effektivverzinsung?

19. Berechnen Sie die Duration einer vorschüssigen ewigen Anleihe für einen Zinsfuß von 5%.

20. Bei einer Erhöhung des Zinsniveaus um 1 Prozentpunkt ist eine 8%-Anleihe mit einer Laufzeit von 10 Jahren und einem Rückzahlungskurs von 100% um 6,4% gesunken. Berechnen Sie die Duration der Anleihe.

F. ABSCHREIBUNG

I. Testaufgaben

1. Ein LKW mit dem Anschaffungswert 100.000 € soll in 10 Jahren auf den Restwert 20.000 € abgeschrieben werden. Berechnen Sie den Restwert nach 5 Jahren bei
   a) linearer
      Lösung: 60.000 €   → F 2
   b) degressiver
      Lösung: 44.710,87 € (p = 14,87)   → F 3
   c) digitaler
      Lösung: 41.818,18 €   → F 5
   Abschreibung.

2. Ein Computer wird in fünf Jahren digital auf Null abgeschrieben. Im letzten Jahr beträgt der Abschreibungsbetrag 2.000 €. Wie hoch war der Anschaffungswert des Computers?
   Lösung: 30.000 €   → F 5

3. Der Anschaffungswert einer Maschine beträgt 10.000 €. Die Nutzungsdauer wird auf fünf Jahre geschätzt. Man rechnet mit einem Schrottwert von 2.000 €. Berechnen Sie die Abschreibung im 3. Jahr bei
   a) linearer
      Lösung: 1.600 €   → F 2
   b) degressiver
      Lösung: 1.445,64 € (p = 27,52)   → F 3
   c) digitaler
      Lösung: 1.600 €   → F 5
   Abschreibung.

4. Ein Unternehmen kauft einen Computer zum Anschaffungswert von 1 Mio. €. Die Nutzungsdauer wird auf acht Jahre veranschlagt. Man rechnet wegen der schnellen technischen Entwicklung mit keinem Restverkaufserlös. Der Computer wird zuerst degressiv mit einem Abschreibungssatz von 25% jährlich abgeschrieben. Es ist vorgesehen, während der Nutzungsdauer auf die lineare Abschreibungsmethode überzugehen.

a) Bestimmen Sie den optimalen Zeitpunkt des Übergangs.

    Lösung: 5. Jahr   → F 4

b) Wie hoch ist der lineare Abschreibungsbetrag im Übergangsjahr?

    Lösung: 79.102 €   → F 4, F 2

c) Wie hoch ist der degressive Abschreibungsbetrag im Übergangsjahr?

    Lösung: 79.102 €   → F 4, F 3

d) Wie hoch ist der Restwert zu Beginn des Übergangsjahrs?

    Lösung: 316.406 €   → F 4

5. Eine Lagerhalle mit dem Anschaffungswert von 500.000 € wird degressiv mit einem Abschreibungssatz von 3,5% abgeschrieben. Nach wieviel Jahren unterschreitet der Restbuchwert erstmals 200.000 €?

    Lösung: 26 Jahre   → F 3

II. Lehrtext

1. Vorbemerkung

Wirtschaftsgüter (z.B. Gebäude, Produktionsmaschinen, Labor- und Büroeinrichtungen etc.) veralten vom Tage ihrer Anschaffung an; sie verlieren an Wert. Dies ist abhängig von der Art des Wirtschaftsgutes (u.a. Verschleiß, technische Veralterung, veränderte Produkte und Produktionsbedingungen etc.). Die Wertminderungen sind Verluste des Anlage- (=Anschaffungs-) Kapitals und somit betriebliche Aufwendungen, die die Gewinne schmälern; daher können diese Wertminderungen vom Ertrag abgezogen (= abgeschrieben) werden. Diese gewinnmindernden Abzüge heißen Abschreibungen. Der Gesetzgeber legt fest, was, wieviel und in welchen Zeiträumen abgeschrieben werden kann - z.B. "lebt" ein Gebäude länger als eine High-Tech-Maschine (z.B. Computer).

Nach der gesetzlich festgelegten Zeit ist das Wirtschaftgut entweder total wertlos oder besitzt noch einen Rest- (= Schrott-) Wert; dies ist unabhängig davon, ob das Gut noch zu gebrauchen ist oder nicht (zu lange Abschreibungszeiten und/oder Produktion mit veralteten Maschinen ist zwar kostenmindernd, aber gefährlich wegen fehlender Modernisierung).

Übersicht: Begriffe

B_0 : Anschaffungswert = sog. *Buchwert* des Wirtschaftsgutes zu Beginn des ersten bzw. am Ende des 0. Jahres des Wirtschaftens.

A_k : Abschreibungsbetrag im k-ten Jahr nach der Anschaffung.

B_k : Buchwert des Wirtschaftsgutes am Ende des k-ten Jahres
(= B_0 vermindert um alle Abschreibungsbeträge):

$$B_k = B_0 - \sum_{i=1}^{k} A_i .$$

Begriff "Buchwert", da dieser Wert buchmäßig erfaßt wird und unabhängig vom tatsächlichen Zustand des Gutes ist; in der Praxis ist B_n, der Buchwert am Ende der Abschreibungsperiode, meist Null.

n : Abschreibungszeitraum in Jahren.

p : Prozentsatz vom Buchwert.

Übliche Abschreibungsarten:

1. *Lineare Abschreibung:*

   Es werden konstante Beträge jährlich abgeschrieben.

2. *Degressive Abschreibung:*

   Es werden konstante Prozentsätze des jeweiligen Buchwertes abgeschrieben (degressiv = abnehmend); die Abschreibungsbeträge nehmen jährlich mit geometrisch fallenden Raten ab; auch geometrisch-degressiv genannt.

3. *Degressive Abschreibung mit Übergang zur linearen Abschreibung:*

   Wegen der steuerlich festgelegten Höhe der Abschreibung vermeidet man hiermit, daß bei festliegendem Abschreibungszeitraum in der Anfangszeit zu viel (oberhalb der Steuergrenze) und nach gewisser Zeit zu wenig (unterhalb der Steuergrenze) abgeschrieben wird.

4. *Digitale Abschreibung:*

   Es wird degressiv mit jährlich arithmetisch abnehmenden Beträgen abgeschrieben; auch arithmetisch-degressiv genannt.

2. Lineare Abschreibung

Beispiel: Eine Maschine mit einem Anschaffungswert von 50.000 € soll in sechs Jahren abgeschrieben werden; der Restwert betrage dann 2.000 €.

$B_0 = 50.000,-- €$; $B_6 = 2.000,-- €$; $n = 6$

→ abzuschreibender Betrag $B = B_0 - B_6 = 48.000,-- €$

Abschreibungsbeträge pro Jahr:

$$\boxed{A = \frac{B_0 - B_n}{n} = B_0 \cdot \frac{p}{100}} = \frac{(50.000 - 2.000) €}{6} = 8.000,-- €$$

Prozentsatz vom Anschaffungswert:

$$\boxed{p = \frac{100}{n} \cdot \frac{B_0 - B_n}{B_0}} = \frac{100}{6} \cdot \frac{48.000}{50.000} = 16$$

Der Prozentsatz der Abschreibung beträgt 16%.

Buchwert am Ende des k-ten Jahres (z.B. k=3):

$$B_k = B_0 - \frac{B_0 - B_n}{n} \cdot k = 50.000,- € - 8.000,- € \cdot 3$$

$$\boxed{B_k = B_0\left(1 - \frac{k}{n}\right) + B_n \cdot \frac{k}{n}} = 26.000,-- €.$$

Merke: Die lineare Abschreibung erlaubt auf den Restwert $B_n = 0,-$ € abzuschreiben.

3. Degressive Abschreibung

Beispiel: Eine Maschine mit dem Anschaffungswert von 50.000 € soll in sechs Jahren abgeschrieben werden; der Restwert betrage dann 2.000 €.
Es soll jedoch jährlich ein konstanter Prozentsatz p% vom jeweiligen Buchwert B_k abgeschrieben werden.

	Jahr n	Abschreibung A_k	Buchwert B_k
	0		
1. Jahr		$A_1 = B_0 \cdot \frac{p}{100}$	B_0
	1		
2. Jahr		$A_2 = B_1 \cdot \frac{p}{100}$	$B_1 = B_0 - B_0 \cdot \frac{p}{100} = B_0\left(1 - \frac{p}{100}\right)$
	2		
3. Jahr		$A_3 = B_2 \cdot \frac{p}{100}$	$B_2 = B_1 - B_1 \cdot \frac{p}{100} = B_1\left(1 - \frac{p}{100}\right) =$ $= B_0\left(1 - \frac{p}{100}\right)^2$
	3		$B_3 = B_0\left(1 - \frac{p}{100}\right)^3$
k-tes Jahr		$A_k = B_{k-1} \cdot \frac{p}{100}$	
	k		$\boxed{B_k = B_0\left(1 - \frac{p}{100}\right)^k}$
n-tes Jahr	n		$B_n = B_0\left(1 - \frac{p}{100}\right)^n$

→ Berechnung von p : $1 - \frac{p}{100} = \sqrt[n]{\frac{B_n}{B_0}}$

$$p = 100\left\{1 - \sqrt[n]{\frac{B_n}{B_0}}\right\}$$

Merke: Bei degressiver Abschreibung wird ein Restwert 0,- € nicht erreicht; außer n=1 und p=100.

Beispiel: $n = 6$, $B_6 = 2.000$,- €

$$p = 100\left\{1 - \sqrt[6]{\frac{2.000,-}{50.000,-}}\right\} = 41{,}5$$

Jahr n	Abschreibungsplan (41,5%-ige Abschreibung)	
	A_k	B_k
0		50.000,00 €
1	20.750,00 €	
		29.250,00 €
2	12.138,75 €	
		17.111,25 €
3	7.101,17 €	
		10.010,08 €
4	4.154,18 €	
		5.855,90 €
5	2.430,20 €	
		3.425,70 €
6	1.421,67 €	
		$\approx 2.000,-- € = B_6$

Ein entscheidendes Problem dieses Verfahrens ist, daß es zu extrem hohen Abschreibungssätzen führt, insbesondere dann, wenn die Nutzungsdauer kurz und der Restwert klein ist. Man hat hohe Abschreibungsbeträge in den Anfangsjahren und niedrige in den späteren Jahren. Das Beispiel zeigt einen steuerlich unzulässigen Abschreibungssatz, denn nur 30% wären zulässig.

In manchen Fällen kann jedoch das degressive Verfahren, wie im folgenden gezeigt, abgemildert werden:

Degressive Abschreibung mit Abschwächung

Es wird zum Anfangswert und zum Restbuchwert ein konstanter Betrag addiert; dies ist dann der Fall, wenn zum Wirtschaftsgut ein nicht abschreibungsfähiger Anteil hinzugezählt werden kann

→ z.B. Fabrikhalle (abschreibungsfähig) + Grundstück (nicht abschreibungsfähig).

s. Beispiel: Zum Wirtschaftsgut mit B_0=50.000,- € gehöre ein Grundstücksanteil von 10.000,- €.

Nun wird statt von 50.000.- € auf 2.000,- € von 60.000,- € auf 12.000,- € abgeschrieben; dies ergibt

statt $\quad p = 100 \left\{ 1 - \sqrt[6]{\dfrac{2.000}{50.000}} \right\} = 41,5$

nun $p = 100\left\{1 - \sqrt[6]{\dfrac{12.000}{60.000}}\right\} = 23,5$,

was unterhalb der 30% steuerlich zulässigen Abschreibung liegt.

4. Degressive Abschreibung mit Übergang zur linearen Abschreibung

Unbefriedigend ist bei der degressiven Abschreibung, daß nicht auf 0,- € abgeschrieben werden kann oder gar am Ende der Nutzungsdauer oft ein zu hoher Restbuchwert übrig bleibt, der in diesem Jahr zusätzlich abgeschrieben werden müßte. Es ist daher üblich und steuerlich zulässig, während der Nutzungsdauer auf die lineare Methode überzugehen.

Man gibt hierbei einen Prozentsatz p für die degressive Abschreibung vor (z.B. die steuerlich zulässigen 30%) und schreibt von dem Jahre an, in welchem die degressive Abschreibung den Wert der linearen Abschreibung des Buchwertes am Anfang dieses Jahres erreicht oder unterschreitet, diesen Buchwert linear ab; dieser Vorgang ermöglicht so auch eine Abschreibung auf den Restbuchwert von 0,- €.

Beispiel: $B_0 = 50.000,-$ €, $n = 6$, $B_6 = 0,-$ €, $p = 30$

Abschreibungsplan

Jahr n	degressiv A_k	B_k	linear vom jeweiligen Buchwert A_k	degressiv mit Übergang A_k	B_k
0					
1	15.000,00 €	50.000,00 €	8.333,33 € (50.000 € : 6)	15.000,00 €	50.000,00 €
2	10.500,00 €	35.000,00 €	7.000,00 € (35.000 € : 5)	10.500,00 €	35.000,00 €
3	7.350,00 €	24.500,00 €	6.125,00 € (24.500 € : 4)	7.350,00 €	24.500,00 €
4	5.145,00 €	17.150,00 €	5.716,67 € (17.150 € : 3)	5.716,67 €	17.150,00 €
5	3.601,50 €	12.005,00 €		5.716,67 €	11.433,33 €
6	2.521,05 €	8.403,50 €		5.716,66 €	5.716,66 €
	Restwert:	5.882,45 €			0,00 €

Falls auf den Restwert $B_n=0$ abgeschrieben wird, ist das Jahr m des optimalen Übergangs durch folgende Bedingung gegeben:

$$A_m(\text{degressiv}) \leq A_m(\text{linear}) : 5.145,\text{--} \, € < 5.716,67 \, €$$

$$B_{m-1} \cdot \frac{p}{100} \leq \frac{B_{m-1}}{n-(m-1)}$$

$$\frac{p}{100} \leq \frac{1}{n-(m-1)} \; : \; \frac{30}{100} \leq \frac{1}{6-m+1}$$

$$\frac{100}{p} \geq n-m+1 \; : \; 3,33 \geq 7-m$$

$$\boxed{m \geq n+1 - \frac{100}{p}} \; : \; m \geq 7 - 3,33 = 3,67$$

→ Übergang im 4. Jahr!

Ist beispielsweise p=25, so folgt für n=6

$$m \geq 7 - 4 = 3$$

→ Übergang im 3. Jahr!

Merke: Wegen der linearen Abschreibung des Buchwertes B_{m-1} zu Beginn des m-ten Jahres ist eine Abschreibung auf 0,- € möglich!

5. Digitale Abschreibung

Diese Abschreibung verbindet die Vorteile der degressiven (größerer Betrag am Anfang) mit der linearen (hinreichend große Abschreibung gegen Ende der Laufzeit) Abschreibung: Es werden linear (= proportional) abnehmende Beträge abgeschrieben. In der Praxis ist dieses Verfahren nicht sehr verbreitet.

Beispiel: Eine Maschine mit dem Anschaffungswert von 50.000 € soll in sechs Jahren digital abgeschrieben werden; der Restwert betrage dann 2.000 €.

Lösung: Die Abschreibung ist

im letzten Jahr : A,

im vorletzten Jahr : 2A,

⋮

im 2. Jahr : (n-1)·A,

im 1. Jahr : n · A.

Der abzuschreibende Wert beträgt:

$$B = B_0 - B_n = n \cdot A + (n-1) \cdot A + \ldots + 3A + 2A + A$$
$$= A(n+(n-1) + \ldots + 3 + 2 + 1)$$
$$= A \frac{n(n+1)}{2}$$

$$\boxed{A = \frac{2(B_0-B_n)}{n(n+1)}} = \frac{2 \cdot 48.000}{6 \cdot 7} = 2.285{,}71 \text{ €}.$$

Aus der Kenntnis des Abschreibungsbetrages A=2.285,71 € im letzten Jahr läßt sich sukzessive der Abschreibungsplan erstellen.

Jahr n	Abschreibungsplan A_k	B_k
0		50.000,00 €
	6A = 13.714,26 €	
1		
	5A = 11.428,55 €	36.285,74 €
2		
	4A = 9.142,84 €	24.857,19 €
3		
	3A = 6.857,13 €	15.714,35 €
4		
	2A = 4.571,42 €	8.857,22 €
5		
	A = 2.285,71 €	4.285,80 €
6		
		2.000,00 € = B_6

Die Abschreibungen und die Buchwerte in den einzelnen Jahren können auch rechnerisch ermittelt werden, wie die folgenden Ausführungen zeigen:

<u>Abschreibung im k-ten Jahr</u>: (z.B. k=4)

$$\boxed{A_k = \frac{2(B_0-B_n)}{n(n+1)} (n-k+1)} = 2.285{,}71 \text{ €} \cdot (6-4+1)$$
$$= 2.285{,}71 \text{ €} \cdot 3$$
$$= 6.857{,}13 \text{ €}.$$

Buchwert am Ende des k-ten Jahres:

$$B_k = B_0 - \sum_{i=1}^{k} A_i$$

$$= B_0 - \sum_{i=1}^{k} \frac{2(B_0-B_n)}{n(n+1)} (n-i+1)$$

$$= B_0 - \frac{2(B_0-B_n)}{n(n+1)} \left\{ \sum_{i=1}^{k} (n+1) - \sum_{i=1}^{k} i \right\}$$

$$= B_0 - \frac{2(B_0-B_n)}{n(n+1)} \left\{ (n+1)k - \frac{k(k+1)}{2} \right\}$$

$$\boxed{B_k = B_0 - \frac{(B_0-B_n)}{n(n+1)} \left\{ 2(n+1)k - k(k+1) \right\}}$$

z.B.: $k = 4$

$$B_4 = 50.000,- € - \frac{48.000,- €}{6 \cdot 7} \{2 \cdot 7 \cdot 4 - 4 \cdot 5\} =$$

$$B_4 = 8.857{,}14 \; €.$$

III. Übungsaufgaben

1. Der Anschaffungswert eines Geschäftsflugzeuges betrage 300.000 €. Man rechnet bei einer Nutzungsdauer von 10 Jahren mit einem Wiederverkaufswert bzw. Restbuchwert von 150.000 €. Nach wieviel Jahren ist der lineare Abschreibungsbetrag zum ersten Male größer als der
   a) degressive
   b) digitale?

2. Eine Maschine wird degressiv mit einem Abschreibungssatz von p=30 abgeschrieben. Wie hoch ist der Abschreibungsbetrag im 11. Jahr, falls er im 6. Jahr 1.000 € beträgt?

3. Der Abschreibungsbetrag einer Maschine sei im 5. Jahr doppelt so hoch wie im 10. Jahr. Wie hoch ist der Abschreibungssatz bei geometrisch-degressiver Abschreibung?

4. Für einen Computer mit einem Anschaffungswert von 30.000 €, einer Nutzungsdauer von 5 Jahren und einem Restwert von 0,- € soll ein Abschreibungsplan erstellt werden. Wie gestaltet sich dieser, wenn eine degressive Abschreibung mit Übergang zur linearen im optimalen Zeitpunkt gewählt wird? Der degressive Abschreibungssatz betrage 30%.

ANHANG A: EINIGE MATHEMATISCHE GRUNDLAGEN DER REELLEN ZAHLEN

1. Potenzrechnung

a.)
$$a^m \cdot a^n = a^{m+n} = a^{n+m} = a^n \cdot a^m$$

Beispiel:
$$a^5 = a \cdot a \cdot a \cdot a \cdot a$$
$$= a^2 \cdot a^3 = a^1 \cdot a^4 = a^4 \cdot a^1$$
$$= a^{2+3} = a^{1+4} = a^{4+1} \quad \text{usw.}$$

b.)
$$\frac{1}{a^m} = a^{-m}$$
$$\frac{a^n}{a^m} = a^n \cdot \left(\frac{1}{a^m}\right) = a^n \, a^{-m} = a^{n+(-m)} = a^{n-m}$$

Beispiel:
$$\frac{a^3}{a^5} = a^3 \cdot a^{-5} = a^{3-5} = a^{-2} = \frac{1}{a^2}$$

c.)
$$a^0 = 1$$

Beispiel:
$$\frac{a^3}{a^3} = a^{3-3} = a^0 = 1$$

d.)
$$(a^m)^n = a^{m \cdot n} = a^{n \cdot m} = (a^n)^m$$

Beispiel:
$$(a^3)^2 = a^3 \cdot a^3 = a^{3+3} = a^6 = a^{3 \cdot 2}$$
$$= a^{2 \cdot 3} = (a^2)^3 = a^2 \cdot a^2 \cdot a^2 \cdot = a^{2+2+2} = a^6$$

e.)
$$a^n \cdot b^n = (a \cdot b)^n$$

Beispiel:
$$a^3 \cdot b^3 = a \cdot a \cdot a \cdot b \cdot b \cdot b = (ab)(ab)(ab) = (ab)^3$$

2. Wurzelrechnung

a.)
$$\boxed{\begin{array}{l} a^n = b \\ a = \sqrt[n]{b} = b^{1/n} \end{array}}$$

Beispiel:
$$a^3 = b = b^1 = b^{1/3 + 1/3 + 1/3} =$$
$$= b^{1/3} \cdot b^{1/3} \cdot b^{1/3} = a \cdot a \cdot a$$

mit $a = b^{1/3} = \sqrt[3]{b}$

Beachte:

α) Wenn n gerade, so folgt $a^n = b > 0$.

Beispiel: $a = -2$, $n = 4$: $(-2)^4 = (-2)^2(-2)^2 = +16 > 0$.

Hieraus folgt, es gibt kein negatives (reelles) b als Folge einer Potenzierung mit einem geraden Exponenten n und somit auch keine gerade Wurzel aus einer negativen Zahl.

n gerade: $\sqrt[n]{-|b|}$ existiert nicht; *Beispiel:* $\sqrt[4]{-16}$ existiert nicht.

β) Wenn n ungerade, kann $a^n = b$ durchaus negativ sein.

Beispiel: $(-2)^3 = (-2)^2 \cdot (-2) = 4(-2) = -8$.

Hieraus folgt, daß die ungerade Wurzel aus einer negativen Zahl existiert.

Beispiel: $\sqrt[3]{-8} = -2$

b.)
$$\boxed{\sqrt[n]{a} \cdot \sqrt[n]{c} = a^{1/n} \cdot c^{1/n} = (a \cdot c)^{1/n} = \sqrt[n]{a \cdot c}}$$

Beispiel:
$$\sqrt[3]{8} \cdot \sqrt[3]{2} = 8^{1/3} \cdot 2^{1/3} = (8 \cdot 2)^{1/3} = \sqrt[3]{16}$$

c.)
$$\boxed{\frac{\sqrt[n]{a}}{\sqrt[n]{c}} = \frac{a^{1/n}}{c^{1/n}} = \left(\frac{a}{c}\right)^{1/n} = \sqrt[n]{\frac{a}{c}}}$$

Beispiel:
$$\frac{\sqrt[3]{8}}{\sqrt[3]{2}} = \frac{8^{1/3}}{2^{1/3}} = \left(\frac{8}{2}\right)^{1/3} = \sqrt[3]{4}$$

d.)

$$\left(\sqrt[n]{a}\right)^m = \left(a^{1/n}\right)^m = a^{m/n} = \left(a^m\right)^{1/n} = \sqrt[n]{a^m}$$

Beispiel:

$$\left(\sqrt[3]{8}\right)^2 = 8^{2/3} = \sqrt[3]{8^2} = \sqrt[3]{64}$$

e.)

$$\sqrt[m]{\sqrt[n]{a}} = \left(a^{1/n}\right)^{1/m} = a^{\frac{1}{m \cdot n}} = \sqrt[m \cdot n]{a}$$

Beispiel:

$$\sqrt[3]{\sqrt[2]{64}} = \left(64^{1/2}\right)^{1/3} = \left(64\right)^{1/6} = \sqrt[6]{64} = \sqrt[6]{2^6} = 2$$

3. Logarithmenrechnung

$$\boxed{\begin{array}{l} a^s = b \\ s = \log_a b \end{array}}$$

Der Exponent s heißt Logarithmus von b zur Basis (des Exponenten) a >0.

Beispiele:

$10^3 = 1.000 \rightarrow 3 = \log_{10} 1.000$ (häufige Abkürzung $\log_{10} x = \lg x$)

$2^3 = 8 \rightarrow 3 = \log_2 8$

$3^3 = 27 \rightarrow 3 = \log_3 27$

$e^3 = 20,085 ... \rightarrow 3 = \log_e 20,085 ...$

(Eulersche Zahl e=2,718218... bestimmt natürliche Wachstumsprozesse, deshalb Abkürzung $\log_e x = \ln x$ für logarithmus naturalis)

a.) Umrechnung zwischen verschiedenen Logarithmus- bzw. Basissystemen

$$a^s = b \rightarrow s = \log_a b$$
$$\left(a^s\right)^t = b^t = x \rightarrow t = \log_b x$$
$$a^{s \cdot t} = x \rightarrow s \cdot t = \log_a x$$
$$\boxed{\log_a b \cdot \log_b x = \log_a x}$$

Beispiel:

a = 10; b = e :

$$\lg x = \lg e \cdot \ln x = 0{,}4343 \cdot \ln x$$

b.)
$$\boxed{\log_a a = 1 \; ; \; a \text{ beliebig}}$$
$$a^1 = a \rightarrow 1 = \log_a a \;.$$

c.)
$$\boxed{\log_a 1 = 0 \; ; \; a \text{ beliebig}}$$
$$a^0 = 1 \rightarrow 0 = \log_a 1 \;.$$

d.) Rechenregeln für beliebige Basen

α)
$$\boxed{\log_a b \cdot c = \log_a b + \log_a c}$$
$$\left.\begin{array}{l} a^s = b \rightarrow s = \log_a b \\ a^t = c \rightarrow t = \log_a c \end{array}\right\} bc = a^{s+t} \rightarrow s+t = \log_a b \cdot c = \log_a b + \log_a c$$

β)
$$\boxed{\log_a \frac{b}{c} = \log_a b - \log_a c}$$
$$\frac{b}{c} = \frac{a^s}{a^t} = a^{s-t} \rightarrow s-t = \log_a \frac{b}{c} = \log_a b - \log_a c$$

γ)
$$\boxed{\log_a b^n = n \cdot \log_a b}$$
$$b^n = (a^s)^n = a^{n \cdot s} \rightarrow n \cdot s = \log_a b^n = n \cdot \log_a b$$

δ)
$$\boxed{\log_a \sqrt[n]{b} = \frac{1}{n} \log_a b}$$
$$\sqrt[n]{b} = \sqrt[n]{a^s} = a^{s/n} \rightarrow \frac{s}{n} = \log_a \sqrt[n]{b} = \frac{1}{n} \log_a b$$

Wegen a>0 existieren keine Logarithmen negativer Zahlen.

4. Summen und Zahlenreihen

Eine Zahlenreihe ist das Aufsummieren einzelner Zahlen, die nach einem vorgegebenen Gesetz aufeinanderfolgen.

Beispiele:

α)
$$s = a_1 + a_2 + a_3 + a_4$$
$$\text{mit} \quad a_i = 10^i \; ; \; i = 1,2,3,4$$
$$s = 10^1 + 10^2 + 10^3 + 10^4 = \sum_{i=1}^{4} 10^i$$

β)
$$s = 1 + \frac{1}{2} + \frac{1}{3} + \frac{1}{4} + \ldots + \frac{1}{11} = \sum_{i=1}^{11} \frac{1}{i}$$

Allgemeine Beschreibung einer Zahlenreihe

$$s = \sum_{i=1}^{n} a_i = \sum_{i=1}^{n} f(i) \; ; \; i = 1,2,...,n.$$

Hierbei läuft der Summen- oder Laufindex i vom tiefsten (hier: i=1) zum höchsten Wert (i=n), wobei sich i bei jedem Summanden um 1 erhöht.

Mit Zahlenreihen lassen sich bedingt Rechenoperationen durchführen zum Zwecke der Vereinfachung je nach Bedarf:

α) Änderung des Laufindexes

$$s = 10^1 + 10^2 + 10^3 + 10^4 = \sum_{i=1}^{4} 10^i$$

Ersetzt man i=j+2 folgt j=i-2 und dem tiefsten Laufindex i=1 entspricht dann j=-1 und dem höchsten i=4 nun j=2 und die obige Summe läßt sich schreiben

$$s = \sum_{i=1}^{4} 10^i = \sum_{j=-1}^{2} 10^{j+2}$$

β) $$\sum_{i=1}^{n} a_i \pm \sum_{i=1}^{n} b_i = \sum_{i=1}^{n} \left(a_i \pm b_i\right)$$

Hier müssen tiefster und höchster Wert des Laufindexes zusammenpassen. Beispiel:

$$\sum_{i=3}^{7} i + \sum_{i=1}^{6} i^2 = \left(\sum_{i=3}^{6} i + 7\right) + \left(1 + 4 + \sum_{i=3}^{6} i^2\right) = 12 + \sum_{i=3}^{6} \left(i + i^2\right).$$

γ) $$K \cdot \sum_{i=1}^{n} a_i = K\left(a_1 + a_2 + ... + a_n\right)$$

$$= Ka_1 + Ka_2 + ... + Ka_n = \sum_{i=1}^{n} Ka_i$$

δ) $$\sum_{i=1}^{n} a_i = \sum_{i=1}^{m} a_i + \sum_{i=m+1}^{n} a_i = \left(a_1 + a_2 + ... + a_m\right) + \left(a_{m+1} + ... + a_n\right)$$

Beispiel zum Zusammenfassen:

$$\sum_{i=1}^{100} i + \sum_{i=106}^{200} (i-5) = \sum_{i=1}^{100} i + \sum_{\substack{k=101 \\ (k=i-5)}}^{195} k$$

$$= \sum_{i=1}^{100} i + \sum_{\substack{i=101 \\ (k=i)}}^{195} i = \sum_{i=1}^{195} i.$$

5. Zahlenreihen in der Finanzmathematik

In der Finanzmathematik sind nur vier Zahlenreihen von Bedeutung.

a. <u>Arithmetische Reihe</u>

$$s = \sum_{i=1}^{n} \left[c + (i-1)d \right] = c + (c+d) + (c+2d) + (c+3d) + \ldots + (c + (n-1)d).$$

In dieser Reihe ist die Differenz aufeinanderfolgender Glieder konstant d.

Diese Reihe läßt sich aufsummieren zu einer sogenannten Summenformel, aus der der Zahlenwert errechnet werden kann.

Die Summe besteht aus n Gliedern, deren Differenz konstant ist; es genügt daher, das arithmetische Mittel aus Anfangs- und Endglied n mal aufzusummieren.

$$s = n \cdot \frac{c+[c+(n-1)d]}{2} = \frac{n}{2}\{2c + (n-1)d\}.$$

Summenformel:

$$\boxed{s = \sum_{i=1}^{n} \left[c + (i-1)d \right] = \frac{n}{2}\{2c + (n-1)d\}}$$

<u>Beispiel</u>:

Aufsummieren aller ganzen Zahlen von 1 bis n.

$$s = 1+2+3+4 + \ldots + n = \sum_{i=1}^{n} i = \sum_{i=1}^{n} (1 + (i-1)1)$$

$$= \frac{n}{2}\{2 + (n-1)\} = \frac{n \cdot (n+1)}{2}$$

$$n = 100 : s = 1+2 + \ldots + 100 = \frac{100 \cdot 101}{2} = 5050.$$

b. <u>Geometrische Reihe</u>

$$s = 1 + q + q^2 + q^3 + \ldots + q^{n-1} = \sum_{i=1}^{n} q^{i-1}.$$

In dieser Reihe ist der Quotient zweier aufeinanderfolgender Summenglieder konstant q.
Die Summenformel läßt sich berechnen, wenn man die Differenz $s - q \cdot s$ bildet.

$$s = 1 + q + q^2 + \ldots + q^{n-2} + q^{n-1}$$

$$qs = \phantom{1 + {}} q + q^2 + \ldots + q^{n-2} + q^{n-1} + q^n$$

$$s - qs = 1 + 0 + 0 + \ldots + 0 + 0 - q^n$$

$$s(1-q) = 1 - q^n$$

Summenformel:
$$\boxed{s = \sum_{i=1}^{n} q^{i-1} = \frac{1-q^n}{1-q} = \frac{q^n-1}{q-1}}$$

Beispiel:

Sparen einer am Ende eines Jahres eingezahlten Rate r mit 10% Verzinsung über 10 Jahre.

1. Jahr : $R_1 = r$

2. Jahr : $R_2 = r + (r + r \cdot 0{,}1) = r + r \cdot 1{,}1$

3. Jahr : $R_3 = r + r \cdot 1{,}1 + r \cdot 1{,}1^2$

$\vdots$

10. Jahr : $R_{10} = r + r \cdot 1{,}1 + r \cdot 1{,}1^2 + \ldots + r \cdot 1{,}1^9$

$\qquad\qquad = r\left(1 + 1{,}1 + 1{,}1^2 + \ldots + 1{,}1^9\right)$

$\qquad\qquad = r \sum_{i=1}^{10} 1{,}1^{i-1} = r \cdot \dfrac{1{,}1^{10} - 1}{0{,}1}$

$\qquad\qquad = r \cdot 15{,}94$.

c. Stationäre Reihe

(Spielt in der Finanzmathematik eine untergeordnete Rolle und kommt gelegentlich bei Formelzusammenfassungen vor.)

In dieser Reihe wird eine konstante Zahl c n mal aufsummiert.

$$s = c + c + c + \ldots + c = \sum_{i=1}^{n} c = n \cdot c$$

$$\sum_{i=1}^{n} c = c \sum_{i=1}^{n} 1 = c \cdot n$$

$$\sum_{i=1}^{n} 1 = n$$

Beispiel:
Arithmetische Reihe

$$s = \sum_{i=1}^{n} \left[c + (i-1)d\right] = \underbrace{\sum_{i=1}^{n} c}_{\text{stationär}} + \underbrace{\sum_{i=1}^{n} (i-1)d}_{\text{arithmetisch}}$$

$$= n \cdot c + n \dfrac{0 + (n-1)d}{2} = \dfrac{n}{2}\left\{2c + (n-1)d\right\}.$$

d. Arithmetisch-geometrische Reihe

$$s = \sum_{k=1}^{n} \dfrac{k}{q^k} = \dfrac{1}{q} + \dfrac{2}{q^2} + \dfrac{3}{q^3} + \ldots + \dfrac{n}{q^n}$$

$$= q^{-1} + 2q^{-2} + 3q^{-3} + \ldots + nq^{-n}.$$

Diese Reihe benötigt man bei der Ermittlung des Kurses einer Ratenschuld sowie bei der Berechnung der Duration. Die Summenformel läßt sich berechnen, wenn man die Differenz $s-q^{-1}s$ bildet.

$$s = q^{-1} + 2q^{-2} + 3q^{-3} + \ldots + nq^{-n}$$
$$q^{-1}s = \phantom{q^{-1} +} q^{-2} + 2q^{-3} + \ldots + (n-1)q^{-n} + nq^{-n-1}$$

$$s - q^{-1}s = q^{-1} + q^{-2} + q^{-3} + \ldots + q^{-n} - nq^{-n-1}$$

$$s - \frac{1}{q}s = q^{-1}\left(\underbrace{\left\{1 + q^{-1} + q^{-2} + \ldots + q^{-(n-1)}\right\}}_{\text{geometrische Reihe}} - nq^{-n}\right)$$

$$qs - s = \frac{\left(\frac{1}{q}\right)^n - 1}{\frac{1}{q} - 1} - n\frac{1}{q^n}$$

$$s(q-1) = \frac{\frac{1}{q^n} - \frac{q^n}{q^n}}{\frac{1}{q} - \frac{q}{q}} - n\frac{1}{q^n}$$

$$s(q-1) = \frac{q}{q^n}\frac{1-q^n}{1-q} - n\frac{1}{q^n}$$

$$s = \frac{1}{q^n}\left(q\frac{q^n - 1}{(q-1)^2} - \frac{n}{q-1}\right)$$

Summenformel: $\boxed{s = \sum_{k=1}^{n}\frac{k}{q^k} = \frac{1}{q^n}\left(q\frac{q^n-1}{(q-1)^2} - \frac{n}{q-1}\right)}$

6. Übungsaufgaben zu den Grundlagen

a) <u>Rechnen mit Potenzen und Wurzeln</u>

1. $\left((-a)^3\right)^{-2}$ $\hspace{4cm} = \frac{1}{a^6}$

2. $\left((-a^{-1})^3\right)^{-5}$ $\hspace{4cm} = -a^{15}$

3. $a^2 \cdot a^3 \cdot a^{-5}$ $\hspace{4cm} = 1$

4. $(-a^2)(-a)^3(-a^3)(-a)^2$ $\hspace{3cm} = -a^{10}$

5. $a^2 + a^3$ $\hspace{4cm} = a^2(1+a)$

6. $-a^2 \dfrac{a^n + a^n}{\left[-a^2 - (-a)^3\right] \cdot a^n}$ $= \dfrac{2}{1-a}$

7. $\left(\dfrac{a^4 b^6}{c^2 d^3}\right)^2 \cdot \left(\dfrac{a^3 b^2}{c^5 d^6}\right) : \left(\dfrac{a^{10} b^{10}}{c^{10} d^{15}}\right)$ $= a \cdot b^4 \cdot c \cdot d^3$

8. $2a^2 (a^6)^3 \cdot \dfrac{e(e^n)}{e^{n+1}}$ $= 2\, a^{20}$

9. $\dfrac{a^n - 16 a^{n-2}}{a^{n+1} - 8 a^n + 16 a^{n-1}}$ $= \dfrac{1}{a} \cdot \dfrac{a+4}{a-4}$

10. $\dfrac{1}{\sqrt{a}}$ $= \dfrac{1}{a}\sqrt{a}$

11. $\dfrac{\sqrt{a^3}}{\sqrt{a}}$ $= a$

12. $\sqrt[3]{a} \cdot \sqrt{a}$ $= a^{1/3} \cdot a^{1/2} = \sqrt[6]{a^5}$

13. $\sqrt[3]{a^2} : \left(\sqrt{a}\right)^3$ $= a^{2/3} : a^{3/2} = \dfrac{1}{\sqrt[6]{a^5}}$

14. $\sqrt[3]{a^5 \sqrt[4]{a^5}}$ $= a^2 \cdot \sqrt[12]{a}$

15. $\dfrac{\sqrt[4]{a^3} \cdot \sqrt[3]{b^4}}{\sqrt[12]{a^7 \cdot b^5}}$ $= \sqrt[12]{a^2 \cdot b^{11}}$

16. $\dfrac{a^{\sqrt{27}}}{\left(\sqrt[3]{a}\right)^{\sqrt{108}} \left(\sqrt{a}\right)^{\sqrt{12}}}$ $= \dfrac{a^{3\sqrt{3}}}{a^{3\sqrt{3}}} = 1$

17. $\sqrt{a \sqrt{a \sqrt{a}}}$ $= a^{1/2} a^{1/4} a^{1/8} = \sqrt[8]{a^7}$

18. $\dfrac{\sqrt{a} - \sqrt{b}}{\sqrt{a} + \sqrt{b}}$ $= \dfrac{(\sqrt{a} - \sqrt{b})^2}{a - b} = \dfrac{a + b - 2\sqrt{ab}}{a - b}$

19. $\dfrac{\sqrt{3}}{\sqrt{3} - \sqrt{2}}$ $= \dfrac{\sqrt{3}(\sqrt{3} + \sqrt{2})}{3 - 2} = 3 + \sqrt{6}$

20. $\dfrac{1}{\sqrt{a} - \sqrt{b}}$ $= \dfrac{\sqrt{a} + \sqrt{b}}{a - b}$

b) **Rechnen mit Logarithmen**

Berechnen Sie

1. $\ln x = \frac{1}{3}(\ln 132 - \ln 6 - \ln 11 + \ln 2)$ $\quad : x = \sqrt[3]{4}$

2. $\lg x = -\frac{1}{3}(\lg 132 - \lg 6 - \lg 11 + \lg 2)$ $\quad : x = \dfrac{1}{\sqrt[3]{4}}$

3. $\ln x = \frac{1}{3}\ln(132 - 6 - 11 + 2)$ $\quad : x = \sqrt[3]{117}$

4. $\log_a x = \frac{1}{2}\left(\log_a 24 - \log_a 8 - \log_a 3\right)$ $\quad : x = 1$

5. $\log_5 25$ $\quad = 2\log_5 5 = 2$

6. $\log_{4,49} 1173$ $\quad = \dfrac{\lg 1173}{\lg 4{,}49} = 4{,}706$

7. $\lg 3567298157212{,}3475$ $\quad = 12 + \lg 3{,}567 \simeq 12{,}552$

8. $\log_b \sqrt[n]{\dfrac{1}{b}}$ $\quad = \dfrac{1}{n}\log_b \dfrac{1}{b} = -\dfrac{1}{n}$

9. $\log_{\sqrt{a}} \sqrt[2n]{a}$ $\quad = \dfrac{1}{n}\log_{\sqrt{a}} \sqrt{a} = \dfrac{1}{n}$

10. $\log_c x = 2\log_c a + \frac{1}{2}\log_c b$ $\quad : x = a^2\sqrt{b}$

11. $\ln x^2 = 1$ $\quad : x^2 = e$

12. $(\ln x)^2 = 1$ $\quad : x_1 = e;\ x_2 = e^{-1}$

13. $x^{\ln x} = 10;\ \to\ \ln x \cdot \ln x = \ln 10$ $\quad : x_1 = e^{\sqrt{\ln 10}} = 4{,}56;\ x_2 = e^{-\sqrt{\ln 10}} = 0{,}219$

14. $\lg(100x) = 2$ $\quad : x = 1$

15. $e^{-\ln x^2} = 100$ $\quad : x^2 = \dfrac{1}{100}$

16. $\left(e^{\ln x}\right)^2 = 100$ $\quad : x^2 = 100$

17. $5^{2\lg(x^2-1)} = 10$ $\quad : x^2 = 6{,}192$

18. $\log_5(x+2)^2 - \log_5(x^2-4) = 1;$ $\quad \to \dfrac{x+2}{x-2} = 5\ : x = 3$

19. $\ln\left\{\lg\left[1 + \log_3\left(\dfrac{27}{25}\sqrt[3]{45^6 \cdot 27^2}\right)\right]\right\}$ $\quad = 0$

20. $\log_{\sqrt{a}} \sqrt[20]{\dfrac{(a^{-4})^{0{,}2}\, a^{1{,}4}\left[\sqrt[5]{a^{4{,}5}/\sqrt{a}}\right]^3}{\sqrt[0{,}25]{1/a^{3/8}}\left(1/a^{1{,}5}\right)^{1/3}}}$ $\quad = \dfrac{1}{2}$

c) Gleichungen

1. $\sqrt{x-2} - \sqrt{x-3} = \sqrt{x-4}$ $\qquad : x = 3 + \dfrac{2\sqrt{3}}{3}$

2. $\dfrac{2-x}{2+x} + \dfrac{2+x}{2-x} = \dfrac{5}{2}$ $\qquad : x_{1,2} = \pm \dfrac{2}{3}$

3. $4 - \sqrt{3x+4} = 2x$ $\qquad : x = \dfrac{3}{4}$

4. $\dfrac{2}{1{,}1^{x-1}} \cdot \dfrac{1{,}1^x - 1}{0{,}1} = 10 \; ; \quad \rightarrow \dfrac{1{,}1^x}{1{,}1} = 2(1{,}1^x - 1) \text{ bzw. } 1{,}1^x = \dfrac{2{,}2}{1{,}2} \qquad : x = 6{,}36$

5. $e^{5x} \cdot e^2 = 12$ $\qquad : x = 0{,}097$

6. $\left(\dfrac{2^x}{2}\right)^3 = 1$ $\qquad : x = 1$

7. $\left(5^{3x+1} \cdot 5^2\right) / 5^x = 125$ $\qquad : x = 0$

8. $2^{x^2} = 7$ $\qquad : x_{1,2} = \pm 1{,}6755$

9. $\left(2^x\right)^2 = 7$ $\qquad : x = 1{,}404$

10. $e^{x+2} + e^{x+3} = 33; \qquad \rightarrow e^x \cdot e^2 + e^x \cdot e^3 = 33 \qquad : x = 0{,}183$

11. $9 \cdot 3^{2x} = 3^{x+1}$ $\qquad : x = -1$

12. $5^{(3^x)} = 4^{(2^x)}; \qquad \rightarrow \dfrac{3^x}{2^x} = \left(\dfrac{3}{2}\right)^x = \dfrac{\ln 4}{\ln 5} \qquad : x = -0{,}368$

13. $4 \cdot 2^{4x} = 8^{x+1}$ $\qquad : x = 1$

14. $2^x - 2 \cdot 2^{-x} + 1 = 0 \; ; \quad \rightarrow \left(2^x\right)^2 + 2^x - 2 = 0 \; ; \quad 2^{x_1} = -2 \text{ (nicht definiert)}$
    $\qquad\qquad\qquad 2^{x_2} = 1 \qquad : x = 0$

15. $x^{2,4} + 4 x^{1,2} - 2{,}4 = 0 \; ; \qquad x_1^{1,2} = -4{,}53 \text{ (nicht definiert)}$
    $\qquad\qquad\qquad x_2^{1,2} = 0{,}53 \qquad : x = 0{,}589$

16. $8 - \dfrac{20}{\lg x} = \lg \dfrac{1}{x}; \qquad \rightarrow (\lg x)^2 + 8 \lg x - 20 = 0; \qquad : x_1 = 100$
    $\qquad\qquad\qquad \lg x_1 = 2; \; \lg x_2 = -10 \qquad : x_2 = \dfrac{1}{10^{10}}$

Lösungshinweis für die folgenden Aufgaben: eine Lösung ist durch Probieren zu finden.

17. $x^3 - 11x^2 + 35x - 25 = 0$ $\quad : x_1 = 1$
$\quad x_{2,3} = 5$

18. $x^3 - 3x^2 - x + 3 = 0$ $\quad : x_1 = 1$
$\quad x_2 = 3$
$\quad x_3 = -1$

19. $x^3 - 2x^2 - x + 2 = 0$ $\quad : x_1 = 1$
$\quad x_2 = 2$
$\quad x_3 = -1$

20. $x^3 - 111 x^2 + 1110 x - 1000 = 0$ $\quad : x_1 = 1$
$\quad x_2 = 10$
$\quad x_3 = 100$

d) **Aufgaben** mit **Summen**

1. $\sum_{k=1}^{21} (k+2) \quad = \sum_{n=3}^{23} n = 276 - 2 - 1 = 273$

2. $\sum_{k=2}^{11} (k+3) - \sum_{k=5}^{20} (k-1) \quad = -89$

3. $\sum_{k=5}^{24} 5 \quad = 5 \sum_{k=5}^{24} 1 = 100$

4. $\sum_{i=1}^{31} 13 - \sum_{i=1}^{13} 31 \quad = 0$

5. $S = 5 + 9 + 13 + 17 + \ldots + 717 \quad = \sum_{i=1}^{179} [5 + (i-1)4] = 64\,619$

6. $S = 1 + \frac{1}{2} + \frac{1}{4} + \ldots + \frac{1}{32} \quad = \sum_{i=1}^{6} \left(\frac{1}{2}\right)^{i-1} = 1{,}96875$

7. $S = 25 + 125 + 625 + \ldots + 3125 \quad = 3900$

8. $S = e^3 + e^4 + e^5 + \ldots + e^9 \quad = 12\,807{,}20$

9. $\sum_{k=1}^{100} \frac{1}{1{,}1^k} \quad = \frac{1}{1{,}1} \sum_{k=1}^{100} \frac{1}{1{,}1^{k-1}} \simeq 10$

10. $\sum_{k=1}^{100} \frac{50+5k}{1{,}1^k}$ $= 50 \sum_{k=1}^{100} \frac{1}{1{,}1^k} + 5 \sum_{k=1}^{100} \frac{k}{1{,}1^k} = 1\,049{,}60$

11. $\sum_{k=0}^{9} 2^k$ $= \sum_{n=1}^{10} 2^{n-1} = 1\,023$

12. $\sum_{k=0}^{4} 2^{-k}$ $= \sum_{n=1}^{5} \left(\frac{1}{2}\right)^{n-1} = 1{,}9375$

13. $\sum_{k=0}^{\infty} 2^{-k}$ $= 2$

14. $\sum_{k=0}^{\infty} 3^{-k}$ $= \frac{3}{2}$

15. $\sum_{k=0}^{\infty} \left(-\frac{1}{2}\right)^k$ $= \frac{1}{1-\left(-\frac{1}{2}\right)} = \frac{2}{3}$

16. $\dfrac{\sum_{t=1}^{10} t \cdot \frac{1}{3^t}}{\sum_{t=1}^{10} \frac{1}{3^t}}$ $= \dfrac{3^{(10+1)} - 10(3-1) - 3}{(3^{10}-1)(3-1)} = 1{,}5$

17. $S = 25 + 125 + 225 + \ldots + 3125$ $= 50\,400$

ANHANG B: LÖSUNGSHINWEISE

A. Einfache Zinsrechnung

1. $t = 110$ Tage

$$Z = \frac{110}{360} \cdot 1.500 \cdot \frac{10}{100} = 45{,}83 \,€$$

2. $$K = \frac{100 \cdot 24.000}{1 \cdot 8} = 300.000 \,€$$

3. $$n = \frac{100 \cdot 144{,}45}{8 \cdot 3.250} = 0{,}5556 \text{ Jahre} \,\hat{=}\, 200 \text{ Tage}$$

4. $$p = \frac{200 \cdot 360 \cdot 100}{9.800 \cdot 20} = 36{,}73$$

5. $$Z = \frac{20}{360} \cdot 2.400 \cdot \frac{0{,}5}{100} - \frac{25}{360} \cdot 1.600 \cdot \frac{12}{100} - \frac{20}{360} \cdot 5.600 \cdot \frac{12}{100} + \frac{25}{360} \cdot 4.400 \cdot \frac{0{,}5}{100}$$

Habenzins	2,19 €
Sollzins	./. 50,67 €
Saldo	./. 48,48 €

6. $$p = \frac{100 \cdot 360 \cdot 100}{4.900 \cdot 80} = 9{,}18 \,; \quad \text{nein}$$

7. Kaufmännische Diskontierung:

$$3.000\left(1 - \frac{28}{360} \cdot \frac{8}{100}\right) + 4.000\left(1 - \frac{48}{360} \cdot \frac{8}{100}\right) + 7.000\left(1 - \frac{62}{360} \cdot \frac{8}{100}\right)$$
$$= 13.842{,}22 - 9(\text{Spesen}) = 13.833{,}22 \,€$$

8. - Rechnungsbetrag abzüglich Skonto 980,00 €
   - Barwert $K_0 = \dfrac{1.000}{1 + \frac{3}{12} \cdot \frac{10}{100}} = 975{,}61 \,€;$ nein

B. Rechnen mit Zinseszinsen

1. $$1.134 \text{ Mrd. } q^{10} = 1.485{,}2 \text{ Mrd.}$$
$$q = \sqrt[10]{\frac{1.485{,}2}{1.134}} = 1{,}027$$
$$\to p = 2{,}7$$

2.
   a) $20.000 \, (1{,}06)^5$ = 26.764,51 €

   b) $20.000 \, (1{,}03)^{10}$ = 26.878,33 €

   c) $20.000 \, (1{,}005)^{60}$ = 26.977,00 €

   d) $20.000 \left(1 + \frac{6}{360 \cdot 100}\right)^{360 \cdot 5}$ = 26.996,50 €

   e) $20.000 \, e^{0{,}06 \cdot 5}$ = 26.997,18 €

3. $$2 = e^{\frac{p}{100} \cdot 35}$$
$$\frac{p}{100} = \frac{\ln 2}{35} = 0{,}0198$$
$$\to p = 1{,}98$$

4. gemischte Verzinsung:
$$K_0 = \frac{K_N}{\left(1 + \frac{p}{100}\right)^n \left(1 + n^* \frac{p}{100}\right)}$$
$$= \frac{10.000 \, €}{1{,}06^5 \left(1 + \frac{6}{12} \cdot \frac{6}{100}\right)} = 7.254{,}93 \, €$$

5. Kaufsumme: x

   Spesen: 0,015 x

   Verkaufssumme: $1{,}5 \cdot 0{,}8 \, x = 1{,}2 \, x$

   Spesen: 0,018 x

$$p_{eff} = \left(\sqrt[2]{\frac{1{,}2 \, x - 0{,}018 \, x}{x + 0{,}015 \, x}} - 1\right) \cdot 100$$
$$= \left(\sqrt[2]{\frac{1{,}182}{1{,}015}} - 1\right) \cdot 100 = 7{,}91$$
$$p_r = \left(\frac{1{,}0791}{1{,}03} - 1\right) \cdot 100 = 4{,}77$$

6. $\qquad$ 1.478,9 Mrd. DM $q^5 = 1.830,5$ Mrd. DM

$$q = 1,0436 \quad \to \quad p = 4,36$$

$$p_r = \left(\frac{1,0436}{1,0310} - 1\right) \cdot 100 = 1,22$$

7. $\qquad$ $2 = 1,04^5 \, q^5$

$$q = 1,1045$$

$$\to \quad p = 10,45$$

8. $\qquad$ $K_{35} = K_0 \, e^{0,025 \cdot 5} \cdot e^{0,015 \cdot 10} \cdot e^{0,01 \cdot 20}$

$$= K_0 \, e^{0,025 \cdot 5 + 0,015 \cdot 10 + 0,01 \cdot 20} = K_0 \, e^{0,475}$$

$$\to \quad \frac{K_{35}}{K_0} = e^{0,475} = e^{\frac{\bar{p}}{100} \cdot 35}$$

bzw. $\dfrac{\bar{p}}{100} = \dfrac{0,475}{35} = 0,0136$

$$\to \quad \bar{p} = 1,36$$

Bei stetigem Wachstum berechnet sich die durchschnittliche Wachstumsrate als gewogenes arithmetisches Mittel der Wachstumsraten!

9. a) $K_0 = 10.000 + \dfrac{10.000}{1,08^3} + \dfrac{10.000}{1,08^7} = 23.773,23 \, €$

$K_6 = 1,08^6 \cdot 23.773,23 \, € = 37.725,12 \, €$

b) $30.000 = 23.773,23 \, (1,08)^n$

$n = \dfrac{\ln 1,2619}{\ln 1,08} = 3,02$ Jahre

10. Industrieland: $K_n^I = K_0^I \, e^{-0,005n}$ $\qquad$ Entwicklungsland: $K_n^E = K_0^E \, e^{0,03n}$

In n^* Jahren gilt:

$$K_{n^*}^E = 2 \, K_{n^*}^I \quad \text{bzw.} \quad K_0^E \, e^{0,03n^*} = 2 \, K_0^I \, e^{-0,005n^*}$$

Da $K_0^I = 2 \, K_0^E$ ist, gilt:

$$e^{0,03n^*} = 2 \cdot 2 \cdot e^{-0,005n^*}$$

$$e^{0,035n^*} = 4$$

$$n^* = \frac{\ln 4}{0,035} = 39,6 \text{ Jahre}.$$

11. Y_n : Bruttosozialprodukt zum Zeitpunkt n
       P_n : Bevölkerung zum Zeitpunkt n
       $\frac{Y_n}{P_n} = y_n$: Prokopfeinkommen zum Zeitpunkt n

$$A : y_n^A = \frac{Y_0^A \, e^{0,02n}}{P_0^A} = y_0^A \, e^{0,02n}$$

$$B : y_n^B = \frac{Y_0^B \, e^{0,05n}}{P_0^B \, e^{0,01n}} = y_0^B \, e^{0,04n}$$

In n^* Jahren gilt:

$$y_{n^*}^B = 2 \, y_{n^*}^A$$

bzw.

$$y_0^B \, e^{0,04n^*} = 2 \, y_0^A \, e^{0,02n^*}.$$

Da $\frac{y_0^A}{y_0^B} = 3$, gilt

$$e^{0,04n^*} = 6 \, e^{0,02n^*}$$

bzw.

$$n^* = \frac{\ln 6}{0,02} = 89{,}6 \text{ Jahre}.$$

12.
$$\left(1 + \frac{p}{4 \cdot 100}\right)^4 = 1{,}0614$$

$$p = \left(\sqrt[4]{1{,}0614} - 1\right) 4 \cdot 100 = 6$$

13. gemischte Verzinsung:

$$1.000\left(1 + \frac{179}{360} \cdot \frac{3}{100}\right)\left(1 + \frac{3}{100}\right)^8\left(1 + \frac{91}{360} \cdot \frac{3}{100}\right) = 1.295{,}42 \text{ DM}.$$

14.   a) $K_0 = \dfrac{10.000}{\left(1 + \frac{3}{100}\right)^{2 \cdot 10}} = 5.536{,}76 \text{ €}$

      b) $K_0 = \dfrac{10.000}{e^{0,06 \cdot 10}} = 5.488{,}12 \text{ €}$

15.   2. Hälfte: $q = 1 + \frac{p}{100}$

      1. Hälfte: $q^* = 1 + \frac{1}{2}\frac{p}{100} = \frac{1}{2}(q+1)$

$$2 = q^5 \, q^{*5} = q^5 \left(\frac{1}{2}(q+1)\right)^5$$

$$q^2 + q - 2{,}297 = 0$$
$$\rightarrow q = 1{,}096$$
$$\rightarrow p = 9{,}6$$
$$\rightarrow \frac{p}{2} = 4{,}8$$

16.
$$2 = 1{,}04 \cdot 1{,}039 \cdot 1{,}038 \cdot \ldots (1{,}04-(n-1)0{,}001)$$
$$ln\, 2 = ln\, 1{,}04 + ln\, 1{,}039 + ln\, 1{,}038 + \ldots + ln(1{,}04-(n-1)0{,}001)$$
$$ln\, 2 \approx 0{,}04 + 0{,}039 + 0{,}038 + \ldots + (0{,}04-(n-1)0{,}001)$$
$$ln\, 2 \approx \frac{n}{2}\left[0{,}04 + (0{,}04-(n-1)0{,}001)\right] \quad \text{arithmetische Reihe !}$$
$$\rightarrow n^2 - 81n + 1.386{,}29 \rightarrow n_1 = 56{,}435 \quad \text{zu groß}$$
$$\rightarrow n_2 = 24{,}565 \quad (\text{etwa 25 Jahre})$$

Probe: Nach 25 Jahren hat sich das Kapital um den Faktor 1,99 erhöht !

17.
$$\bar{p} = \left(\sqrt[4]{1{,}022 \cdot 0{,}998 \cdot 1{,}002 \cdot 1{,}012} - 1\right) \cdot 100 = 0{,}8457$$

18.
$$\bar{p} = \left(\sqrt[15]{1{,}05^{10} \cdot 1{,}04^5} - 1\right) \cdot 100 = 4{,}67$$

19.
$$K_2 = \frac{1.000}{1{,}07^5} \cdot 1{,}07^2 = 816{,}30\, €$$

20.
$$K_{12} = 2{,}1 \cdot 1{,}03^{12} \cdot 1{,}04^{12} = 4{,}79 \text{ Billionen DM}$$

21.
$$p_{eff} = \left(\sqrt[4]{\frac{350.000}{200.000}} - 1\right) \cdot 100 = 15{,}02$$

22.
$$2 = \left(1 + \frac{p}{12 \cdot 100}\right)^{12 \cdot 10}$$
$$p = \left(\sqrt[120]{2} - 1\right) \cdot 1.200 = 6{,}95$$

23.
a) $5 = 1{,}06^n \rightarrow n = \frac{ln\, 5}{ln\, 1{,}06} = 27{,}62$ Jahre

b) $5 = 1{,}03^{2 \cdot n} \rightarrow n = \frac{1}{2}\frac{ln\, 5}{ln\, 1{,}03} = 27{,}22$ Jahre

c) $5 = 1{,}005^{12n} \rightarrow n = \frac{1}{12}\frac{ln\, 5}{ln\, 1{,}005} = 26{,}89$ Jahre

d) $5 = e^{0{,}06n} \rightarrow n = \frac{ln\, 5}{0{,}06} = 26{,}82$ Jahre

24.
a) $A : K_n^A = 20\, e^{0,03n}$

$B : K_n^B = 60\, e^{0,01n}$

$20\, e^{0,03n} = 60\, e^{0,01n}$

$3 = e^{0,02n}$

$n = \dfrac{\ln 3}{0,02} = 54,9$ Jahre

b) $20\, e^{\frac{p}{100} \cdot 25} = 60\, e^{0,01 \cdot 25}$

$p = \left(\dfrac{1}{25} \ln 3,852\right) \cdot 100 = 5,39$

25. $x = \dfrac{K_n}{K_0}$

a) $x = \left(1 + \dfrac{p}{m \cdot 100}\right)^{n \cdot m} \rightarrow n = \dfrac{1}{m} \dfrac{\ln x}{\ln\left(1 + \dfrac{p}{m \cdot 100}\right)}$

b) $x = e^{\frac{p}{100} \cdot n} \qquad \rightarrow n = \dfrac{\ln x}{p/100}$

26. $p_r = \left(\left(\left(\dfrac{1,08}{1,04}\right)^3 \left(\dfrac{1,08}{1,06}\right)^2\right)^{1/5} - 1\right) \cdot 100 = 3,06$

a) $K_0 = p_0 \cdot x_0 = 1$ Mio. (Wert = Preis · Menge)

$K_{10} = p_0 (1,04^2)^{10}\, x_0\, e^{-0,1 \cdot 10}$

$K_{10} = \underbrace{p_0\, x_0}_{1\text{ Mio.}} 1,04^{20}\, e^{-0,1 \cdot 10} = 806.069\,€$

b) $0,5 = 1\,(1,04)^{2n}\, e^{-0,1n}$

$\ln 0,5 = 2n \ln 1,04 - 0,1n$

$\rightarrow n = \dfrac{\ln 0,5}{2 \ln 1,04 - 0,1} = 32,15$ Jahre

28. $A: q = \sqrt[5]{\dfrac{1.000}{660}} = 1,0867 \rightarrow p = 8,67$

$B: q = \sqrt[4]{\dfrac{2.000}{1.450}} = 1,0837 \rightarrow p = 8,37$

29. $\left\{\left(1 + \dfrac{4}{360} \cdot \dfrac{3}{100}\right)\left(1 + \dfrac{3}{100}\right)^2 \cdot 3.000 + 2.000\left(1 + \dfrac{8}{12} \cdot \dfrac{3}{100}\right)\right\}\left(1 + \dfrac{3}{100}\right) \cdot$

$\cdot \left(1 + \dfrac{347}{360} \cdot \dfrac{3}{100}\right) = (3.183,76 + 2.040) \cdot 1,059784 = 5.536,06$

30.
$$\frac{K_N}{K_0} = 2 = (1{,}07)^n (1 + n^* \cdot 0{,}07)$$

Ermittlung der ganzen Jahre:

$$2 = (1{,}07)^n$$

$$\rightarrow n = \frac{\ln 2}{\ln 1{,}07} = 10{,}24 \rightarrow 10 \text{ Jahre}$$

Ermittlung der Tage:

$$2 = (1{,}07)^{10} (1 + n^* \cdot 0{,}07)$$

$$n^* = \frac{\left(\frac{2}{1{,}07^{10}} - 1\right)}{0{,}07} = 0{,}2385512 \text{ Jahre}$$

$$\rightarrow 0{,}2385512 \cdot 360 = 86 \text{ Tage}$$

→ Laufzeit: 10 Jahre, 2 Monate, 26 Tage

31.
$$K_5 = 20.000 \, (1{,}05)^{10} = 32.577{,}89 \; €$$

Rückzahlung: 32.577,89 € (Schuld + Zinsen)
500,00 € (Verwaltungsgebühr)
33.077,89 €

$$p_{eff} = \left(\sqrt[5]{\frac{33.077{,}89}{20.000 \cdot 0{,}97}} - 1\right) \cdot 100 = 11{,}26$$

32.
a) $20.000 \cdot 1{,}06^6 \cdot 1{,}07 \cdot 1{,}08 \cdot 1{,}09 \cdot 1{,}1 = 39.308{,}99 \; €$

b) $\bar{p} = \left(\sqrt[10]{\frac{39.308{,}99}{20.000}} - 1\right) \cdot 100 = 6{,}99$

33.
$$q = \left(1 + \frac{p}{100}\right) = 860$$

$$p = 85\,900$$

34.
$$K_5 = 30.000 \left(1 + \frac{159}{360} \frac{4{,}5}{100}\right)\left(1 + \frac{201}{360} \frac{4{,}5}{100} + \frac{159}{360} \frac{5{,}25}{100}\right)\left(1 + \frac{201}{360} \frac{5{,}25}{100} + \frac{159}{360} \frac{6{,}0}{100}\right) \cdot$$

$$\cdot \left(1 + \frac{201}{360} \frac{6{,}0}{100} + \frac{159}{360} \frac{6{,}75}{100}\right)\left(1 + \frac{201}{360} \frac{6{,}75}{100} + \frac{159}{360} \frac{7{,}0}{100}\right)\left(1 + \frac{201}{360} \frac{7{,}0}{100}\right) =$$

$$= 39.982{,}87$$

C. Rentenrechnung

1.
$$R_{10} = 2.000 \cdot \frac{1{,}04^{10}-1}{0{,}04} = 24.012{,}21 \ €$$

$$R_{20} = 2.000 \cdot \frac{1{,}04^{20}-1}{0{,}04} = 59.556{,}16 \ €$$

2. Barwert der Einzahlungsüberschüsse:

$$R_{01} = 20.000 \cdot \frac{1}{1{,}1^{10}} \cdot \frac{1{,}1^{10}-1}{0{,}1} = 122.891{,}34 \ €$$

Barwert Schrottpreis:

$$R_{02} = \frac{10.000}{1{,}1^{10}} = 3.855{,}43 \ €$$

$R_{01} + R_{02} >$ Investition von 100.000,- €   → Investition lohnt sich !

3. Ewige Rente

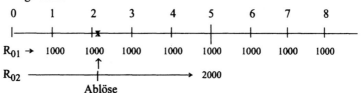

Barwert heute: $R_0 = R_{01} + R_{02}$

$$1.000 = R_{01} \cdot \frac{p}{100} \ ; \quad 2.000 = R_{02} \, q^5 - R_{02}$$

$$R_{01} = \frac{1.000}{0{,}05} \ ; \quad R_{02} = \frac{2.000}{1{,}05^5 - 1}$$

3 Jahre vor Fälligkeit von 2.000 → Abzinsen von $R_{02} \, q^5$!

Ablösesumme: $\tilde{R}_0 = R_{01} + \dfrac{R_{02} \cdot 1{,}05^5}{1{,}05^3}$

$= 20.000 + 7.980{,}99 = 27.980{,}99 \ €$

4. a) $R_{15} = \left[100\left(12 + \dfrac{5}{100} \cdot \dfrac{11}{2}\right) \cdot \dfrac{1{,}05^{10}-1}{0{,}05} \right] \cdot 1{,}05^5 = 19.704{,}97 \ €$

   b) $R_{15} = \left[100\left(12 + \dfrac{5}{100} \cdot \dfrac{13}{2}\right) \cdot \dfrac{1{,}05^{10}-1}{0{,}05} \right] \cdot 1{,}05^5 = 19.785{,}24 \ €$

5. $p = 15 + \dfrac{3{,}3333 - 3{,}3522}{3{,}2743 - 3{,}3522} = 15{,}2$ (Tab III)

6. **a)** aa) $\quad 0{,}4 \cdot 50.000 = 20.000 = 3.000 \cdot \dfrac{1{,}03^n - 1}{0{,}03}$

$\quad\quad 1{,}03^n = 1{,}2 \;\rightarrow\; n = \dfrac{lg\, 1{,}2}{lg\, 1{,}03} \approx 6{,}17\ \text{Jahre}$

ab) $\quad 20.000 = 3.000 \cdot 1{,}03 \cdot \dfrac{1{,}03^n - 1}{0{,}03}$

$\quad\quad 1{,}03^n = 1{,}194 \;\rightarrow\; n = 6{,}00\ \text{Jahre}$

ac) $\quad 20.000 = 300\left(12 + 0{,}03 \cdot \dfrac{11}{2}\right) \cdot \dfrac{1{,}03^n - 1}{0{,}03}$

$\quad\quad 1{,}03^n = 1{,}164 \;\rightarrow\; n = 5{,}15\ \text{Jahre}$

b) ba) $\quad 20.000 = r \dfrac{1{,}03^4 - 1}{0{,}03} \;\rightarrow\; r = 4.780{,}54\ €$

bb) $\quad 20.000 = r \cdot 1{,}03 \dfrac{1{,}03^4 - 1}{0{,}03} \;\rightarrow\; r = 4.641{,}30\ €$

bc) $\quad r_e = 4.780{,}54 = r\left(12 + 0{,}03 \cdot \dfrac{11}{2}\right) \;\rightarrow\; r = 392{,}97\ €$

7. **a)** $\quad R_{10} = 500\left(12 + 0{,}045 \cdot \dfrac{13}{2}\right) \cdot \dfrac{1{,}045^{10} - 1}{0{,}045} = 75.526{,}41\ €$

b) $\quad R_0 = \dfrac{R_{10}}{1{,}045^{10}} = 48.633{,}54\ €$

8. **a)** $\quad R_0 = 12.000 \cdot \dfrac{1}{1{,}06^{19}} \cdot \dfrac{1{,}06^{20} - 1}{0{,}06} = 145.897{,}40\ €$

b) $\quad$ gleich hoch; Raten: $12.000 \cdot 1{,}06 = r\left(12 + 0{,}06 \cdot \dfrac{13}{2}\right),\ r = 1.026{,}63\ €$

9.

```
              10.000              10.000
                ↓                    ↓
        0       5         10         15
        ├┼┼┼┼┼┼┼┼┼┼┼┼┼┼┼┼⊕┼──────
        R0                         R14
```

$R_0 = \dfrac{R_{14}}{1{,}07^{14}} = \dfrac{10.000}{1{,}07^{14}} \cdot \dfrac{1{,}07^{10} - 1}{0{,}07} = 53.582{,}59\ €$

a) $\quad 53.582{,}59 \cdot 1{,}07^7 = r\left(12 + 0{,}07 \cdot \dfrac{11}{2}\right) \cdot \dfrac{1{,}07^7 - 1}{0{,}07}$

$\quad\quad r = 802{,}78\ €$

b) $\quad R_2 = R_0 \cdot 1{,}07^2 = 61.346{,}71\ €$ (Barwert der Vierteljahresrente)

$\quad R_2 \cdot 1{,}035^n = 2.000\left(2 + 0{,}035 \cdot \dfrac{3}{2}\right) \dfrac{1{,}035^n - 1}{0{,}035}$

$\quad n = \dfrac{lg\, 2{,}0967}{lg\, 1{,}035} = 21{,}52\ \text{Halbjahre}$

$\quad \rightarrow$ etwa 11 Jahre lang!

10.

$$R_{15} = R_{10} \cdot 1{,}05^5 = 1{,}05^5 \cdot \left\{10.000 \frac{1{,}05^{10}-1}{0{,}05}\right\}$$
$$= 160.529{,}32 \quad \text{Barwert für Studium}$$

a) $\quad r = R_{15} \cdot 1{,}05^4 \cdot \dfrac{0{,}05}{1{,}05(1{,}05^4-1)} = 43.115{,}40$

b) $\quad R_{15} \cdot 1{,}05^n = 30.000 \cdot 1{,}05 \dfrac{1{,}05^n-1}{0{,}05}$

$\quad 1 - \dfrac{1}{1{,}05^n} = 0{,}255 \rightarrow n \cong 6 \text{ Jahre}$

c) $\quad R_{15} \cdot 1{,}05^4 + 1.000\left(4 + 0{,}05 \cdot \dfrac{3}{2}\right)\dfrac{1{,}05^4-1}{0{,}05} = r\left(12 + 0{,}05 \cdot \dfrac{13}{2}\right)\dfrac{1{,}05^4-1}{0{,}05}$; $r=4003{,}92$

11. a) $\quad 100.000 \cdot 1{,}06^n + 4.000 \dfrac{1{,}06^n-1}{0{,}06} = 50.000 \cdot 1{,}06^n + 8.000 \cdot \dfrac{1{,}06^n-1}{0{,}06}$

$\quad\quad 50.000 \cdot 1{,}06^n = 4.000 \dfrac{1{,}06^n-1}{0{,}06}$

$\quad\quad n = 23{,}79 \approx 24 \text{ Jahre}$

b) $\quad 50.000 \cdot 1{,}06^{10} = (r_B - 4.000) \dfrac{1{,}06^{10}-1}{0{,}06}$

$\quad\quad r_B = 10.793{,}40 \text{ €}$

12.

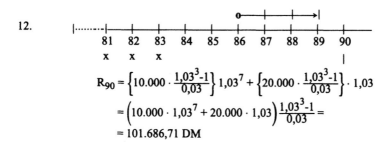

$$R_{90} = \left\{10.000 \cdot \dfrac{1{,}03^3-1}{0{,}03}\right\} 1{,}03^7 + \left\{20.000 \cdot \dfrac{1{,}03^3-1}{0{,}03}\right\} \cdot 1{,}03$$
$$= \left(10.000 \cdot 1{,}03^7 + 20.000 \cdot 1{,}03\right)\dfrac{1{,}03^3-1}{0{,}03} =$$
$$= 101.686{,}71 \text{ DM}$$

13. a) $\quad r = 100.000 \cdot 1{,}05^{12} \dfrac{0{,}05}{1{,}05^{12}-1} = 11.282{,}54 \text{ €}$

b) $\quad r_M = \dfrac{11.282{,}54 \text{ €}}{12 + 0{,}05 \cdot \frac{11}{2}} = 919{,}15 \text{ €}$

c) $\quad r = \dfrac{11.282{,}54 \text{ €}}{1{,}05} = 10.745{,}28 \text{ €}$

d) $\quad r_M = \dfrac{11.282{,}54 \text{ €}}{12 + 0{,}05 \cdot \frac{13}{2}} = 915{,}42 \text{ €}$

14.
$$r = \frac{5.000,-\,€}{12 + 0,06 \cdot \frac{11}{2}} = 405,52\ €$$

15.
$$60.000 \cdot 1,07^{20} + r\left(12 + 0,07 \cdot \frac{11}{2}\right)\frac{1,07^{20}-1}{0,07} =$$
$$= 2 \cdot \left\{100.000 \cdot 1,07^{20} + 300\left(12 + 0,07 \cdot \frac{11}{2}\right)\frac{1,07^{20}-1}{0,07}\right\}$$
$$r = 1.667,02\ €$$

16. a) $\quad R_0 = 8.000 + 2.000\,\dfrac{1,1^4-1}{1,1^4 \cdot 0,1} = 14.339,73\ €$

b) $\quad R_0 = 4.000\,\dfrac{1,1^4-1}{1,1^4 \cdot 0,1} = 12.679,46\ €$

c) $\quad R_0 = 5.000 + \dfrac{3.000}{1,1^2} + \dfrac{3.000}{1,1^3} + \dfrac{5.000}{1,1^4}$

$\quad\quad = 13.148,35\ €$

Alternative b) !

17. bezogen auf Zeit in 5 Jahren

$$R = 750.000 - 650.000 \cdot 1,1^5 + 35.000\,\frac{1,1^5-1}{0,1}$$
$$- 18.000\,\frac{1,1^5-1}{0,1} = -193.044,80\ €$$

lohnt nicht !

Das Haus ist auf heute bezogen mindestens 119.865,63 € = $\dfrac{193.044,80\ €}{1,1^5}$

zu teuer.

18. a) $\quad 20.000 \cdot 1,11^n = 4.600 \cdot \dfrac{1,11^n-1}{0,11} + 1.000$

$\quad\quad (2.200 - 4.600)\,1,11^n = -4.600 + 110 = -4.490$

$\quad\quad n = \dfrac{lg\,1,870}{lg\,1,11} = 6\ \text{Jahre}$

b) $\quad 20.000 \cdot 1,12^{10} = r\,\dfrac{1,12^{10}-1}{0,12} + 1.000\ \text{bzw.}\ r = 3.482,70\ €$

19. a) $\quad 2.400 \cdot q^{13} = 200 \frac{q^{13}-1}{q-1}$

$$F(q) = \frac{1}{q^{13}} \frac{q^{13}-1}{q-1} - 12 = 0$$

q	1,1	1,05	1,005	1,01	1,015	1,012	1,0116
F(q)	-4,8	-2,6	0,556	0,13	-0,268	-0,023	$2,9 \cdot 10^{-3}$

$q \approx 1,0116 \rightarrow p = 1,16 \quad$ Monatszins 1,16%

eff. Jahreszins: $p_{eff} = 100(1,0116^{12}-1) = 14,8$

b) $\quad 2.400 \, q^{13} = 200 \cdot q \frac{q^{13}-1}{q-1} \qquad$ analog a)

Monatszins: 1,365%

Jahreszins: 17,6%

20. $\quad 30.000 \cdot 1,015^{40} = r\left(3 + 0,015 \cdot \frac{2}{2}\right) \frac{1,015^{40}-1}{0,015}$

$r = 332,61$ €

21.
```
      55              65                75  (77)
|++++++++++++++++++++++++++++++++++++|
0       5       10      15      20
              •————————————————→ R₂₂
R₀ ←————————————————————————————|
```

$R_0 = \frac{1}{1,06^{22}} \left\{ 500\left(12 + 0,06 \cdot \frac{13}{2}\right) \cdot \frac{1,06^{12}-1}{0,06} \right\}$

$R_0 = 29.001,86$ €

22. $\quad R_{10} = 1.000\left(2 + 0,025 \cdot \frac{3}{2}\right) \frac{1,025^{20}-1}{0,025} =$

$= 52.047,24$ €

$R_{20} = R_{10} \cdot 1,025^{20} = 85.285,46$ €

23. $\quad$ monatliche Verzinsung; $F(q) = \frac{1}{q^{47}} \frac{q^{47}-1}{q-1} - 36,7647 = 0$

$q \approx 1,010725$ (Probieren oder lineare Interpolation mit Tab. III)

$p_{eff} = 100\left(q^{12}-1\right) = 13,65$

24. $$250.000 \cdot 1,03^n = 22.900 \left(2 + 0,03 \cdot \frac{1}{2}\right) \frac{1,03^n - 1}{0,03}$$
$$n = \frac{lg\, 1,194}{lg\, 1,03} = 6 \to 12 \text{ mal}! \quad 3 \text{ Jahre}$$

25. $$100.000 \cdot 1,02^{20} = r\left(3 + 0,02 \cdot \frac{2}{2}\right) \frac{1,02^{20} - 1}{0,02}$$
$$r = 2.025,06\, €$$

26. $$R_n = 100.000 \cdot 1,06^n + 10.000 \cdot \frac{1,2^n - 1,06^n}{1,2 - 1,06}$$
$$= 1.000.000 \cdot 1,06^n - 80.000 \cdot \frac{1,06^n - 1}{0,06}$$
$$6.000 \cdot 1,06^n + 600 \frac{(1,2^n - 1,06^n)}{0,14} =$$
$$= 60.000 \cdot 1,06^n - 80.000 \cdot 1,06^n + 80.000$$
$$840 \cdot 1,06^n + 600 \cdot 1,2^n - 600 \cdot 1,06^n = 8.400 \cdot 1,06^n - 11.200 \cdot 1,06^n + 11.200$$
$$3.040 \cdot 1,06^n + 600 \cdot 1,2^n = 11.200$$

<u>Lösung durch Probieren:</u>
$$F(n) = 600 \cdot 1,2^n + 3.040 \cdot 1,06^n - 11.200 = 0$$

n	5	10	15	12	11	11,8!
F(n)	-5.638	-2.040	+5.329	266	-971	4,3

$$n = 11,8 \text{ Jahre}$$

27. a) Ewige Rente
$$R_0 = \frac{10^6}{0,1} = 10 \text{ Mio. } €$$

b) ewige, dynamisierte Rente
$$R_0 = \frac{1}{q^n}\left\{r \frac{q^n - l^n}{q - l}\right\} = \frac{r}{q - l} \cdot \left(1 - \left(\frac{l}{q}\right)^n\right)$$
$$R_0 = \lim_{n \to \infty} \frac{r}{q - l}\left(1 - \left(\frac{l}{q}\right)^n\right)$$
$$R_0 = \begin{cases} \infty & \text{für } q \leq l \\ \frac{r}{q - l} & \text{für } q > l \end{cases}$$
$$R_0 = \frac{10^6}{0,05} = 20 \text{ Mio. } €$$

28. a) $$r\frac{1{,}065^2-1}{0{,}065} = \frac{40.000}{0{,}95} \cdot 1{,}065^2$$
$$r = 23.126{,}80 \; €$$

b) $$40.000 \cdot q^2 = 23.126{,}80 \, \frac{q^2-1}{q-1}$$
$$F(q) = \frac{1}{q^2}\frac{q^2-1}{q-1} - 1{,}7296 = 0$$

Lösung durch Probieren:

q	1,1	1,105	1,1025
F(q)	$5{,}94 \cdot 10^{-3}$	$-5{,}6 \cdot 10^{-3}$	$1{,}37 \cdot 10^{-4}$

$q_{eff} \approx 1{,}1025 \approx 10{,}25\%$ Zins

Lösung über quadratische Gleichung:
$$(q^2-1) - 1{,}7296 \, q^2(q-1) = 0$$
$$(q+1)(q-1) - 1{,}7296 \, q^2(q-1) = 0$$
$$\rightarrow 1{,}7296 \, q^2 - q - 1 = 0$$
$$q_1 = 1{,}10256 \rightarrow p = 10{,}256$$
$$q_2 < 0$$

29. $$R_0 = \frac{1}{1{,}045^{40}} \cdot 1.100\left(12 + 0{,}045 \cdot \frac{11}{2}\right) \cdot \frac{1{,}045^{40}-1{,}025^{40}}{1{,}045-1{,}025}$$
$$R_0 = 362.646{,}34 \; €$$

30. $$R_0^{Rente} = \frac{1}{1{,}055^{20}} \cdot 20.000 \, \frac{1{,}055^{20}-1}{0{,}055} = 239.007{,}65 \; €$$
$$r = R_0^{Rente} \cdot \frac{0{,}055}{1{,}055^{30}-1} \cdot \frac{1}{\left(12+0{,}055 \cdot \frac{13}{2}\right)} = 267{,}01 \; €$$

31. Ewige Rente
$$R_0 = \frac{1.000}{0{,}06} = 16.666{,}67 \; €$$

32. $$500.000 \cdot 1{,}08^n - 50.000 \cdot \frac{1{,}08^n - 1{,}055^n}{1{,}08-1{,}055} = 0$$
$$0{,}25 \cdot 1{,}08^n - 1{,}08^n + 1{,}055^n = 0$$
$$0{,}25 - 1 + \left(\frac{1{,}055}{1{,}08}\right)^n = 0$$
$$n = \frac{lg \, 0{,}75}{lg \, \frac{1{,}055}{1{,}08}} = 12{,}28 \text{ Jahre}$$

33. a)

```
        70        75        80        85        90
    |+++|+++|+++|+++|+++|+++|+++|+++|+++|+++
        5.000     10.000    20.000              |
         →          →         →
```

$$R_{1990} = 5.000 \frac{1{,}07^5 - 1}{0{,}07} \cdot 1{,}07^{15} + 10.000 \frac{1{,}07^5 - 1}{0{,}05} \cdot 1{,}07^{10}$$

$$+ 20.000 \frac{1{,}07^5 - 1}{0{,}07} \cdot 1{,}07^5 =$$

$$= 5.000 \cdot 1{,}07^5 \cdot \frac{1{,}07^5 - 1}{0{,}07} \left(1{,}07^{10} + 2 \cdot 1{,}07^5 + 4\right)$$

$$R_{1990} = 353.772{,}27 \text{ DM}$$

b) $\quad r = R_{1990} \cdot \dfrac{0{,}07}{1{,}07^{15} - 1} \cdot \dfrac{1}{1{,}07^5} = 10.037{,}58 \text{ DM}$

c) $\quad r = R_{1990} \cdot 1{,}055^{15} \dfrac{0{,}055}{1{,}055^{15} - 1} \cdot \dfrac{1}{\left(12 + 0{,}055 \cdot \frac{11}{2}\right)} =$

$\quad = 2.864{,}85 \text{ DM}$

34.

$$100.000 \cdot 1{,}03^{20} + 10.000 \frac{1{,}03^{20} - 1}{0{,}03} = 449.314{,}87$$

$$= 50.000 \, q^{20} + 10.000 \frac{q^{20} - 1}{q - 1}$$

$$F(q) = 44{,}931 - 5 \, q^{20} - \frac{q^{20} - 1}{q - 1} = 0$$

q	1,05	1,045	1,0475	1,0477
F(q)	-1,400	1,5	0,07	-0,039

$q \approx 1{,}0476$

$\rightarrow p \approx 4{,}76$

35. $\quad r = 250.000 \cdot 1{,}01^{80} \dfrac{0{,}01}{\left(1{,}01^{80} - 1\right)\left(3 + 0{,}01 \cdot \frac{4}{2}\right)} = 1.508{,}18 \, €$

36.

$$R_0 = \frac{10.000}{1{,}05^5} \cdot \frac{1{,}05^5 - 1}{0{,}05} + \frac{10.000}{1{,}05^{15}} \cdot \frac{1{,}05^5 - 1}{0{,}05}$$

$$R_0 = \frac{10.000}{1{,}05^5} \cdot \frac{1{,}05^5 - 1}{0{,}05} \left(1 + \frac{1}{1{,}05^{10}}\right)$$

$$= 69.874{,}-- \, €$$

37. $\quad r = \dfrac{100.000 \cdot 0{,}05}{\left(1{,}05^{10} - 1\right)\left(12 + 0{,}05 \cdot \frac{11}{2}\right)} = 647{,}70 \, €$

38. $\qquad 10.000 = 500 \dfrac{1{,}05^{10}-l^{10}}{1{,}05-l}$

$\qquad F(l) = \dfrac{1{,}05^{10}-l^{10}}{1{,}05-l} - 20 = 0$

l	1,06	1,10	1,12	1,11	1,108
$F(l)$	-3,8	-0,70	1,10	0,17	$3{,}8\cdot 10^{-3}$

$\qquad l \approx 1{,}108 \to 10{,}8\ \%$

39. $\qquad 20.000 = 100\left(6 + 0{,}025 \cdot \dfrac{7}{2}\right)\dfrac{1{,}025^n-1}{0{,}025}$

$\qquad 1{,}025^n = 1{,}821 \to n = 24{,}28\ \text{Halbjahre} \approx 12\ \text{Jahre}$

40. $\qquad 10.000 = 500\ \dfrac{1{,}06^n - 1{,}1^n}{1{,}06 - 1{,}1}$

$\qquad 1{,}06^n - 1{,}1^n = -0{,}8$

$\qquad F(n) = 1{,}1^n - 1{,}06^n - 0{,}8 = 0 \qquad \text{Probieren !}$

n	10
$F(n)$	$2{,}89\cdot 10^{-3}$

$\to 10\ \text{Jahre}$

41. 2 Wege möglich

   a) α) jährl. Raten, die in 2 Jahren 1.000,- € werden.

   $\qquad r = \dfrac{1.000}{1{,}06^2-1}\ 0{,}06 = 485{,}44\ €$

   $\qquad R_0 = 485{,}44\ \dfrac{1}{1{,}06^{20}}\ \dfrac{1{,}06^{20}-1}{0{,}06} = 5.567{,}96\ €$

   β) Abzinsen aller Raten

   $\qquad R_0 = \dfrac{1.000}{q^2} + \dfrac{1.000}{q^4} + \ldots + \dfrac{1.000}{q^{20}}$

   $\qquad = \dfrac{1.000}{q^2}\left(1 + \left(\dfrac{1}{q^2}\right)^1 + \left(\dfrac{1}{q^2}\right)^2 + \ldots \left(\dfrac{1}{q^2}\right)^9\right)$

   $\qquad = \dfrac{1.000}{q^2}\ \dfrac{(1/q^2)^{10}-1}{1/q^2 - 1} = 1.000\ \dfrac{1-q^{20}/q^{20}}{1-q^2}$

   $\qquad = \dfrac{1.000}{q^{20}}\ \dfrac{q^{20}-1}{q^2-1} = 5.567{,}96\ €$

   b) $\qquad R_0 = \dfrac{1.000}{q^{20}}\ \dfrac{q^{20}-1}{q^5-1} = 2.034{,}72\ €$

42. a) $58\,666 = r \cdot \dfrac{1{,}08^5 - 1}{0{,}08} \to r = 10\,000$

b) $58\,666 \cdot 1{,}05^5 = 74\,874 = 10\,000 \cdot \dfrac{1{,}08^5 - l^5}{1{,}08 - l}$

$\to l = 1{,}132$ bzw.   s = 13,2   (durch Probieren)

43. $$R_0 = 89{,}4 = \dfrac{100}{q^7} + \dfrac{5{,}5}{q^7} \dfrac{q^7 - 1}{q - 1}$$

$$F(q) = \dfrac{q^7 - 1}{q^7(q-1)} + \dfrac{18{,}181}{q^7} - 16{,}254 = 0$$

q	1,05	1,1	1,07	1,075
F(q)	2,45	-2,06	0,45	$1{,}29 \cdot 10^{-3}$

Rendite 7,5%

44. $$100 = \dfrac{100}{q^4} + \dfrac{8}{q^4} \dfrac{q^4 - 1}{q - 1}$$

$$100\, q^4 - 100 = 8 \dfrac{(q^4 - 1)}{q - 1} = 100(q^4 - 1)$$

$$q - 1 = \dfrac{8}{100} = 0{,}08 \to 8\,\%$$

45. $R_1 = K_0\, e^{0{,}03} - A$; $A = 5.000$
   $K_0 = 200.000$

$R_2 = \left(K_0\, e^{0{,}03} - A\right) e^{0{,}03} - A$

$\quad = K_0\, e^{2 \cdot 0{,}03} - A\left(1 + e^{0{,}03}\right)$

$R_3 = K_0\, e^{3 \cdot 0{,}03} - A\left(1 + e^{0{,}03} + e^{2 \cdot 0{,}03}\right)$

$\vdots$

$R_{20} = K_0\, e^{20 \cdot 0{,}03} - A\underbrace{\left(1 + e^{0{,}03} + e^{0{,}03 \cdot 2} + \ldots e^{0{,}03 \cdot 19}\right)}_{\text{geom. Reihe: } \dfrac{e^{0{,}03 \cdot 20} - 1}{e^{0{,}03} - 1}}$

$R_{20} = 229.448{,}98\, m^3$

46. $$R_n = \dfrac{1.000\left(12 + 0{,}05 \cdot \dfrac{11}{2}\right)}{0{,}05} = 245.500$$

$= r\left(12 + 0{,}05 \cdot \dfrac{13}{2}\right) \dfrac{1{,}05^{10} - 1}{0{,}05}$ bzw. $r = 1.583{,}64\,€$

47. a) 72 Monate → 6 Jahre

$$15.000 = 282{,}05 \left(12 + \frac{p}{100} \cdot \frac{11}{2}\right) \frac{1}{q^6} \frac{q^6-1}{q-1}$$

→ $p_{eff} = 11{,}11$ (durch Probieren)

b) $$15.000 = 282{,}05 \cdot \frac{1}{q^{72}} \frac{q^{72}-1}{q-1}$$

→ $p_{eff} = 100(1{,}008787^{12}-1) = 11{,}07$ (durch Probieren)

48. $$1.300 - 250 = 1.050 = 190 \frac{\frac{6}{12}\left(12 + \frac{p}{100} \cdot \frac{6-1}{2}\right)}{\left(1 + \frac{6}{12} \cdot \frac{p}{100}\right)}$$

→ $$p_{eff} = 100 \cdot \frac{6 \cdot 190 - 1.050}{\frac{6}{12}\left(1.050 - 190 \frac{5}{2}\right)} = 31{,}3$$

49. $n_1 = 2$

$n_2 = 0$ (da Festschreibungszeit)

$m = 4$

$R_0 = 7.840$

$R_2 = 1.729{,}19$

$r = 890{,}61$

$$F(q) = \frac{1}{q^2}\left(m + \frac{p}{100} \cdot \frac{m-1}{2}\right)\frac{q^2-1}{q-1} - \left(\frac{R_0 - R_2/q^2}{r}\right) = 0$$

$$= \frac{1}{q^2}\left(4 + \frac{p}{100} \cdot \frac{3}{2}\right)\frac{q^2-1}{q-1} - \left(\frac{7.840 - 1.729{,}19/q^2}{890{,}61}\right) = 0$$

→ $p_{eff} = 10{,}04$ (durch Probieren)

50. aa) $K_{10} = 1.000 \cdot 1{,}01^{4 \cdot 10} = 1.488{,}86$ DM

ab) $K_1 = 1.000 \cdot 1{,}01^4 \cdot 0{,}95$

$K_2 = K_1 \cdot 1{,}01^4 \cdot 0{,}95 = 1.000 \cdot 1{,}01^{4 \cdot 2} \cdot 0{,}95^2$

$K_3 = K_2 \cdot 1{,}01^4 \cdot 0{,}95 = 1.000 \cdot 1{,}01^{4 \cdot 3} \cdot 0{,}95^3$

$\vdots$

$K_{10} = K_9 \cdot 1{,}01^4 \cdot 0{,}95 = 1.000 \cdot 1{,}01^{4 \cdot 10} \cdot 0{,}95^{10} = 891{,}44$ DM

b) $500 = 1.000 \cdot 1{,}01^{4 \cdot n} \cdot 0{,}95^n = 1\,000 \cdot (1{,}01^4 \cdot 0{,}95)^n$

→ $n = \left(-\frac{\ln 2}{4 \ln 1{,}01 + \ln 0{,}95}\right) = 60{,}316$ → 61 Jahre

51. $$p = 100 \frac{12r - R_0}{R_0 - 5{,}5r}$$

52. $$\frac{20}{100} = \frac{12r - 1.000}{1.000 - 5{,}5r}$$
$$\rightarrow r = \frac{1.200}{12 + \frac{20}{100} \cdot \frac{11}{2}} = 91{,}60 \, € \quad \text{(vgl. 51.)}$$

53. Zweijahresrate wird in eine Einjahresrate umgerechnet:
$$2.000 = r \frac{1{,}03^2 - 1}{0{,}03}$$
$$\text{bzw.} \quad r = \frac{2.000 \cdot 0{,}03}{1{,}03^2 - 1}$$
$$R_{10} = 2.000 \frac{0{,}03}{1{,}03^2 - 1} \cdot \frac{1{,}03^{10} - 1}{0{,}03} = 2.000 \frac{1{,}03^{10} - 1}{1{,}03^2 - 1} = 11\,294{,}46 \, €$$

54. a) $P_1 = q P_0 + r$
$P_2 = q P_1 + r = P_2 = q^2 P_0 + qr + r$
$\vdots$
$P_n = q^n P_0 + q^{n-1} r + \ldots + qr + r$
$P_n = q^n P_0 + r \frac{1 - q^n}{1 - q}$
$\rightarrow P_{50} = 0{,}99^{50} \cdot 80 + 0{,}3 \frac{1 - 0{,}99^{50}}{1 - 0{,}99} = 60{,}25$ (Millionen)

b) $40 = 0{,}99^n \cdot 80 + 0{,}3 \frac{1 - 0{,}99^n}{1 - 0{,}99} \rightarrow n = \frac{\ln 0{,}2}{\ln 0{,}99} = 160{,}14$ (Jahre)

c) $\lim_{n \to \infty} P_n = r \frac{1}{1 - q} = 0{,}3 \frac{1}{1 - 0{,}99} = 30$ (Millionen)

d) $P_1 = 0{,}99 P_0 + r$
$80 = 0{,}99 \cdot 80 + r$
$\rightarrow r = 0{,}8$ (Millionen)

e) $70 = 0{,}99^{50} \cdot 80 + r \frac{1 - 0{,}99^{50}}{1 - 0{,}99}$
$\rightarrow r = 0{,}547$ (Millionen)

55. a) $F(p) = \dfrac{\frac{1}{12}\left(12 + \frac{p}{100} \cdot 0\right)}{1 + \frac{1}{12} \cdot \frac{p}{100}} - \dfrac{100}{101} = 0$

$\to p = p_{eff} = \dfrac{100 \cdot Z_n}{n \, K_0} = \dfrac{100 \cdot 1}{\frac{1}{12} \cdot 100} = 12$

b) $-100 + \dfrac{101}{q^*} = 0$

$\to q^* = 1{,}01 \to p_{eff} = \left(1{,}01^{12} - 1\right) 100 = 12{,}68$

bzw.

$-100 + \dfrac{101}{q^{1/12}} = 0$

$\to q = 1{,}1268$ bzw. $p_{eff} = 12{,}68$

56. $1000 q \dfrac{q^{10}-1}{q-1} = \dfrac{1000}{q-1} \to q = 1{,}0683$ bzw. $p = 6{,}83$

57. $(R_0 - 10.000)\, 1{,}06^2 - (R_0 - 10.000) = 10.000$

$\to R_0 = 90\,906{,}15\,€$

58.
```
         20.000           20.000              20.000
           ↓                ↓                   ↓
 +--+--+--+--+--+--+--+--+--+--+--+--+--+--+ ...
 0  1  2  3  4  5  6  7  8  9  10 11 12 13 14
```

a) $R_0 = \dfrac{20.000}{1{,}05^3} + \dfrac{20.000}{1{,}05^8} + \ldots + \dfrac{20.000}{1{,}05^{48}}$

$= 20.000 \dfrac{1}{1{,}05^3}\left(1 + \dfrac{1}{1{,}05^{1{,}5}} + \dfrac{1}{1{,}05^{2{,}5}} + \ldots + \dfrac{1}{1{,}05^{9{,}5}}\right)$

Nebenrechnung:

$1 + \dfrac{1}{q^5} + \dfrac{1}{q^{2 \cdot 5}} + \dfrac{1}{q^{3 \cdot 5}} + \ldots + \dfrac{1}{q^{(n-1) \cdot 5}} = 1 + \vartheta + \vartheta^2 + \ldots + \vartheta^{n-1}$

$= \dfrac{\vartheta^n - 1}{\vartheta - 1} = \dfrac{\left(\frac{1}{q^5}\right)^n - 1}{\frac{1}{q^5} - 1} = \dfrac{\frac{1 - q^{5n}}{q^{5n}}}{\frac{1 - q^5}{q^5}} = \dfrac{q^5}{q^{5n}} \dfrac{q^{5n} - 1}{q^5 - 1} = \dfrac{1}{q^{5n-5}} \dfrac{q^{5n} - 1}{q^5 - 1}$

$\to R_0 = 20.000 \dfrac{1}{1{,}05^3}\left(\dfrac{1}{1{,}05^{45}} \dfrac{1{,}05^{50} - 1}{1{,}05^5 - 1}\right) = 72\,850{,}17\,€$

b) Nebenrechnung:

$\lim_{n \to \infty}\left(\dfrac{1}{q^{5n-5}} \dfrac{q^{5n} - 1}{q^5 - 1}\right) = \lim_{n \to \infty}\left\{\dfrac{1}{q^5 - 1}\left(\dfrac{q^{5n}}{q^{5n-5}} - \dfrac{1}{q^{5n-5}}\right)\right\} = \dfrac{q^5}{q^5 - 1}$

$\to R_0 = 20.000 \dfrac{1}{1{,}05^3} \dfrac{1{,}05^5}{1{,}05^5 - 1} = 79\,809{,}89\,€$ (vgl. auch Lösung C.3)

D. Tilgungsrechnung

1.

Jahr	Restschuld €	Zinsen €	Tilgung €	Aufwendung €
1	500.000	35.000	100.000	135.000
2	400.000	28.000	100.000	128.000
3	300.000	21.000	100.000	121.000
4	200.000	14.000	100.000	114.000
5	100.000	7.000	100.000	107.000
Insgesamt		105.000	500.000	605.000

2. a) $R_9 = 100.000(20-10+1) = 1.100.000$ €

   b) $R_{15} = 100.000(20-16+1) = 500.000$ €

   c) $Z_{12} = 100.000(20-12+1) \cdot 0{,}1 = 90.000$ €

   d) $A_{18} = T + Z_{18} = 100.000 + 100.000(20-18+1) \cdot 0{,}1$
   $= 130.000$ €

   e) $Z_{ges} = A_{ges} - S = S \cdot \frac{p}{100} \cdot \frac{(n+1)}{2} = 2.000.000 \cdot 0{,}1 \cdot \frac{21}{2} = 2.100.000$ €

3. a) $1{,}02^4 = 1{,}0824 \rightarrow p_{eff} = 8{,}24$

   b) ba) $T = \frac{10.000.000}{40} = 250.000$
   $R_{5,3} = 250.000(4 \cdot (10-6+1) - 3) = 4.250.000$ €

   bb) $R_{8,0} = 250.000(4 \cdot (10-9+1) - 0) = 2.000.000$ €

   bc) $Z_{5,3} + Z_{5,4} = 250.000(4(10-5+1)-3+1) \cdot \frac{8}{4 \cdot 100}$
   $+ 250.000(4(10-5+1)-4+1) \cdot \frac{8}{4 \cdot 100}$
   $= 110.000 + 105.000 = 215.000$ €

   bd) $A_{7,3} = 250.000 \left\{ 1 + (4(10-7+1)-3+1) \cdot \frac{8}{4 \cdot 100} \right\}$
   $= 250.000 \cdot 1{,}28 = 320.000$ €

   be) $Z_{ges} = A_{ges} - S = 10.000.000 \cdot \frac{8}{100} \left(\frac{11}{2} - \frac{3}{8} \right) = 4.100.000$ €

4. $R_8 = \frac{S}{10}(10-9+1) = 200.000$
   $\rightarrow S = 1.000.000$
   $A_5 = T_5 + Z_5 = 100.000 + 100.000(10-5+1) \cdot \frac{p}{100} = 166.000 \rightarrow p = 11$

5. $$Z_8 = \frac{500.000}{n}(n-8+1) \cdot \frac{12}{100} = 25.000 \text{ €}$$
$$\rightarrow n = 12 \text{ Jahre}$$

6. $$p_{eff} = 12{,}55 \rightarrow p^* = \left(\sqrt[4]{1{,}1255} - 1\right) \cdot 100 = 3$$
$$T = \frac{800.000}{32} = 25.000$$

Restschuld zu Beginn des 3. Jahres:
$$R_{2,0} = 25.000 \, (4(8-3+1)-0) = 600.000 \text{ €}$$

Quartal	Restschuld €	Zinsen €	Tilgung €	Aufwendung €
1	600.000	18.000	25.000	43.000
2	575.000	17.250	25.000	42.250
3	550.000	16.500	25.000	41.500
4	525.000	15.750	25.000	40.750

7.

Jahr	Restschuld €	Zinsen €	Tilgung €	Annuität €
1	1.000.000,00	100.000,00	129.607,38	229.607,38
2	870.392,62	87.039,26	142.568,12	229.607,38
3	727.824,50	72.782,45	156.824,93	229.607,38
4	570.999,57	57.099,96	172.507,42	229.607,38
5	398.492,15	39.849,22	189.758,17	229.607,38
6	208.734,98	20.873,40	208.733,98	229.607,38
Insgesamt		377.644,28	1.000.000	1.377.644,28

8. $$A = 200.000 \cdot 0{,}09 = 18.000$$
$$Z_1 = 200.000 \cdot 0{,}08 = 16.000 \rightarrow T_1 = 2.000$$

a) $$n = \frac{\ln 18.000 - \ln 2.000}{\ln 1{,}08} = 28{,}55 \text{ Jahre}$$

b) Restschuld zu Beginn des 27. Jahres:
$$R_{26} = 200.000 \, \frac{1{,}08^{28{,}55} - 1{,}08^{26}}{1{,}08^{28{,}55} - 1} = 40.093{,}53 \text{ €}$$

Jahr	Restschuld €	Zinsen €	Tilgung €	Annuität €
27	40.093,53	3.207,48	14.792,52	18.000,00
28	25.301,01	2.024,08	15.975,92	18.000,00
29	9.325,09	746,01*	9.325,09	10.071,10*

*Restschuld wird am Ende des 29. Jahres zurückbezahlt; wird sie nach Ablauf von 0,55 Jahren des 29. Jahres zurückbezahlt, dann betragen die Zinsen nur 410,30 €; die Annuität ist entsprechend geringer.

c)   Restschuld nach 10 Jahren:

$$R_{10} = 200.000 \, \frac{1,08^{28,55} - 1,08^{10}}{1,08^{28,55} - 1} = 171.027,30$$

Ansparung $0,4 \cdot 171.027,30 = 68.410,92$

$$R_{10} = 68.410,92 = r\left(12 + \frac{3}{100} \cdot \frac{11}{2}\right) \cdot \frac{1,03^{10} - 1}{0,03}$$
$$\rightarrow r = 490,55 \, €$$

9. a) $A = 50.000 \cdot 1,1^{30} \, \frac{0,1}{1,1^{30} - 1} = 5.303,96 \, €$

    b) $R_{24} = 50.000 \, \frac{1,1^{30} - 1,1^{24}}{1,1^{30} - 1} = 23.100,14 \, €$

    c) $T_1 = 5.303,96 - 5.000 = 303,96 \, €$

           $T_{18} = 303,96 \cdot 1,1^{17} = 1.536,36 \, €$

    d) $Z_{14} = 5.303,96 - 303,96 \cdot 1,1^{13} = 4.254,61 \, €$

    e) $A_{ges} = 30 \cdot 5.303,96 = 159.118,80 \, €$

    f) $Z_{ges} = 159.118,80 - 50.000 = 109.118,80 \, €$

    g) $R_{10} = 50.000 \cdot \frac{1,1^{30} - 1,1^{10}}{1,1^{30} - 1} = 45.155,62 \, €$

10. $R_{20} = 37.403,27 = S \cdot \frac{1,08^{25} - 1,08^{20}}{1,08^{25} - 1}$

        $\rightarrow S = 100.000 \quad \rightarrow A = 9.367,88$

Jahr	Restschuld €	Zinsen €	Tilgung €	Annuität €
21	37.403,27	2.992,26	6.375,61	9.367,88
22	31.027,66	2.482,21	6.885,66	9.367,88
23	24.142,00	1.931,36	7.436,52	9.367,88
24	16.705,48	1.336,44	8.031,44	9.367,88
25	8.674,04	693,92	8.673,95	9.367,88
	Insgesamt	134.197,00	100.000,00	234.197,00

11. $T_4 = 2.444{,}52 = \dfrac{A}{1{,}05^{11}} \cdot 1{,}05^3$

$\rightarrow A = 3.611{,}67$

$Z_4 = 3.611{,}67 - 2.444{,}52 = 1.167{,}15\ \text{€}$

12. a) $a = 100.000 \cdot 1{,}02^{20} \cdot \dfrac{0{,}02}{1{,}02^{20}-1} = 6.115{,}67\ \text{€}$

b) $R_7 = 100.000 \cdot \dfrac{1{,}02^{20}-1{,}02^7}{1{,}02^{20}-1} = 69.402{,}93\ \text{€}$

c) $T_{15} = \dfrac{6.115{,}67}{1{,}02^{20}} \cdot 1{,}02^{14} = 5.430{,}54\ \text{€}$

d) $Z_{20} = 6.115{,}67 - \dfrac{6.115{,}67}{1{,}02^{20}} \cdot 1{,}02^{19} = 119{,}92\ \text{€}$

e) $Z_{ges} = 20 \cdot 6.115{,}67 - 100.000 = 22.313{,}40\ \text{€}$

13. a) $A = 500.000 \cdot 1{,}01^{120} \cdot \dfrac{0{,}01}{1{,}01^{120}-1} = 7.173{,}55\ \text{€}$

b) $7.173{,}55 \cdot \dfrac{1{,}01^3-1}{0{,}01} = 21.736{,}57\ \text{€}$

14. a) $n = 25 \cdot 4 = 100$ Quartale

$m = 3$

$p = 2$

$a = \dfrac{200.000 \cdot 1{,}02^{100} \cdot \dfrac{0{,}02}{1{,}02^{100}-1}}{\left(3 + \dfrac{2}{100} \cdot \dfrac{2}{2}\right)} = 1.536{,}61\ \text{€}$

b) $Z_{ges} = 25 \cdot 12 \cdot 1.536{,}61 - 200.000 = 260.983\ \text{€}$

15. $1.198 = \dfrac{100.000 \cdot 1{,}08^n \cdot \dfrac{0{,}08}{1{,}08^n-1}}{\left(12 + \dfrac{8}{100} \cdot \dfrac{11}{2}\right)}$

$14.903{,}12\,(1{,}08^n-1) = 8.000 \cdot 1{,}08^n$

$6.903{,}12 \cdot 1{,}08^n = 14.903{,}12$

$1{,}08^n = 2{,}159$

$n = \dfrac{\ln 2{,}159}{\ln 1{,}08} = 10$ Jahre

16. $$a = 15.877{,}60 = \frac{200.000 \cdot q^{10} \cdot \frac{q-1}{q^{10}-1}}{\left(2 + \frac{p}{100} \cdot \frac{1}{2}\right)}$$

Lösung durch Probieren:

q	p	a	
1,08	8	14.610,73	zu klein
1,12	12	17.182,93	zu groß
1,10	10	15.877,60	Lösung

→ p = 10

17. $$a = 1.939{,}47 = \frac{100.000 \cdot q^{12} \frac{q-1}{q^{12}-1}}{\left(6 + \frac{p}{100} \cdot \frac{5}{2}\right)}$$

Lösung durch Probieren: (vgl. 16) → p = 6

18. $$14.000 = \frac{200.000 \cdot 1{,}07^n \frac{0{,}07}{1{,}07^n-1}}{\left(2 + \frac{7}{100} \cdot \frac{1}{2}\right)}$$

$$28.490 \,(1{,}07^n - 1) = 14.000 \cdot 1{,}07^n$$

$$n = \frac{\ln 1{,}966}{\ln 1{,}07} = 10$$

$$A_{ges} = 14.000 \cdot 2 \cdot 10 = 280.000 \,€$$

$$Z_{ges} = 280.000 - 200.000 = 80.000 \,€$$

19. $$300 = 9.200 \cdot q^{38} \frac{q-1}{q^{38}-1}$$

Lösung durch Probieren: (vgl. 16)

$$q = 1{,}0115 \rightarrow p_{eff} = 100\bigl(1{,}0115^{12}-1\bigr) = 14{,}71$$

20. a) $$A = \frac{100.000}{0{,}915} \cdot 1{,}061^{10} \frac{0{,}061}{1{,}061^{10}-1} = 14.919{,}39 \,€$$

b) $$14.919{,}39 = 100.000 \, q^{10} \frac{q-1}{q^{10}-1} \rightarrow p = 8{,}0 \text{ (Probieren)}$$

c) 149.193,90 €

21. $$A = \left(12 + \frac{5}{100} \cdot \frac{11}{2}\right) \cdot 490{,}38 = 6.019{,}41$$

a) $$T_1 = 6.019{,}41 - 50.000 \cdot 0{,}05 = 3.519{,}41$$

$$n = \frac{\ln 6.019{,}41 - \ln 3.519{,}41}{\ln 1{,}05} = 11 \text{ Jahre}$$

b) $$R_{5,3} = 50.000 \cdot 1{,}05^5 \left(1 + \frac{3}{12} \cdot \frac{5}{100}\right) - 490{,}38 \left\{ \left(12 + \frac{5}{100} \cdot \frac{11}{2}\right) \right.$$
$$\left. \cdot \frac{1{,}05^5 - 1}{0{,}05}\left(1 + \frac{3}{12} \cdot \frac{5}{100}\right) + \frac{3}{12}\left(12 + \frac{5}{100} \cdot \frac{2}{2}\right)\right\}$$
$$= 64.611{,}75 - 35.154{,}10 = 29.457{,}65 \ €$$

22. $$20.000 \cdot 0{,}97 = \frac{100}{q} + \frac{100}{q^2} + \frac{100}{q^3} + \frac{100}{q^4} + \frac{100}{q^5} + \frac{32577{,}89}{q^5}$$

$\rightarrow$ q = 1,1135   bzw. p_{eff} = 11,35

vgl. auch Aufg. 31 in Abschnitt B.

23. a)

Jahr	Restschuld	Zinsen	Tilgung	Annuität
9	2657,60	212,61	1277,69	1490,29
10	1379,91	110,39	1379,90	1490,29

b)   4902,90 €.

24. a) Annuität: A = 300.000 · 0,180674 = 54.202;

Restschuld nach 3 Jahren (k = 4): R_3 = 300.000 · 0.702760 = 210.828;

Es erfolgt eine Wiederanlage der Restschuld zu 7% für 5 Jahre. Als Annuität erhält man A^* = 210.828 · 0,243891 = 51.419. Der jährliche Schaden der Bank ist folglich die Differenz der beiden Annuitäten : $A - A^*$ = 54.202 - 51.419 = 2.783. Der Gesamtschaden V (finanzmathematische Vorfälligkeitsentschädigung) der Bank entspricht dem Barwert der jährlichen Mindereinnahmen:

$$R_0 = V = 2.783 \; \frac{1}{1{,}07^5} \; \frac{1{,}07^5 - 1}{0{,}07} = 11.411$$

b)   Bankenformel: 210.828 · 5 · 0,02 = 21.083

c) $$R_0 = V = S \cdot \left(\frac{q^n(q-1)}{q^n - 1} \cdot \frac{q^{*(n-k+1)} - 1}{q^{*(n-k+1)}(q^* - 1)} - \frac{q^n - q^{k-1}}{q^n - 1} \right)$$

Für q = 1,09;   q* = 1,07 (Wiederanlagezinsfaktor);   n = 8;   k-1 = 3 bzw k = 4 und S = 300.000 folgt:

$$V = 300.000 \cdot \left(0{,}180674 \cdot \frac{1}{0{,}243891} - 0{,}702760\right) = 11.411$$

E. Kursrechnung

1. a) $$C = 100\% \cdot \frac{1}{1{,}06^5}\left\{1 + 0{,}07\,\frac{1{,}06^5-1}{0{,}06}\right\} = 104{,}21\%$$

   $\rightarrow K_0' = 104{,}21\ €$

   b) $$K_0' + P_0' = \frac{100}{1{,}06^5} \cdot \left\{1 + 0{,}07\,\frac{1{,}06^5-1}{0{,}06}\right\} + \frac{3}{1{,}06^5} = 106{,}45\ €$$

2. $$C = 100\% \cdot \frac{1}{q'^4}\left\{1 + (q-1)\,\frac{q'^4-1}{q'-1}\right\} = 100\%,\quad \text{da } q' = q.$$

3. $$1{.}000{.}000 = K_0' + P_0' = \frac{1{.}000{.}000}{1{,}06^5}\left\{1 + 0{,}05\,\frac{1{,}06^5-1}{0{,}06}\right\} + \frac{P}{1{,}06^5}$$

   $\rightarrow 1{.}000{.}000 - 957{.}876{,}36 = \dfrac{P}{1{,}06^5}$

   $\rightarrow P = 56{.}370{,}93\ €$

4. $$C_0 = 100\% \cdot \frac{1}{1{,}07^{11}}\left\{1 + 0{,}07\,\frac{1{,}07^{11}-1}{0{,}07}\right\} = 100\%$$

   $$C_1 = 100\% \cdot \frac{1}{1{,}08^{10}}\left\{1 + 0{,}07\,\frac{1{,}08^{10}-1}{0{,}08}\right\} = 93{,}29\%$$

   $\rightarrow 6{,}71\%$ niedriger

5. Zinsniveau 7% :

   5%-Anleihe: $C = 100\%\,\dfrac{1}{1{,}07^{20}}\left\{1 + 0{,}05\,\dfrac{1{,}07^{20}-1}{0{,}07}\right\} = 78{,}81\%$

   8%-Anleihe: $C = 100\%\,\dfrac{1}{1{,}07^{4}}\left\{1 + 0{,}08 \cdot \dfrac{1{,}07^{4}-1}{0{,}07}\right\} = 103{,}39\%$

   Zinsniveau 6% :

   5%-Anleihe: $C = 100\%\,\dfrac{1}{1{,}06^{20}}\left\{1 + 0{,}05\,\dfrac{1{,}06^{20}-1}{0{,}06}\right\} = 88{,}53\%$

   8%-Anleihe: $C = 100\%\,\dfrac{1}{1{,}06^{4}}\left\{1 + 0{,}08 \cdot \dfrac{1{,}06^{4}-1}{0{,}06}\right\} = 106{,}93\%$

   $\rightarrow$ Kursanstieg: 5%-Anleihe: 12,33%

                               8%-Anleihe: 3,42%

6. $$13{,}13\% = \frac{100}{q^{30}}\%$$
$$\to q' = 1{,}07$$
$$C = \frac{100}{1{,}09^{28}}\% = 8{,}95\%$$

7. $$C = 100\% \cdot \frac{8}{6} = 133{,}33\%$$

8. a) $$\frac{8}{95} \cdot 100\% = 8{,}42\%$$

   b) Lösung durch Probieren:

   $$95\% = \underbrace{100\% \frac{1}{q^5}\left(1 + 0{,}08\,\frac{q^5-1}{q-1}\right)}_{F(q)}$$

q	F(q)
1,094	94,61%
1,093	94,98%
1,0929	95,02%

   $\to p = 9{,}295$

9. $$C = 100\%\,\frac{1{,}06^8 \cdot 0{,}06(1{,}07^8-1)}{1{,}07^8 \cdot (0{,}07(1{,}06^8-1))} = 96{,}16\%$$

10. aa) $$C = 100\%\,\frac{1{,}06^7 \cdot 0{,}06(1{,}07^7-1)}{1{,}07^7 \cdot 0{,}07(1{,}06^7-1)} = 96{,}54\%$$

    → Auszahlungsbetrag: 193.080,- €

    ab) $$\tilde{C} = \frac{4 + \frac{7}{100} \cdot \frac{3}{2}}{4 + \frac{6}{100} \cdot \frac{3}{2}} \cdot 96{,}54\% = 96{,}89\%$$

    → Auszahlungsbetrag: 193.780,- €

    ac) $$\tilde{C} = \frac{12 + \frac{7}{100} \cdot \frac{11}{2}}{12 + \frac{6}{100} \cdot \frac{11}{2}} \cdot 96{,}54\% = 96{,}97\%$$

    → Auszahlungsbetrag: 193.940,- €

b) $$A = 200.000 \cdot 1{,}06^7 \frac{0{,}06}{1{,}06^7-1} = 35.827{,}- €$$

$$a = \frac{35.827}{12 + \frac{6}{100} \cdot \frac{11}{2}} = 2.905{,}68 €$$

c) 7% (Marktzins)

11. a) $$90\% = 100\% \frac{1{,}06^6 \cdot 0{,}06(q'^6-1)}{q'^6(q'-1)(1{,}06^6-1)}$$

→ q' = 1,0946 bzw. p' = 9,46   (durch Probieren)

b) $$90\% = \frac{12 + \frac{p'}{100} \cdot \frac{11}{2}}{\left(12 + \frac{6}{100} \cdot \frac{11}{2}\right)} 100\% \frac{1{,}06^6 \cdot 0{,}06(q'^6-1)}{q'^6(q'-1)(1{,}06^6-1)}$$

Effektivverzinsung muß etwas höher als bei a liegen!

q'	C̃
1,095	91,29
1,1	90,15
1,101	89,93

→ p' ≈ 10,1

12. $$C = \frac{100\%}{5 \cdot 1{,}08^5}\left[\frac{1{,}08^5-1}{0{,}08}\left(1-\frac{6}{8}\right) + 5 \cdot 1{,}08^5 \cdot \frac{6}{8}\right]$$

= 94,96%

→ $\frac{100.000}{0{,}9496} = 105.307{,}50 €$

13. a) $$C = \frac{100\%}{5 \cdot 1{,}08^5}\left[\frac{1{,}08^5-1}{0{,}08}\left(1-\frac{7}{8}\right) + 5 \cdot 1{,}08^5 \cdot \frac{7}{8}\right]$$

= 97,48%

Disagio: (1 - 0,9748) · 50.000 = 1.260 €

b) $$C = 100\% \frac{1{,}07^5 \cdot 0{,}07(1{,}08^5-1)}{1{,}08^5 \cdot 0{,}08(1{,}07^5-1)} = 97{,}38\%$$

Disagio: (1 - 0,9738) · 50.000 = 1.310 €

14. $$90\% = \frac{100\%}{5 \cdot q'^5}\left[\frac{q'^5-1}{q'-1}\left(1-\frac{5}{p'}\right) + 5 \cdot q'^5 \cdot \frac{5}{p'}\right]$$

→ q' = 1,0906 bzw. p' = 9,06 (durch Probieren)

15. $$40\% = \frac{100\%}{1{,}08^n}$$

$$1{,}08^n = \frac{10}{4} \rightarrow n = \frac{\ln 2{,}5}{\ln 1{,}08} = 11{,}9 \text{ Jahre}$$

16. laufende Rendite: $6{,}25 = 100\% \frac{5}{C}$

→ C = 80%

$$80\% = 100\% \frac{1}{1{,}08^n}\left\{1 + 0{,}05 \frac{1{,}08^n-1}{0{,}08}\right\}$$

$$\rightarrow n = \frac{\ln 0{,}03 - \ln 0{,}014}{\ln 1{,}08} = 9{,}9 \text{ Jahre}$$

17. $$p'_k = 100\left(\sqrt{1{,}1}-1\right) = 4{,}881$$

$$C = 100\% \frac{1}{1{,}04881^{14}}\left\{1 + 0{,}03 \frac{1{,}04881^{14}-1}{0{,}04881}\right\}$$

$$= 81{,}24\%$$

18. $$93\% = 100\% \frac{1}{q'^{10}}\left\{1 + 0{,}03 \frac{q'^{10}-1}{q'-1}\right\}$$

q' = 1,0386 (durch Probieren)

$$\rightarrow p_{eff} = 100 \cdot \left(1{,}0386^2 - 1\right) = 7{,}87$$

19. $$D = \frac{1}{q-1} = \frac{1}{0{,}05} = 20 \text{ (Jahre)}$$

20. $$-0{,}064 = -\frac{1}{100+p'} \cdot \frac{0{,}08\left(q' \frac{q'^{10}-1}{(q'-1)^2} - \frac{10}{q'-1}\right) + 10}{1 + 0{,}08 \frac{q'^{10}-1}{q'-1}}$$

→ q' ≈ 1,1

→ D ≈ 7 (Jahre)   (durch Probieren)

F. Abschreibung

1. linearer Abschreibungsbetrag: $\dfrac{300.000-150.000}{10} = 15.000$

   a) $p = \left(1 - \sqrt[10]{\dfrac{150.000}{300.000}}\right) \cdot 100 = 6,7$

   $A_k = B_{k-1} \cdot \dfrac{p}{100} = B_0\left(1 - \dfrac{p}{100}\right)^{k-1} \cdot \dfrac{p}{100} = 15.000$

   $= 300.000 \cdot 0,933^{k-1} \cdot 0,067 = 15.000$

   $\to 0,933^{k-1} = \dfrac{15.000}{20.100}$

   $k = \dfrac{\ln 15.000 - \ln 20.100}{\ln 0,933} + 1$

   $= 5.22$

   $\to$ im 6. Jahr

   b) $A_k = \dfrac{2(B_0 - B_n)}{n(n+1)}(n-k+1) = 15.000$

   $= \dfrac{2 \cdot 150.000}{10 \cdot 11}(10-k+1)$

   $k = \dfrac{15.000}{2727,27} = 5,5$

   $\to$ im 6. Jahr

   Abschreibungsbeträge im 6. Jahr:

   15.000,00 € (linear)

   14.210,33 € (geometrisch)

   13.636,36 € (digital)

2. $A_6 = B_5 \cdot \dfrac{30}{100} = B_0\left(1 - \dfrac{30}{100}\right)^5 \cdot \dfrac{30}{100} = 1.000$

   $A_{11} = B_{10} \cdot \dfrac{30}{100} = 19.833,01 \cdot 0,7^{10} \cdot \dfrac{30}{100} = 168,07$ €

3. $A_5 = 2 A_{10}$

   $B_4 \cdot \dfrac{p}{100} = 2 B_9 \cdot \dfrac{p}{100}$

   $B_4 \cdot \dfrac{p}{100} = 2 B_4\left(1 - \dfrac{p}{100}\right)^5 \cdot \dfrac{p}{100}$

   $\to p = 100\left(1 - \sqrt[5]{\dfrac{1}{2}}\right) = 12,94$

4.

	geometrische Abschreibung €	lineare Abschreibung vom Restwert €	Restbuchwert zu Beginn €
1. Jahr	9.000	6.000	30.000
2. Jahr	6.300	5.250	21.000
→ 3. Jahr	4.410	4.900	14.700
4. Jahr		4.900	9.800
5. Jahr		4.900	4.900
6. Jahr			0

$$m \quad 5 + 1 - \frac{100}{30} = 2{,}67$$

→ Übergang im 3. Jahr!

ANHANG C: VERMISCHTE AUFGABEN MIT LÖSUNGEN

Aufgabe 1:
Vereinfache den folgenden Ausdruck:
$$\sqrt[4]{x^2 \sqrt[3]{\sqrt{x^{12}}}} =$$

Aufgabe 2:
Löse die folgenden Gleichungen:

a.) $\quad \dfrac{2}{x+2} \cdot \dfrac{8}{x-12} = 1$

b.) $\quad e^{5\ln x} = 1$

c.) $\quad e^{\ln x^2} = 1$

Aufgabe 3:
Ein Darlehen über 200.000 € soll mit 8 % verzinst und durch gleich hohe Annuitäten von 50.000 € jährlich getilgt werden. Wie lange dauert die Tilgung?

Aufgabe 4:
Die Preissteigerungsrate betrage 8% pro Jahr. Nach wieviel Jahren hat sich das Preisniveau
a.) verdoppelt?   b.) vervierfacht?

Aufgabe 5:
Bei einem Zinsniveau von 10% kauft ein Spekulant für 100.000 € Zero-Bonds mit 20jähriger Laufzeit zum abgezinsten Kurs. Nach vier Jahren ist der Zinssatz auf 12% gestiegen. Welche effektive Jahresverzinsung seines eingesetzten Kapitals erzielt er beim Verkauf seiner Zero-Bonds nach 4 Jahren zum gerechten Marktwert?

Aufgabe 6:
Eine Anleihe von 2.000.000 € soll mittels (jährlicher) Annuität zu 8% verzinst und innerhalb der nächsten 3 Jahre getilgt werden.
    a.) Wie hoch ist die Annuität?
    b.) Wieviel Zinsen werden insgesamt gezahlt?

Aufgabe 7:
Berechne:

a.) $\quad \displaystyle\sum_{k=0}^{\infty} \left(-\dfrac{1}{3}\right)^k =$

b.) $\quad \displaystyle\sum_{k=0}^{\infty} \dfrac{2^k}{4^{k+1}} =$

Aufgabe 8:
Löse folgende Gleichungen:
    a.) $e^{-\ln x^2} = 16$
    b.) $x^3 - 10 \cdot x^2 + 29 \cdot x - 20 = 0$,
        falls eine Lösung $x_1 = 1$ bekannt ist.

Aufgabe 9:
Eine Frau hat Anfang 1955 bei einer Bank 20.000 DM zum Jahreszinssatz von 6% angelegt. Seit 1980 hat sie begonnen, am Anfang eines jeden Jahres 8.000 DM abzuheben. Wie lange kann sie jedes Jahr diesen Betrag abheben, ohne ihr Konto zu überziehen?

Aufgabe 10:
Eine Anleihe von 1.000.000 € soll mittels gleichbleibender (jährlicher) Annuität zu 11% verzinst und innerhalb der nächsten 4 Jahre getilgt werden. Wie gestaltet sich der Tilgungsplan (Restschuld, Zinsen, Tilgung)?

Aufgabe 11:
a.) Mit welchem Kapital kann man sich als 30jähriger mit einer Lebenserwartung von 70 Jahren eine vorschüssige Monatsrente von 1.000 € mit vereinbartem jährlichen Zuwachs von 3% und einem Jahreszins von 5,5% abfinden lassen?

b.) Sie wollen für die beste Vorprüfung eines jeden Jahres einen Preis von 1.000 € nachschüssig aussetzen. Welches Kapital müssen Sie bei einem Jahreszins von 6% anlegen?

Aufgabe 12:
Jemand möchte von seinem 63. Geburtstag an 20 Jahre lang eine jährliche nachschüssige Rente in Höhe von 20.000 € ausbezahlt bekommen. Welchen Betrag muß er dafür 30 Jahre lang bis zu seinem 63. Geburtstag jährlich vorschüssig einzahlen? Sowohl in der Anspar- als auch in der Auszahlzeit werde das Konto jährlich mit 5,5% verzinst.

Aufgabe 13:
Vereinfache:
$$\frac{z^{a-1} - 4 \cdot z^{a-2}}{z^{a+1} - 8 \cdot z^{a} + 16 \cdot z^{a-1}} =$$

Aufgabe 14:
Bestimme x aus:

a.) $\log_c x = 2 \cdot \log_c a + \frac{1}{2} \log_c b$

b.) $9 \cdot 3^{2x} = 3^{x+1}$

c.) $x^{\ln x} = 10$

Aufgabe 15:
a.) Löse folgende Gleichung:
$4 - \sqrt{3 \cdot x + 4} = 2 \cdot x$

b.) Welche Summe besitzt die unendliche Reihe $\sum_{n=1}^{\infty} \frac{3}{10^n}$?

Aufgabe 16:
a.) Ein Sparer zahlt zum Ersten eines jeden Monats 100 € auf sein Konto ein. Zum Ende des Jahres werden die Zinsen anteilsmäßig mit 3% pro Jahr gutgeschrieben. Wie lautet der Kontostand nach 10 Jahren?

b.) Nach wieviel Jahren verdoppelt sich ein Kapital, falls die Verzinsung vierteljährlich mit 1,5% erfolgt?

c.) Die landwirtschaftliche Nutzfläche in der Sahel-Zone verringert sich jährlich um etwa 3,5%. Wieviel Prozent der heutigen Nutzfläche wird in 12 Jahren noch vorhanden sein?

Aufgabe 17:
Ein Bankkunde benötigt für den Kauf eines Autos einen kurzfristigen Kredit über genau 40.000 €. Er akzeptiert folgende Konditionen: Laufzeit zwei Jahre, Rückzahlung in zwei gleichen Annuitäten zum jeweiligen Jahresende, Jahreszins von 6,5% bei 95%iger Auszahlung.
a.) Wie hoch sind die beiden Annuitäten?
b.) Welchen Effektivzins (Marktzins) zahlt er?

Aufgabe 18:
Löse folgende Gleichung:
$$10 = \frac{2}{1,1^{x-1}} \cdot \frac{1,1^x - 1}{0,1}$$

Aufgabe 19:
Ein Buchhändler verkauft ein Lehrbuch der Finanzmathematik zum Ladenpreis von 36 €. Sein Aufschlag in Prozent hat den gleichen Zahlenwert wie der Einkaufspreis in €. Wie hoch ist der Einkaufspreis?

Aufgabe 20:
Löse folgende Gleichung nach x auf:
$$\alpha = \frac{(x^2 + 1)^x}{x}$$

Aufgabe 21:
Jemand legt 1.000.000 € zu 6% zinseszinslich an.
a.) Es werden monatlich nachschüssig 8.000 € abgehoben. Wie hoch ist der Kontostand nach 8 Jahren und zwei Monaten?
b.) Es werden jährlich nachschüssig 100.000 € abgehoben. Nach wieviel (vollen) Jahren ist erstmals der Kontostand unter 500.000 € gesunken?

Aufgabe 22:
a.) Eine Festgeldanlage wird monatlich verzinst. Der effektive Jahreszins beträgt 6%. Berechne die Jahreszinsen, die die Bank gewährt.
b.) Ein Kapital werde im ersten Jahr zu 4%, im zweiten Jahr zu 8% und im dritten Jahr zu 12% verzinst. Berechne die durchschnittliche Verzinsung pro Jahr.
c.) Das Sozialprodukt y eines Landes steigt jährlich um 1,5%, während die Bevölkerung B jährlich um 2,5% zunimmt. Berechne die Wachstumsrate des Pro-Kopf-Einkommens y/B.

Aufgabe 23:
Jemand legt 500.000 € zu 8% Jahreszinsen an. Am Ende des ersten Jahres werden 50.000 € abgehoben. Auf Grund der Teuerung wird damit gerechnet, daß der Betrag jährlich um 5% erhöht werden muß. Nach wieviel Jahren ist das angelegte Kapital aufgebraucht?

Aufgabe 24:
a.) Wieviel muß am Ende eines jeden Monats gespart werden, um bei 5%iger Verzinsung in 5 Jahren ein Kapital von 20.000 € anzusparen?
b.) Am 1.1.2005 wurde ein Sparkonto mit einer Einzahlung von 1.000 € eröffnet. Das Guthaben wird vierteljährlich mit 1% verzinst. Wie hoch ist das Guthaben am 1.1.2015,

wenn:
α.) alle Zinsgutschriften auf dem Konto bleiben?
β.) an jedem Jahresende 5% des verzinsten Kapitals abgehoben werden?

Aufgabe 25:
Vereinfache:
$$\frac{(2\cdot x+3\cdot y)^2+(2\cdot y-3\cdot x)^2}{(2\cdot u+3\cdot v)^2+(2\cdot v-3\cdot u)^2}=$$

Aufgabe 26:
a.) Ein Kapital von 10.000 € wird 6 Jahre zu 5%, anschließend 7 Jahre zu 10% verzinst. Wie hoch ist die durchschnittliche jährliche Verzinsung?
b.) In wieviel Jahren wachsen 3.000 € auf 15.000 €, falls die Verzinsung vierteljährlich mit 2% erfolgt?
c.) Zwischen 1960 und 1993 hat sich der Schadstoffgehalt eines Sees vertausendfacht. In den darauf folgenden 5 Jahren ist er um 14% zurückgegangen. Um wieviel Prozent ist der Schadstoffgehalt seit 1960 angestiegen?

Aufgabe 27:
Ein PC kostet bei Barzahlung 6.000 €. Bei Ratenzahlung, die einen Monat nach Kauf beginnt, sind 1.000 € sofort als Anzahlung und dann 24 Monatsraten zu je 240 € zu entrichten. Berechne den effektiven Jahreszins, falls jährliche Zinsperioden unterstellt werden.

Aufgabe 28:
Nach 18 Jahren beträgt die Restschuld eines Annuitätenkredits, der zu 8% verzinst wird und eine Gesamtlaufzeit von 20 Jahren hat, noch 18.163 €.
a.) Erstelle den Tilgungsplan der letzten 2 Jahre.
b.) Wie hoch sind die insgesamt für den Kredit zu zahlenden Zinsen?

Aufgabe 29:
Bei einem Marktzinsniveau von 8% werden folgende Wertpapiere angeboten:
a.) 5%-Anleihe mit einer Restlaufzeit von 12 Jahren (Rückzahlungskurs 100%).
b.) 7%-Anleihe mit einer Restlaufzeit von 4 Jahren (Rückzahlungskurs 100%).
c.) Zero-Bond mit einer Restlaufzeit von 7 Jahren (Rückzahlungskurs 105%).
Berechne die prozentuale Kursänderung, falls das Zinsniveau um einen Prozentpunkt steigt; die Berechnung soll sowohl exakt als auch unter Verwendung der Duration erfolgen.

Aufgabe 30:
Eine Maschine, die 360.000 € kostet, soll durch einen Kredit finanziert werden. Die Hausbank bietet einen Kredit, der in gleich hohen jährlichen Tilgungsraten zurückzuzahlen ist, mit folgenden Konditionen an:

Zins p.a.	8%
Auszahlung	90%
Laufzeit	4 Jahre.

a.) Wie hoch ist die Annuität im 2. Jahr?
b.) Wie hoch ist der Effektivzins?
c.) Wie hoch sind die Gesamtaufwendungen?

Aufgabe 31:
Der Anschaffungswert einer Maschine beträgt 100.000 €. Die Nutzungsdauer wird auf 6 Jahre veranschlagt. Der Restverkaufserlös ist Null. Erstellen Sie den Abschreibungsplan bei degressiver Abschreibung mit Übergang zur linearen Abschreibung im optimalen Zeitpunkt, falls der degressive Abschreibungssatz 25% beträgt.

Aufgabe 32:
a.) Jemand spart 1.000 € jährlich nachschüssig 10 Jahre lang. Danach kann aus dem angesammelten Kapital jährlich eine ewige nachschüssige Rente von 1.000 € gezahlt werden. Wie hoch ist der für beide Rentenzahlungen gleiche Zinsfuß?
b.) Sie wollen alle zwei Jahre einen Preis von 10.000 € (nachschüssig) für außerordentliche Leistungen auf dem Gebiet der Finanzmathematik aussetzen. Welches Kapital müssen Sie bei einem Jahreszins von 6% bereitstellen?
c.) Zwischen 1950 und 1986 hat sich der Gewinn eines Unternehmens verhundertfacht. In den darauf folgenden 5 Jahren ist er um 14% zurückgegangen. Berechne die durchschnittliche jährliche Wachstumsrate zwischen 1950 und 1991.

Aufgabe 33:
Ein Kredit über 1.000 € mit einer Laufzeit von 12 Monaten wird gewährt. Der Effektivzins beträgt 20%. Welche nachschüssige Monatsrate ergibt sich bei einer jährlichen Verzinsung?

Aufgabe 34:
Harald R. ist 30 Jahre alt; sein jetziges Jahreseinkommen beträgt 60.000 €. Er geht davon aus, daß sein Einkommen bis zu seinem 60. Geburtstag jährlich um 5% steigt.
a.) Harald R. spart 5% seines Einkommens jährlich nachschüssig. Wie hoch ist sein Sparguthaben an seinem 60. Geburtstag, falls sich das angesparte Kapital jährlich mit 8% verzinst?
b.) Nach seiner Pensionierung (an seinem 60. Geburtstag) möchte er das angesparte Guthaben verbrauchen. Er plant, monatlich nachschüssig 5.000 € auszugeben. Nach wieviel Jahren ist das Geld aufgebraucht, falls die Verzinsung jährlich mit 8% erfolgt?

Aufgabe 35:
Vereinfache:
$$\frac{\left[\dfrac{\dfrac{1}{x^2}+\dfrac{1}{y^2}}{\dfrac{1}{x^2}-\dfrac{1}{y^2}}\right]\left[\dfrac{1}{\dfrac{1}{(x+y)\cdot(x-y)}}\right]}{x^2+y^2}=$$

Aufgabe 36:
Berechne für $q > 1$:
$$\lim_{n\to\infty}\sum_{k=1}^{n}\frac{1}{q^{2k}}=$$

Aufgabe 37:
Berechne:

a.) $\sum_{k=1}^{100} \frac{1}{1,1^k} =$

b.) $\sum_{k=1}^{100} \frac{50+5\cdot k}{1,1^k} =$

Aufgabe 38:
Eine Anleihe mit einer Nominalverzinsung von 5% wird zu einem Kurs von 95% erworben und nach 6 Jahren zu einem Kurs von 100% zurückgegeben. Wie hoch ist die Rendite?

Aufgabe 39:
Eine AG nimmt einen Kredit über 10 Millionen € auf, der in zehn Jahren mit gleichbleibenden vierteljährlichen Tilgungsraten zu tilgen ist. Der Vierteljahreszins beträgt 2,5%.
a.) Wie hoch ist der effektive Jahreszinssatz?
b.) Berechnen Sie
 ba.) die Restschuld nach 8 ¾ Jahren.
 bb.) die Zinsen in der zweiten Hälfte des siebten Jahres.
 bc.) die insgesamt zu zahlenden Zinsen.

Aufgabe 40:
Eine ständige Wegebaulast von jährlich 1.000 € vorschüssig mit einem alle sechs Jahre fälligen Instandhaltungsbetrag von 2.000 € soll abgelöst werden. Der nächste Instandhaltungsbetrag fällt in zwei Jahren an. Wie hoch ist die Ablösesumme bei einem Zinssatz von 5%?

Aufgabe 41:
Ein Kapital von 10.000 € wächst in eineinhalb Jahren auf 10.762,50 € an. Wie hoch ist der Zinssatz bei gemischter Verzinsung?

Aufgabe 42:
Ein Darlehen habe eine Laufzeit von acht Jahren; die Annuität sei vierteljährlich fällig. Der Nominalzinsfuß beträgt vierteljährlich 2% und der Marktzinsfuß vierteljährlich 1,5%. Berechnen Sie den Auszahlungskurs.

Aufgabe 43:
Es wird ein Kredit über 10.000 € aufgenommen. Die Rückzahlungen erfolgen in drei Halbjahresraten von jeweils 4.000 €.
Wie hoch ist die Effektivverzinsung bei
a.) halbjährlicher Zinsverrechnungsperiode?
b.) jährlicher Zinsverrechnungsperiode?

Aufgabe 44:
Das Land A erwirtschaftet 30% des Bruttosozialproduktes des Landes B, dessen Bruttosozialprodukt jährlich um 3% wächst.
a.) Wie hoch muß die jährliche Wachstumsrate des Bruttosozialproduktes von A sein, um B in 7 Jahren wirtschaftlich einzuholen?
b.) Das Bruttosozialprodukt von A steige jährlich um 6%. Nach wieviel Jahren sind die Bruttosozialprodukte in den beiden Ländern gleich hoch?

Aufgabe 45:
Einem Tankstellenbesitzer wird eine Autowaschanlage zum Preis von 100.000 € angeboten. Es wird jährlich mit einem Überschuß von 20.000 € (nachschüssig) gerechnet. Nach Ablauf der Nutzungsdauer von 10 Jahren kann für die Anlage noch ein Schrottwert von 10.000 € erzielt werden.
Bei welchem Zinsfuß p lohnt sich die Investition gerade noch?

Aufgabe 46:
Um welchen Prozentsatz muß eine jährliche vorschüssige Sparrate von anfänglich 1.000 € pro Jahr steigen, damit man nach zehn Jahren ein Kapital von 20.000 € besitzt, falls der Zinsfuß 7% beträgt?

Aufgabe 47:
Ein Darlehen mit einer Laufzeit von acht Jahren soll halbjährlich mit konstanter Tilgungsrate getilgt werden. Der Nominalzinsfuß beträgt halbjährlich 3% und der Marktzinsfuß halbjährlich 4%. Berechnen Sie den Auszahlungskurs.

Aufgabe 48:
Ein Kredit über 980 € wird aufgenommen. Die Rückzahlungen erfolgen in vier nachschüssigen Monatsraten von jeweils 250 €.
Wie hoch ist die Effektivverzinsung bei
    a.) Anwendung der Uniformmethode?
    b.) monatlicher Zinsverrechnungsperiode?
    c.) jährlicher Zinsverrechnungsperiode?

Aufgabe 49:
Ein Sparer spart vierteljährlich nachschüssig 500 € bei einer jährlichen Verzinsung von 6%. Wie groß ist sein Guthaben nach fünf Jahren und fünf Monaten und zwanzig Tagen?

Aufgabe 50:
Sie wollen alle drei Jahre für die beste Klausur in Wirtschaftsmathematik einen Preis von 1.000 € aussetzen. Welches Kapital müssen Sie bei einem Jahreszins von 6% anlegen, falls der Preis nachschüssig
    a.) ewig vergeben wird?
    b.) nur fünfmal vergeben wird?

Aufgabe 51:
Eine Anleihe mit einer Nominalverzinsung von 8% wird zu einem Kurs von 104,6% erworben und nach 6 Jahren zu einem Kurs von 92,66% zurückgegeben. Wie hoch ist die Rendite?

Aufgabe 52:
Eine AG nimmt einen Kredit über 10 Millionen € auf, der in elf Jahren mit gleichbleibenden vierteljährlichen Annuitäten zu tilgen ist. Der Vierteljahreszins beträgt 2%.
    a.) Berechnen Sie die Restschuld nach 5 ¾ Jahren.
    b.) Wieviel Zinsen müssen in der ersten Hälfte des siebten Jahres gezahlt werden?

Aufgabe 53:
Für den Kauf eines Autos, welches 51.161 € kostet, wird ein Sparvertrag zu 6% Jahreszinsen abgeschlossen. Die vorschüssige jährliche Anfangsrate von 5.000 € soll jährlich um 5% steigen. Nach wieviel Jahren hat der Sparer die 51.161 € angespart?

Aufgabe 54:
Jemand spart vierteljährlich nachschüssig 500 € bei einer jährlichen Verzinsung von 6%. Wie groß ist sein Guthaben nach
a.) 3 ½ Jahren?
b.) sieben Jahren, fünf Monaten und zehn Tagen?

Aufgabe 55:
Ein Versicherungsbeitrag über 1.000 €, der am Anfang eines Jahres fällig ist, kann in nachschüssigen Vierteljahresraten bezahlt werden. Bei vierteljährlicher Zahlungsweise berechnet die Versicherung einen Aufschlag von 5%. Welcher Effektivverzinsung entspricht dieser Aufschlag bei
a.) vierteljährlicher Zinsverrechnungsperiode?
b.) jährlicher Zinsverrechnungsperiode?

Aufgabe 56:
Vereinfache:
$$\log_2\left\{\log_{\sqrt{a}}\sqrt[20]{\frac{a^3}{a^{-2}}}\right\} =$$

Aufgabe 57:
Eine Hochschule, die 1980 8.600 Studierende hatte, nahm bis 1990 um ebensoviel Prozent zu, wie sie durch den Geburtenrückgang bis 1995 verlor. Um wieviel Prozent hat die Zahl der Studierenden von 1980 bis 1990 zugenommen, wenn 1995 8.514 Studierende immatrikuliert waren?

Aufgabe 58:
In eine private Rentenversicherung werden einmalig 110.000 € eingezahlt. Die voraussichtliche Verzinsung des eingesetzten Kapitals beträgt 7,8% jährlich. Nach 14 Jahren wird aus dem verzinsten Kapital eine nachschüssige Monatsrente von 2687 € bis zum Alter (60+x) Jahre des Versicherungsnehmers gezahlt. Mit welchem x (Laufzeit der Rente) kalkuliert die Versicherung?

Aufgabe 59:
Ein Versicherungsnehmer einer Lebensversicherung hat die Wahl zwischen einer nachschüssigen dynamischen Monatsrente von 2.025 €, die sich jährlich um 3,75% erhöht, und einer nachschüssigen Monatsrente von 2.718 € in konstanter Höhe. Beide Renten werden bis zum Tode des Versicherungsnehmers gezahlt. Der Zinsfuß beträgt 3,75 %.
a.) Nach wieviel Jahren ist die dynamische Rente zum ersten Male höher als die konstante?
b.) Bei welcher Laufzeit sind beide Renten gleich vorteilhaft?

Aufgabe 60:
Eine Schuld von 50.000 € soll innerhalb von 30 Jahren mit gleichbleibenden jährlichen Annuitäten getilgt werden. Berechne bei einem Zinsfuß von 10% die Summe aller Tilgungen bis einschließlich des 18. Jahres.

Aufgabe 61:
Ein Annuitätendarlehen über 300.000 € (bei monatlicher Tilgung) wurde Ende 2002 zu einem Zinssatz von 9% bei einer Bank aufgenommen. Die Laufzeit (Zinsbindungsdauer) betrug 8 Jahre. Weil 4 Jahre später das Zinsniveau auf 7% gesunken ist, möchte der Darlehensnehmer die Restschuld vorzeitig zurückzahlen. Wie hoch ist die finanzmathematische Vorfälligkeitsentschädigung ohne Berücksichtigung von Kreditbearbeitungskosten?

Aufgabe 62:
Löse folgende Gleichung nach y auf:
$$x = -\frac{1}{5}\ln(1-y)$$

Aufgabe 63:
Ein Vater möchte seinen fünf Söhnen Hunerich, Gunthamund, Thrasamund, Hilderich und Gelimer zum 18. Geburtstag jeweils 40.000 € schenken. Hunerich wird in genau drei Jahren, Gunthamund in genau fünf Jahren und Thrasamund in genau sechs Jahren 18 Jahre alt. Seine Zwillingssöhne Hilderich und Gelimer sind genau zehn Jahre alt. Der Vater beschließt daher, ab sofort einen festen Betrag monatlich nachschüssig auf ein neu anzulegendes Sparbuch mit einer Verzinsung von 5% p.a. einzuzahlen.
a.) Wie hoch ist die erforderliche monatliche Sparrate, wenn der Kontostand nach der letzten Auszahlung 0,- € betragen soll?
b.) Wie hoch ist der Kontostand nach sechs Jahren nach Abzug des Geburtstagsgeschenkes für Thrasamund?

Aufgabe 64:
Berechne:

a.) $\sum_{k=1}^{100} k \cdot 1{,}01^{k-1}$ b.) $\sum_{k=1}^{\infty} \frac{1}{k(k+1)}$

Aufgabe 65:
Ein Unternehmen hat 2002 einen Gesamtumsatz von 100 Millionen € mit einem Umsatzanteil im Inland von 99%. Aufgrund eines Konjunkturrückgangs sinkt 2003 der Umsatzanteil im Inland auf 98% bei unveränderter Höhe des Auslandsumsatzes. Um wieviel Prozent ist der Gesamtumsatz gesunken?

Aufgabe 66:
100 Kaninchen vermehren sich in 100 Jahren auf 123456789123456789 Kaninchen. Wie hoch war die jährliche durchschnittliche Wachstumsrate bei stetiger Betrachtung?

Aufgabe 67:
Eine Versicherungssumme über 12.000 € soll nicht in einem Betrag, sondern als vorschüssige Rente in Höhe von 250 € in 53 Monatsraten an den Versicherungsnehmer ausgezahlt werden. Mit welcher Verzinsung rechnet die Versicherung, falls jährliche Zinsverrechnungsperioden unterstellt werden?

Aufgabe 68:
Ein Darlehen von 100.000 € wird mit einer Nominalverzinsung von 5% angeboten. Die Tilgung beträgt 10.000 € jährlich. Wie hoch muß das Damnum sein, damit eine Effektivverzinsung von 8% erreicht wird?

Aufgabe 69:
Nach 17 Jahren beträgt die Restschuld eines Annuitätenkredits, der zu 5% verzinst wird und eine Gesamtlaufzeit von 20 Jahren hat, noch 21.852,04 €. Berechne die durchschnittliche Restschuld (= Summe aller Restschulden/Laufzeit).
Hinweis: Die Summe aller Restschulden ist über die Summenformel der geometrischen Reihe zu ermitteln.

Aufgabe 70:
Eine Aktie auf dem Neuen Markt mit einem Ausgabekurs von 35 € ist zuerst um 90% gefallen und dann um 7.000% gestiegen. Wie hoch ist ihr Kurs heute?

Aufgabe 71:
Die gesamte Zinsbelastung für einen Annuitätenkredit mit einer Laufzeit von 20 Jahren und einer Verzinsung von 7% beträgt 35.514,34 €. Erstellen Sie den Tilgungsplan der letzten 3 Jahre und ermitteln Sie die Summe aller Tilgungen und Annuitäten der Jahre 1 bis 20.

Aufgabe 72:
a.) 7.000 € müssen 9 Tage angelegt werden, um einen bestimmten Zinsertrag zu erbringen. Wie viele Tage benötigen 3.000 €, um diesen Zinsertrag zu erzielen?

b.) 1/3 einer Anlagesumme wird zu 8%, 1/4 zu 3% und 15.000 € zu 6% einfach verzinslich ein Jahr angelegt. Wie hoch sind die Zinseinnahmen?

Aufgabe 73:
a.) Der Student A. gewinnt 200.000 €. Er legt das Geld zu 5% zinseszinslich an. In 30 Jahren möchte er über ein Vermögen von 500.000 € verfügen. Welchen Betrag kann er jährlich nachschüssig von seinem Guthaben abheben?

b.) Die Studentin B legt für ihre Aussteuer 5.000 € zinseszinslich an. Danach werden jährlich regelmäßig weitere 1.000 € nachschüssig eingezahlt Das Guthaben beläuft sich nach 10 Jahren auf 18.183 €. Wie hoch war die jährliche Verzinsung p?

c.) Die Studentin C legt für ihre Aussteuer 5.000 € zinseszinslich an. Danach werden jährlich regelmäßig weitere 1.000 € nachschüssig eingezahlt Das Guthaben beläuft sich nach 2 Jahren auf 7.500 €. Wie hoch war die jährliche Verzinsung p (analytische Lösung)?

Aufgabe 74:
Jemand hat eine Zusage für eine Betriebsrente mit einer Laufzeit von 25 Jahren. In den ersten 10 Jahren beträgt die Rente 5.000 € monatlich vorschüssig, danach 5000 € monatlich nachschüssig. Wie hoch ist der Barwert bei einem Zinssatz von 5%?

Aufgabe 75:
a.) Die Belegschaft des Unternehmens U ist halb so groß wie die des Unternehmens V, deren Belegschaft jährlich um 5% zunimmt. Wie hoch muß die jährliche Wachstumsrate der Belegschaft von U sein, um in 7 Jahren eine doppelt so hohe Belegschaft wie V zu haben? (Stetige Betrachtungsweise der Wachstumsraten).

b.) Eine 500-€-Anleihe, die in 5 Jahren zu pari fällig ist, hat einen Kuponzinssatz von 7%. Wie hoch ist ihr Kurswert, falls der Marktzinssatz 4% ist?

Aufgabe 76:
Eine Mineralwasserquelle mit einem Kaufpreis von 500.000 € erwirtschaftet 30 Jahre lang einen Überschuß von 50.000 € jährlich nachschüssig. Nach 30 Jahren ist die Quelle versiegt. Das Grundstück kann dann aber noch zu einem Preis von 125.000 € verkauft werden. Bei welchem Zinsfuß p lohnt sich die Investition gerade noch?

Aufgabe 77:
Eine nachschüssige Rente von vierteljährlich 1.000 € mit einer Laufzeit von 7 Jahren soll in eine vorschüssige monatliche Rente mit einer Laufzeit von 10 Jahren umgewandelt werden. Wie hoch ist diese bei 5% Jahreszins?

Aufgabe 78:
Der Kurswert einer Aktienanlage (ohne Dividendenausschüttungen) steigt im 1. Jahr um 30% und im 2. Jahr um 40%; im 3. Jahr fällt er um 70%. Wie hoch ist die durchschnittliche jährliche Verzinsung des eingesetzten Kapitals, falls bei Kauf und Verkauf jeweils Bankspesen von 5 % der Kaufsumme zu zahlen sind?

Aufgabe 79:
Der Schadstoffgehalt eines Sees hat sich zwischen 1970 und 1990 um 9.900% erhöht. Um wieviel Prozent ist der Schadstoffgehalt zwischen 1990 und 2005 gesunken, wenn er in der gesamten Betrachtungsperiode zwischen 1970 und 2005 nur um 300% gestiegen ist?

Aufgabe 80:
Jemand legt 150.000 € zu 6% an. Jährlich werden a.) 15.000 € nachschüssig, b.) 9.000 € nachschüssig, c.) 9.000 € vorschüssig abgehoben. Nach wieviel Jahren ist das Guthaben aufgebraucht?

Aufgabe 81:
Eine Investition in eine Mineralwasserquelle über 600.000 € führe 10 Jahre lang zu jährlichen nachschüssigen Einzahlungsüberschüssen (Renten) von 100.000 €. Nach 10 Jahren ist die Quelle versiegt. Es wird daher kein Restverkaufserlös erzielt.

a.) Lohnt sich die Investition bei einem Zinsfuß von 5%?
b.) Bei welcher Verzinsung lohnt sich die Investition gerade noch?
c.) Auf welche Summe ist das Vermögen von 100.000 € nach 10 Jahren angewachsen, wenn die Rückflüsse jeweils zu 5% angelegt werden?
d.) Welche Verzinsung p.a. müßte der Investor erhalten, damit sein Anfangsvermögen von 100.000 € nach 10 Jahren auf den gleichen Wert wie unter c.) wächst?

LÖSUNGEN DER VERMISCHTEN AUFGABEN

Die Lösungen der finanzmathematischen Aufgaben sind ausführlich erläutert in
Peter Pflaumer: *Klausurtraining Finanzmathematik*, Norderstedt, 2005.

1. x
2. a) $x_{1,2} = 5 \pm \sqrt{65}$ b) $x = 1$ c) $x_1 = 1$, $x_2 = -1$
3. 5 Jahre
4. a) 9 Jahre   b) 18 Jahre
5. 2,35 %
6. a) 776067,03 €   b) 328201,09 €
7. a) ¾   b) ½
8. a) $x_{1,2} = \pm \dfrac{1}{4}$ b) $x_2 = 4$, $x_3 = 5$
9. 16 Jahre
10.

Jahr	Restschuld	Tilgung	Zinsen	Annuität
1	1000000	212326,35	110000,00	322326,35
2	787673,65	235682,25	86644,10	322326,35
3	551991,40	261607,30	60719,05	322326,35
4	290384,10	290384,10	31942,25	322326,35
Summe		1000000,00	289305,40	1289305,40

11. a) 304899,46 €
    b) 16666,67 €
12. 3127,58 €
13. $\dfrac{1}{z(z-4)}$
14. a) $x = a^2 \sqrt{b}$ b) $x = -1$ c) $x_1 = e^{\sqrt{\ln 10}} \approx 4{,}5605$ $x_2 = e^{-\sqrt{\ln 10}} \approx 0{,}2193$
15. a) 3/4   b) 1/3
16. a) 13980,20 €   b) 11,64   c) 65,7 %
17. a) 23126,80 €   b) 10,26 %
18. 6,3596
19. 28,10 €
20. $x = \dfrac{1}{\sqrt[z]{a^z - 1}}$
21. a) 607697,46 €   b) 10 Jahre
22. a) 5,84 %   b) 7,95 %   c) -1 %

23. 12,66 Jahre
24. a) 294,87 €   bα) 1488,86 €   bβ) 891,44 €
25. $\dfrac{x^2 + y^2}{u^2 + v^2}$
26. a) 7,66 %   b) 20,3 Jahre   c) 85900 %
27. 15,1 %
28. S = 100000

Jahr	Restschuld	Zins	Tilgung	Annuität
19	18163	1453,04	8732,18	10185,22
20	9430,82	754,47	9430,75	10185,22
Insgesamt		103704,40	100000	203704,40

29.

	a)	b)	c)
exakte Kursveränderung	-7,8 %	-3,3 %	-6,2 %
Duration	8,88 Jahre	3,62 Jahre	7 Jahre
approximative Kursveränderung	-8,2 %	-3,4 %	-6,5 %

30. a) 124000 €   b) 13,1 %   c) 480000 €
31.

Jahr	1	2	3	4	5	6
Abschreibung	25000	18750	14062,50	14062,50	14062,50	14062,50
Buchwert	100000	75000	56250	42187,50	28125	14062,50

32. a) 7,18 %   b) 80906,15 €   c) 11,48 %
33. 91,60 €
34. a) 574071,45 €   b) 17,42 Jahre
35. -1
36. $\dfrac{1}{q^2 - 1}$
37. a) 9,9992   b) 1050
38. 6 %
39. a) 10,38 %   ba) 1250000 €   bb) 168750 €   bc) 5125000 €
40. 28148,03 €
41. 5 %
42. 107,66 %
43. a) 20,34 %   b) 20,38 %
44. a) 22,3 %   b) 41,9 Jahre

45.	15,7 %	
46.	7,4 %	
47.	93,21 %	
48.	a) 9,8 %	b) 10,2 %	c) 9,9 %
49.	12361,14 €	
50.	a) 5235,16 €	b) 3050,71 €
51.	6 %	
52.	a) 5849804 €	b) 220288,42 €
53.	7 Jahre	
54.	a) 7713,28 €	b) 18128,98 €
55.	a) 8,16 %	b) 8,25%
56.	-1	
57.	10 %	
58.	17,7 Jahre	
59.	a) 8 Jahre	b) 18 Jahre
60.	13860,43 €	
61.	7994,36 €	
62.	$y = 1 - e^{-5x}$	
63.	a) 1889,31 €	b) 29440,20 €
64.	a) 10000	b) 1
65.	50 %	
66.	34,75 %	
67.	4,8 %	
68.	12337,19 €	
69.	60485,17 €	
70.	248,50 €	

71.

	Restschuld	Zinsen	Tilgung	Annuität
18	9908,67	693,61	3082,11	3775,72
19	6826,56	477,86	3297,86	3775,72
20	3528,71	247,01	3528,71	3775,72
Summe		35514,34	40000,00	75514,34

72.	a) 21	b) 2130 €	
73.	a) 5487,57 €	b) 3%	c) 4,46 %
74.	866.946 €		
75.	a) 24,8%	b) 566,80 €	
76.	9,5%		
77.	247,76 €		

78. −20,95%
79. −96%
80. a) 15,73 Jahre　　　b) ewige Rente　　c) 49,28 Jahre
81. a) $C_0 = 172173{,}49$　　b) r=10,57　　c) 1257789,25　　d) 7,68%

ANHANG D: TABELLEN

Hinweise zur Ermittlung von Effektivzinsen mit Hilfe der Tabellen
1. Effektivzins bei jährlichen Zahlungen
2. Effektivzins bei unterjährlichen Zahlungen
   2.1 AIBD-Methode bzw. PAngV 2000
   2.2 Effektivzins bei gemischter Verzinsung (auch: PAngV 1985)

Tabelle I: Nachschüssige Rentenendwertfaktoren

Tabelle II: Vorschüssige Rentenendwertfaktoren

Tabelle III: Nachschüssige Rentenbarwertfaktoren

Tabelle IV: Vorschüssige Rentenbarwertfaktoren

Tabelle V: Annuitätenfaktoren

Tabelle VI: Nachschüssige monatliche Rentenbarwertfaktoren

Tabelle VII: Nachschüssige vierteljährliche Rentenbarwertfaktoren

Tabelle VIII: Nachschüssige halbjährliche Rentenbarwertfaktoren

Tabelle IX: Vorschüssige monatliche Rentenbarwertfaktoren

Tabelle X: Vorschüssige vierteljährliche Rentenbarwertfaktoren

Tabelle XI: Vorschüssige halbjährliche Rentenbarwertfaktoren

Hinweise zur Ermittlung von Effektivzinsen mit Hilfe der Tabellen

1. Effektivzins bei jährlichen Zahlungen

Durch Verwendung der Tabellen und lineare Interpolation vereinfacht sich die näherungsweise Berechnung des Zinsfußes p bei jährlicher Rentenrechnung erheblich.

Beispiel:

Wie groß ist der Zinsfuß p, wenn eine jährliche nachschüssige Rente von 1.000 € nach fünf Jahren zu einem Rentenendwert von 5.694 € führt?

Lösung:

$$R_5 = 5.694 \, € = 1.000 \, € \cdot \frac{q^5 - 1}{q - 1}$$

bzw. $\quad 5{,}694 = \frac{q^5 - 1}{q - 1} = \rho_s(p)$

In der Tabelle I der nachschüssigen Rentenendwertfaktoren sucht man in der Zeile n = 5 (Jahre) den Faktor $\rho_s(p) = 5{,}694$. Da $5{,}6371 < 5{,}694 < 5{,}7507$ ist, liegt der gesuchte Zinsfuß zwischen $p_1 = 6$ und $p_2 = 7$. Durch lineare Interpolation erhält man ($p_1 < p < p_2$):

$$\frac{p - p_1}{p_2 - p_1} = \frac{\rho_n(p) - \rho_n(p_1)}{\rho_n(p_2) - \rho_n(p_1)}; \quad \text{mit } p_2 - p_1 = 1 \text{ folgt}$$

$$\boxed{p = p_1 + \frac{\rho_n(p) - \rho_n(p_1)}{\rho_n(p_2) - \rho_n(p_1)}} = 6 + \frac{5{,}694 - 5{,}6371}{5{,}7507 - 5{,}6371} = 6{,}5.$$

In analoger Weise lassen sich die Zinsfüße bei anderen Problemen der Rentenrechnung mit jährlichen Zahlungen ermitteln; ebenso kann man mit den Tabellen I bis V Rentenend- und Rentenbarwerte sowie Annuitäten berechnen.

2. Effektivzins bei unterjährlichen Zahlungen

2.1 AIBD-Methode bzw. PAngV 2000

Bei der AIBD-Methode sind Zahlungs- und Verzinsungsperiode gleich. Bei monatlicher Zahlungsweise wird monatliche, bei vierteljährlicher Zahlungsweise vierteljährliche Verzinsung, etc. angenommen. Ausgangspunkt zur Ermittlung des Effektivzinsfußes nach AIBD ist die nachschüssige Rentenbarwertformel (vgl. Abschnitt C 2.1)

$$R_0 = \frac{r}{q^n} \cdot \frac{q^n - 1}{q - 1},$$

wobei jetzt n die Anzahl der Perioden bzw. Verzinsungen (Monate, Vierteljahre, Halbjahre) und $p = 100 \cdot (q-1)$ den Periodenzinsfuß angeben. Der Übersichtlichkeit halber verwenden wir hier p und nicht p* für den Periodenzinsfuß. Mit Hilfe der Tabelle III und linearer Interpolation kann der Periodenzinsfuß p über den Rentenbarwertfaktor

$$\rho_0(p) = \frac{R_0}{r} = \frac{1}{q^n} \frac{q^n - 1}{q-1}$$

auf einfache Weise wie im vorigen Abschnitt 1 ermittelt werden.

Beispiel: (vgl. Aufgabe 48b der vermischten Aufgaben in Anhang C)

Ein Kredit über 950 € soll in vier Monatsraten von jeweils 250 € zurückgezahlt werden. Wie hoch ist der Effektivzins bei monatlicher Zinsverrechnungsperiode (Effektivzins nach AIBD)?

Lösung:

Der Rentenbarwertfaktor beträgt $\rho_0(p) = \dfrac{950}{250} = 3{,}8$.

Bei $n = 4$ (Monaten) sucht man in Tabelle III den Rentenbarwertfaktor 3,8. Dieser liegt zwischen $\rho_0(p_1) = 3{,}8077$ ($p_1 = 2$) und $\rho_0(p_2) = 3{,}7171$ ($p_2 = 3$). Folglich muß der gesuchte Monatszinssatz zwischen 2 % und 3% liegen.

Die lineare Interpolationsformel

$$\boxed{p = p_1 + \frac{\rho_0(p) - \rho_0(p_1)}{\rho_0(p_2) - \rho_0(p_1)}}$$

führt zu

$$p = 2 + \frac{3{,}8000 - 3{,}8077}{3{,}7171 - 3{,}8077} = 2{,}085.$$

Der unterjährliche monatliche Zinsfuß wird anschließend in den jährlichen Effektivzinsfuß

$$p_{\text{eff}} = 100 \cdot \left[\left(1 + \frac{2{,}085}{100}\right)^{12} - 1\right] = 28{,}1$$

(Effektivzinsfuß nach AIBD) umgerechnet (vgl. Abschnitt B 3).

2.2 Effektivzins bei gemischter Verzinsung (auch: PAngV 1985)

Zur Ermittlung des Effektivzinsfußes bei gemischter Verzinsung können neben dem Probieren auch die Tabellen VI (monatliche Zahlungen), VII (vierteljährliche Zahlungen) und VIII (halbjährliche Zahlungen) herangezogen werden.

Beispiel: (vgl. das erste Beispiel zur Berechnung des Effektivzinses nach PAngV 1985 auf S. 67)

Ein Kredit über 8.000 DM soll in 30 Monatsraten zu je 321,60 DM zurückgezahlt werden. Wie hoch ist der Effektivzinsfuß bei gemischter Verzinsung?

Lösung:

Der Rentenbarwertfaktor beträgt $\rho_0(p) = \dfrac{8.000}{321,60} = 24{,}8756$.

Aus der Tabelle VI kann man bei 2 Jahren und 6 Monaten (= 30 Monate) ablesen, daß $24{,}9417 > 24{,}8756 > 24{,}6875$ gilt; der gesuchte Zinssatz liegt daher zwischen 16% und 17%. Lineare Interpolation mit der Formel aus Abschnitt 2.1 ergibt den Effektivzinsfuß bei gemischter Verzinsung

$$p = p_{\mathit{eff}} = 16 + \frac{24{,}8756 - 24{,}9417}{24{,}6875 - 24{,}9417} = 16{,}26.$$

Beispiel: (vgl. das zweite Beispiel zur Berechnung des Effektivzinses nach PAngV 1985 auf S. 68)

Ein Kredit über 7.840 DM soll in 10 Quartalsraten von je 890,61 DM zurückgezahlt werden. Wie hoch ist der Effektivzins bei gemischter Verzinsung?

Lösung:

Der Rentenbarwertfaktor beträgt $\rho_0(p) = \dfrac{7.840}{890,61} = 8{,}8030$.

Aus der Tabelle VII erkennt man bei 2 Jahren und 2 Vierteljahren (= 10 Quartale), daß $8{,}9029 > 8{,}8030 > 8{,}7963$ gilt; der gesuchte Zinssatz liegt daher zwischen 9% und 10%. Lineare Interpolation mit obiger Formel ergibt den Effektivzinsfuß bei gemischter Verzinsung

$$p = p_{\mathit{eff}} = 9 + \frac{8{,}8030 - 8{,}9029}{8{,}7963 - 8{,}9029} = 9{,}94.$$

Anm: Die Tabellen VI, VII und VIII dienen auch zur einfachen Berechnung des nachschüssigen Rentenend- und Rentenbarwertes bei gemischter Verzinsung (vgl. Abschnitt C 6), da

$$R_n = R_0 q^{n_1}(1 + n_2 \frac{p}{100}) = r\rho_0(p) q^{n_1}(1 + n_2 \frac{p}{100})$$

gilt.

Beispiel: (vgl. auch das erste Beispiel in Abschnitt C6)

Es werden monatlich nachschüssig 250 € bei einer jährlichen Verzinsung von 5% gespart. Wie groß ist das Guthaben nach 4 Jahren und 5 Monaten?

Lösung:

In Tabelle VI liest man bei 4 Jahren und 5 Monaten sowie 5% den Rentenbarwertfaktor 47,5897 ab. Das gesuchte Guthaben bzw. der Rentenendwert beträgt daher

$$R_{4\frac{5}{12}} = 250\,\text{€} \cdot 47{,}5897 \cdot 1{,}05^4 \cdot \left(1 + \frac{5}{12} \cdot \frac{5}{100}\right) = 14.762{,}67\,\text{€}.$$

Tabelle I: Nachschüssige Rentenendwertfaktoren

$$\rho_n = \frac{q^n - 1}{q - 1}$$

n	1%	2%	3%	4%	5%	6%	7%	8%	9%	10%
1	1,0000	1,0000	1,0000	1,0000	1,0000	1,0000	1,0000	1,0000	1,0000	1,0000
2	2,0100	2,0200	2,0300	2,0400	2,0500	2,0600	2,0700	2,0800	2,0900	2,1000
3	3,0301	3,0604	3,0909	3,1216	3,1525	3,1836	3,2149	3,2464	3,2781	3,3100
4	4,0604	4,1216	4,1836	4,2465	4,3101	4,3746	4,4399	4,5061	4,5731	4,6410
5	5,1010	5,2040	5,3091	5,4163	5,5256	5,6371	5,7507	5,8666	5,9847	6,1051
6	6,1520	6,3081	6,4684	6,6330	6,8019	6,9753	7,1533	7,3359	7,5233	7,7156
7	7,2135	7,4343	7,6625	7,8983	8,1420	8,3938	8,6540	8,9228	9,2004	9,4872
8	8,2857	8,5830	8,8923	9,2142	9,5491	9,8975	10,2598	10,6366	11,0285	11,4359
9	9,3685	9,7546	10,1591	10,5828	11,0266	11,4913	11,9780	12,4876	13,0210	13,5795
10	10,4622	10,9497	11,4639	12,0061	12,5779	13,1808	13,8164	14,4866	15,1929	15,9374
11	11,5668	12,1687	12,8078	13,4864	14,2068	14,9716	15,7836	16,6455	17,5603	18,5312
12	12,6825	13,4121	14,1920	15,0258	15,9171	16,8699	17,8885	18,9771	20,1407	21,3843
13	13,8093	14,6803	15,6178	16,6268	17,7130	18,8821	20,1406	21,4953	22,9534	24,5227
14	14,9474	15,9739	17,0863	18,2919	19,5986	21,0151	22,5505	24,2149	26,0192	27,9750
15	16,0969	17,2934	18,5989	20,0236	21,5786	23,2760	25,1290	27,1521	29,3609	31,7725
16	17,2579	18,6393	20,1569	21,8245	23,6575	25,6725	27,8881	30,3243	33,0034	35,9497
17	18,4304	20,0121	21,7616	23,6975	25,8404	28,2129	30,8402	33,7502	36,9737	40,5447
18	19,6147	21,4123	23,4144	25,6454	28,1324	30,9057	33,9990	37,4502	41,3013	45,5992
19	20,8109	22,8406	25,1169	27,6712	30,5390	33,7600	37,3790	41,4463	46,0185	51,1591
20	22,0190	24,2974	26,8704	29,7781	33,0660	36,7856	40,9955	45,7620	51,1601	57,2750
21	23,2392	25,7833	28,6765	31,9692	35,7193	39,9927	44,8652	50,4229	56,7645	64,0025
22	24,4716	27,2990	30,5368	34,2480	38,5052	43,3923	49,0057	55,4568	62,8733	71,4027
23	25,7163	28,8450	32,4529	36,6179	41,4305	46,9958	53,4361	60,8933	69,5319	79,5430
24	26,9735	30,4219	34,4265	39,0826	44,5020	50,8156	58,1767	66,7648	76,7898	88,4973
25	28,2432	32,0303	36,4593	41,6459	47,7271	54,8645	63,2490	73,1059	84,7009	98,3471
26	29,5256	33,6709	38,5530	44,3117	51,1135	59,1564	68,6765	79,9544	93,3240	109,1818
27	30,8209	35,3443	40,7096	47,0842	54,6691	63,7058	74,4838	87,3508	102,7231	121,0999
28	32,1291	37,0512	42,9309	49,9676	58,4026	68,5281	80,6977	95,3388	112,9682	134,2099
29	33,4504	38,7922	45,2189	52,9663	62,3227	73,6398	87,3465	103,9659	124,1354	148,6309
30	34,7849	40,5681	47,5754	56,0849	66,4388	79,0582	94,4608	113,2832	136,3075	164,4940
31	36,1327	42,3794	50,0027	59,3283	70,7608	84,8017	102,0730	123,3459	149,5752	181,9434
32	37,4941	44,2270	52,5028	62,7015	75,2988	90,8898	110,2182	134,2135	164,0370	201,1378
33	38,8690	46,1116	55,0778	66,2095	80,0638	97,3432	118,9334	145,9506	179,8003	222,2515
34	40,2577	48,0338	57,7302	69,8579	85,0670	104,1838	128,2588	158,6267	196,9823	245,4767
35	41,6603	49,9945	60,4621	73,6522	90,3203	111,4348	138,2369	172,3168	215,7108	271,0244
36	43,0769	51,9944	63,2759	77,5983	95,8363	119,1209	148,9135	187,1021	236,1247	299,1268
37	44,5076	54,0343	66,1742	81,7022	101,6281	127,2681	160,3374	203,0703	258,3759	330,0395
38	45,9527	56,1149	69,1594	85,9703	107,7095	135,9042	172,5610	220,3159	282,6298	364,0434
39	47,4123	58,2372	72,2342	90,4091	114,0950	145,0585	185,6403	238,9412	309,0665	401,4478
40	48,8864	60,4020	75,4013	95,0255	120,7998	154,7620	199,6351	259,0565	337,8824	442,5926
41	50,3752	62,6100	78,6633	99,8265	127,8398	165,0477	214,6096	280,7810	369,2919	487,8518
42	51,8790	64,8622	82,0232	104,8196	135,2318	175,9505	230,6322	304,2435	403,5281	537,6370
43	53,3978	67,1595	85,4839	110,0124	142,9933	187,5076	247,7765	329,5830	440,8457	592,4007
44	54,9318	69,5027	89,0484	115,4129	151,1430	199,7580	266,1209	356,9496	481,5218	652,6408
45	56,4811	71,8927	92,7199	121,0294	159,7002	212,7435	285,7493	386,5056	525,8587	718,9048
46	58,0459	74,3306	96,5015	126,8706	168,6852	226,5081	306,7518	418,4261	574,1860	791,7953
47	59,6263	76,8172	100,3965	132,9454	178,1194	241,0986	329,2244	452,9002	626,8628	871,9749
48	61,2226	79,3535	104,4084	139,2632	188,0254	256,5645	353,2701	490,1322	684,2804	960,1723
49	62,8348	81,9406	108,5406	145,8337	198,4267	272,9584	378,9990	530,3427	746,8656	1057,1896
50	64,4632	84,5794	112,7969	152,6671	209,3480	290,3359	406,5289	573,7702	815,0836	1163,9085

Nachschüssige Rentenendwertfaktoren

n	11%	12%	13%	14%	15%	16%	17%	18%
1	1,0000	1,0000	1,0000	1,0000	1,0000	1,0000	1,0000	1,0000
2	2,1100	2,1200	2,1300	2,1400	2,1500	2,1600	2,1700	2,1800
3	3,3421	3,3744	3,4069	3,4396	3,4725	3,5056	3,5389	3,5724
4	4,7097	4,7793	4,8498	4,9211	4,9934	5,0665	5,1405	5,2154
5	6,2278	6,3528	6,4803	6,6101	6,7424	6,8771	7,0144	7,1542
6	7,9129	8,1152	8,3227	8,5355	8,7537	8,9775	9,2068	9,4420
7	9,7833	10,0890	10,4047	10,7305	11,0668	11,4139	11,7720	12,1415
8	11,8594	12,2997	12,7573	13,2328	13,7268	14,2401	14,7733	15,3270
9	14,1640	14,7757	15,4157	16,0853	16,7858	17,5185	18,2847	19,0859
10	16,7220	17,5487	18,4197	19,3373	20,3037	21,3215	22,3931	23,5213
11	19,5614	20,6546	21,8143	23,0445	24,3493	25,7329	27,1999	28,7551
12	22,7132	24,1331	25,6502	27,2707	29,0017	30,8502	32,8239	34,9311
13	26,2116	28,0291	29,9847	32,0887	34,3519	36,7862	39,4040	42,2187
14	30,0949	32,3926	34,8827	37,5811	40,5047	43,6720	47,1027	50,8180
15	34,4054	37,2797	40,4175	43,8424	47,5804	51,6595	56,1101	60,9653
16	39,1899	42,7533	46,6717	50,9804	55,7175	60,9250	66,6488	72,9390
17	44,5008	48,8837	53,7391	59,1176	65,0751	71,6730	78,9792	87,0680
18	50,3959	55,7497	61,7251	68,3941	75,8364	84,1407	93,4056	103,7403
19	56,9395	63,4397	70,7494	78,9692	88,2118	98,6032	110,2846	123,4135
20	64,2028	72,0524	80,9468	91,0249	102,4436	115,3797	130,0329	146,6280
21	72,2651	81,6987	92,4699	104,7684	118,8101	134,8405	153,1385	174,0210
22	81,2143	92,5026	105,4910	120,4360	137,6316	157,4150	180,1721	206,3448
23	91,1479	104,6029	120,2048	138,2970	159,2764	183,6014	211,8013	244,4868
24	102,1742	118,1552	136,8315	158,6586	184,1678	213,9776	248,8076	289,4945
25	114,4133	133,3339	155,6196	181,8708	212,7930	249,2140	292,1049	342,6035
26	127,9988	150,3339	176,8501	208,3327	245,7120	290,0883	342,7627	405,2721
27	143,0786	169,3740	200,8406	238,4993	283,5688	337,5024	402,0323	479,2211
28	159,8173	190,6989	227,9499	272,8892	327,1041	392,5028	471,3778	566,4809
29	178,3972	214,5828	258,5834	312,0937	377,1697	456,3032	552,5121	669,4475
30	199,0209	241,3327	293,1992	356,7868	434,7451	530,3117	647,4391	790,9480
31	221,9132	271,2926	332,3151	407,7370	500,9569	616,1616	758,5038	934,3186
32	247,3236	304,8477	376,5161	465,8202	577,1005	715,7475	888,4494	1103,4960
33	275,5292	342,4294	426,4632	532,0350	664,6655	831,2671	1040,4858	1303,1253
34	306,8374	384,5210	482,9034	607,5199	765,3654	965,2698	1218,3684	1538,6878
35	341,5896	431,6635	546,6808	693,5727	881,1702	1120,7130	1426,4910	1816,6516
36	380,1644	484,4631	618,7493	791,6729	1014,3457	1301,0270	1669,9945	2144,6489
37	422,9825	543,5987	700,1867	903,5071	1167,4975	1510,1914	1954,8936	2531,6857
38	470,5106	609,8305	792,2110	1030,9981	1343,6222	1752,8220	2288,2255	2988,3891
39	523,2667	684,0102	896,1984	1176,3378	1546,1655	2034,2735	2678,2238	3527,2992
40	581,8261	767,0914	1013,7042	1342,0251	1779,0903	2360,7572	3134,5218	4163,2130
41	646,8269	860,1424	1146,4858	1530,9086	2046,9539	2739,4784	3668,3906	4913,5914
42	718,9779	964,3595	1296,5289	1746,2358	2354,9969	3178,7949	4293,0169	5799,0378
43	799,0655	1081,0826	1466,0777	1991,7088	2709,2465	3688,4021	5023,8298	6843,8646
44	887,9627	1211,8125	1657,6678	2271,5481	3116,6334	4279,5465	5878,8809	8076,7603
45	986,6386	1358,2300	1874,1646	2590,5648	3585,1285	4965,2739	6879,2907	9531,5771
46	1096,1688	1522,2176	2118,8060	2954,2439	4123,8977	5760,7177	8049,7701	11248,2610
47	1217,7474	1705,8838	2395,2508	3368,8380	4743,4824	6683,4326	9419,2310	13273,9480
48	1352,6996	1911,5898	2707,6334	3841,4753	5456,0047	7753,7818	11021,5002	15664,2586
49	1502,4965	2141,9806	3060,6258	4380,2819	6275,4055	8995,3869	12896,1553	18484,8251
50	1668,7712	2400,0182	3459,5071	4994,5213	7217,7163	10435,6488	15089,5017	21813,0937

Tabelle II: Vorschüssige Rentenendwertfaktoren

$$\rho_n = q \cdot \frac{q^n - 1}{q - 1}$$

n	1%	2%	3%	4%	5%	6%	7%	8%	9%	10%
1	1,0100	1,0200	1,0300	1,0400	1,0500	1,0600	1,0700	1,0800	1,0900	1,1000
2	2,0301	2,0604	2,0909	2,1216	2,1525	2,1836	2,2149	2,2464	2,2781	2,3100
3	3,0604	3,1216	3,1836	3,2465	3,3101	3,3746	3,4399	3,5061	3,5731	3,6410
4	4,1010	4,2040	4,3091	4,4163	4,5256	4,6371	4,7507	4,8666	4,9847	5,1051
5	5,1520	5,3081	5,4684	5,6330	5,8019	5,9753	6,1533	6,3359	6,5233	6,7156
6	6,2135	6,4343	6,6625	6,8983	7,1420	7,3938	7,6540	7,9228	8,2004	8,4872
7	7,2857	7,5830	7,8923	8,2142	8,5491	8,8975	9,2598	9,6366	10,0285	10,4359
8	8,3685	8,7546	9,1591	9,5828	10,0266	10,4913	10,9780	11,4876	12,0210	12,5795
9	9,4622	9,9497	10,4639	11,0061	11,5779	12,1808	12,8164	13,4866	14,1929	14,9374
10	10,5668	11,1687	11,8078	12,4864	13,2068	13,9716	14,7836	15,6455	16,5603	17,5312
11	11,6825	12,4121	13,1920	14,0258	14,9171	15,8699	16,8885	17,9771	19,1407	20,3843
12	12,8093	13,6803	14,6178	15,6268	16,7130	17,8821	19,1406	20,4953	21,9534	23,5227
13	13,9474	14,9739	16,0863	17,2919	18,5986	20,0151	21,5505	23,2149	25,0192	26,9750
14	15,0969	16,2934	17,5989	19,0236	20,5786	22,2760	24,1290	26,1521	28,3609	30,7725
15	16,2579	17,6393	19,1569	20,8245	22,6575	24,6725	26,8881	29,3243	32,0034	34,9497
16	17,4304	19,0121	20,7616	22,6975	24,8404	27,2129	29,8402	32,7502	35,9737	39,5447
17	18,6147	20,4123	22,4144	24,6454	27,1324	29,9057	32,9990	36,4502	40,3013	44,5992
18	19,8109	21,8406	24,1169	26,6712	29,5390	32,7600	36,3790	40,4463	45,0185	50,1591
19	21,0190	23,2974	25,8704	28,7781	32,0660	35,7856	39,9955	44,7620	50,1601	56,2750
20	22,2392	24,7833	27,6765	30,9692	34,7193	38,9927	43,8652	49,4229	55,7645	63,0025
21	23,4716	26,2990	29,5368	33,2480	37,5052	42,3923	48,0057	54,4568	61,8733	70,4027
22	24,7163	27,8450	31,4529	35,6179	40,4305	45,9958	52,4361	59,8933	68,5319	78,5430
23	25,9735	29,4219	33,4265	38,0826	43,5020	49,8156	57,1767	65,7648	75,7898	87,4973
24	27,2432	31,0303	35,4593	40,6459	46,7271	53,8645	62,2490	72,1059	83,7009	97,3471
25	28,5256	32,6709	37,5530	43,3117	50,1135	58,1564	67,6765	78,9544	92,3240	108,1818
26	29,8209	34,3443	39,7096	46,0842	53,6691	62,7058	73,4838	86,3508	101,7231	120,0999
27	31,1291	36,0512	41,9309	48,9676	57,4026	67,5281	79,6977	94,3388	111,9682	133,2099
28	32,4504	37,7922	44,2189	51,9663	61,3227	72,6398	86,3465	102,9659	123,1354	147,6309
29	33,7849	39,5681	46,5754	55,0849	65,4388	78,0582	93,4608	112,2832	135,3075	163,4940
30	35,1327	41,3794	49,0027	58,3283	69,7608	83,8017	101,0730	122,3459	148,5752	180,9434
31	36,4941	43,2270	51,5028	61,7015	74,2988	89,8898	109,2182	133,2135	163,0370	200,1378
32	37,8690	45,1116	54,0778	65,2095	79,0638	96,3432	117,9334	144,9506	178,8003	221,2515
33	39,2577	47,0338	56,7302	68,8579	84,0670	103,1838	127,2588	157,6267	195,9823	244,4767
34	40,6603	48,9945	59,4621	72,6522	89,3203	110,4348	137,2369	171,3168	214,7108	270,0244
35	42,0769	50,9944	62,2759	76,5983	94,8363	118,1209	147,9135	186,1021	235,1247	298,1268
36	43,5076	53,0343	65,1742	80,7022	100,6281	126,2681	159,3374	202,0703	257,3759	329,0395
37	44,9527	55,1149	68,1594	84,9703	106,7095	134,9042	171,5610	219,3159	281,6298	363,0434
38	46,4123	57,2372	71,2342	89,4091	113,0950	144,0585	184,6403	237,9412	308,0665	400,4478
39	47,8864	59,4020	74,4013	94,0255	119,7998	153,7620	198,6351	258,0565	336,8824	441,5926
40	49,3752	61,6100	77,6633	98,8265	126,8398	164,0477	213,6096	279,7810	368,2919	486,8518
41	50,8790	63,8622	81,0232	103,8196	134,2318	174,9505	229,6322	303,2435	402,5281	536,6370
42	52,3978	66,1595	84,4839	109,0124	141,9933	186,5076	246,7765	328,5830	439,8457	591,4007
43	53,9318	68,5027	88,0484	114,4129	150,1430	198,7580	265,1209	355,9496	480,5218	651,6408
44	55,4811	70,8927	91,7199	120,0294	158,7002	211,7435	284,7493	385,5056	524,8587	717,9048
45	57,0459	73,3306	95,5015	125,8706	167,6852	225,5081	305,7518	417,4261	573,1860	790,7953
46	58,6263	75,8172	99,3965	131,9454	177,1194	240,0986	328,2244	451,9002	625,8628	870,9749
47	60,2226	78,3535	103,4084	138,2632	187,0254	255,5645	352,2701	489,1322	683,2804	959,1723
48	61,8348	80,9406	107,5406	144,8337	197,4267	271,9584	377,9990	529,3427	745,8656	1056,1896
49	63,4632	83,5794	111,7969	151,6671	208,3480	289,3359	405,5289	572,7702	814,0836	1162,9085
50	65,1078	86,2710	116,1808	158,7738	219,8154	307,7561	434,9860	619,6718	888,4411	1280,2994

Vorschüssige Rentenendwertfaktoren

n	11%	12%	13%	14%	15%	16%	17%	18%
1	1,1100	1,1200	1,1300	1,1400	1,1500	1,1600	1,1700	1,1800
2	2,3421	2,3744	2,4069	2,4396	2,4725	2,5056	2,5389	2,5724
3	3,7097	3,7793	3,8498	3,9211	3,9934	4,0665	4,1405	4,2154
4	5,2278	5,3528	5,4803	5,6101	5,7424	5,8771	6,0144	6,1542
5	6,9129	7,1152	7,3227	7,5355	7,7537	7,9775	8,2068	8,4420
6	8,7833	9,0890	9,4047	9,7305	10,0668	10,4139	10,7720	11,1415
7	10,8594	11,2997	11,7573	12,2328	12,7268	13,2401	13,7733	14,3270
8	13,1640	13,7757	14,4157	15,0853	15,7858	16,5185	17,2847	18,0859
9	15,7220	16,5487	17,4197	18,3373	19,3037	20,3215	21,3931	22,5213
10	18,5614	19,6546	20,8143	22,0445	23,3493	24,7329	26,1999	27,7551
11	21,7132	23,1331	24,6502	26,2707	28,0017	29,8502	31,8239	33,9311
12	25,2116	27,0291	28,9847	31,0887	33,3519	35,7862	38,4040	41,2187
13	29,0949	31,3926	33,8827	36,5811	39,5047	42,6720	46,1027	49,8180
14	33,4054	36,2797	39,4175	42,8424	46,5804	50,6595	55,1101	59,9653
15	38,1899	41,7533	45,6717	49,9804	54,7175	59,9250	65,6488	71,9390
16	43,5008	47,8837	52,7391	58,1176	64,0751	70,6730	77,9792	86,0680
17	49,3959	54,7497	60,7251	67,3941	74,8364	83,1407	92,4056	102,7403
18	55,9395	62,4397	69,7494	77,9692	87,2118	97,6032	109,2846	122,4135
19	63,2028	71,0524	79,9468	90,0249	101,4436	114,3797	129,0329	145,6280
20	71,2651	80,6987	91,4699	103,7684	117,8101	133,8405	152,1385	173,0210
21	80,2143	91,5026	104,4910	119,4360	136,6316	156,4150	179,1721	205,3448
22	90,1479	103,6029	119,2048	137,2970	158,2764	182,6014	210,8013	243,4868
23	101,1742	117,1552	135,8315	157,6586	183,1678	212,9776	247,8076	288,4945
24	113,4133	132,3339	154,6196	180,8708	211,7930	248,2140	291,1049	341,6035
25	126,9988	149,3339	175,8501	207,3327	244,7120	289,0883	341,7627	404,2721
26	142,0786	168,3740	199,8406	237,4993	282,5688	336,5024	401,0323	478,2211
27	158,8173	189,6989	226,9499	271,8892	326,1041	391,5028	470,3778	565,4809
28	177,3972	213,5828	257,5834	311,0937	376,1697	455,3032	551,5121	668,4475
29	198,0209	240,3327	292,1992	355,7868	433,7451	529,3117	646,4391	789,9480
30	220,9132	270,2926	331,3151	406,7370	499,9569	615,1616	757,5038	933,3186
31	246,3236	303,8477	375,5161	464,8202	576,1005	714,7475	887,8494	1102,4960
32	274,5292	341,4294	425,4632	531,0350	663,6655	830,2671	1039,4858	1302,1253
33	305,8374	383,5210	481,9034	606,5199	764,3654	964,2698	1217,3684	1537,6878
34	340,5896	430,6635	545,6808	692,5727	880,1702	1119,7130	1425,4910	1815,6516
35	379,1644	483,4631	617,7493	790,6729	1013,3457	1300,0270	1668,9945	2143,6489
36	421,9825	542,5987	699,1867	902,5071	1166,4975	1509,1914	1953,8936	2530,6857
37	469,5106	608,8305	791,2110	1029,9981	1342,6222	1751,8220	2287,2255	2987,3891
38	522,2667	683,0102	895,1984	1175,3378	1545,1655	2033,2735	2677,2238	3526,2992
39	580,8261	766,0914	1012,7042	1341,0251	1778,0903	2359,7572	3133,5218	4162,2130
40	645,8269	859,1424	1145,4858	1529,9086	2045,9539	2738,4784	3667,3906	4912,5914
41	717,9779	963,3595	1295,5289	1745,2358	2353,9969	3177,7949	4292,0169	5798,0378
42	798,0655	1080,0826	1465,0777	1990,7088	2708,2465	3687,4021	5022,8298	6842,8646
43	886,9627	1210,8125	1656,6678	2270,5481	3115,6334	4278,5465	5877,8809	8075,7603
44	985,6386	1357,2300	1873,1646	2589,5648	3584,1285	4964,2739	6878,2907	9530,5771
45	1095,1688	1521,2176	2117,8060	2953,2439	4122,8977	5759,7177	8048,7701	11247,2610
46	1216,7474	1704,8838	2394,2508	3367,8380	4742,4824	6682,4326	9418,2310	13272,9480
47	1351,6996	1910,5898	2706,6334	3840,4753	5455,0047	7752,7818	11020,5002	15663,2586
48	1501,4965	2140,9806	3059,6258	4379,2819	6274,4055	8994,3869	12895,1553	18483,8251
49	1667,7712	2399,0182	3458,5071	4993,5213	7216,7163	10434,6488	15088,5017	21812,0937
50	1852,3360	2688,0204	3909,2430	5693,7543	8300,3737	12105,3526	17654,7170	25739,4505

Tabelle III: Nachschüssige Rentenbarwertfaktoren

$$\rho_0 = \frac{1}{q^n} \cdot \frac{q^n - 1}{q - 1}$$

n	1%	2%	3%	4%	5%	6%	7%	8%	9%	10%
1	0,9901	0,9804	0,9709	0,9615	0,9524	0,9434	0,9346	0,9259	0,9174	0,9091
2	1,9704	1,9416	1,9135	1,8861	1,8594	1,8334	1,8080	1,7833	1,7591	1,7355
3	2,9410	2,8839	2,8286	2,7751	2,7232	2,6730	2,6243	2,5771	2,5313	2,4869
4	3,9020	3,8077	3,7171	3,6299	3,5460	3,4651	3,3872	3,3121	3,2397	3,1699
5	4,8534	4,7135	4,5797	4,4518	4,3295	4,2124	4,1002	3,9927	3,8897	3,7908
6	5,7955	5,6014	5,4172	5,2421	5,0757	4,9173	4,7665	4,6229	4,4859	4,3553
7	6,7282	6,4720	6,2303	6,0021	5,7864	5,5824	5,3893	5,2064	5,0330	4,8684
8	7,6517	7,3255	7,0197	6,7327	6,4632	6,2098	5,9713	5,7466	5,5348	5,3349
9	8,5660	8,1622	7,7861	7,4353	7,1078	6,8017	6,5152	6,2469	5,9952	5,7590
10	9,4713	8,9826	8,5302	8,1109	7,7217	7,3601	7,0236	6,7101	6,4177	6,1446
11	10,3676	9,7868	9,2526	8,7605	8,3064	7,8869	7,4987	7,1390	6,8052	6,4951
12	11,2551	10,5753	9,9540	9,3851	8,8633	8,3838	7,9427	7,5361	7,1607	6,8137
13	12,1337	11,3484	10,6350	9,9856	9,3936	8,8527	8,3577	7,9038	7,4869	7,1034
14	13,0037	12,1062	11,2961	10,5631	9,8986	9,2950	8,7455	8,2442	7,7862	7,3667
15	13,8651	12,8493	11,9379	11,1184	10,3797	9,7122	9,1079	8,5595	8,0607	7,6061
16	14,7179	13,5777	12,5611	11,6523	10,8378	10,1059	9,4466	8,8514	8,3126	7,8237
17	15,5623	14,2919	13,1661	12,1657	11,2741	10,4773	9,7632	9,1216	8,5436	8,0216
18	16,3983	14,9920	13,7535	12,6593	11,6896	10,8276	10,0591	9,3719	8,7556	8,2014
19	17,2260	15,6785	14,3238	13,1339	12,0853	11,1581	10,3356	9,6036	8,9501	8,3649
20	18,0456	16,3514	14,8775	13,5903	12,4622	11,4699	10,5940	9,8181	9,1285	8,5136
21	18,8570	17,0112	15,4150	14,0292	12,8212	11,7641	10,8355	10,0168	9,2922	8,6487
22	19,6604	17,6580	15,9369	14,4511	13,1630	12,0416	11,0612	10,2007	9,4424	8,7715
23	20,4558	18,2922	16,4436	14,8568	13,4886	12,3034	11,2722	10,3711	9,5802	8,8832
24	21,2434	18,9139	16,9355	15,2470	13,7986	12,5504	11,4693	10,5288	9,7066	8,9847
25	22,0232	19,5235	17,4131	15,6221	14,0939	12,7834	11,6536	10,6748	9,8226	9,0770
26	22,7952	20,1210	17,8768	15,9828	14,3752	13,0032	11,8258	10,8100	9,9290	9,1609
27	23,5596	20,7069	18,3270	16,3296	14,6430	13,2105	11,9867	10,9352	10,0266	9,2372
28	24,3164	21,2813	18,7641	16,6631	14,8981	13,4062	12,1371	11,0511	10,1161	9,3066
29	25,0658	21,8444	19,1885	16,9837	15,1411	13,5907	12,2777	11,1584	10,1983	9,3696
30	25,8077	22,3965	19,6004	17,2920	15,3725	13,7648	12,4090	11,2578	10,2737	9,4269
31	26,5423	22,9377	20,0004	17,5885	15,5928	13,9291	12,5318	11,3498	10,3428	9,4790
32	27,2696	23,4683	20,3888	17,8736	15,8027	14,0840	12,6466	11,4350	10,4062	9,5264
33	27,9897	23,9886	20,7658	18,1476	16,0025	14,2302	12,7538	11,5139	10,4644	9,5694
34	28,7027	24,4986	21,1318	18,4112	16,1929	14,3681	12,8540	11,5869	10,5178	9,6086
35	29,4086	24,9986	21,4872	18,6646	16,3742	14,4982	12,9477	11,6546	10,5668	9,6442
36	30,1075	25,4888	21,8323	18,9083	16,5469	14,6210	13,0352	11,7172	10,6118	9,6765
37	30,7995	25,9695	22,1672	19,1426	16,7113	14,7368	13,1170	11,7752	10,6530	9,7059
38	31,4847	26,4406	22,4925	19,3679	16,8679	14,8460	13,1935	11,8289	10,6908	9,7327
39	32,1630	26,9026	22,8082	19,5845	17,0170	14,9491	13,2649	11,8786	10,7255	9,7570
40	32,8347	27,3555	23,1148	19,7928	17,1591	15,0463	13,3317	11,9246	10,7574	9,7791
41	33,4997	27,7995	23,4124	19,9931	17,2944	15,1380	13,3941	11,9672	10,7866	9,7991
42	34,1581	28,2348	23,7014	20,1856	17,4232	15,2245	13,4524	12,0067	10,8134	9,8174
43	34,8100	28,6616	23,9819	20,3708	17,5459	15,3062	13,5070	12,0432	10,8380	9,8340
44	35,4555	29,0800	24,2543	20,5488	17,6628	15,3832	13,5579	12,0771	10,8605	9,8491
45	36,0945	29,4902	24,5187	20,7200	17,7741	15,4558	13,6055	12,1084	10,8812	9,8628
46	36,7272	29,8923	24,7754	20,8847	17,8801	15,5244	13,6500	12,1374	10,9002	9,8753
47	37,3537	30,2866	25,0247	21,0429	17,9810	15,5890	13,6916	12,1643	10,9176	9,8866
48	37,9740	30,6731	25,2667	21,1951	18,0772	15,6500	13,7305	12,1891	10,9336	9,8969
49	38,5881	31,0521	25,5017	21,3415	18,1687	15,7076	13,7668	12,2122	10,9482	9,9063
50	39,1961	31,4236	25,7298	21,4822	18,2559	15,7619	13,8007	12,2335	10,9617	9,9148

Nachschüssige Rentenbarwertfaktoren

n	11%	12%	13%	14%	15%	16%	17%	18%	19%	20%
1	0,9009	0,8929	0,8850	0,8772	0,8696	0,8621	0,8547	0,8475	0,8403	0,8333
2	1,7125	1,6901	1,6681	1,6467	1,6257	1,6052	1,5852	1,5656	1,5465	1,5278
3	2,4437	2,4018	2,3612	2,3216	2,2832	2,2459	2,2096	2,1743	2,1399	2,1065
4	3,1024	3,0373	2,9745	2,9137	2,8550	2,7982	2,7432	2,6901	2,6386	2,5887
5	3,6959	3,6048	3,5172	3,4331	3,3522	3,2743	3,1993	3,1272	3,0576	2,9906
6	4,2305	4,1114	3,9975	3,8887	3,7845	3,6847	3,5892	3,4976	3,4098	3,3255
7	4,7122	4,5638	4,4226	4,2883	4,1604	4,0386	3,9224	3,8115	3,7057	3,6046
8	5,1461	4,9676	4,7988	4,6389	4,4873	4,3436	4,2072	4,0776	3,9544	3,8372
9	5,5370	5,3282	5,1317	4,9464	4,7716	4,6065	4,4506	4,3030	4,1633	4,0310
10	5,8892	5,6502	5,4262	5,2161	5,0188	4,8332	4,6586	4,4941	4,3389	4,1925
11	6,2065	5,9377	5,6869	5,4527	5,2337	5,0286	4,8364	4,6560	4,4865	4,3271
12	6,4924	6,1944	5,9176	5,6603	5,4206	5,1971	4,9884	4,7932	4,6105	4,4392
13	6,7499	6,4235	6,1218	5,8424	5,5831	5,3423	5,1183	4,9095	4,7147	4,5327
14	6,9819	6,6282	6,3025	6,0021	5,7245	5,4675	5,2293	5,0081	4,8023	4,6106
15	7,1909	6,8109	6,4624	6,1422	5,8474	5,5755	5,3242	5,0916	4,8759	4,6755
16	7,3792	6,9740	6,6039	6,2651	5,9542	5,6685	5,4053	5,1624	4,9377	4,7296
17	7,5488	7,1196	6,7291	6,3729	6,0472	5,7487	5,4746	5,2223	4,9897	4,7746
18	7,7016	7,2497	6,8399	6,4674	6,1280	5,8178	5,5339	5,2732	5,0333	4,8122
19	7,8393	7,3658	6,9380	6,5504	6,1982	5,8775	5,5845	5,3162	5,0700	4,8435
20	7,9633	7,4694	7,0248	6,6231	6,2593	5,9288	5,6278	5,3527	5,1009	4,8696
21	8,0751	7,5620	7,1016	6,6870	6,3125	5,9731	5,6648	5,3837	5,1268	4,8913
22	8,1757	7,6446	7,1695	6,7429	6,3587	6,0113	5,6964	5,4099	5,1486	4,9094
23	8,2664	7,7184	7,2297	6,7921	6,3988	6,0442	5,7234	5,4321	5,1668	4,9245
24	8,3481	7,7843	7,2829	6,8351	6,4338	6,0726	5,7465	5,4509	5,1822	4,9371
25	8,4217	7,8431	7,3300	6,8729	6,4641	6,0971	5,7662	5,4669	5,1951	4,9476
26	8,4881	7,8957	7,3717	6,9061	6,4906	6,1182	5,7831	5,4804	5,2060	4,9563
27	8,5478	7,9426	7,4086	6,9352	6,5135	6,1364	5,7975	5,4919	5,2151	4,9636
28	8,6016	7,9844	7,4412	6,9607	6,5335	6,1520	5,8099	5,5016	5,2228	4,9697
29	8,6501	8,0218	7,4701	6,9830	6,5509	6,1656	5,8204	5,5098	5,2292	4,9747
30	8,6938	8,0552	7,4957	7,0027	6,5660	6,1772	5,8294	5,5168	5,2347	4,9789
31	8,7331	8,0850	7,5183	7,0199	6,5791	6,1872	5,8371	5,5227	5,2392	4,9824
32	8,7686	8,1116	7,5383	7,0350	6,5905	6,1959	5,8437	5,5277	5,2430	4,9854
33	8,8005	8,1354	7,5560	7,0482	6,6005	6,2034	5,8493	5,5320	5,2462	4,9878
34	8,8293	8,1566	7,5717	7,0599	6,6091	6,2098	5,8541	5,5356	5,2489	4,9898
35	8,8552	8,1755	7,5856	7,0700	6,6166	6,2153	5,8582	5,5386	5,2512	4,9915
36	8,8786	8,1924	7,5979	7,0790	6,6231	6,2201	5,8617	5,5412	5,2531	4,9929
37	8,8996	8,2075	7,6087	7,0868	6,6288	6,2242	5,8647	5,5434	5,2547	4,9941
38	8,9186	8,2210	7,6183	7,0937	6,6338	6,2278	5,8673	5,5452	5,2561	4,9951
39	8,9357	8,2330	7,6268	7,0997	6,6380	6,2309	5,8695	5,5468	5,2572	4,9959
40	8,9511	8,2438	7,6344	7,1050	6,6418	6,2335	5,8713	5,5482	5,2582	4,9966
41	8,9649	8,2534	7,6410	7,1097	6,6450	6,2358	5,8729	5,5493	5,2590	4,9972
42	8,9774	8,2619	7,6469	7,1138	6,6478	6,2377	5,8743	5,5502	5,2596	4,9976
43	8,9886	8,2696	7,6522	7,1173	6,6503	6,2394	5,8755	5,5510	5,2602	4,9980
44	8,9988	8,2764	7,6568	7,1205	6,6524	6,2409	5,8765	5,5517	5,2607	4,9984
45	9,0079	8,2825	7,6609	7,1232	6,6543	6,2421	5,8773	5,5523	5,2611	4,9986
46	9,0161	8,2880	7,6645	7,1256	6,6559	6,2432	5,8781	5,5528	5,2614	4,9989
47	9,0235	8,2928	7,6677	7,1277	6,6573	6,2442	5,8787	5,5532	5,2617	4,9991
48	9,0302	8,2972	7,6705	7,1296	6,6585	6,2450	5,8792	5,5536	5,2619	4,9992
49	9,0362	8,3010	7,6730	7,1312	6,6596	6,2457	5,8797	5,5539	5,2621	4,9993
50	9,0417	8,3045	7,6752	7,1327	6,6605	6,2463	5,8801	5,5541	5,2623	4,9995

Tabelle IV: Vorschüssige Rentenbarwertfaktoren

$$\rho_0 = \frac{1}{q^{n-1}} \frac{q^n - 1}{q - 1}$$

n	1%	2%	3%	4%	5%	6%	7%	8%	9%	10%
1	1,0000	1,0000	1,0000	1,0000	1,0000	1,0000	1,0000	1,0000	1,0000	1,0000
2	1,9901	1,9804	1,9709	1,9615	1,9524	1,9434	1,9346	1,9259	1,9174	1,9091
3	2,9704	2,9416	2,9135	2,8861	2,8594	2,8334	2,8080	2,7833	2,7591	2,7355
4	3,9410	3,8839	3,8286	3,7751	3,7232	3,6730	3,6243	3,5771	3,5313	3,4869
5	4,9020	4,8077	4,7171	4,6299	4,5460	4,4651	4,3872	4,3121	4,2397	4,1699
6	5,8534	5,7135	5,5797	5,4518	5,3295	5,2124	5,1002	4,9927	4,8897	4,7908
7	6,7955	6,6014	6,4172	6,2421	6,0757	5,9173	5,7665	5,6229	5,4859	5,3553
8	7,7282	7,4720	7,2303	7,0021	6,7864	6,5824	6,3893	6,2064	6,0330	5,8684
9	8,6517	8,3255	8,0197	7,7327	7,4632	7,2098	6,9713	6,7466	6,5348	6,3349
10	9,5660	9,1622	8,7861	8,4353	8,1078	7,8017	7,5152	7,2469	6,9952	6,7590
11	10,4713	9,9826	9,5302	9,1109	8,7217	8,3601	8,0236	7,7101	7,4177	7,1446
12	11,3676	10,7868	10,2526	9,7605	9,3064	8,8869	8,4987	8,1390	7,8052	7,4951
13	12,2551	11,5753	10,9540	10,3851	9,8633	9,3838	8,9427	8,5361	8,1607	7,8137
14	13,1337	12,3484	11,6350	10,9856	10,3936	9,8527	9,3577	8,9038	8,4869	8,1034
15	14,0037	13,1062	12,2961	11,5631	10,8986	10,2950	9,7455	9,2442	8,7862	8,3667
16	14,8651	13,8493	12,9379	12,1184	11,3797	10,7122	10,1079	9,5595	9,0607	8,6061
17	15,7179	14,5777	13,5611	12,6523	11,8378	11,1059	10,4466	9,8514	9,3126	8,8237
18	16,5623	15,2919	14,1661	13,1657	12,2741	11,4773	10,7632	10,1216	9,5436	9,0216
19	17,3983	15,9920	14,7535	13,6593	12,6896	11,8276	11,0591	10,3719	9,7556	9,2014
20	18,2260	16,6785	15,3238	14,1339	13,0853	12,1581	11,3356	10,6036	9,9501	9,3649
21	19,0456	17,3514	15,8775	14,5903	13,4622	12,4699	11,5940	10,8181	10,1285	9,5136
22	19,8570	18,0112	16,4150	15,0292	13,8212	12,7641	11,8355	11,0168	10,2922	9,6487
23	20,6604	18,6580	16,9369	15,4511	14,1630	13,0416	12,0612	11,2007	10,4424	9,7715
24	21,4558	19,2922	17,4436	15,8568	14,4886	13,3034	12,2722	11,3711	10,5802	9,8832
25	22,2434	19,9139	17,9355	16,2470	14,7986	13,5504	12,4693	11,5288	10,7066	9,9847
26	23,0232	20,5235	18,4131	16,6221	15,0939	13,7834	12,6536	11,6748	10,8226	10,0770
27	23,7952	21,1210	18,8768	16,9828	15,3752	14,0032	12,8258	11,8100	10,9290	10,1609
28	24,5596	21,7069	19,3270	17,3296	15,6430	14,2105	12,9867	11,9352	11,0266	10,2372
29	25,3164	22,2813	19,7641	17,6631	15,8981	14,4062	13,1371	12,0511	11,1161	10,3066
30	26,0658	22,8444	20,1885	17,9837	16,1411	14,5907	13,2777	12,1584	11,1983	10,3696
31	26,8077	23,3965	20,6004	18,2920	16,3725	14,7648	13,4090	12,2578	11,2737	10,4269
32	27,5423	23,9377	21,0004	18,5885	16,5928	14,9291	13,5318	12,3498	11,3428	10,4790
33	28,2696	24,4683	21,3888	18,8736	16,8027	15,0840	13,6466	12,4350	11,4062	10,5264
34	28,9897	24,9886	21,7658	19,1476	17,0025	15,2302	13,7538	12,5139	11,4644	10,5694
35	29,7027	25,4986	22,1318	19,4112	17,1929	15,3681	13,8540	12,5869	11,5178	10,6086
36	30,4086	25,9986	22,4872	19,6646	17,3742	15,4982	13,9477	12,6546	11,5668	10,6442
37	31,1075	26,4888	22,8323	19,9083	17,5469	15,6210	14,0352	12,7172	11,6118	10,6765
38	31,7995	26,9695	23,1672	20,1426	17,7113	15,7368	14,1170	12,7752	11,6530	10,7059
39	32,4847	27,4406	23,4925	20,3679	17,8679	15,8460	14,1935	12,8289	11,6908	10,7327
40	33,1630	27,9026	23,8082	20,5845	18,0170	15,9491	14,2649	12,8786	11,7255	10,7570
41	33,8347	28,3555	24,1148	20,7928	18,1591	16,0463	14,3317	12,9246	11,7574	10,7791
42	34,4997	28,7995	24,4124	20,9931	18,2944	16,1380	14,3941	12,9672	11,7866	10,7991
43	35,1581	29,2348	24,7014	21,1856	18,4232	16,2245	14,4524	13,0067	11,8134	10,8174
44	35,8100	29,6616	24,9819	21,3708	18,5459	16,3062	14,5070	13,0432	11,8380	10,8340
45	36,4555	30,0800	25,2543	21,5488	18,6628	16,3832	14,5579	13,0771	11,8605	10,8491
46	37,0945	30,4902	25,5187	21,7200	18,7741	16,4558	14,6055	13,1084	11,8812	10,8628
47	37,7272	30,8923	25,7754	21,8847	18,8801	16,5244	14,6500	13,1374	11,9002	10,8753
48	38,3537	31,2866	26,0247	22,0429	18,9810	16,5890	14,6916	13,1643	11,9176	10,8866
49	38,9740	31,6731	26,2667	22,1951	19,0772	16,6500	14,7305	13,1891	11,9336	10,8969
50	39,5881	32,0521	26,5017	22,3415	19,1687	16,7076	14,7668	13,2122	11,9482	10,9063

Vorschüssige Rentenbarwertfaktoren

n	11%	12%	13%	14%	15%	16%	17%	18%	19%	20%
1	1,0000	1,0000	1,0000	1,0000	1,0000	1,0000	1,0000	1,0000	1,0000	1,0000
2	1,9009	1,8929	1,8850	1,8772	1,8696	1,8621	1,8547	1,8475	1,8403	1,8333
3	2,7125	2,6901	2,6681	2,6467	2,6257	2,6052	2,5852	2,5656	2,5465	2,5278
4	3,4437	3,4018	3,3612	3,3216	3,2832	3,2459	3,2096	3,1743	3,1399	3,1065
5	4,1024	4,0373	3,9745	3,9137	3,8550	3,7982	3,7432	3,6901	3,6386	3,5887
6	4,6959	4,6048	4,5172	4,4331	4,3522	4,2743	4,1993	4,1272	4,0576	3,9906
7	5,2305	5,1114	4,9975	4,8887	4,7845	4,6847	4,5892	4,4976	4,4098	4,3255
8	5,7122	5,5638	5,4226	5,2883	5,1604	5,0386	4,9224	4,8115	4,7057	4,6046
9	6,1461	5,9676	5,7988	5,6389	5,4873	5,3436	5,2072	5,0776	4,9544	4,8372
10	6,5370	6,3282	6,1317	5,9464	5,7716	5,6065	5,4506	5,3030	5,1633	5,0310
11	6,8892	6,6502	6,4262	6,2161	6,0188	5,8332	5,6586	5,4941	5,3389	5,1925
12	7,2065	6,9377	6,6869	6,4527	6,2337	6,0286	5,8364	5,6560	5,4865	5,3271
13	7,4924	7,1944	6,9176	6,6603	6,4206	6,1971	5,9884	5,7932	5,6105	5,4392
14	7,7499	7,4235	7,1218	6,8424	6,5831	6,3423	6,1183	5,9095	5,7147	5,5327
15	7,9819	7,6282	7,3025	7,0021	6,7245	6,4675	6,2293	6,0081	5,8023	5,6106
16	8,1909	7,8109	7,4624	7,1422	6,8474	6,5755	6,3242	6,0916	5,8759	5,6755
17	8,3792	7,9740	7,6039	7,2651	6,9542	6,6685	6,4053	6,1624	5,9377	5,7296
18	8,5488	8,1196	7,7291	7,3729	7,0472	6,7487	6,4746	6,2223	5,9897	5,7746
19	8,7016	8,2497	7,8399	7,4674	7,1280	6,8178	6,5339	6,2732	6,0333	5,8122
20	8,8393	8,3658	7,9380	7,5504	7,1982	6,8775	6,5845	6,3162	6,0700	5,8435
21	8,9633	8,4694	8,0248	7,6231	7,2593	6,9288	6,6278	6,3527	6,1009	5,8696
22	9,0751	8,5620	8,1016	7,6870	7,3125	6,9731	6,6648	6,3837	6,1268	5,8913
23	9,1757	8,6446	8,1695	7,7429	7,3587	7,0113	6,6964	6,4099	6,1486	5,9094
24	9,2664	8,7184	8,2297	7,7921	7,3988	7,0442	6,7234	6,4321	6,1668	5,9245
25	9,3481	8,7843	8,2829	7,8351	7,4338	7,0726	6,7465	6,4509	6,1822	5,9371
26	9,4217	8,8431	8,3300	7,8729	7,4641	7,0971	6,7662	6,4669	6,1951	5,9476
27	9,4881	8,8957	8,3717	7,9061	7,4906	7,1182	6,7831	6,4804	6,2060	5,9563
28	9,5478	8,9426	8,4086	7,9352	7,5135	7,1364	6,7975	6,4919	6,2151	5,9636
29	9,6016	8,9844	8,4412	7,9607	7,5335	7,1520	6,8099	6,5016	6,2228	5,9697
30	9,6501	9,0218	8,4701	7,9830	7,5509	7,1656	6,8204	6,5098	6,2292	5,9747
31	9,6938	9,0552	8,4957	8,0027	7,5660	7,1772	6,8294	6,5168	6,2347	5,9789
32	9,7331	9,0850	8,5183	8,0199	7,5791	7,1872	6,8371	6,5227	6,2392	5,9824
33	9,7686	9,1116	8,5383	8,0350	7,5905	7,1959	6,8437	6,5277	6,2430	5,9854
34	9,8005	9,1354	8,5560	8,0482	7,6005	7,2034	6,8493	6,5320	6,2462	5,9878
35	9,8293	9,1566	8,5717	8,0599	7,6091	7,2098	6,8541	6,5356	6,2489	5,9898
36	9,8552	9,1755	8,5856	8,0700	7,6166	7,2153	6,8582	6,5386	6,2512	5,9915
37	9,8786	9,1924	8,5979	8,0790	7,6231	7,2201	6,8617	6,5412	6,2531	5,9929
38	9,8996	9,2075	8,6087	8,0868	7,6288	7,2242	6,8647	6,5434	6,2547	5,9941
39	9,9186	9,2210	8,6183	8,0937	7,6338	7,2278	6,8673	6,5452	6,2561	5,9951
40	9,9357	9,2330	8,6268	8,0997	7,6380	7,2309	6,8695	6,5468	6,2572	5,9959
41	9,9511	9,2438	8,6344	8,1050	7,6418	7,2335	6,8713	6,5482	6,2582	5,9966
42	9,9649	9,2534	8,6410	8,1097	7,6450	7,2358	6,8729	6,5493	6,2590	5,9972
43	9,9774	9,2619	8,6469	8,1138	7,6478	7,2377	6,8743	6,5502	6,2596	5,9976
44	9,9886	9,2696	8,6522	8,1173	7,6503	7,2394	6,8755	6,5510	6,2602	5,9980
45	9,9988	9,2764	8,6568	8,1205	7,6524	7,2409	6,8765	6,5517	6,2607	5,9984
46	10,0079	9,2825	8,6609	8,1232	7,6543	7,2421	6,8773	6,5523	6,2611	5,9986
47	10,0161	9,2880	8,6645	8,1256	7,6559	7,2432	6,8781	6,5528	6,2614	5,9989
48	10,0235	9,2928	8,6677	8,1277	7,6573	7,2442	6,8787	6,5532	6,2617	5,9991
49	10,0302	9,2972	8,6705	8,1296	7,6585	7,2450	6,8792	6,5536	6,2619	5,9992
50	10,0362	9,3010	8,6730	8,1312	7,6596	7,2457	6,8797	6,5539	6,2621	5,9993

Tabelle V: Annuitätenfaktoren

$$a_n = q^n \frac{q-1}{q^n - 1}$$

n	1%	2%	3%	4%	5%	6%	7%	8%	9%	10%
1	1,0100	1,0200	1,0300	1,0400	1,0500	1,0600	1,0700	1,0800	1,0900	1,1000
2	0,5075	0,5150	0,5226	0,5302	0,5378	0,5454	0,5531	0,5608	0,5685	0,5762
3	0,3400	0,3468	0,3535	0,3603	0,3672	0,3741	0,3811	0,3880	0,3951	0,4021
4	0,2563	0,2626	0,2690	0,2755	0,2820	0,2886	0,2952	0,3019	0,3087	0,3155
5	0,2060	0,2122	0,2184	0,2246	0,2310	0,2374	0,2439	0,2505	0,2571	0,2638
6	0,1725	0,1785	0,1846	0,1908	0,1970	0,2034	0,2098	0,2163	0,2229	0,2296
7	0,1486	0,1545	0,1605	0,1666	0,1728	0,1791	0,1856	0,1921	0,1987	0,2054
8	0,1307	0,1365	0,1425	0,1485	0,1547	0,1610	0,1675	0,1740	0,1807	0,1874
9	0,1167	0,1225	0,1284	0,1345	0,1407	0,1470	0,1535	0,1601	0,1668	0,1736
10	0,1056	0,1113	0,1172	0,1233	0,1295	0,1359	0,1424	0,1490	0,1558	0,1627
11	0,0965	0,1022	0,1081	0,1141	0,1204	0,1268	0,1334	0,1401	0,1469	0,1540
12	0,0888	0,0946	0,1005	0,1066	0,1128	0,1193	0,1259	0,1327	0,1397	0,1468
13	0,0824	0,0881	0,0940	0,1001	0,1065	0,1130	0,1197	0,1265	0,1336	0,1408
14	0,0769	0,0826	0,0885	0,0947	0,1010	0,1076	0,1143	0,1213	0,1284	0,1357
15	0,0721	0,0778	0,0838	0,0899	0,0963	0,1030	0,1098	0,1168	0,1241	0,1315
16	0,0679	0,0737	0,0796	0,0858	0,0923	0,0990	0,1059	0,1130	0,1203	0,1278
17	0,0643	0,0700	0,0760	0,0822	0,0887	0,0954	0,1024	0,1096	0,1170	0,1247
18	0,0610	0,0667	0,0727	0,0790	0,0855	0,0924	0,0994	0,1067	0,1142	0,1219
19	0,0581	0,0638	0,0698	0,0761	0,0827	0,0896	0,0968	0,1041	0,1117	0,1195
20	0,0554	0,0612	0,0672	0,0736	0,0802	0,0872	0,0944	0,1019	0,1095	0,1175
21	0,0530	0,0588	0,0649	0,0713	0,0780	0,0850	0,0923	0,0998	0,1076	0,1156
22	0,0509	0,0566	0,0627	0,0692	0,0760	0,0830	0,0904	0,0980	0,1059	0,1140
23	0,0489	0,0547	0,0608	0,0673	0,0741	0,0813	0,0887	0,0964	0,1044	0,1126
24	0,0471	0,0529	0,0590	0,0656	0,0725	0,0797	0,0872	0,0950	0,1030	0,1113
25	0,0454	0,0512	0,0574	0,0640	0,0710	0,0782	0,0858	0,0937	0,1018	0,1102
26	0,0439	0,0497	0,0559	0,0626	0,0696	0,0769	0,0846	0,0925	0,1007	0,1092
27	0,0424	0,0483	0,0546	0,0612	0,0683	0,0757	0,0834	0,0914	0,0997	0,1083
28	0,0411	0,0470	0,0533	0,0600	0,0671	0,0746	0,0824	0,0905	0,0989	0,1075
29	0,0399	0,0458	0,0521	0,0589	0,0660	0,0736	0,0814	0,0896	0,0981	0,1067
30	0,0387	0,0446	0,0510	0,0578	0,0651	0,0726	0,0806	0,0888	0,0973	0,1061
31	0,0377	0,0436	0,0500	0,0569	0,0641	0,0718	0,0798	0,0881	0,0967	0,1055
32	0,0367	0,0426	0,0490	0,0559	0,0633	0,0710	0,0791	0,0875	0,0961	0,1050
33	0,0357	0,0417	0,0482	0,0551	0,0625	0,0703	0,0784	0,0869	0,0956	0,1045
34	0,0348	0,0408	0,0473	0,0543	0,0618	0,0696	0,0778	0,0863	0,0951	0,1041
35	0,0340	0,0400	0,0465	0,0536	0,0611	0,0690	0,0772	0,0858	0,0946	0,1037
36	0,0332	0,0392	0,0458	0,0529	0,0604	0,0684	0,0767	0,0853	0,0942	0,1033
37	0,0325	0,0385	0,0451	0,0522	0,0598	0,0679	0,0762	0,0849	0,0939	0,1030
38	0,0318	0,0378	0,0445	0,0516	0,0593	0,0674	0,0758	0,0845	0,0935	0,1027
39	0,0311	0,0372	0,0438	0,0511	0,0588	0,0669	0,0754	0,0842	0,0932	0,1025
40	0,0305	0,0366	0,0433	0,0505	0,0583	0,0665	0,0750	0,0839	0,0930	0,1023
41	0,0299	0,0360	0,0427	0,0500	0,0578	0,0661	0,0747	0,0836	0,0927	0,1020
42	0,0293	0,0354	0,0422	0,0495	0,0574	0,0657	0,0743	0,0833	0,0925	0,1019
43	0,0287	0,0349	0,0417	0,0491	0,0570	0,0653	0,0740	0,0830	0,0923	0,1017
44	0,0282	0,0344	0,0412	0,0487	0,0566	0,0650	0,0738	0,0828	0,0921	0,1015
45	0,0277	0,0339	0,0408	0,0483	0,0563	0,0647	0,0735	0,0826	0,0919	0,1014
46	0,0272	0,0335	0,0404	0,0479	0,0559	0,0644	0,0733	0,0824	0,0917	0,1013
47	0,0268	0,0330	0,0400	0,0475	0,0556	0,0641	0,0730	0,0822	0,0916	0,1011
48	0,0263	0,0326	0,0396	0,0472	0,0553	0,0639	0,0728	0,0820	0,0915	0,1010
49	0,0259	0,0322	0,0392	0,0469	0,0550	0,0637	0,0726	0,0819	0,0913	0,1009
50	0,0255	0,0318	0,0389	0,0466	0,0548	0,0634	0,0725	0,0817	0,0912	0,1009

Annuitätenfaktoren

n	11%	12%	13%	14%	15%	16%	17%	18%	19%	20%
1	1,1100	1,1200	1,1300	1,1400	1,1500	1,1600	1,1700	1,1800	1,1900	1,2000
2	0,5839	0,5917	0,5995	0,6073	0,6151	0,6230	0,6308	0,6387	0,6466	0,6545
3	0,4092	0,4163	0,4235	0,4307	0,4380	0,4453	0,4526	0,4599	0,4673	0,4747
4	0,3223	0,3292	0,3362	0,3432	0,3503	0,3574	0,3645	0,3717	0,3790	0,3863
5	0,2706	0,2774	0,2843	0,2913	0,2983	0,3054	0,3126	0,3198	0,3271	0,3344
6	0,2364	0,2432	0,2502	0,2572	0,2642	0,2714	0,2786	0,2859	0,2933	0,3007
7	0,2122	0,2191	0,2261	0,2332	0,2404	0,2476	0,2549	0,2624	0,2699	0,2774
8	0,1943	0,2013	0,2084	0,2156	0,2229	0,2302	0,2377	0,2452	0,2529	0,2606
9	0,1806	0,1877	0,1949	0,2022	0,2096	0,2171	0,2247	0,2324	0,2402	0,2481
10	0,1698	0,1770	0,1843	0,1917	0,1993	0,2069	0,2147	0,2225	0,2305	0,2385
11	0,1611	0,1684	0,1758	0,1834	0,1911	0,1989	0,2068	0,2148	0,2229	0,2311
12	0,1540	0,1614	0,1690	0,1767	0,1845	0,1924	0,2005	0,2086	0,2169	0,2253
13	0,1482	0,1557	0,1634	0,1712	0,1791	0,1872	0,1954	0,2037	0,2121	0,2206
14	0,1432	0,1509	0,1587	0,1666	0,1747	0,1829	0,1912	0,1997	0,2082	0,2169
15	0,1391	0,1468	0,1547	0,1628	0,1710	0,1794	0,1878	0,1964	0,2051	0,2139
16	0,1355	0,1434	0,1514	0,1596	0,1679	0,1764	0,1850	0,1937	0,2025	0,2114
17	0,1325	0,1405	0,1486	0,1569	0,1654	0,1740	0,1827	0,1915	0,2004	0,2094
18	0,1298	0,1379	0,1462	0,1546	0,1632	0,1719	0,1807	0,1896	0,1987	0,2078
19	0,1276	0,1358	0,1441	0,1527	0,1613	0,1701	0,1791	0,1881	0,1972	0,2065
20	0,1256	0,1339	0,1424	0,1510	0,1598	0,1687	0,1777	0,1868	0,1960	0,2054
21	0,1238	0,1322	0,1408	0,1495	0,1584	0,1674	0,1765	0,1857	0,1951	0,2044
22	0,1223	0,1308	0,1395	0,1483	0,1573	0,1664	0,1756	0,1848	0,1942	0,2037
23	0,1210	0,1296	0,1383	0,1472	0,1563	0,1654	0,1747	0,1841	0,1935	0,2031
24	0,1198	0,1285	0,1373	0,1463	0,1554	0,1647	0,1740	0,1835	0,1930	0,2025
25	0,1187	0,1275	0,1364	0,1455	0,1547	0,1640	0,1734	0,1829	0,1925	0,2021
26	0,1178	0,1267	0,1357	0,1448	0,1541	0,1634	0,1729	0,1825	0,1921	0,2018
27	0,1170	0,1259	0,1350	0,1442	0,1535	0,1630	0,1725	0,1821	0,1917	0,2015
28	0,1163	0,1252	0,1344	0,1437	0,1531	0,1625	0,1721	0,1818	0,1915	0,2012
29	0,1156	0,1247	0,1339	0,1432	0,1527	0,1622	0,1718	0,1815	0,1912	0,2010
30	0,1150	0,1241	0,1334	0,1428	0,1523	0,1619	0,1715	0,1813	0,1910	0,2008
31	0,1145	0,1237	0,1330	0,1425	0,1520	0,1616	0,1713	0,1811	0,1909	0,2007
32	0,1140	0,1233	0,1327	0,1421	0,1517	0,1614	0,1711	0,1809	0,1907	0,2006
33	0,1136	0,1229	0,1323	0,1419	0,1515	0,1612	0,1710	0,1808	0,1906	0,2005
34	0,1133	0,1226	0,1321	0,1416	0,1513	0,1610	0,1708	0,1806	0,1905	0,2004
35	0,1129	0,1223	0,1318	0,1414	0,1511	0,1609	0,1707	0,1806	0,1904	0,2003
36	0,1126	0,1221	0,1316	0,1413	0,1510	0,1608	0,1706	0,1805	0,1904	0,2003
37	0,1124	0,1218	0,1314	0,1411	0,1509	0,1607	0,1705	0,1804	0,1903	0,2002
38	0,1121	0,1216	0,1313	0,1410	0,1507	0,1606	0,1704	0,1803	0,1903	0,2002
39	0,1119	0,1215	0,1311	0,1409	0,1506	0,1605	0,1704	0,1803	0,1902	0,2002
40	0,1117	0,1213	0,1310	0,1407	0,1506	0,1604	0,1703	0,1802	0,1902	0,2001
41	0,1115	0,1212	0,1309	0,1407	0,1505	0,1604	0,1703	0,1802	0,1902	0,2001
42	0,1114	0,1210	0,1308	0,1406	0,1504	0,1603	0,1702	0,1802	0,1901	0,2001
43	0,1113	0,1209	0,1307	0,1405	0,1504	0,1603	0,1702	0,1801	0,1901	0,2001
44	0,1111	0,1208	0,1306	0,1404	0,1503	0,1602	0,1702	0,1801	0,1901	0,2001
45	0,1110	0,1207	0,1305	0,1404	0,1503	0,1602	0,1701	0,1801	0,1901	0,2001
46	0,1109	0,1207	0,1305	0,1403	0,1502	0,1602	0,1701	0,1801	0,1901	0,2000
47	0,1108	0,1206	0,1304	0,1403	0,1502	0,1601	0,1701	0,1801	0,1901	0,2000
48	0,1107	0,1205	0,1304	0,1403	0,1502	0,1601	0,1701	0,1801	0,1900	0,2000
49	0,1107	0,1205	0,1303	0,1402	0,1502	0,1601	0,1701	0,1801	0,1900	0,2000
50	0,1106	0,1204	0,1303	0,1402	0,1501	0,1601	0,1701	0,1800	0,1900	0,2000

Tabelle VI: Nachschüssige monatliche Rentenbarwertfaktoren bei gemischter Verzinsung

Jahr	Monat	1%	2%	3%	4%	5%	6%	7%	8%	9%	10%
0	1	0,9992	0,9983	0,9975	0,9967	0,9959	0,9950	0,9942	0,9934	0,9926	0,9917
0	2	1,9975	1,9950	1,9925	1,9901	1,9876	1,9851	1,9827	1,9803	1,9778	1,9754
0	3	2,9950	2,9900	2,9851	2,9802	2,9753	2,9704	2,9656	2,9608	2,9560	2,9512
0	4	3,9917	3,9834	3,9752	3,9671	3,9590	3,9510	3,9430	3,9351	3,9272	3,9194
0	5	4,9876	4,9752	4,9630	4,9508	4,9388	4,9268	4,9150	4,9032	4,8916	4,8800
0	6	5,9826	5,9653	5,9483	5,9314	5,9146	5,8981	5,8816	5,8654	5,8493	5,8333
0	7	6,9768	6,9539	6,9312	6,9088	6,8866	6,8647	6,8431	6,8217	6,8005	6,7795
0	8	7,9702	7,9408	7,9118	7,8831	7,8548	7,8269	7,7994	7,7722	7,7453	7,7188
0	9	8,9628	8,9261	8,8900	8,8544	8,8193	8,7847	8,7506	8,7170	8,6838	8,6512
0	10	9,9545	9,9098	9,8659	9,8226	9,7800	9,7381	9,6969	9,6563	9,6163	9,5769
0	11	10,9455	10,8920	10,8394	10,7878	10,7371	10,6872	10,6382	10,5901	10,5427	10,4962
1	0	11,9356	11,8725	11,8107	11,7500	11,6905	11,6321	11,5748	11,5185	11,4633	11,4091
1	1	12,9249	12,8513	12,7791	12,7083	12,6389	12,5708	12,5039	12,4383	12,3739	12,3107
1	2	13,9134	13,8284	13,7452	13,6635	13,5834	13,5049	13,4278	13,3521	13,2778	13,2049
1	3	14,9010	14,8040	14,7088	14,6156	14,5241	14,4344	14,3464	14,2600	14,1752	14,0920
1	4	15,8878	15,7779	15,6701	15,5645	15,4610	15,3594	15,2598	15,1621	15,0662	14,9721
1	5	16,8738	16,7502	16,6291	16,5104	16,3941	16,2800	16,1682	16,0585	15,9510	15,8455
1	6	17,8590	17,7209	17,5857	17,4532	17,3235	17,1963	17,0716	16,9494	16,8296	16,7121
1	7	18,8434	18,6901	18,5400	18,3931	18,2492	18,1082	17,9702	17,8349	17,7023	17,5723
1	8	19,8269	19,6576	19,4920	19,3299	19,1713	19,0160	18,8639	18,7150	18,5691	18,4261
1	9	20,8097	20,6236	20,4417	20,2638	20,0898	19,9195	19,7529	19,5898	19,4301	19,2738
1	10	21,7916	21,5881	21,3892	21,1948	21,0048	20,8190	20,6372	20,4595	20,2856	20,1154
1	11	22,7728	22,5510	22,3344	22,1229	21,9162	21,7143	21,5170	21,3241	21,1355	20,9511
2	0	23,7531	23,5123	23,2774	23,0481	22,8243	22,6057	22,3923	22,1838	21,9801	21,7810
2	1	24,7326	24,4719	24,2176	23,9696	23,7275	23,4913	23,2607	23,0355	22,8155	22,6006
2	2	25,7113	25,4299	25,1555	24,8880	24,6271	24,3725	24,1241	23,8816	23,6448	23,4136
2	3	26,6891	26,3862	26,0911	25,8034	25,5230	25,2494	24,9826	24,7222	24,4681	24,2200
2	4	27,6662	27,3411	27,0244	26,7159	26,4152	26,1221	25,8363	25,5575	25,2855	25,0201
2	5	28,6424	28,2943	27,9554	27,6254	27,3039	26,9906	26,6852	26,3875	26,0972	25,8140
2	6	29,6178	29,2460	28,8842	28,5320	28,1890	27,8550	27,5296	27,2124	26,9033	26,6019
2	7	30,5924	30,1961	29,8107	29,4356	29,0706	28,7153	28,3693	28,0323	27,7039	27,3839
2	8	31,5663	31,1447	30,7350	30,3365	29,9488	29,5717	29,2046	28,8472	28,4991	28,1601
2	9	32,5393	32,0918	31,6570	31,2344	30,8236	30,4241	30,0354	29,6572	29,2891	28,9307
2	10	33,5115	33,0373	32,5769	32,1296	31,6950	31,2726	30,8619	30,4625	30,0739	29,6958
2	11	34,4829	33,9813	33,4945	33,0220	32,5631	32,1173	31,6841	31,2631	30,8537	30,4555
3	0	35,4536	34,9238	34,4101	33,9116	33,4279	32,9582	32,5022	32,0591	31,6285	31,2100
3	1	36,4234	35,8646	35,3229	34,7977	34,2881	33,7937	33,3137	32,8477	32,3950	31,9551
3	2	37,3923	36,8038	36,2335	35,6808	35,1448	34,6250	34,1206	33,6311	33,1558	32,6941
3	3	38,3605	37,7414	37,1419	36,5610	35,9981	35,4523	34,9230	34,4095	33,9111	33,4273
3	4	39,3279	38,6775	38,0480	37,4384	36,8478	36,2756	35,7208	35,1829	34,6610	34,1547
3	5	40,2944	39,6121	38,9519	38,3129	37,6942	37,0949	36,5142	35,9514	35,4057	34,8764
3	6	41,2602	40,5451	39,8536	39,1846	38,5372	37,9104	37,3033	36,7152	36,1452	35,5927
3	7	42,2252	41,4766	40,7531	40,0535	39,3768	38,7220	38,0881	37,4743	36,8797	36,3036
3	8	43,1894	42,4066	41,6504	40,9197	40,2132	39,5299	38,8688	38,2289	37,6093	37,0092
3	9	44,1528	43,3351	42,5456	41,7831	41,0463	40,3340	39,6452	38,9789	38,3340	37,7097
3	10	45,1154	44,2621	43,4387	42,6439	41,8762	41,1345	40,4177	39,7245	39,0541	38,4053
3	11	46,0772	45,1876	44,3297	43,5019	42,7029	41,9314	41,1861	40,4658	39,7694	39,0959
4	0	47,0382	46,1116	45,2185	44,3573	43,5265	42,7248	41,9506	41,2029	40,4803	39,7818
4	1	47,9984	47,0339	46,1048	45,2093	44,3458	43,5129	42,7091	41,9330	41,1835	40,4592

Nachschüssige monatliche Rentenbarwertfaktoren bei gemischter Verzinsung

Jahr	Monat	11%	12%	13%	14%	15%	16%	17%	18%	19%	20%
0	1	0,9909	0,9901	0,9893	0,9885	0,9877	0,9868	0,9860	0,9852	0,9844	0,9836
0	2	1,9730	1,9706	1,9682	1,9658	1,9634	1,9610	1,9587	1,9563	1,9540	1,9516
0	3	2,9465	2,9417	2,9370	2,9324	2,9277	2,9231	2,9185	2,9139	2,9093	2,9048
0	4	3,9116	3,9038	3,8962	3,8885	3,8810	3,8734	3,8659	3,8585	3,8511	3,8438
0	5	4,8685	4,8571	4,8458	4,8346	4,8235	4,8125	4,8016	4,7907	4,7799	4,7692
0	6	5,8175	5,8019	5,7864	5,7710	5,7558	5,7407	5,7258	5,7110	5,6963	5,6818
0	7	6,7588	6,7383	6,7180	6,6980	6,6782	6,6585	6,6391	6,6199	6,6009	6,5821
0	8	7,6925	7,6667	7,6411	7,6159	7,5909	7,5663	7,5419	7,5179	7,4941	7,4706
0	9	8,6189	8,5872	8,5558	8,5249	8,4944	8,4643	8,4346	8,4053	8,3764	8,3478
0	10	9,5382	9,5000	9,4624	9,4254	9,3889	9,3529	9,3175	9,2826	9,2482	9,2143
0	11	10,4504	10,4054	10,3611	10,3176	10,2747	10,2326	10,1911	10,1502	10,1100	10,0704
1	0	11,3559	11,3036	11,2522	11,2018	11,1522	11,1034	11,0556	11,0085	10,9622	10,9167
1	1	12,2486	12,1876	12,1277	12,0688	12,0110	11,9542	11,8983	11,8434	11,7894	11,7363
1	2	13,1333	13,0630	12,9940	12,9261	12,8595	12,7940	12,7296	12,6664	12,6042	12,5430
1	3	14,0103	13,9301	13,8514	13,7740	13,6980	13,6233	13,5500	13,4779	13,4070	13,3373
1	4	14,8798	14,7891	14,7001	14,6128	14,5269	14,4426	14,3598	14,2784	14,1984	14,1198
1	5	15,7419	15,6403	15,5406	15,4427	15,3465	15,2522	15,1594	15,0684	14,9789	14,8910
1	6	16,5969	16,4838	16,3729	16,2641	16,1572	16,0524	15,9494	15,8483	15,7490	15,6515
1	7	17,4449	17,3199	17,1974	17,0772	16,9593	16,8436	16,7300	16,6186	16,5092	16,4017
1	8	18,2861	18,1488	18,0143	17,8823	17,7530	17,6261	17,5016	17,3795	17,2597	17,1422
1	9	19,1207	18,9707	18,8237	18,6797	18,5386	18,4002	18,2646	18,1316	18,0011	17,8732
1	10	19,9488	19,7857	19,6260	19,4696	19,3164	19,1663	19,0192	18,8751	18,7338	18,5952
1	11	20,7706	20,5941	20,4214	20,2523	20,0867	19,9246	19,7659	19,6104	19,4580	19,3087
2	0	21,5864	21,3960	21,2099	21,0279	20,8497	20,6754	20,5047	20,3377	20,1741	20,0139
2	1	22,3906	22,1853	21,9847	21,7884	21,5965	21,4088	21,2251	21,0453	20,8693	20,6969
2	2	23,1877	22,9670	22,7513	22,5405	22,3343	22,1328	21,9356	21,7427	21,5539	21,3692
2	3	23,9778	23,7412	23,5101	23,2842	23,0635	22,8477	22,6367	22,4304	22,2286	22,0311
2	4	24,7611	24,5082	24,2612	24,0200	23,7843	23,5540	23,3289	23,1088	22,8936	22,6832
2	5	25,5378	25,2681	25,0049	24,7480	24,4970	24,2519	24,0124	23,7783	23,5495	23,3259
2	6	26,3080	26,0213	25,7415	25,4685	25,2019	24,9417	24,6875	24,4392	24,1967	23,9596
2	7	27,0720	26,7678	26,4711	26,1817	25,8994	25,6238	25,3547	25,0920	24,8354	24,5848
2	8	27,8298	27,5079	27,1940	26,8880	26,5895	26,2984	26,0142	25,7369	25,4662	25,2018
2	9	28,5817	28,2417	27,9104	27,5875	27,2727	26,9657	26,6663	26,3742	26,0892	25,8110
2	10	29,3277	28,9694	28,6204	28,2804	27,9491	27,6261	27,3113	27,0043	26,7049	26,4127
2	11	30,0681	29,6912	29,3242	28,9669	28,6189	28,2798	27,9495	27,6274	27,3134	27,0072
3	0	30,8030	30,4072	30,0221	29,6472	29,2824	28,9271	28,5810	28,2438	27,9152	27,5949
3	1	31,5276	31,1119	30,7077	30,3144	29,9318	29,5593	29,1966	28,8434	28,4994	28,1641
3	2	32,2457	31,8098	31,3861	30,9741	30,5733	30,1834	29,8039	29,4345	29,0747	28,7243
3	3	32,9575	32,5011	32,0576	31,6265	31,2074	30,7997	30,4032	30,0173	29,6416	29,2759
3	4	33,6631	33,1859	32,7223	32,2719	31,8342	31,4086	30,9948	30,5922	30,2005	29,8193
3	5	34,3628	33,8644	33,3805	32,9105	32,4539	32,0102	31,5789	31,1596	30,7517	30,3549
3	6	35,0568	34,5369	34,0323	33,5425	33,0669	32,6049	32,1560	31,7197	31,2955	30,8830
3	7	35,7450	35,2034	34,6780	34,1682	33,6734	33,1929	32,7263	32,2729	31,8323	31,4040
3	8	36,4277	35,8642	35,3177	34,7877	34,2735	33,7744	33,2899	32,8194	32,3623	31,9182
3	9	37,1051	36,5194	35,9517	35,4013	34,8676	34,3498	33,8473	33,3595	32,8859	32,4258
3	10	37,7773	37,1691	36,5800	36,0091	35,4557	34,9191	34,3986	33,8935	33,4032	32,9272
3	11	38,4443	37,8135	37,2028	36,6113	36,0382	35,4826	34,9440	34,4215	33,9147	33,4227
4	0	39,1063	38,4528	37,8204	37,2081	36,6151	36,0406	35,4837	34,9439	34,4203	33,9124
4	1	39,7591	39,0821	38,4271	37,7934	37,1798	36,5856	36,0099	35,4521	34,9112	34,3868

Nachschüssige monatliche Rentenbarwertfaktoren bei gemischter Verzinsung

Jahr	Monat	1%	2%	3%	4%	5%	6%	7%	8%	9%	10%
4	2	48,9578	47,9547	46,9888	46,0584	45,1617	44,2972	43,4632	42,6584	41,8814	41,1310
4	3	49,9163	48,8739	47,8707	46,9048	45,9743	45,0776	44,2131	43,3791	42,5744	41,7975
4	4	50,8741	49,7917	48,7505	47,7484	46,7836	45,8543	44,9587	44,0952	43,2624	42,4588
4	5	51,8311	50,7079	49,6280	48,5893	47,5897	46,6273	45,7002	44,8069	43,9456	43,1149
4	6	52,7873	51,6227	50,5035	49,4275	48,3925	47,3966	46,4377	45,5141	44,6241	43,7661
4	7	53,7428	52,5359	51,3768	50,2630	49,1922	48,1623	47,1712	46,2170	45,2979	44,4123
4	8	54,6974	53,4477	52,2480	51,0958	49,9887	48,9244	47,9007	46,9156	45,9673	45,0538
4	9	55,6512	54,3579	53,1171	51,9261	50,7822	49,6830	48,6264	47,6101	46,6322	45,6907
4	10	56,6043	55,2668	53,9842	52,7537	51,5726	50,4382	49,3483	48,3005	47,2927	46,3230
4	11	57,5566	56,1741	54,8492	53,5788	52,3599	51,1900	50,0665	48,9869	47,9490	46,9508
5	0	58,5081	57,0800	55,7121	54,4013	53,1443	51,9384	50,7809	49,6693	48,6012	47,5744
5	1	59,4588	57,9842	56,5726	55,2205	53,9246	52,6820	51,4898	50,3454	49,2463	48,1902
5	2	60,4087	58,8869	57,4309	56,0370	54,7017	53,4219	52,1946	51,0170	49,8866	48,8009
5	3	61,3578	59,7882	58,2871	56,8508	55,4756	54,1581	52,8954	51,6844	50,5224	49,4068
5	4	62,3061	60,6879	59,1412	57,6619	56,2463	54,8908	53,5922	52,3475	51,1536	50,0080
5	5	63,2536	61,5862	59,9932	58,4705	57,0140	55,6201	54,2853	53,0064	51,7804	50,6045
5	6	64,2003	62,4830	60,8432	59,2764	57,7786	56,3458	54,9745	53,6612	52,4028	51,1964
5	7	65,1463	63,3783	61,6911	60,0798	58,5402	57,0682	55,6600	54,3120	53,0210	51,7839
5	8	66,0915	64,2722	62,5369	60,8806	59,2988	57,7872	56,3418	54,9589	53,6351	52,3671
5	9	67,0359	65,1646	63,3807	61,6789	60,0545	58,5029	57,0200	55,6019	54,2451	52,9461
5	10	67,9795	66,0556	64,2225	62,4747	60,8072	59,2153	57,6947	56,2412	54,8511	53,5209
5	11	68,9224	66,9452	65,0623	63,2680	61,5571	59,9245	58,3658	56,8767	55,4532	54,0917
6	0	69,8645	67,8333	65,9001	64,0589	62,3041	60,6306	59,0336	57,5086	56,0516	54,6585
6	1	70,8057	68,7198	66,7355	64,8466	63,0472	61,3321	59,6961	58,1346	56,6434	55,2183
6	2	71,7462	69,6048	67,5689	65,6317	63,7873	62,0301	60,3548	58,7565	57,2309	55,7736
6	3	72,6859	70,4884	68,4001	66,4142	64,5243	62,7247	61,0097	59,3744	57,8141	56,3244
6	4	73,6248	71,3705	69,2293	67,1942	65,2584	63,4159	61,6610	59,9884	58,3932	56,8709
6	5	74,5630	72,2512	70,0565	67,9716	65,9895	64,1038	62,3087	60,5985	58,9682	57,4132
6	6	75,5003	73,1304	70,8817	68,7466	66,7177	64,7885	62,9528	61,2048	59,5393	57,9513
6	7	76,4369	74,0082	71,7049	69,5190	67,4430	65,4700	63,5934	61,8074	60,1065	58,4854
6	8	77,3728	74,8845	72,5261	70,2891	68,1655	66,1483	64,2306	62,4064	60,6698	59,0156
6	9	78,3078	75,7595	73,3453	71,0566	68,8852	66,8235	64,8645	63,0018	61,2294	59,5419
6	10	79,2421	76,6330	74,1626	71,8218	69,6021	67,4956	65,4950	63,5937	61,7854	60,0644
6	11	80,1756	77,5051	74,9780	72,5847	70,3163	68,1647	66,1223	64,1822	62,3378	60,5833
7	0	81,1084	78,3758	75,7914	73,3451	71,0277	68,8308	66,7463	64,7672	62,8867	61,0987
7	1	82,0403	79,2449	76,6025	74,1025	71,7355	69,4925	67,3655	65,3469	63,4297	61,6076
7	2	82,9715	80,1126	77,4115	74,8574	72,4403	70,1510	67,9811	65,9227	63,9687	62,1124
7	3	83,9019	80,9788	78,2186	75,6098	73,1422	70,8063	68,5932	66,4948	64,5038	62,6131
7	4	84,8315	81,8436	79,0236	76,3598	73,8413	71,4584	69,2018	67,0633	65,0351	63,1099
7	5	85,7604	82,7070	79,8267	77,1073	74,5376	72,1074	69,8072	67,6282	65,5626	63,6029
7	6	86,6885	83,5690	80,6279	77,8525	75,2312	72,7533	70,4091	68,1896	66,0865	64,0921
7	7	87,6158	84,4296	81,4271	78,5952	75,9219	73,3962	71,0079	68,7476	66,6068	64,5776
7	8	88,5423	85,2887	82,2244	79,3356	76,6100	74,0361	71,6034	69,3022	67,1237	65,0596
7	9	89,4681	86,1465	83,0198	80,0737	77,2954	74,6731	72,1958	69,8535	67,6371	65,5381
7	10	90,3932	87,0029	83,8132	80,8095	77,9782	75,3072	72,7851	70,4016	68,1472	66,0131
7	11	91,3175	87,8579	84,6048	81,5429	78,6584	75,9384	73,3713	70,9464	68,6540	66,4849
8	0	92,2410	88,7116	85,3946	82,2741	79,3359	76,5668	73,9545	71,4882	69,1576	66,9533
8	1	93,1637	89,5637	86,1820	83,0024	80,0100	77,1910	74,5332	72,0249	69,6557	67,4160
8	2	94,0856	90,4143	86,9675	83,7283	80,6812	77,8123	75,1085	72,5581	70,1502	67,8749
8	3	95,0068	91,2636	87,7510	84,4517	81,3497	78,4305	75,6805	73,0878	70,6411	68,3301

Nachschüssige monatliche Rentenbarwertfaktoren bei gemischter Verzinsung

Jahr	Monat	11%	12%	13%	14%	15%	16%	17%	18%	19%	20%
4	2	40,4060	39,7052	39,0275	38,3720	37,7377	37,1236	36,5290	35,9529	35,3947	34,8536
4	3	41,0473	40,3224	39,6217	38,9443	38,2890	37,6550	37,0412	36,4468	35,8711	35,3133
4	4	41,6830	40,9338	40,2100	39,5104	38,8340	38,1798	37,5468	36,9341	36,3408	35,7661
4	5	42,3134	41,5396	40,7925	40,0706	39,3730	38,6985	38,0461	37,4149	36,8039	36,2124
4	6	42,9385	42,1400	41,3693	40,6250	39,9060	39,2111	38,5393	37,8896	37,2609	36,6525
4	7	43,5586	42,7352	41,9407	41,1739	40,4334	39,7180	39,0267	38,3584	37,7120	37,0867
4	8	44,1736	43,3251	42,5068	41,7173	40,9552	40,2193	39,5085	38,8215	38,1574	37,5151
4	9	44,7839	43,9101	43,0678	42,2555	41,4718	40,7153	39,9849	39,2793	38,5974	37,9382
4	10	45,3894	44,4903	43,6239	42,7887	41,9832	41,2061	40,4560	39,7318	39,0321	38,3560
4	11	45,9903	45,0657	44,1751	43,3169	42,4897	41,6919	40,9222	40,1793	39,4619	38,7689
5	0	46,5868	45,6365	44,7216	43,8404	42,9914	42,1729	41,3835	40,6220	39,8868	39,1770
5	1	47,1748	46,1983	45,2585	44,3538	43,4824	42,6428	41,8333	41,0526	40,2994	39,5723
5	2	47,7577	46,7546	45,7898	44,8614	43,9676	43,1066	42,2769	41,4771	40,7057	39,9613
5	3	48,3354	47,3057	46,3157	45,3634	44,4470	43,5646	42,7147	41,8956	41,1060	40,3444
5	4	48,9081	47,8516	46,8363	45,8600	44,9209	44,0171	43,1468	42,3085	41,5006	40,7217
5	5	49,4760	48,3925	47,3517	46,3514	45,3895	44,4642	43,5736	42,7160	41,8899	41,0937
5	6	50,0392	48,9286	47,8622	46,8377	45,8530	44,9061	43,9951	43,1183	42,2739	41,4604
5	7	50,5978	49,4600	48,3679	47,3192	46,3116	45,3431	44,4117	43,5156	42,6530	41,8222
5	8	51,1519	49,9867	48,8689	47,7959	46,7654	45,7753	44,8235	43,9081	43,0272	42,1793
5	9	51,7017	50,5090	49,3653	48,2680	47,2146	46,2029	45,2307	44,2960	43,3970	42,5318
5	10	52,2472	51,0270	49,8574	48,7357	47,6593	46,6260	45,6334	44,6795	43,7623	42,8800
5	11	52,7886	51,5408	50,3452	49,1991	48,0997	47,0448	46,0318	45,0587	44,1234	43,2241
6	0	53,3259	52,0504	50,8288	49,6583	48,5360	47,4594	46,4261	45,4339	44,4805	43,5642
6	1	53,8557	52,5520	51,3040	50,1086	48,9630	47,8644	46,8105	45,7988	44,8272	43,8936
6	2	54,3808	53,0488	51,7742	50,5539	49,3848	48,2643	47,1897	46,1585	45,1686	44,2178
6	3	54,9012	53,5408	52,2396	50,9942	49,8017	48,6592	47,5638	46,5132	45,5050	44,5370
6	4	55,4172	54,0282	52,7002	51,4298	50,2138	49,0492	47,9332	46,8632	45,8367	44,8514
6	5	55,9288	54,5112	53,1564	51,8609	50,6213	49,4347	48,2979	47,2085	46,1638	45,1614
6	6	56,4362	54,9898	53,6082	52,2875	51,0244	49,8156	48,6582	47,5494	46,4865	45,4670
6	7	56,9395	55,4643	54,0556	52,7098	51,4231	50,1923	49,0143	47,8861	46,8050	45,7685
6	8	57,4387	55,9346	54,4990	53,1280	51,8178	50,5649	49,3662	48,2187	47,1195	46,0661
6	9	57,9340	56,4009	54,9384	53,5421	52,2083	50,9335	49,7142	48,5474	47,4302	46,3599
6	10	58,4254	56,8634	55,3738	53,9524	52,5951	51,2982	50,0584	48,8724	47,7372	46,6500
6	11	58,9131	57,3221	55,8055	54,3588	52,9780	51,6593	50,3990	49,1938	48,0407	46,9367
7	0	59,3972	57,7772	56,2335	54,7617	53,3574	52,0167	50,7360	49,5117	48,3408	47,2202
7	1	59,8745	58,2250	56,6540	55,1567	53,7287	52,3659	51,0645	49,8210	48,6321	47,4947
7	2	60,3475	58,6686	57,0701	55,5473	54,0955	52,7106	51,3886	50,1259	48,9190	47,7648
7	3	60,8164	59,1079	57,4819	55,9335	54,4580	53,0510	51,7084	50,4265	49,2017	48,0308
7	4	61,2813	59,5431	57,8896	56,3157	54,8164	53,3873	52,0241	50,7230	49,4804	48,2929
7	5	61,7422	59,9743	58,2933	56,6938	55,1707	53,7195	52,3358	51,0157	49,7553	48,5512
7	6	62,1993	60,4016	58,6931	57,0680	55,5212	54,0480	52,6438	51,3046	50,0264	48,8058
7	7	62,6527	60,8252	59,0891	57,4384	55,8680	54,3727	52,9481	51,5899	50,2941	49,0571
7	8	63,1024	61,2452	59,4814	57,8052	56,2111	54,6939	53,2489	51,8718	50,5584	49,3051
7	9	63,5486	61,6616	59,8702	58,1685	56,5507	55,0116	53,5464	52,1504	50,8195	49,5499
7	10	63,9914	62,0745	60,2556	58,5284	56,8870	55,3261	53,8405	52,4258	51,0775	49,7917
7	11	64,4308	62,4840	60,6376	58,8849	57,2200	55,6373	54,1316	52,6981	51,3325	50,0306
8	0	64,8669	62,8903	61,0164	59,2383	57,5499	55,9455	54,4196	52,9676	51,5847	50,2668
8	1	65,2969	63,2902	61,3885	59,5848	57,8728	56,2465	54,7005	53,2297	51,8295	50,4955
8	2	65,7230	63,6862	61,7567	59,9274	58,1917	56,5436	54,9774	53,4880	52,0706	50,7207
8	3	66,1454	64,0784	62,1212	60,2663	58,5070	56,8371	55,2508	53,7428	52,3082	50,9423

Nachschüssige monatliche Rentenbarwertfaktoren bei gemischter Verzinsung

Jahr	M	1%	2%	3%	4%	5%	6%	7%	8%	9%	10%
8	4	95,9272	92,1114	88,5327	85,1729	82,0156	79,0457	76,2494	73,6142	71,1285	68,7817
8	5	96,8469	92,9579	89,3124	85,8917	82,6787	79,6579	76,8151	74,1372	71,6125	69,2299
8	6	97,7658	93,8029	90,0902	86,6081	83,3392	80,2673	77,3777	74,6571	72,0931	69,6746
8	7	98,6839	94,6466	90,8661	87,3223	83,9971	80,8738	77,9373	75,1737	72,5705	70,1160
8	8	99,6013	95,4890	91,6402	88,0343	84,6524	81,4775	78,4938	75,6872	73,0447	70,5542
8	9	100,5180	96,3299	92,4124	88,7439	85,3052	82,0784	79,0475	76,1977	73,5157	70,9892
8	10	101,4338	97,1695	93,1828	89,4514	85,9554	82,6766	79,5982	76,7052	73,9837	71,4210
8	11	102,3490	98,0078	93,9513	90,1567	86,6032	83,2720	80,1461	77,2097	74,4486	71,8499
9	0	103,2633	98,8447	94,7180	90,8598	87,2485	83,8649	80,6912	77,7113	74,9106	72,2757
9	1	104,1769	99,6800	95,4825	91,5600	87,8904	84,4538	81,2319	78,2082	75,3676	72,6963
9	2	105,0897	100,5140	96,2451	92,2579	88,5297	85,0399	81,7696	78,7019	75,8213	73,1135
9	3	106,0018	101,3466	97,0059	92,9536	89,1664	85,6231	82,3042	79,1924	76,2716	73,5274
9	4	106,9131	102,1779	97,7647	93,6470	89,8005	86,2034	82,8359	79,6798	76,7188	73,9379
9	5	107,8237	103,0077	98,5217	94,3381	90,4321	86,7810	83,3646	80,1641	77,1628	74,3453
9	6	108,7335	103,8362	99,2769	95,0271	91,0611	87,3559	83,8904	80,6454	77,6038	74,7497
9	7	109,6425	104,6634	100,0302	95,7138	91,6877	87,9281	84,4133	81,1238	78,0417	75,1509
9	8	110,5508	105,4892	100,7817	96,3983	92,3118	88,4976	84,9335	81,5993	78,4768	75,5493
9	9	111,4584	106,3137	101,5314	97,0807	92,9335	89,0645	85,4509	82,0719	78,9089	75,9447
9	10	112,3652	107,1368	102,2794	97,7610	93,5528	89,6288	85,9656	82,5418	79,3382	76,3373
9	11	113,2712	107,9586	103,0255	98,4391	94,1697	90,1906	86,4776	83,0090	79,7648	76,7272
10	0	114,1766	108,7791	103,7699	99,1151	94,7843	90,7499	86,9871	83,4734	80,1886	77,1143
10	1	115,0811	109,5981	104,5122	99,7885	95,3957	91,3055	87,4925	83,9335	80,6079	77,4967
10	2	115,9849	110,4157	105,2526	100,4596	96,0045	91,8584	87,9950	84,3907	81,0241	77,8759
10	3	116,8879	111,2320	105,9911	101,1285	96,6109	92,4086	88,4946	84,8448	81,4373	78,2521
10	4	117,7902	112,0469	106,7279	101,7952	97,2148	92,9561	88,9915	85,2961	81,8475	78,6254
10	5	118,6917	112,8605	107,4628	102,4597	97,8163	93,5010	89,4856	85,7446	82,2549	78,9958
10	6	119,5925	113,6728	108,1960	103,1222	98,4154	94,0433	89,9770	86,1902	82,6594	79,3633
10	7	120,4926	114,4837	108,9274	103,7825	99,0121	94,5831	90,4657	86,6332	83,0612	79,7281
10	8	121,3919	115,2933	109,6570	104,4407	99,6065	95,1204	90,9519	87,0734	83,4603	80,0902
10	9	122,2905	116,1016	110,3849	105,0968	100,1986	95,6552	91,4354	87,5111	83,8568	80,4497
10	10	123,1883	116,9086	111,1110	105,7509	100,7884	96,1876	91,9164	87,9461	84,2507	80,8066
10	11	124,0854	117,7143	111,8355	106,4030	101,3759	96,7176	92,3950	88,3787	84,6420	81,1611
11	0	124,9818	118,5187	112,5582	107,0530	101,9612	97,2452	92,8711	88,8087	85,0309	81,5130
11	1	125,8773	119,3217	113,2788	107,7004	102,5435	97,7693	93,3434	89,2348	85,4155	81,8606
11	2	126,7722	120,1232	113,9976	108,3457	103,1233	98,2909	93,8130	89,6580	85,7973	82,2054
11	3	127,6663	120,9235	114,7147	108,9889	103,7008	98,8100	94,2800	90,0785	86,1764	82,5474
11	4	128,5596	121,7225	115,4300	109,6300	104,2760	99,3265	94,7444	90,4964	86,5528	82,8867
11	5	129,4522	122,5201	116,1435	110,2690	104,8488	99,8406	95,2062	90,9116	86,9265	83,2234
11	6	130,3441	123,3164	116,8553	110,9059	105,4194	100,3522	95,6654	91,3243	87,2976	83,5576
11	7	131,2352	124,1115	117,5654	111,5408	105,9877	100,8614	96,1222	91,7344	87,6663	83,8892
11	8	132,1256	124,9052	118,2738	112,1737	106,5538	101,3683	96,5765	92,1421	88,0324	84,2184
11	9	133,0153	125,6977	118,9805	112,8047	107,1177	101,8728	97,0284	92,5473	88,3961	84,5452
11	10	133,9043	126,4888	119,6855	113,4336	107,6794	102,3751	97,4780	92,9501	88,7575	84,8697
11	11	134,7925	127,2787	120,3888	114,0606	108,2390	102,8750	97,9252	93,3506	89,1165	85,1919
12	0	135,6800	128,0674	121,0905	114,6856	108,7964	103,3728	98,3702	93,7488	89,4733	85,5118
12	1	136,5667	128,8546	121,7901	115,3081	109,3509	103,8673	98,8116	94,1433	89,8262	85,8278
12	2	137,4526	129,6404	122,4880	115,9286	109,9032	104,3594	99,2505	94,5352	90,1765	86,1413
12	3	138,3379	130,4250	123,1842	116,5470	110,4532	104,8490	99,6869	94,9246	90,5242	86,4522
12	4	139,2224	131,2083	123,8786	117,1634	111,0009	105,3363	100,1209	95,3115	90,8695	86,7607
12	5	140,1062	131,9903	124,5714	117,7779	111,5465	105,8213	100,5525	95,6959	91,2124	87,0668

Nachschüssige monatliche Rentenbarwertfaktoren bei gemischter Verzinsung

Jahr	M	11%	12%	13%	14%	15%	16%	17%	18%	19%	20%
8	4	66,5642	64,4670	62,4819	60,6015	58,8186	57,1269	55,5206	53,9941	52,5424	51,1607
8	5	66,9795	64,8520	62,8392	60,9331	59,1267	57,4134	55,7870	54,2421	52,7733	51,3760
8	6	67,3913	65,2336	63,1930	61,2614	59,4315	57,6965	56,0503	54,4869	53,0012	51,5882
8	7	67,7997	65,6118	63,5434	61,5863	59,7330	57,9765	56,3104	54,7287	53,2261	51,7976
8	8	68,2049	65,9868	63,8906	61,9081	60,0314	58,2534	56,5675	54,9676	53,4483	52,0042
8	9	68,6069	66,3585	64,2347	62,2268	60,3267	58,5273	56,8217	55,2037	53,6677	52,2082
8	10	69,0057	66,7272	64,5757	62,5424	60,6191	58,7983	57,0731	55,4371	53,8845	52,4097
8	11	69,4016	67,0929	64,9138	62,8552	60,9087	59,0666	57,3219	55,6679	54,0988	52,6089
9	0	69,7945	67,4556	65,2490	63,1652	61,1956	59,3323	57,5681	55,8963	54,3107	52,8057
9	1	70,1819	67,8127	65,5783	63,4691	61,4763	59,5918	57,8081	56,1184	54,5164	52,9963
9	2	70,5658	68,1663	65,9042	63,7697	61,7537	59,8479	58,0448	56,3373	54,7190	53,1839
9	3	70,9463	68,5165	66,2267	64,0669	62,0278	60,1009	58,2784	56,5532	54,9186	53,3686
9	4	71,3236	68,8634	66,5460	64,3609	62,2988	60,3508	58,5091	56,7662	55,1154	53,5506
9	5	71,6977	69,2072	66,8621	64,6519	62,5667	60,5977	58,7368	56,9763	55,3095	53,7300
9	6	72,0687	69,5479	67,1752	64,9398	62,8317	60,8418	58,9618	57,1838	55,5010	53,9068
9	7	72,4367	69,8855	67,4853	65,2249	63,0939	61,0832	59,1841	57,3888	55,6900	54,0813
9	8	72,8017	70,2203	67,7926	65,5071	63,3534	61,3219	59,4038	57,5912	55,8767	54,2535
9	9	73,1638	70,5523	68,0971	65,7866	63,6102	61,5580	59,6211	57,7913	56,0611	54,4235
9	10	73,5232	70,8814	68,3989	66,0635	63,8645	61,7917	59,8360	57,9891	56,2432	54,5915
9	11	73,8798	71,2079	68,6981	66,3379	64,1163	62,0230	60,0486	58,1847	56,4233	54,7574
10	0	74,2338	71,5318	68,9947	66,6098	64,3657	62,2520	60,2590	58,3782	56,6014	54,9214
10	1	74,5828	71,8506	69,2861	66,8764	64,6098	62,4757	60,4642	58,5664	56,7743	55,0802
10	2	74,9286	72,1663	69,5745	67,1401	64,8510	62,6965	60,6665	58,7520	56,9445	55,2366
10	3	75,2715	72,4790	69,8599	67,4008	65,0894	62,9146	60,8662	58,9349	57,1123	55,3905
10	4	75,6114	72,7888	70,1425	67,6587	65,3250	63,1300	61,0633	59,1154	57,2777	55,5422
10	5	75,9484	73,0957	70,4222	67,9139	65,5580	63,3429	61,2579	59,2935	57,4408	55,6916
10	6	76,2826	73,3999	70,6993	68,1665	65,7885	63,5533	61,4502	59,4694	57,6017	55,8390
10	7	76,6141	73,7014	70,9737	68,4165	66,0164	63,7614	61,6402	59,6430	57,7605	55,9844
10	8	76,9430	74,0003	71,2457	68,6641	66,2421	63,9671	61,8280	59,8146	57,9174	56,1279
10	9	77,2692	74,2967	71,5151	68,9093	66,4654	64,1707	62,0137	59,9841	58,0723	56,2696
10	10	77,5930	74,5906	71,7822	69,1522	66,6865	64,3721	62,1974	60,1518	58,2254	56,4095
10	11	77,9142	74,8821	72,0470	69,3929	66,9055	64,5715	62,3792	60,3175	58,3767	56,5478
11	0	78,2331	75,1713	72,3095	69,6314	67,1224	64,7689	62,5590	60,4815	58,5264	56,6845
11	1	78,5475	75,4559	72,5674	69,8653	67,3346	64,9618	62,7343	60,6410	58,6717	56,8169
11	2	78,8591	75,7378	72,8226	70,0965	67,5444	65,1522	62,9073	60,7983	58,8147	56,9472
11	3	79,1680	76,0170	73,0751	70,3252	67,7516	65,3402	63,0779	60,9533	58,9557	57,0754
11	4	79,4742	76,2935	73,3252	70,5515	67,9565	65,5259	63,2464	61,1063	59,0947	57,2018
11	5	79,7778	76,5676	73,5728	70,7754	68,1591	65,7094	63,4128	61,2572	59,2317	57,3264
11	6	80,0789	76,8392	73,8180	70,9969	68,3595	65,8908	63,5771	61,4062	59,3670	57,4492
11	7	80,3776	77,1084	74,0608	71,2163	68,5578	66,0701	63,7395	61,5534	59,5005	57,5704
11	8	80,6738	77,3753	74,3015	71,4334	68,7540	66,2475	63,9000	61,6988	59,6323	57,6899
11	9	80,9678	77,6399	74,5399	71,6485	68,9482	66,4230	64,0588	61,8425	59,7624	57,8080
11	10	81,2594	77,9023	74,7763	71,8616	69,1404	66,5967	64,2158	61,9845	59,8911	57,9246
11	11	81,5489	78,1626	75,0106	72,0727	69,3308	66,7686	64,3711	62,1250	60,0183	58,0398
12	0	81,8361	78,4208	75,2429	72,2819	69,5194	66,9387	64,5248	62,2640	60,1440	58,1537
12	1	82,1194	78,6749	75,4711	72,4871	69,7040	67,1050	64,6746	62,3992	60,2661	58,2641
12	2	82,4001	78,9266	75,6970	72,6899	69,8864	67,2691	64,8225	62,5324	60,3863	58,3726
12	3	82,6784	79,1759	75,9205	72,8906	70,0666	67,4312	64,9683	62,6638	60,5048	58,4795
12	4	82,9542	79,4228	76,1418	73,0890	70,2448	67,5913	65,1123	62,7935	60,6216	58,5848
12	5	83,2278	79,6675	76,3608	73,2854	70,4210	67,7495	65,2545	62,9214	60,7368	58,6886

Nachschüssige monatliche Rentenbarwertfaktoren bei gemischter Verzinsung

J	M	1%	2%	3%	4%	5%	6%	7%	8%	9%	10%
12	6	140,9892	132,7710	125,2625	118,3903	112,0899	106,3040	100,9817	96,0780	91,5529	87,3705
12	7	141,8715	133,5505	125,9519	119,0008	112,6312	106,7844	101,4086	96,4578	91,8911	87,6720
12	8	142,7531	134,3286	126,6396	119,6094	113,1703	107,2625	101,8332	96,8352	92,2270	87,9713
12	9	143,6340	135,1056	127,3257	120,2160	113,7073	107,7385	102,2555	97,2104	92,5607	88,2684
12	10	144,5141	135,8812	128,0102	120,8208	114,2423	108,2123	102,6757	97,5834	92,8922	88,5633
12	11	145,3935	136,6556	128,6930	121,4236	114,7752	108,6840	103,0937	97,9543	93,2216	88,8562
13	0	146,2722	137,4288	129,3742	122,0246	115,3061	109,1536	103,5095	98,3230	93,5489	89,1471
13	1	147,1502	138,2006	130,0535	122,6232	115,8342	109,6201	103,9221	98,6882	93,8726	89,4344
13	2	148,0274	138,9710	130,7311	123,2198	116,3602	110,0843	104,3323	99,0511	94,1940	89,7193
13	3	148,9038	139,7402	131,4069	123,8144	116,8840	110,5462	104,7401	99,4116	94,5130	90,0020
13	4	149,7796	140,5081	132,0812	124,4072	117,4057	111,0060	105,1457	99,7699	94,8298	90,2824
13	5	150,6546	141,2748	132,7538	124,9980	117,9252	111,4635	105,5490	100,1259	95,1444	90,5607
13	6	151,5289	142,0402	133,4247	125,5868	118,4428	111,9188	105,9502	100,4797	95,4568	90,8368
13	7	152,4025	142,8044	134,0940	126,1739	118,9582	112,3720	106,3491	100,8313	95,7670	91,1109
13	8	153,2754	143,5673	134,7618	126,7590	119,4717	112,8231	106,7460	101,1808	96,0752	91,3830
13	9	154,1475	144,3290	135,4279	127,3423	119,9832	113,2722	107,1407	101,5282	96,3813	91,6531
13	10	155,0189	145,0894	136,0924	127,9238	120,4927	113,7192	107,5334	101,8736	96,6855	91,9212
13	11	155,8896	145,8487	136,7553	128,5035	121,0002	114,1642	107,9240	102,2169	96,9877	92,1875
14	0	156,7596	146,6067	137,4167	129,0814	121,5058	114,6072	108,3126	102,5583	97,2879	92,4519
14	1	157,6289	147,3633	138,0762	129,6569	122,0088	115,0473	108,6982	102,8965	97,5850	92,7131
14	2	158,4974	148,1186	138,7340	130,2306	122,5097	115,4852	109,0815	103,2325	97,8798	92,9721
14	3	159,3652	148,8728	139,3902	130,8024	123,0086	115,9210	109,4627	103,5663	98,1725	93,2291
14	4	160,2323	149,6256	140,0448	131,3723	123,5054	116,3547	109,8418	103,8980	98,4631	93,4840
14	5	161,0986	150,3773	140,6978	131,9403	124,0002	116,7863	110,2187	104,2277	98,7517	93,7370
14	6	161,9643	151,1277	141,3492	132,5066	124,4931	117,2159	110,5936	104,5552	99,0383	93,9880
14	7	162,8292	151,8768	141,9991	133,0710	124,9840	117,6434	110,9665	104,8808	99,3230	94,2372
14	8	163,6934	152,6248	142,6473	133,6337	125,4730	118,0690	111,3373	105,2044	99,6057	94,4845
14	9	164,5569	153,3715	142,2941	134,1945	125,9602	118,4926	111,7063	105,5261	99,8866	94,7300
14	10	165,4197	154,1171	143,9392	134,7537	126,4454	118,9143	112,0732	105,8459	100,1656	94,9738
14	11	166,2818	154,8614	144,5829	135,3110	126,9288	119,3341	112,4383	106,1638	100,4428	95,2159
15	0	167,1432	155,6046	145,2250	135,8667	127,4103	119,7520	112,8015	106,4799	100,7183	95,4563
15	1	168,0038	156,3464	145,8652	136,4201	127,8893	120,1672	113,1619	106,7931	100,9908	95,6937
15	2	168,8638	157,0869	146,5039	136,9717	128,3664	120,5804	113,5201	107,1042	101,2613	95,9292
15	3	169,7230	157,8262	147,1410	137,5215	128,8415	120,9915	113,8764	107,4133	101,5298	96,1628
15	4	170,5815	158,5643	147,7765	138,0695	129,3147	121,4006	114,2306	107,7204	101,7965	96,3946
15	5	171,4392	159,3012	148,4105	138,6157	129,7859	121,8078	114,5829	108,0256	102,0612	96,6245
15	6	172,2963	160,0369	149,0430	139,1602	130,2553	122,2131	114,9333	108,3289	102,3242	96,8528
15	7	173,1527	160,7714	149,6739	139,7029	130,7229	122,6164	115,2818	108,6304	102,5853	97,0793
15	8	174,0083	161,5047	150,3032	140,2439	131,1886	123,0179	115,6284	108,9300	102,8447	97,3041
15	9	174,8633	162,2368	150,9311	140,7832	131,6525	123,4176	115,9731	109,2279	103,1023	97,5273
15	10	175,7176	162,9677	151,5575	141,3208	132,1146	123,8154	116,3161	109,5240	103,3583	97,7489
15	11	176,5711	163,6975	152,1824	141,8568	132,5750	124,2114	116,6573	109,8183	103,6127	97,9690
16	0	177,4240	164,4261	152,8058	142,3911	133,0336	124,6057	116,9967	110,1110	103,8654	98,1875
16	1	178,2761	165,1533	153,4274	142,9232	133,4898	124,9974	117,3335	110,4010	104,1154	98,4034
16	2	179,1275	165,8793	154,0475	143,4536	133,9442	125,3871	117,6684	110,6891	104,3636	98,6175
16	3	179,9782	166,6041	154,6660	143,9822	134,3966	125,7750	118,0013	110,9753	104,6099	98,8298
16	4	180,8282	167,3278	155,2830	144,5091	134,8473	126,1610	118,3324	111,2596	104,8546	99,0405
16	5	181,6775	168,0502	155,8986	145,0343	135,2961	126,5451	118,6616	111,5422	105,0975	99,2496
16	6	182,5260	168,7715	156,5126	145,5579	135,7432	126,9274	118,9891	111,8231	105,3387	99,4570
16	7	183,3739	169,4916	157,1251	146,0797	136,1885	127,3080	119,3147	112,1022	105,5782	99,6630

Nachschüssige monatliche Rentenbarwertfaktoren bei gemischter Verzinsung

J	M	11%	12%	13%	14%	15%	16%	17%	18%	19%	20%
12	6	83,4990	79,9100	76,5778	73,4798	70,5952	67,9058	65,3950	63,0477	60,8504	58,7910
12	7	83,7681	80,1503	76,7928	73,6722	70,7676	68,0605	65,5338	63,1724	60,9626	58,8920
12	8	84,0350	80,3886	77,0057	73,8627	70,9382	68,2134	65,6710	63,2956	61,0733	58,9916
12	9	84,2998	80,6249	77,2168	74,0513	71,1071	68,3647	65,8066	63,4174	61,1827	59,0900
12	10	84,5625	80,8592	77,4259	74,2383	71,2743	68,5144	65,9408	63,5377	61,2908	59,1872
12	11	84,8233	81,0916	77,6333	74,4234	71,4399	68,6625	66,0736	63,6568	61,3977	59,2832
13	0	85,0821	81,3221	77,8388	74,6070	71,6039	68,8093	66,2050	63,7746	61,5034	59,3781
13	1	85,3373	81,5490	78,0408	74,7869	71,7644	68,9526	66,3330	63,8891	61,6060	59,4700
13	2	85,5902	81,7737	78,2407	74,9649	71,9230	69,0941	66,4594	64,0021	61,7070	59,5605
13	3	85,8409	81,9963	78,4385	75,1409	72,0797	69,2338	66,5840	64,1134	61,8065	59,6496
13	4	86,0894	82,2168	78,6343	75,3149	72,2346	69,3718	66,7071	64,2233	61,9047	59,7374
13	5	86,3358	82,4353	78,8282	75,4872	72,3878	69,5082	66,8286	64,3317	62,0015	59,8239
13	6	86,5802	82,6518	79,0202	75,6577	72,5393	69,6430	66,9487	64,4387	62,0970	59,9092
13	7	86,8226	82,8664	79,2104	75,8265	72,6892	69,7763	67,0673	64,5444	62,1912	59,9933
13	8	87,0631	83,0791	79,3989	75,9936	72,8376	69,9081	67,1846	64,6488	62,2843	60,0763
13	9	87,3016	83,2901	79,5856	76,1591	72,9844	70,0385	67,3005	64,7520	62,3762	60,1583
13	10	87,5383	83,4993	79,7707	76,3230	73,1298	70,1676	67,4152	64,8540	62,4671	60,2393
13	11	87,7732	83,7068	79,9542	76,4855	73,2738	70,2953	67,5287	64,9549	62,5569	60,3193
14	0	88,0064	83,9126	80,1361	76,6465	73,4164	70,4218	67,6410	65,0547	62,6457	60,3984
14	1	88,2363	84,1152	80,3149	76,8043	73,5560	70,5453	67,7505	65,1518	62,7319	60,4750
14	2	88,4641	84,3158	80,4917	76,9604	73,6939	70,6673	67,8584	65,2475	62,8168	60,5504
14	3	88,6900	84,5145	80,6668	77,1148	73,8302	70,7877	67,9650	65,3419	62,9005	60,6247
14	4	88,9139	84,7114	80,8401	77,2675	73,9649	70,9067	68,0702	65,4350	62,9829	60,6978
14	5	89,1359	84,9065	81,0117	77,4186	74,0981	71,0243	68,1740	65,5268	63,0643	60,7699
14	6	89,3560	85,0998	81,1816	77,5681	74,2299	71,1405	68,2767	65,6175	63,1445	60,8410
14	7	89,5744	85,2914	81,3499	77,7162	74,3602	71,2554	68,3781	65,7071	63,2237	60,9111
14	8	89,7910	85,4814	81,5167	77,8628	74,4892	71,3690	68,4783	65,7956	63,3019	60,9803
14	9	90,0060	85,6697	81,6820	78,0080	74,6169	71,4815	68,5774	65,8831	63,3792	61,0486
14	10	90,2192	85,8565	81,8458	78,1518	74,7433	71,5927	68,6754	65,9695	63,4555	61,1161
14	11	90,4309	86,0418	82,0081	78,2943	74,8685	71,7028	68,7724	66,0550	63,5310	61,1828
15	0	90,6409	86,2255	82,1691	78,4355	74,9925	71,8119	68,8684	66,1396	63,6056	61,2487
15	1	90,8480	86,4064	82,3273	78,5740	75,1139	71,9184	68,9619	66,2219	63,6781	61,3125
15	2	91,0533	86,5856	82,4838	78,7109	75,2338	72,0235	69,0542	66,3030	63,7494	61,3754
15	3	91,2567	86,7630	82,6388	78,8463	75,3523	72,1274	69,1453	66,3829	63,8197	61,4372
15	4	91,4584	86,9388	82,7921	78,9803	75,4695	72,2299	69,2352	66,4618	63,8890	61,4982
15	5	91,6585	87,1129	82,9440	79,1128	75,5853	72,3313	69,3240	66,5397	63,9574	61,5582
15	6	91,8568	87,2855	83,0943	79,2440	75,6999	72,4315	69,4117	66,6166	64,0248	61,6175
15	7	92,0535	87,4566	83,2433	79,3739	75,8132	72,5305	69,4983	66,6925	64,0914	61,6759
15	8	92,2487	87,6262	83,3909	79,5024	75,9254	72,6285	69,5840	66,7675	64,1571	61,7336
15	9	92,4423	87,7944	83,5371	79,6298	76,0364	72,7254	69,6687	66,8416	64,2220	61,7905
15	10	92,6344	87,9612	83,6821	79,7559	76,1464	72,8213	69,7525	66,9148	64,2862	61,8467
15	11	92,8251	88,1266	83,8258	79,8809	76,2552	72,9162	69,8354	66,9873	64,3496	61,9023
16	0	93,0143	88,2907	83,9683	80,0048	76,3631	73,0102	69,9174	67,0590	64,4123	61,9572
16	1	93,2009	88,4522	84,1083	80,1263	76,4686	73,1021	69,9974	67,1287	64,4732	62,0104
16	2	93,3858	88,6121	84,2468	80,2464	76,5729	73,1927	70,0763	67,1974	64,5331	62,0628
16	3	93,5691	88,7705	84,3839	80,3652	76,6759	73,2822	70,1541	67,2652	64,5922	62,1144
16	4	93,7509	88,9275	84,5196	80,4827	76,7778	73,3706	70,2309	67,3321	64,6504	62,1651
16	5	93,9310	89,0830	84,6539	80,5989	76,8785	73,4580	70,3068	67,3980	64,7079	62,2152
16	6	94,1097	89,2371	84,7870	80,7140	76,9782	73,5444	70,3818	67,4632	64,7645	62,2646
16	7	94,2870	89,3898	84,9188	80,8279	77,0767	73,6298	70,4558	67,5275	64,8205	62,3133

Nachschüssige monatliche Rentenbarwertfaktoren bei gemischter Verzinsung

J	M	1%	2%	3%	4%	5%	6%	7%	8%	9%	10%
16	8	184,2211	170,2105	157,7362	146,5999	136,6320	127,6867	119,6387	112,3796	105,8162	99,8674
16	9	185,0676	170,9282	158,3457	147,1185	137,0738	128,0637	119,9609	112,6554	106,0526	100,0703
16	10	185,9134	171,6448	158,9539	147,6354	137,5140	128,4391	120,2814	112,9296	106,2875	100,2718
16	11	186,7585	172,3603	159,5606	148,1507	137,9524	128,8127	120,6003	113,2022	106,5208	100,4718
17	0	187,6029	173,0746	160,1658	148,6645	138,3892	129,1846	120,9175	113,4732	106,7527	100,6705
17	1	188,4466	173,7875	160,7693	149,1761	138,8236	129,5541	121,2323	113,7417	106,9820	100,8667
17	2	189,2896	174,4993	161,3713	149,6861	139,2563	129,9218	121,5452	114,0084	107,2097	101,0613
17	3	190,1319	175,2100	161,9719	150,1944	139,6873	130,2877	121,8564	114,2734	107,4357	101,2544
17	4	190,9734	175,9194	162,5709	150,7011	140,1165	130,6519	122,1658	114,5367	107,6601	101,4459
17	5	191,8143	176,6277	163,1685	151,2061	140,5439	131,0143	122,4735	114,7984	107,8830	101,6360
17	6	192,6545	177,3348	163,7646	151,7095	140,9697	131,3749	122,7795	115,0584	108,1043	101,8246
17	7	193,4940	178,0408	164,3593	152,2113	141,3938	131,7339	123,0839	115,3169	108,3241	102,0118
17	8	194,3328	178,7456	164,9526	152,7115	141,8162	132,0913	123,3866	115,5737	108,5424	102,1976
17	9	195,1709	179,4493	165,5444	153,2101	142,2370	132,4469	123,6877	115,8291	108,7593	102,3821
17	10	196,0083	180,1518	166,1348	153,7071	142,6561	132,8010	123,9873	116,0830	108,9747	102,5652
17	11	196,8451	180,8532	166,7239	154,2026	143,0737	133,1535	124,2853	116,3353	109,1888	102,7471
18	0	197,6811	181,5535	167,3115	154,6966	143,4897	133,5044	124,5818	116,5863	109,4015	102,9277
18	1	198,5164	182,2525	167,8974	155,1886	143,9035	133,8530	124,8759	116,8349	109,6120	103,1061
18	2	199,3511	182,9503	168,4819	155,6790	144,3156	134,1998	125,1684	117,0818	109,8208	103,2830
18	3	200,1850	183,6470	169,0649	156,1677	144,7260	134,5450	125,4592	117,3272	110,0282	103,4585
18	4	201,0183	184,3425	169,6465	156,6549	145,1347	134,8886	125,7484	117,5710	110,2341	103,6327
18	5	201,8508	185,0369	170,2267	157,1405	145,5418	135,2304	126,0360	117,8133	110,4385	103,8054
18	6	202,6827	185,7302	170,8055	157,6245	145,9473	135,5707	126,3220	118,0541	110,6415	103,9769
18	7	203,5139	186,4223	171,3828	158,1070	146,3512	135,9094	126,6064	118,2934	110,8432	104,1471
18	8	204,3444	187,1133	171,9588	158,5879	146,7535	136,2465	126,8893	118,5312	111,0435	104,3160
18	9	205,1742	187,8032	172,5334	159,0674	147,1543	136,5820	127,1708	118,7677	111,2425	104,4837
18	10	206,0033	188,4920	173,1066	159,5453	147,5535	136,9160	127,4507	119,0027	111,4401	104,6502
18	11	206,8318	189,1796	173,6785	160,0218	147,9511	137,2485	127,7293	119,2364	111,6365	104,8156
19	0	207,6595	189,8662	174,2490	160,4967	148,3473	137,5796	128,0063	119,4688	111,8317	104,9797
19	1	208,4866	190,5515	174,8179	160,9698	148,7414	137,9084	128,2813	119,6990	112,0247	105,1419
19	2	209,3129	191,2356	175,3853	161,4413	149,1339	138,2357	128,5546	119,9276	112,2164	105,3027
19	3	210,1386	191,9186	175,9514	161,9113	149,5247	138,5613	128,8264	120,1548	112,4066	105,4623
19	4	210,9636	192,6005	176,5160	162,3797	149,9140	138,8854	129,0966	120,3806	112,5955	105,6206
19	5	211,7879	193,2813	177,0793	162,8466	150,3018	139,2080	129,3654	120,6049	112,7830	105,7777
19	6	212,6116	193,9610	177,6412	163,3120	150,6879	139,5290	129,6327	120,8279	112,9693	105,9335
19	7	213,4345	194,6395	178,2018	163,7759	151,0726	139,8485	129,8985	121,0494	113,1543	106,0883
19	8	214,2568	195,3170	178,7610	164,2384	151,4557	140,1665	130,1629	121,2697	113,3381	106,2418
19	9	215,0784	195,9933	179,3188	164,6994	151,8374	140,4830	130,4260	121,4886	113,5206	106,3943
19	10	215,8993	196,6686	179,8754	165,1590	152,2176	140,7981	130,6876	121,7062	113,7020	106,5457
19	11	216,7196	197,3428	180,4306	165,6171	152,5963	141,1118	130,9479	121,9226	113,8821	106,6960
20	0	217,5391	198,0159	180,9845	166,0738	152,9736	141,4241	131,2069	122,1378	114,0612	106,8452
20	1	218,3580	198,6877	181,5368	166,5287	153,3490	141,7344	131,4638	122,3509	114,2383	106,9926
20	2	219,1762	199,3584	182,0877	166,9820	153,7227	142,0431	131,7192	122,5626	114,4141	107,1389
20	3	219,9937	200,0281	182,6373	167,4339	154,0950	142,3503	131,9732	122,7730	114,5886	107,2839
20	4	220,8105	200,6966	183,1855	167,8843	154,4657	142,6561	132,2258	122,9820	114,7619	107,4278
20	5	221,6267	201,3640	183,7324	168,3333	154,8350	142,9603	132,4770	123,1897	114,9340	107,5706
20	6	222,4421	202,0304	184,2779	168,7808	155,2028	143,2632	132,7268	123,3962	115,1049	107,7123
20	7	223,2569	202,6956	184,8221	169,2269	155,5691	143,5646	132,9752	123,6013	115,2746	107,8530
20	8	224,0711	203,3598	185,3650	169,6715	155,9340	143,8646	133,2224	123,8053	115,4432	107,9926
20	9	224,8845	204,0229	185,9066	170,1148	156,2975	144,1632	133,4682	124,0080	115,6106	108,1312

Nachschüssige monatliche Rentenbarwertfaktoren bei gemischter Verzinsung

J	M	11%	12%	13%	14%	15%	16%	17%	18%	19%	20%
16	8	94,4628	89,5413	85,0495	80,9407	77,1743	73,7142	70,5291	67,5911	64,8757	62,3613
16	9	94,6372	89,6914	85,1789	81,0524	77,2708	73,7978	70,6015	67,6539	64,9303	62,4088
16	10	94,8103	89,8403	85,3072	81,1631	77,3664	73,8804	70,6731	67,7160	64,9842	62,4556
16	11	94,9821	89,9880	85,4343	81,2728	77,4611	73,9623	70,7439	67,7774	65,0375	62,5019
17	0	95,1526	90,1345	85,5604	81,3814	77,5548	74,0433	70,8140	67,8381	65,0902	62,5477
17	1	95,3206	90,2787	85,6843	81,4880	77,6466	74,1225	70,8824	67,8972	65,1413	62,5920
17	2	95,4872	90,4215	85,8069	81,5933	77,7373	74,2006	70,9498	67,9555	65,1917	62,6357
17	3	95,6524	90,5630	85,9282	81,6975	77,8269	74,2778	71,0163	68,0129	65,2413	62,6786
17	4	95,8161	90,7031	86,0483	81,8006	77,9155	74,3540	71,0820	68,0695	65,2903	62,7210
17	5	95,9784	90,8419	86,1672	81,9026	78,0031	74,4293	71,1468	68,1255	65,3385	62,7627
17	6	96,1394	90,9795	86,2850	82,0035	78,0897	74,5038	71,2109	68,1807	65,3862	62,8038
17	7	96,2991	91,1159	86,4016	82,1035	78,1754	74,5774	71,2742	68,2352	65,4332	62,8444
17	8	96,4575	91,2511	86,5172	82,2024	78,2602	74,6502	71,3368	68,2890	65,4796	62,8844
17	9	96,6146	91,3852	86,6318	82,3004	78,3442	74,7222	71,3987	68,3423	65,5254	62,9240
17	10	96,7705	91,5181	86,7453	82,3975	78,4273	74,7935	71,4599	68,3949	65,5707	62,9630
17	11	96,9253	91,6500	86,8578	82,4936	78,5096	74,8640	71,5204	68,4469	65,6155	63,0016
18	0	97,0789	91,7808	86,9694	82,5890	78,5912	74,9339	71,5804	68,4984	65,6598	63,0398
18	1	97,2303	91,9096	87,0790	82,6824	78,6710	75,0021	71,6388	68,5485	65,7028	63,0767
18	2	97,3804	92,0371	87,1875	82,7748	78,7498	75,0695	71,6964	68,5978	65,7451	63,1131
18	3	97,5292	92,1634	87,2949	82,8662	78,8277	75,1360	71,7533	68,6465	65,7868	63,1489
18	4	97,6767	92,2885	87,4011	82,9567	78,9048	75,2017	71,8094	68,6945	65,8280	63,1841
18	5	97,8229	92,4124	87,5064	83,0461	78,9809	75,2666	71,8648	68,7419	65,8685	63,2189
18	6	97,9679	92,5353	87,6106	83,1347	79,0563	75,3308	71,9196	68,7887	65,9085	63,2532
18	7	98,1118	92,6571	87,7138	83,2223	79,1308	75,3943	71,9737	68,8349	65,9480	63,2870
18	8	98,2545	92,7778	87,8161	83,3091	79,2045	75,4571	72,0272	68,8805	65,9870	63,3204
18	9	98,3960	92,8975	87,9175	83,3951	79,2776	75,5191	72,0801	68,9256	66,0256	63,3533
18	10	98,5365	93,0162	88,0179	83,4802	79,3498	75,5806	72,1324	68,9702	66,0636	63,3859
18	11	98,6759	93,1339	88,1175	83,5646	79,4214	75,6414	72,1841	69,0143	66,1013	63,4180
19	0	98,8143	93,2507	88,2163	83,6482	79,4923	75,7016	72,2353	69,0580	66,1385	63,4498
19	1	98,9507	93,3657	88,3133	83,7302	79,5617	75,7604	72,2853	69,1004	66,1746	63,4806
19	2	99,0859	93,4795	88,4093	83,8113	79,6303	75,8185	72,3345	69,1422	66,2102	63,5109
19	3	99,2200	93,5923	88,5043	83,8914	79,6980	75,8759	72,3831	69,1835	66,2452	63,5407
19	4	99,3528	93,7040	88,5984	83,9708	79,7650	75,9325	72,4311	69,2242	66,2798	63,5701
19	5	99,4846	93,8147	88,6915	84,0492	79,8312	75,9885	72,4785	69,2643	66,3139	63,5991
19	6	99,6152	93,9244	88,7837	84,1269	79,8967	76,0438	72,5253	69,3040	66,3475	63,6276
19	7	99,7448	94,0331	88,8751	84,2038	79,9616	76,0985	72,5715	69,3431	66,3807	63,6558
19	8	99,8734	94,1409	88,9656	84,2799	80,0257	76,1526	72,6173	69,3818	66,4135	63,6836
19	9	100,0009	94,2478	89,0553	84,3553	80,0892	76,2062	72,6625	69,4200	66,4459	63,7111
19	10	100,1275	94,3537	89,1442	84,4300	80,1520	76,2591	72,7072	69,4578	66,4779	63,7382
19	11	100,2531	94,4589	89,2323	84,5040	80,2143	76,3116	72,7514	69,4952	66,5095	63,7650
20	0	100,3778	94,5632	89,3197	84,5774	80,2759	76,3635	72,7952	69,5322	66,5407	63,7915
20	1	100,5007	94,6658	89,4056	84,6493	80,3363	76,4142	72,8378	69,5681	66,5711	63,8172
20	2	100,6225	94,7674	89,4905	84,7204	80,3959	76,4642	72,8799	69,6036	66,6010	63,8424
20	3	100,7432	94,8681	89,5746	84,7907	80,4548	76,5137	72,9215	69,6385	66,6305	63,8673
20	4	100,8629	94,9679	89,6578	84,8603	80,5131	76,5625	72,9625	69,6730	66,6595	63,8918
20	5	100,9816	95,0667	89,7403	84,9292	80,5706	76,6108	73,0030	69,7071	66,6881	63,9159
20	6	101,0993	95,1646	89,8219	84,9973	80,6276	76,6585	73,0430	69,7407	66,7164	63,9397
20	7	101,2161	95,2617	89,9027	85,0647	80,6840	76,7056	73,0825	69,7738	66,7443	63,9632
20	8	101,3319	95,3579	89,9828	85,1315	80,7397	76,7523	73,1216	69,8066	66,7718	63,9864
20	9	101,4468	95,4534	90,0622	85,1977	80,7949	76,7984	73,1602	69,8390	66,7990	64,0092

Nachschüssige monatliche Rentenbarwertfaktoren bei gemischter Verzinsung

J	M	1%	2%	3%	4%	5%	6%	7%	8%	9%	10%
20	10	225,6973	204,6849	186,4470	170,5567	156,6596	144,4605	133,7127	124,2095	115,7770	108,2688
20	11	226,5095	205,3458	186,9860	170,9972	157,0203	144,7564	133,9560	124,4098	115,9423	108,4054
21	0	227,3209	206,0057	187,5238	171,4363	157,3796	145,0511	134,1980	124,6090	116,1066	108,5411
21	1	228,1317	206,6644	188,0600	171,8737	157,7371	145,3438	134,4381	124,8064	116,2691	108,6751
21	2	228,9418	207,3220	188,5949	172,3096	158,0931	145,6350	134,6769	125,0024	116,4304	108,8081
21	3	229,7512	207,9785	189,1284	172,7441	158,4476	145,9248	134,9142	125,1972	116,5905	108,9399
21	4	230,5599	208,6339	189,6607	173,1772	158,8007	146,2133	135,1503	125,3908	116,7495	109,0707
21	5	231,3680	209,2883	190,1916	173,6089	159,1524	146,5003	135,3850	125,5831	116,9073	109,2006
21	6	232,1754	209,9415	190,7213	174,0392	159,5027	146,7860	135,6185	125,7742	117,0641	109,3294
21	7	232,9821	210,5937	191,2496	174,4681	159,8516	147,0704	135,8507	125,9642	117,2198	109,4572
21	8	233,7882	211,2449	191,7767	174,8957	160,1991	147,3534	136,0817	126,1530	117,3745	109,5842
21	9	234,5936	211,8950	192,3026	175,3219	160,5453	147,6351	136,3114	126,3407	117,5281	109,7101
21	10	235,3984	212,5440	192,8272	175,7468	160,8901	147,9156	136,5399	126,5273	117,6808	109,8352
21	11	236,2024	213,1920	193,3505	176,1704	161,2336	148,1948	136,7673	126,7128	117,8324	109,9595
22	0	237,0059	213,8390	193,8726	176,5926	161,5759	148,4727	136,9935	126,8973	117,9831	110,0828
22	1	237,8086	214,4847	194,3932	177,0132	161,9163	148,7488	137,2179	127,0800	118,1322	110,2047
22	2	238,6107	215,1294	194,9125	177,4323	162,2553	149,0236	137,4410	127,2615	118,2801	110,3255
22	3	239,4121	215,7730	195,4305	177,8501	162,5930	149,2970	137,6628	127,4419	118,4270	110,4454
22	4	240,2128	216,4156	195,9472	178,2666	162,9292	149,5691	137,8834	127,6211	118,5729	110,5643
22	5	241,0129	217,0571	196,4627	178,6817	163,2642	149,8399	138,1028	127,7992	118,7177	110,6823
22	6	241,8123	217,6976	196,9770	179,0954	163,5978	150,1094	138,3210	127,9761	118,8616	110,7994
22	7	242,6110	218,3370	197,4899	179,5078	163,9301	150,3777	138,5380	128,1520	119,0044	110,9157
22	8	243,4091	218,9754	198,0017	179,9190	164,2610	150,6447	138,7539	128,3269	119,1463	111,0310
22	9	244,2065	219,6127	198,5122	180,3288	164,5907	150,9105	138,9686	128,5007	119,2873	111,1456
22	10	245,0033	220,2490	199,0215	180,7373	164,9191	151,1751	139,1822	128,6734	119,4273	111,2593
22	11	245,7994	220,8843	199,5296	181,1446	165,2463	151,4385	139,3946	128,8452	119,5664	111,3722
23	0	246,5949	221,5186	200,0365	181,5506	165,5722	151,7007	139,6060	129,0160	119,7047	111,4844
23	1	247,3897	222,1517	200,5419	181,9550	165,8965	151,9612	139,8158	129,1852	119,8414	111,5951
23	2	248,1838	222,7837	201,0461	182,3580	166,2194	152,2204	140,0243	129,3532	119,9772	111,7050
23	3	248,9773	223,4147	201,5490	182,7597	166,5409	152,4783	140,2316	129,5202	120,1120	111,8140
23	4	249,7701	224,0447	202,0507	183,1602	166,8612	152,7350	140,4378	129,6862	120,2458	111,9221
23	5	250,5622	224,6736	202,5512	183,5593	167,1802	152,9905	140,6428	129,8511	120,3787	112,0294
23	6	251,3537	225,3016	203,0504	183,9571	167,4979	153,2448	140,8468	130,0149	120,5106	112,1358
23	7	252,1446	225,9284	203,5485	184,3537	167,8143	153,4978	141,0496	130,1778	120,6417	112,2415
23	8	252,9348	226,5543	204,0453	184,7490	168,1296	153,7497	141,2513	130,3397	120,7718	112,3464
23	9	253,7243	227,1791	204,5410	185,1431	168,4435	154,0005	141,4520	130,5006	120,9012	112,4505
23	10	254,5132	227,8030	205,0354	185,5359	168,7563	154,2501	141,6516	130,6606	121,0296	112,5539
23	11	255,3014	228,4258	205,5287	185,9275	169,0679	154,4985	141,8501	130,8196	121,1573	112,6566
24	0	256,0890	229,0476	206,0209	186,3179	169,3783	154,7459	142,0477	130,9778	121,2841	112,7585
24	1	256,8759	229,6683	206,5116	186,7067	169,6871	154,9917	142,2437	131,1344	121,4096	112,8592
24	2	257,6622	230,2880	207,0011	187,0943	169,9946	155,2362	142,4386	131,2900	121,5341	112,9591
24	3	258,4478	230,9066	207,4893	187,4805	170,3009	155,4795	142,6324	131,4447	121,6578	113,0582
24	4	259,2328	231,5242	207,9764	187,8655	170,6059	155,7217	142,8251	131,5983	121,7805	113,1565
24	5	260,0171	232,1408	208,4623	188,2493	170,9097	155,9627	143,0167	131,7510	121,9024	113,2540
24	6	260,8007	232,7564	208,9470	188,6318	171,2123	156,2026	143,2072	131,9027	122,0235	113,3508
24	7	261,5837	233,3710	209,4306	189,0132	171,5137	156,4414	143,3968	132,0535	122,1437	113,4468
24	8	262,3661	233,9846	209,9129	189,3933	171,8139	156,6790	143,5853	132,2034	122,2632	113,5422
24	9	263,1478	234,5972	210,3941	189,7722	172,1129	156,9155	143,7729	132,3524	122,3818	113,6369
24	10	263,9289	235,2088	210,8742	190,1499	172,4108	157,1510	143,9594	132,5005	122,4997	113,7308
24	11	264,7093	235,8194	211,3531	190,5264	172,7075	157,3854	144,1450	132,6478	122,6168	113,8242
25	0	265,4891	236,4291	211,8309	190,9018	173,0032	157,6188	144,3296	132,7942	122,7331	113,9169

Nachschüssige monatliche Rentenbarwertfaktoren bei gemischter Verzinsung

J	M	11%	12%	13%	14%	15%	16%	17%	18%	19%	20%
20	10	101,5608	95,5480	90,1409	85,2632	80,8496	76,8441	73,1984	69,8710	66,8259	64,0318
20	11	101,6740	95,6419	90,2189	85,3281	80,9037	76,8893	73,2362	69,9027	66,8525	64,0542
21	0	101,7863	95,7350	90,2962	85,3924	80,9573	76,9340	73,2736	69,9340	66,8788	64,0762
21	1	101,8970	95,8266	90,3722	85,4555	81,0098	76,9777	73,3101	69,9645	66,9043	64,0976
21	2	102,0067	95,9174	90,4474	85,5179	81,0616	77,0209	73,3461	69,9946	66,9294	64,1187
21	3	102,1155	96,0072	90,5218	85,5796	81,1129	77,0635	73,3816	70,0242	66,9542	64,1394
21	4	102,2234	96,0963	90,5954	85,6406	81,1635	77,1056	73,4167	70,0534	66,9786	64,1598
21	5	102,3303	96,1845	90,6684	85,7010	81,2136	77,1472	73,4513	70,0823	67,0026	64,1799
21	6	102,4363	96,2720	90,7406	85,7608	81,2631	77,1883	73,4855	70,1107	67,0264	64,1997
21	7	102,5415	96,3587	90,8121	85,8199	81,3121	77,2290	73,5192	70,1388	67,0498	64,2193
21	8	102,6458	96,4446	90,8830	85,8785	81,3606	77,2692	73,5526	70,1666	67,0730	64,2386
21	9	102,7494	96,5298	90,9533	85,9365	81,4086	77,3090	73,5857	70,1941	67,0958	64,2577
21	10	102,8521	96,6143	91,0229	85,9940	81,4562	77,3483	73,6183	70,2212	67,1184	64,2765
21	11	102,9540	96,6981	91,0919	86,0510	81,5032	77,3873	73,6506	70,2481	67,1408	64,2951
22	0	103,0552	96,7812	91,1604	86,1074	81,5498	77,4259	73,6826	70,2746	67,1628	64,3135
22	1	103,1549	96,8630	91,2276	86,1627	81,5955	77,4636	73,7138	70,3004	67,1843	64,3314
22	2	103,2538	96,9441	91,2941	86,2175	81,6406	77,5008	73,7445	70,3259	67,2054	64,3489
22	3	103,3518	97,0243	91,3600	86,2716	81,6851	77,5375	73,7749	70,3510	67,2262	64,3662
22	4	103,4490	97,1038	91,4252	86,3251	81,7292	77,5738	73,8048	70,3758	67,2467	64,3832
22	5	103,5453	97,1826	91,4897	86,3781	81,7727	77,6097	73,8344	70,4002	67,2669	64,3999
22	6	103,6408	97,2607	91,5536	86,4305	81,8158	77,6451	73,8636	70,4243	67,2869	64,4165
22	7	103,7356	97,3381	91,6169	86,4824	81,8584	77,6802	73,8925	70,4482	67,3066	64,4328
22	8	103,8296	97,4148	91,6797	86,5338	81,9006	77,7148	73,9211	70,4717	67,3260	64,4489
22	9	103,9228	97,4909	91,7418	86,5847	81,9423	77,7491	73,9493	70,4950	67,3452	64,4647
22	10	104,0154	97,5663	91,8035	86,6351	81,9836	77,7831	73,9772	70,5180	67,3642	64,4804
22	11	104,1072	97,6411	91,8645	86,6851	82,0245	77,8166	74,0048	70,5407	67,3830	64,4960
23	0	104,1984	97,7154	91,9251	86,7346	82,0651	77,8499	74,0321	70,5632	67,4015	64,5113
23	1	104,2882	97,7884	91,9846	86,7831	82,1048	77,8824	74,0588	70,5851	67,4196	64,5261
23	2	104,3773	97,8608	92,0435	86,8311	82,1440	77,9145	74,0851	70,6067	67,4373	64,5407
23	3	104,4656	97,9324	92,1017	86,8786	82,1827	77,9461	74,1110	70,6280	67,4548	64,5551
23	4	104,5531	98,0034	92,1594	86,9255	82,2210	77,9774	74,1366	70,6490	67,4720	64,5693
23	5	104,6399	98,0738	92,2166	86,9720	82,2589	78,0083	74,1619	70,6697	67,4890	64,5833
23	6	104,7260	98,1435	92,2731	87,0180	82,2963	78,0389	74,1869	70,6901	67,5058	64,5970
23	7	104,8113	98,2126	92,3292	87,0635	82,3334	78,0691	74,2115	70,7103	67,5223	64,6106
23	8	104,8960	98,2811	92,3847	87,1086	82,3700	78,0990	74,2359	70,7303	67,5387	64,6240
23	9	104,9800	98,3490	92,4397	87,1532	82,4063	78,1285	74,2601	70,7500	67,5548	64,6373
23	10	105,0634	98,4164	92,4942	87,1975	82,4423	78,1578	74,2839	70,7695	67,5708	64,6504
23	11	105,1461	98,4832	92,5483	87,2413	82,4779	78,1868	74,3075	70,7888	67,5865	64,6633
24	0	105,2283	98,5494	92,6019	87,2847	82,5131	78,2154	74,3309	70,8078	67,6021	64,6761
24	1	105,3092	98,6147	92,6545	87,3273	82,5476	78,2434	74,3537	70,8264	67,6173	64,6884
24	2	105,3895	98,6793	92,7066	87,3694	82,5817	78,2711	74,3761	70,8447	67,6322	64,7006
24	3	105,4690	98,7432	92,7582	87,4110	82,6154	78,2984	74,3983	70,8627	67,6469	64,7126
24	4	105,5479	98,8066	92,8092	87,4522	82,6487	78,3254	74,4202	70,8805	67,6614	64,7244
24	5	105,6260	98,8694	92,8598	87,4930	82,6816	78,3520	74,4418	70,8980	67,6756	64,7361
24	6	105,7036	98,9317	92,9098	87,5333	82,7142	78,3784	74,4631	70,9154	67,6897	64,7475
24	7	105,7805	98,9934	92,9594	87,5733	82,7464	78,4044	74,4842	70,9325	67,7036	64,7589
24	8	105,8568	99,0545	93,0086	87,6128	82,7783	78,4302	74,5051	70,9494	67,7174	64,7700
24	9	105,9325	99,1152	93,0572	87,6520	82,8099	78,4556	74,5257	70,9661	67,7309	64,7811
24	10	106,0076	99,1753	93,1055	87,6908	82,8411	78,4809	74,5461	70,9826	67,7443	64,7920
24	11	106,0821	99,2350	93,1533	87,7292	82,8721	78,5058	74,5663	70,9989	67,7576	64,8027
25	0	106,1561	99,2941	93,2008	87,7673	82,9027	78,5305	74,5862	71,0151	67,7707	64,8134

Tabelle VII: Nachschüssige vierteljährliche Rentenbarwertfaktoren bei gemischter Verzinsung

JAHR	VJ	1%	2%	3%	4%	5%	6%	7%	8%	9%	10%
0	1	0,9975	0,9950	0,9926	0,9901	0,9877	0,9852	0,9828	0,9804	0,9780	0,9756
0	2	1,9925	1,9851	1,9778	1,9706	1,9634	1,9563	1,9493	1,9423	1,9354	1,9286
0	3	2,9851	2,9704	2,9560	2,9417	2,9277	2,9139	2,9002	2,8868	2,8735	2,8605
1	0	3,9752	3,9510	3,9272	3,9038	3,8810	3,8585	3,8364	3,8148	3,7936	3,7727
1	1	4,9629	4,9265	4,8908	4,8559	4,8216	4,7879	4,7550	4,7226	4,6908	4,6596
1	2	5,9481	5,8972	5,8474	5,7986	5,7509	5,7041	5,6582	5,6132	5,5692	5,5260
1	3	6,9308	6,8632	6,7971	6,7324	6,6692	6,6074	6,5470	6,4878	6,4298	6,3732
2	0	7,9111	7,8245	7,7400	7,6575	7,5771	7,4986	7,4219	7,3471	7,2739	7,2025
2	1	8,8890	8,7809	8,6756	8,5729	8,4729	8,3754	8,2803	8,1876	8,0971	8,0088
2	2	9,8644	9,7326	9,6043	9,4795	9,3580	9,2397	9,1245	9,0123	8,9029	8,7963
2	3	10,8374	10,6796	10,5263	10,3774	10,2326	10,0919	9,9551	9,8220	9,6925	9,5665
3	0	11,8081	11,6220	11,4417	11,2669	11,0972	10,9326	10,7728	10,6176	10,4669	10,3204
3	1	12,7762	12,5597	12,3501	12,1471	11,9504	11,7598	11,5751	11,3959	11,2221	11,0534
3	2	13,7420	13,4927	13,2517	13,0187	12,7933	12,5752	12,3640	12,1595	11,9614	11,7694
3	3	14,7054	14,4212	14,1469	13,8821	13,6263	13,3792	13,1403	12,9093	12,6858	12,4695
4	0	15,6664	15,3451	15,0357	14,7374	14,4497	14,1723	13,9045	13,6460	13,3962	13,1549
4	1	16,6250	16,2644	15,9175	15,5837	15,2623	14,9527	14,6543	14,3666	14,0891	13,8213
4	2	17,5812	17,1791	16,7929	16,4218	16,0651	15,7219	15,3916	15,0736	14,7673	14,4722
4	3	18,5350	18,0894	17,6620	17,2520	16,8584	16,4803	16,1171	15,7678	15,4319	15,1087
5	0	19,4865	18,9952	18,5249	18,0744	17,6426	17,2286	16,8313	16,4500	16,0837	15,7318
5	1	20,4356	19,8965	19,3811	18,8882	18,4165	17,9648	17,5320	17,1172	16,7193	16,3375
5	2	21,3824	20,7933	20,2310	19,6941	19,1810	18,6904	18,2211	17,7719	17,3416	16,9293
5	3	22,3268	21,6857	21,0748	20,4923	19,9366	19,4060	18,8991	18,4147	17,9513	17,5079
6	0	23,2688	22,5738	21,9125	21,2831	20,6834	20,1119	19,5666	19,0463	18,5493	18,0743
6	1	24,2085	23,4573	22,7438	22,0656	21,4204	20,8064	20,2215	19,6641	19,1324	18,6250
6	2	25,1459	24,3365	23,5689	22,8405	22,1486	21,4910	20,8655	20,2702	19,7033	19,1630
6	3	26,0809	25,2114	24,3881	23,6080	22,8681	22,1660	21,4992	20,8654	20,2627	19,6890
7	0	27,0137	26,0821	25,2015	24,3683	23,5795	22,8319	22,1230	21,4502	20,8113	20,2039
7	1	27,9441	26,9484	26,0085	25,1207	24,2814	23,4872	22,7351	22,0223	21,3463	20,7046
7	2	28,8722	27,8103	26,8097	25,8658	24,9748	24,1330	23,3369	22,5836	21,8700	21,1936
7	3	29,7980	28,6681	27,6050	26,6038	25,6601	24,7698	23,9292	23,1347	22,3832	21,6718
8	0	30,7215	29,5217	28,3947	27,3349	26,3376	25,3981	24,5122	23,6762	22,8865	22,1399
8	1	31,6427	30,3709	29,1782	28,0584	27,0061	26,0162	25,0842	24,2058	23,3773	22,5951
8	2	32,5616	31,2160	29,9560	28,7748	27,6665	26,6255	25,6467	24,7255	23,8578	23,0396
8	3	33,4782	32,0569	30,7281	29,4845	28,3192	27,2263	26,2001	25,2358	24,3286	23,4744
9	0	34,3926	32,8938	31,4948	30,1874	28,9644	27,8189	26,7450	25,7372	24,7903	23,8999
9	1	35,3046	33,7264	32,2555	30,8831	29,6010	28,4021	27,2796	26,2276	25,2406	24,3137
9	2	36,2144	34,5549	33,0107	31,5720	30,2300	28,9769	27,8053	26,7088	25,6815	24,7179
9	3	37,1220	35,3793	33,7603	32,2543	30,8516	29,5436	28,3226	27,1813	26,1134	25,1131
10	0	38,0273	36,1998	34,5047	32,9302	31,4661	30,1028	28,8318	27,6455	26,5370	25,5000
10	1	38,9303	37,0161	35,2432	33,5991	32,0724	30,6529	29,3314	28,0996	26,9501	25,8761
10	2	39,8311	37,8283	35,9764	34,2615	32,6714	31,1951	29,8227	28,5452	27,3546	26,2435
10	3	40,7297	38,6366	36,7042	34,9176	33,2634	31,7298	30,3061	28,9827	27,7508	26,6028
11	0	41,6260	39,4410	37,4269	35,5675	33,8486	32,2573	30,7821	29,4125	28,1395	26,9545
11	1	42,5201	40,2413	38,1439	36,2107	34,4261	32,7763	31,2490	29,8330	28,5185	27,2964
11	2	43,4120	41,0376	38,8557	36,8476	34,9966	33,2879	31,7081	30,2456	28,8895	27,6305
11	3	44,3017	41,8300	39,5623	37,4784	35,5604	33,7923	32,1599	30,6506	29,2531	27,9571
12	0	45,1891	42,6186	40,2639	38,1034	36,1178	34,2899	32,6047	31,0486	29,6096	28,2768
12	1	46,0744	43,4032	40,9601	38,7218	36,6677	34,7795	33,0411	31,4380	29,9573	28,5877
12	2	46,9574	44,1839	41,6512	39,3342	37,2111	35,2621	33,4702	31,8200	30,2977	28,8913

Nachschüssige vierteljährliche Rentenbarwertfaktoren bei gemischter Verzinsung

JAHR	VJ	11%	12%	13%	14%	15%	16%	17%	18%	19%	20%
0	1	0,9732	0,9709	0,9685	0,9662	0,9639	0,9615	0,9592	0,9569	0,9547	0,9524
0	2	1,9218	1,9151	1,9085	1,9019	1,8953	1,8889	1,8825	1,8761	1,8699	1,8636
0	3	2,8476	2,8349	2,8223	2,8100	2,7978	2,7857	2,7738	2,7621	2,7505	2,7391
1	0	3,7523	3,7321	3,7124	3,6930	3,6739	3,6552	3,6368	3,6186	3,6008	3,5833
1	1	4,6290	4,5990	4,5695	4,5405	4,5120	4,4841	4,4566	4,4296	4,4031	4,3770
1	2	5,4836	5,4420	5,4013	5,3613	5,3220	5,2835	5,2457	5,2086	5,1722	5,1364
1	3	6,3176	6,2633	6,2100	6,1579	6,1067	6,0567	6,0076	5,9594	5,9122	5,8659
2	0	7,1327	7,0644	6,9977	6,9324	6,8686	6,8062	6,7451	6,6853	6,6268	6,5694
2	1	7,9226	7,8384	7,7562	7,6759	7,5974	7,5208	7,4458	7,3725	7,3009	7,2308
2	2	8,6924	8,5911	8,4923	8,3959	8,3018	8,2099	8,1203	8,0327	7,9472	7,8636
2	3	9,4438	9,3243	9,2080	9,0946	8,9841	8,8764	8,7714	8,6690	8,5691	8,4716
3	0	10,1781	10,0397	9,9050	9,7741	9,6466	9,5226	9,4018	9,2841	9,1695	9,0579
3	1	10,8897	10,7307	10,5763	10,4262	10,2804	10,1386	10,0007	9,8666	9,7361	9,6090
3	2	11,5833	11,4028	11,2277	11,0578	10,8928	10,7327	10,5772	10,4260	10,2791	10,1364
3	3	12,2602	12,0575	11,8610	11,6707	11,4862	11,3073	11,1337	10,9653	10,8018	10,6430
4	0	12,9217	12,6961	12,4779	12,2667	12,0623	11,8643	11,6725	11,4866	11,3063	11,1316
4	1	13,5628	13,3131	13,0719	12,8388	12,6134	12,3953	12,1844	11,9801	11,7824	11,5908
4	2	14,1876	13,9132	13,6484	13,3928	13,1460	12,9075	12,6771	12,4543	12,2388	12,0303
4	3	14,7975	14,4977	14,2089	13,9304	13,6619	13,4028	13,1527	12,9112	12,6780	12,4525
5	0	15,3934	15,0680	14,7548	14,4533	14,1629	13,8830	13,6132	13,3530	13,1020	12,8596
5	1	15,9710	15,6189	15,2805	14,9551	14,6421	14,3408	14,0507	13,7713	13,5020	13,2424
5	2	16,5339	16,1546	15,7906	15,4410	15,1052	14,7823	14,4718	14,1731	13,8855	13,6086
5	3	17,0833	16,6765	16,2866	15,9127	15,5538	15,2093	14,8784	14,5604	14,2546	13,9604
6	0	17,6202	17,1857	16,7697	16,3713	15,9894	15,6233	15,2720	14,9348	14,6109	14,2997
6	1	18,1405	17,6776	17,2349	16,8115	16,4061	16,0179	15,6459	15,2892	14,9471	14,6186
6	2	18,6477	18,1559	17,6864	17,2378	16,8089	16,3986	16,0058	15,6297	15,2694	14,9238
6	3	19,1426	18,6219	18,1253	17,6515	17,1990	16,7667	16,3533	15,9579	15,5795	15,2170
7	0	19,6263	19,0765	18,5529	18,0538	17,5778	17,1235	16,6897	16,2752	15,8789	15,4997
7	1	20,0951	19,5157	18,9645	18,4399	17,9401	17,4637	17,0093	16,5756	16,1614	15,7655
7	2	20,5519	19,9428	19,3641	18,8138	18,2903	17,7919	17,3170	16,8642	16,4322	16,0199
7	3	20,9979	20,3589	19,7525	19,1767	18,6296	18,1092	17,6140	17,1423	16,6928	16,2642
8	0	21,4336	20,7647	20,1308	19,5296	18,9589	18,4168	17,9015	17,4112	16,9445	16,4998
8	1	21,8559	21,1569	20,4952	19,8683	19,2740	18,7101	18,1746	17,6658	17,1819	16,7213
8	2	22,2675	21,5382	20,8487	20,1963	19,5785	18,9930	18,4376	17,9103	17,4094	16,9332
8	3	22,6692	21,9097	21,1925	20,5147	19,8735	19,2665	18,6914	18,1460	17,6284	17,1368
9	0	23,0618	22,2721	21,5273	20,8242	20,1599	19,5317	18,9372	18,3739	17,8399	17,3332
9	1	23,4423	22,6222	21,8497	21,1213	20,4339	19,7846	19,1706	18,5897	18,0394	17,5177
9	2	23,8131	22,9627	22,1626	21,4091	20,6987	20,0284	19,3954	18,7969	18,2306	17,6943
9	3	24,1750	23,2944	22,4668	21,6883	20,9552	20,2643	19,6123	18,9966	18,4147	17,8640
10	0	24,5287	23,6179	22,7631	21,9598	21,2043	20,4929	19,8224	19,1897	18,5923	18,0276
10	1	24,8714	23,9305	23,0484	22,2205	21,4425	20,7108	20,0219	19,3726	18,7600	18,1814
10	2	25,2055	24,2345	23,3253	22,4729	21,6728	20,9211	20,2140	19,5482	18,9207	18,3286
10	3	25,5315	24,5307	23,5945	22,7178	21,8959	21,1244	20,3994	19,7175	19,0753	18,4700
11	0	25,8501	24,8196	23,8567	22,9560	22,1124	21,3215	20,5789	19,8811	19,2247	18,6064
11	1	26,1589	25,0987	24,1092	23,1846	22,3196	21,5094	20,7495	20,0361	19,3655	18,7345
11	2	26,4599	25,3701	24,3542	23,4060	22,5198	21,6906	20,9137	20,1849	19,5006	18,8572
11	3	26,7536	25,6345	24,5925	23,6209	22,7138	21,8658	21,0722	20,3284	19,6305	18,9750
12	0	27,0407	25,8925	24,8245	23,8298	22,9021	22,0357	21,2256	20,4671	19,7560	19,0886
12	1	27,3189	26,1417	25,0480	24,0304	23,0823	22,1977	21,3714	20,5984	19,8744	19,1954
12	2	27,5900	26,3840	25,2648	24,2246	23,2564	22,3539	21,5117	20,7245	19,9879	19,2977

Nachschüssige vierteljährliche Rentenbarwertfaktoren bei gemischter Verzinsung

JAHR	VJ	1%	2%	3%	4%	5%	6%	7%	8%	9%	10%
12	3	47,8383	44,9608	42,3372	39,9408	37,7480	35,7380	33,8925	32,1950	30,6312	29,1883
13	0	48,7170	45,7339	43,0184	40,5417	38,2788	36,2075	34,3082	32,5636	30,9583	29,4789
13	1	49,5934	46,5031	43,6943	41,1364	38,8026	36,6694	34,7160	32,9240	31,2773	29,7615
13	2	50,4677	47,2685	44,3652	41,7252	39,3201	37,1247	35,1170	33,2777	31,5896	30,0376
13	3	51,3399	48,0302	45,0313	42,3085	39,8314	37,5736	35,5117	33,6250	31,8956	30,3075
14	0	52,2099	48,7882	45,6926	42,8863	40,3370	38,0165	35,9001	33,9663	32,1957	30,5718
14	1	53,0777	49,5423	46,3488	43,4580	40,8358	38,4522	36,2813	34,3000	32,4884	30,8287
14	2	53,9433	50,2927	47,0002	44,0242	41,3286	38,8818	36,6561	34,6275	32,7749	31,0796
14	3	54,8068	51,0394	47,6469	44,5851	41,8157	39,3053	37,0249	34,9491	33,0556	31,3250
15	0	55,6682	51,7825	48,2889	45,1407	42,2971	39,7231	37,3880	35,2651	33,3309	31,5652
15	1	56,5274	52,5219	48,9260	45,6904	42,7722	40,1342	37,7442	35,5741	33,5994	31,7988
15	2	57,3845	53,2575	49,5584	46,2349	43,2415	40,5394	38,0945	35,8773	33,8623	32,0269
15	3	58,2394	53,9896	50,1863	46,7741	43,7054	40,9390	38,4392	36,1751	34,1198	32,2500
16	0	59,0923	54,7182	50,8097	47,3083	44,1639	41,3331	38,7785	36,4676	34,3724	32,4684
16	1	59,9430	55,4430	51,4282	47,8369	44,6164	41,7209	39,1114	36,7538	34,6188	32,6807
16	2	60,7915	56,1642	52,0422	48,3604	45,0634	42,1032	39,4388	37,0346	34,8599	32,8881
16	3	61,6380	56,8820	52,6517	48,8789	45,5051	42,4801	39,7609	37,3103	35,0962	33,0909
17	0	62,4824	57,5962	53,2569	49,3926	45,9418	42,8520	40,0780	37,5811	35,3279	33,2894
17	1	63,3247	58,3069	53,8575	49,9009	46,3727	43,2179	40,3892	37,8461	35,5539	33,4825
17	2	64,1649	59,0140	54,4536	50,4043	46,7985	43,5785	40,6951	38,1061	35,7751	33,6710
17	3	65,0030	59,7176	55,0454	50,9028	47,2192	43,9341	40,9962	38,3614	35,9919	33,8554
18	0	65,8390	60,4179	55,6330	51,3967	47,6351	44,2849	41,2926	38,6122	36,2045	34,0359
18	1	66,6730	61,1146	56,2160	51,8855	48,0455	44,6301	41,5833	38,8575	36,4118	34,2113
18	2	67,5048	61,8078	56,7947	52,3695	48,4509	44,9703	41,8693	39,0982	36,6148	34,3827
18	3	68,3347	62,4977	57,3693	52,8489	48,8516	45,3058	42,1506	39,3346	36,8137	34,5503
19	0	69,1624	63,1842	57,9398	53,3238	49,2477	45,6367	42,4276	39,5668	37,0087	34,7144
19	1	69,9881	63,8672	58,5058	53,7937	49,6385	45,9623	42,6994	39,7940	37,1989	34,8739
19	2	70,8117	64,5469	59,0677	54,2591	50,0247	46,2833	42,9666	40,0169	37,3851	35,0298
19	3	71,6333	65,2232	59,6255	54,7201	50,4063	46,5998	43,2296	40,2357	37,5676	35,1821
20	0	72,4529	65,8963	60,1794	55,1767	50,7835	46,9120	43,4884	40,4508	37,7465	35,3313
20	1	73,2704	66,5659	60,7289	55,6286	51,1557	47,2192	43,7424	40,6611	37,9210	35,4763
20	2	74,0859	67,2322	61,2745	56,0761	51,5235	47,5220	43,9922	40,8675	38,0919	35,6180
20	3	74,8993	67,8953	61,8160	56,5193	51,8869	47,8205	44,2379	41,0701	38,2593	35,7565
21	0	75,7108	68,5552	62,3538	56,9584	52,2462	48,1151	44,4798	41,2692	38,4234	35,8921
21	1	76,5202	69,2117	62,8873	57,3929	52,6007	48,4049	44,7172	41,4640	38,5835	36,0239
21	2	77,3276	69,8649	63,4170	57,8231	52,9509	48,6905	44,9506	41,6551	38,7403	36,1527
21	3	78,1330	70,5150	63,9428	58,2493	53,2971	48,9722	45,1803	41,8427	38,8938	36,2786
22	0	78,9364	71,1619	64,4648	58,6715	53,6392	49,2501	45,4064	42,0271	39,0444	36,4019
22	1	79,7378	71,8056	64,9828	59,0893	53,9769	49,5235	45,6282	42,2074	39,1913	36,5217
22	2	80,5372	72,4460	65,4970	59,5030	54,3104	49,7935	45,8464	42,3843	39,3351	36,6388
22	3	81,3347	73,0833	66,0075	59,9128	54,6401	50,0587	46,0610	42,5581	39,4760	36,7533
23	0	82,1301	73,7176	66,5144	60,3188	54,9659	50,3208	46,2723	42,7288	39,6142	36,8654
23	1	82,9236	74,3486	67,0173	60,7205	55,2875	50,5787	46,4796	42,8957	39,7489	36,9743
23	2	83,7151	74,9765	67,5165	61,1183	55,6052	50,8330	46,6835	43,0596	39,8808	37,0807
23	3	84,5046	75,6013	68,0122	61,5123	55,9191	51,0837	46,8841	43,2204	40,0101	37,1848
24	0	85,2922	76,2231	68,5043	61,9027	56,2295	51,3310	47,0816	43,3785	40,1368	37,2867
24	1	86,0778	76,8417	68,9925	62,2889	56,5357	51,5743	47,2754	43,5331	40,2605	37,3857
24	2	86,8615	77,4573	69,4772	62,6714	56,8383	51,8141	47,4659	43,6848	40,3815	37,4825
24	3	87,6432	78,0699	69,9584	63,0503	57,1373	52,0506	47,6534	43,8337	40,5001	37,5771
25	0	88,4230	78,6795	70,4362	63,4256	57,4328	52,2839	47,8380	43,9801	40,6164	37,6697

Nachschüssige vierteljährliche Rentenbarwertfaktoren bei gemischter Verzinsung

JAHR	VJ	11%	12%	13%	14%	15%	16%	17%	18%	19%	20%
12	3	27,8546	26,6201	25,4757	24,4131	23,4250	22,5050	21,6471	20,8461	20,0971	19,3958
13	0	28,1132	26,8504	25,6810	24,5963	23,5888	22,6515	21,7783	20,9636	20,2025	19,4905
13	1	28,3638	27,0729	25,8787	24,7723	23,7454	22,7911	21,9029	21,0749	20,3020	19,5795
13	2	28,6081	27,2893	26,0706	24,9426	23,8968	22,9258	22,0228	21,1818	20,3974	19,6647
13	3	28,8465	27,5001	26,2572	25,1079	24,0435	23,0561	22,1386	21,2848	20,4892	19,7465
14	0	29,0795	27,7057	26,4389	25,2687	24,1859	23,1823	22,2507	21,3844	20,5778	19,8254
14	1	29,3053	27,9044	26,6139	25,4230	24,3221	23,3027	22,3572	21,4787	20,6614	19,8996
14	2	29,5253	28,0976	26,7837	25,5725	24,4538	23,4188	22,4597	21,5693	20,7415	19,9706
14	3	29,7401	28,2858	26,9489	25,7175	24,5813	23,5311	22,5586	21,6566	20,8186	20,0388
15	0	29,9500	28,4694	27,1097	25,8585	24,7051	23,6399	22,6544	21,7410	20,8931	20,1045
15	1	30,1534	28,6468	27,2645	25,9939	24,8236	23,7437	22,7454	21,8210	20,9633	20,1663
15	2	30,3516	28,8193	27,4148	26,1250	24,9381	23,8438	22,8330	21,8977	21,0307	20,2255
15	3	30,5451	28,9873	27,5609	26,2522	25,0490	23,9406	22,9176	21,9717	21,0955	20,2823
16	0	30,7342	29,1513	27,7033	26,3759	25,1566	24,0344	22,9995	22,0433	21,1580	20,3371
16	1	30,9175	29,3096	27,8403	26,4946	25,2596	24,1239	23,0773	22,1110	21,2171	20,3886
16	2	31,0961	29,4637	27,9733	26,6096	25,3592	24,2102	23,1522	22,1760	21,2737	20,4379
16	3	31,2704	29,6137	28,1026	26,7212	25,4556	24,2936	23,2245	22,2387	21,3281	20,4853
17	0	31,4407	29,7601	28,2285	26,8297	25,5493	24,3745	23,2944	22,2994	21,3807	20,5309
17	1	31,6058	29,9015	28,3498	26,9339	25,6388	24,4516	23,3609	22,3568	21,4303	20,5739
17	2	31,7667	30,0390	28,4675	27,0348	25,7254	24,5260	23,4249	22,4119	21,4779	20,6149
17	3	31,9238	30,1729	28,5820	27,1327	25,8092	24,5979	23,4867	22,4650	21,5236	20,6544
18	0	32,0772	30,3036	28,6934	27,2278	25,8907	24,6677	23,5465	22,5164	21,5678	20,6924
18	1	32,2260	30,4299	28,8007	27,3192	25,9685	24,7342	23,6034	22,5651	21,6095	20,7282
18	2	32,3709	30,5527	28,9049	27,4077	26,0438	24,7983	23,6581	22,6118	21,6495	20,7624
18	3	32,5124	30,6723	29,0062	27,4936	26,1167	24,8603	23,7109	22,6568	21,6879	20,7953
19	0	32,6507	30,7889	29,1048	27,5771	26,1875	24,9204	23,7620	22,7003	21,7251	20,8270
19	1	32,7847	30,9017	29,1998	27,6572	26,2553	24,9777	23,8106	22,7416	21,7601	20,8568
19	2	32,9152	31,0113	29,2919	27,7348	26,3207	25,0330	23,8573	22,7812	21,7937	20,8854
19	3	33,0427	31,1181	29,3815	27,8101	26,3841	25,0865	23,9025	22,8193	21,8260	20,9128
20	0	33,1673	31,2223	29,4688	27,8834	26,4457	25,1383	23,9462	22,8562	21,8572	20,9392
20	1	33,2880	31,3229	29,5529	27,9537	26,5046	25,1877	23,9877	22,8912	21,8866	20,9640
20	2	33,4056	31,4208	29,6345	28,0218	26,5615	25,2353	24,0276	22,9247	21,9149	20,9878
20	3	33,5205	31,5162	29,7138	28,0878	26,6166	25,2814	24,0662	22,9571	21,9420	21,0106
21	0	33,6327	31,6092	29,7910	28,1521	26,6702	25,3261	24,1035	22,9883	21,9682	21,0327
21	1	33,7414	31,6990	29,8654	28,2138	26,7214	25,3687	24,1390	23,0179	21,9930	21,0534
21	2	33,8474	31,7864	29,9376	28,2735	26,7709	25,4098	24,1732	23,0464	22,0167	21,0732
21	3	33,9509	31,8716	30,0078	28,3314	26,8188	25,4495	24,2062	23,0738	22,0395	21,0922
22	0	34,0520	31,9546	30,0761	28,3878	26,8654	25,4880	24,2381	23,1003	22,0615	21,1106
22	1	34,1499	32,0349	30,1419	28,4419	26,9099	25,5247	24,2684	23,1254	22,0823	21,1278
22	2	34,2454	32,1129	30,2058	28,4943	26,9529	25,5602	24,2976	23,1495	22,1023	21,1443
22	3	34,3386	32,1889	30,2679	28,5451	26,9946	25,5944	24,3258	23,1727	22,1214	21,1602
23	0	34,4297	32,2631	30,3284	28,5946	27,0351	25,6276	24,3531	23,1952	22,1399	21,1755
23	1	34,5180	32,3347	30,3867	28,6420	27,0738	25,6593	24,3790	23,2164	22,1574	21,1898
23	2	34,6040	32,4044	30,4432	28,6880	27,1112	25,6898	24,4039	23,2368	22,1742	21,2036
23	3	34,6879	32,4722	30,4982	28,7326	27,1475	25,7193	24,4280	23,2565	22,1903	21,2168
24	0	34,7700	32,5384	30,5517	28,7759	27,1827	25,7479	24,4513	23,2756	22,2058	21,2295
24	1	34,8495	32,6024	30,6032	28,8176	27,2164	25,7752	24,4735	23,2936	22,2205	21,2415
24	2	34,9270	32,6646	30,6533	28,8579	27,2489	25,8015	24,4948	23,3109	22,2346	21,2530
24	3	35,0026	32,7252	30,7019	28,8970	27,2804	25,8270	24,5154	23,3276	22,2481	21,2640
25	0	35,0766	32,7843	30,7493	28,9350	27,3110	25,8517	24,5353	23,3437	22,2612	21,2746

Tabelle VIII: Nachschüssige halbjährliche Rentenbarwertfaktoren bei gemischter Verzinsung

JAHR	HJ	1%	2%	3%	4%	5%	6%	7%	8%	9%	10%
0	1	0,9950	0,9901	0,9852	0,9804	0,9756	0,9709	0,9662	0,9615	0,9569	0,9524
1	0	1,9851	1,9706	1,9563	1,9423	1,9286	1,9151	1,9019	1,8889	1,8761	1,8636
1	1	2,9703	2,9413	2,9128	2,8850	2,8577	2,8310	2,8048	2,7792	2,7541	2,7294
2	0	3,9506	3,9025	3,8556	3,8099	3,7653	3,7218	3,6793	3,6379	3,5974	3,5579
2	1	4,9261	4,8542	4,7843	4,7163	4,6502	4,5859	4,5232	4,4622	4,4028	4,3449
3	0	5,8967	5,7966	5,6997	5,6057	5,5146	5,4262	5,3405	5,2573	5,1765	5,0980
3	1	6,8624	6,7296	6,6013	6,4772	6,3573	6,2414	6,1292	6,0206	5,9154	5,8136
4	0	7,8234	7,6535	7,4900	7,3324	7,1805	7,0342	6,8930	6,7567	6,6252	6,4982
4	1	8,7796	8,5682	8,3653	8,1704	7,9832	7,8032	7,6301	7,4635	7,3031	7,1487
5	0	9,7311	9,4741	9,2281	8,9927	8,7672	8,5511	8,3439	8,1451	7,9543	7,7711
5	1	10,6779	10,3708	10,0780	9,7985	9,5316	9,2766	9,0328	8,7995	8,5763	8,3625
6	0	11,6199	11,2589	10,9156	10,5891	10,2783	9,9822	9,6999	9,4307	9,1737	8,9283
6	1	12,5573	12,1381	11,7407	11,3639	11,0063	10,6666	10,3437	10,0366	9,7443	9,4659
7	0	13,4900	13,0087	12,5540	12,1242	11,7174	11,3322	10,9672	10,6210	10,2924	9,9803
7	1	14,4181	13,8706	13,3551	12,8692	12,4108	11,9779	11,5689	11,1820	10,8159	10,4690
8	0	15,3416	14,7242	14,1447	13,6001	13,0880	12,6059	12,1516	11,7231	11,3187	10,9366
8	1	16,2605	15,5693	14,9224	14,3165	13,7483	13,2150	12,7139	12,2426	11,7990	11,3809
9	0	17,1749	16,4061	15,6890	15,0194	14,3933	13,8074	13,2585	12,7437	12,2603	11,8060
9	1	18,0847	17,2346	16,4441	15,7082	15,0222	14,3821	13,7840	13,2247	12,7009	12,2099
10	0	18,9900	18,0550	17,1884	16,3840	15,6365	14,9410	14,2930	13,6886	13,1241	12,5964
10	1	19,8907	18,8672	17,9215	17,0463	16,2355	15,4831	14,7841	14,1339	13,5283	12,9635
11	0	20,7871	19,6716	18,6440	17,6962	16,8205	16,0104	15,2598	14,5635	13,9166	13,3149
11	1	21,6790	20,4679	19,3558	18,3330	17,3909	16,5218	15,7188	14,9759	14,2875	13,6487
12	0	22,5664	21,2564	20,0573	18,9578	17,9481	17,0192	16,1634	15,3736	14,6437	13,9681
12	1	23,4495	22,0371	20,7483	19,5702	18,4913	17,5017	16,5924	15,7554	14,9839	14,2715
13	0	24,3281	22,8102	21,4294	20,1710	19,0220	17,9709	17,0078	16,1237	15,3107	14,5619
13	1	25,2024	23,5756	22,1003	20,7598	19,5394	18,4261	17,4088	16,4773	15,6229	14,8378
14	0	26,0724	24,3336	22,7616	21,3375	20,0447	18,8688	17,7970	16,8182	15,9227	15,1017
14	1	26,9381	25,0839	23,4129	21,9037	20,5375	19,2982	18,1717	17,1456	16,2090	15,3525
15	0	27,7994	25,8270	24,0549	22,4591	21,0188	19,7159	18,5346	17,4613	16,4841	15,5925
15	1	28,6565	26,5627	24,6873	23,0035	21,4881	20,1210	18,8848	17,7645	16,7468	15,8205
16	0	29,5093	27,2912	25,3106	23,5376	21,9465	20,5150	19,2239	18,0568	16,9992	16,0386
16	1	30,3579	28,0124	25,9246	24,0611	22,3934	20,8971	19,5512	18,3375	17,2402	16,2459
17	0	31,2023	28,7267	26,5297	24,5747	22,8300	21,2688	19,8682	18,6081	17,4717	16,4442
17	1	32,0425	29,4338	27,1258	25,0780	23,2556	21,6294	20,1740	18,8680	17,6928	16,6326
18	0	32,8785	30,1340	27,7133	25,5718	23,6714	21,9800	20,4702	19,1186	17,9053	16,8129
18	1	33,7104	30,8272	28,2920	26,0557	24,0768	22,3202	20,7561	19,3593	18,1081	16,9842
19	0	34,5381	31,5137	28,8625	26,5306	24,4728	22,6510	21,0329	19,5913	18,3030	17,1481
19	1	35,3618	32,1933	29,4243	26,9959	24,8589	22,9719	21,3001	19,8141	18,4891	17,3038
20	0	36,1813	32,8664	29,9781	27,4525	25,2360	23,2839	21,5588	20,0290	18,6679	17,4528
20	1	36,9968	33,5327	30,5236	27,8999	25,6037	23,5867	21,8085	20,2353	18,8386	17,5944
21	0	37,8083	34,1925	31,0613	28,3389	25,9628	23,8811	22,0503	20,4343	19,0026	17,7298
21	1	38,6156	34,8458	31,5909	28,7691	26,3130	24,1667	22,2836	20,6253	19,1593	17,8585
22	0	39,4191	35,4927	32,1129	29,1913	26,6551	24,4444	22,5096	20,8095	19,3098	17,9817
22	1	40,2185	36,1331	32,6271	29,6049	26,9886	24,7138	22,7277	20,9864	19,4535	18,0987
23	0	41,0139	36,7673	33,1339	30,0108	27,3144	24,9759	22,9389	21,1570	19,5915	18,2106
23	1	41,8054	37,3952	33,6331	30,4086	27,6320	25,2300	23,1427	21,3207	19,7234	18,3170
24	0	42,5930	38,0170	34,1251	30,7989	27,9422	25,4772	23,3401	21,4787	19,8500	18,4187
24	1	43,3766	38,6326	34,6098	31,1813	28,2448	25,7170	23,5306	21,6303	19,9710	18,5154
25	0	44,1564	39,2421	35,0875	31,5566	28,5402	25,9502	23,7150	21,7765	20,0872	18,6079

Nachschüssige halbjährliche Rentenbarwertfaktoren bei gemischter Verzinsung

JAHR	HJ	11%	12%	13%	14%	15%	16%	17%	18%	19%	20%
0	1	0,9479	0,9434	0,9390	0,9346	0,9302	0,9259	0,9217	0,9174	0,9132	0,9091
1	0	1,8514	1,8393	1,8274	1,8158	1,8043	1,7931	1,7821	1,7712	1,7605	1,7500
1	1	2,7053	2,6816	2,6584	2,6356	2,6132	2,5913	2,5698	2,5487	2,5279	2,5076
2	0	3,5192	3,4815	3,4446	3,4086	3,3733	3,3389	3,3052	3,2722	3,2399	3,2083
2	1	4,2885	4,2336	4,1800	4,1277	4,0767	4,0270	3,9785	3,9311	3,8848	3,8396
3	0	5,0218	4,9478	4,8758	4,8058	4,7377	4,6715	4,6070	4,5442	4,4831	4,4236
3	1	5,7149	5,6193	5,5265	5,4366	5,3493	5,2647	5,1824	5,1026	5,0251	4,9497
4	0	6,3755	6,2569	6,1423	6,0314	5,9241	5,8202	5,7196	5,6222	5,5278	5,4363
4	1	6,9999	6,8565	6,7182	6,5847	6,4559	6,3316	6,2115	6,0954	5,9832	5,8748
5	0	7,5951	7,4258	7,2631	7,1065	6,9557	6,8105	6,6706	6,5358	6,4057	6,2803
5	1	8,1576	7,9611	7,7727	7,5919	7,4182	7,2514	7,0910	6,9368	6,7884	6,6456
6	0	8,6938	8,4695	8,2549	8,0495	7,8528	7,6643	7,4835	7,3100	7,1435	6,9836
6	1	9,2005	8,9475	8,7059	8,4753	8,2550	8,0443	7,8427	7,6498	7,4651	7,2880
7	0	9,6836	9,4013	9,1327	8,8768	8,6329	8,4002	8,1782	7,9661	7,7634	7,5696
7	1	10,1401	9,8281	9,5318	9,2503	8,9826	8,7278	8,4853	8,2541	8,0337	7,8234
8	0	10,5753	10,2333	9,9095	9,6024	9,3112	9,0347	8,7719	8,5221	8,2844	8,0580
8	1	10,9866	10,6144	10,2627	9,9301	9,6153	9,3171	9,0344	8,7662	8,5115	8,2695
9	0	11,3786	10,9762	10,5969	10,2390	9,9010	9,5816	9,2794	8,9933	8,7222	8,4650
9	1	11,7492	11,3164	10,9094	10,5264	10,1655	9,8251	9,5038	9,2002	8,9130	8,6412
10	0	12,1024	11,6395	11,2052	10,7974	10,4139	10,0531	9,7132	9,3926	9,0901	8,8042
10	1	12,4362	11,9432	11,4818	11,0495	10,6439	10,2630	9,9049	9,5679	9,2504	8,9510
11	0	12,7544	12,2317	11,7435	11,2872	10,8600	10,4596	10,0839	9,7311	9,3992	9,0868
11	1	13,0551	12,5029	11,9883	11,5083	11,0599	10,6405	10,2478	9,8796	9,5340	9,2092
12	0	13,3418	12,7604	12,2199	11,7168	11,2478	10,8100	10,4008	10,0178	9,6590	9,3224
12	1	13,6127	13,0026	12,4366	11,9108	11,4217	10,9660	10,5409	10,1437	9,7723	9,4243
13	0	13,8710	13,2325	12,6415	12,0937	11,5850	11,1121	10,6716	10,2609	9,8773	9,5186
13	1	14,1151	13,4487	12,8332	12,2638	11,7362	11,2465	10,7913	10,3676	9,9725	9,6036
14	0	14,3477	13,6540	13,0146	12,4243	11,8783	11,3725	10,9031	10,4668	10,0608	9,6822
14	1	14,5676	13,8471	13,1843	12,5735	12,0098	11,4884	11,0054	10,5573	10,1407	9,7530
15	0	14,7772	14,0304	13,3448	12,7143	12,1333	11,5969	11,1009	10,6414	10,2149	9,8185
15	1	14,9753	14,2027	13,4949	12,8452	12,2476	11,6969	11,1884	10,7180	10,2821	9,8775
16	0	15,1642	14,3664	13,6370	12,9687	12,3550	11,7905	11,2700	10,7893	10,3445	9,9321
16	1	15,3427	14,5203	13,7699	13,0835	12,4544	11,8766	11,3448	10,8543	10,4010	9,9812
17	0	15,5128	14,6664	13,8956	13,1918	12,5479	11,9573	11,4146	10,9147	10,4533	10,0267
17	1	15,6736	14,8038	14,0132	13,2926	12,6343	12,0316	11,4784	10,9697	10,5008	10,0677
18	0	15,8268	14,9343	14,1244	13,3876	12,7155	12,1011	11,5381	11,0209	10,5448	10,1056
18	1	15,9717	15,0570	14,2285	13,4759	12,7907	12,1651	11,5927	11,0675	10,5847	10,1398
19	0	16,1097	15,1735	14,3269	13,5593	12,8613	12,2251	11,6437	11,1109	10,6217	10,1713
19	1	16,2402	15,2830	14,4190	13,6368	12,9267	12,2803	11,6903	11,1505	10,6552	10,1998
20	0	16,3646	15,3871	14,5061	13,7099	12,9881	12,3320	11,7339	11,1872	10,6863	10,2261
20	1	16,4822	15,4849	14,5876	13,7779	13,0450	12,3796	11,7738	11,2207	10,7145	10,2498
21	0	16,5943	15,5777	14,6647	13,8420	13,0984	12,4241	11,8110	11,2519	10,7406	10,2718
21	1	16,7002	15,6650	14,7368	13,9017	13,1478	12,4651	11,8451	11,2803	10,7643	10,2915
22	0	16,8011	15,7480	14,8050	13,9579	13,1942	12,5036	11,8769	11,3067	10,7862	10,3098
22	1	16,8966	15,8259	14,8689	14,0102	13,2372	12,5389	11,9061	11,3307	10,8061	10,3263
23	0	16,9875	15,9000	14,9292	14,0596	13,2776	12,5720	11,9333	11,3531	10,8245	10,3415
23	1	17,0735	15,9696	14,9857	14,1055	13,3150	12,6025	11,9582	11,3735	10,8413	10,3552
24	0	17,1554	16,0357	15,0392	14,1487	13,3501	12,6311	11,9814	11,3925	10,8568	10,3679
24	1	17,2329	16,0978	15,0891	14,1890	13,3826	12,6573	12,0027	11,4098	10,8708	10,3794
25	0	17,3067	16,1569	15,1364	14,2270	13,4131	12,6820	12,0226	11,4258	10,8838	10,3899

Tabelle IX: Vorschüssige monatliche Rentenbarwertfaktoren bei gemischter Verzinsung

Jahr	Monat	1%	2%	3%	4%	5%	6%	7%	8%	9%	10%
0	0	0,0000	0,0000	0,0000	0,0000	0,0000	0,0000	0,0000	0,0000	0,0000	0,0000
0	1	1,0000	1,0000	1,0000	1,0000	1,0000	1,0000	1,0000	1,0000	1,0000	1,0000
0	2	1,9992	1,9983	1,9975	1,9967	1,9959	1,9950	1,9942	1,9934	1,9926	1,9918
0	3	2,9975	2,9950	2,9926	2,9901	2,9877	2,9852	2,9828	2,9804	2,9780	2,9756
0	4	3,9950	3,9901	3,9851	3,9803	3,9754	3,9706	3,9658	3,9610	3,9563	3,9516
0	5	4,9917	4,9835	4,9753	4,9672	4,9592	4,9512	4,9433	4,9355	4,9277	4,9200
0	6	5,9876	5,9752	5,9631	5,9510	5,9390	5,9272	5,9155	5,9038	5,8923	5,8810
0	7	6,9826	6,9654	6,9484	6,9316	6,9150	6,8986	6,8823	6,8662	6,8504	6,8346
0	8	7,9768	7,9539	7,9314	7,9091	7,8871	7,8654	7,8439	7,8228	7,8019	7,7813
0	9	8,9702	8,9409	8,9120	8,8835	8,8554	8,8278	8,8005	8,7736	8,7471	8,7209
0	10	9,9628	9,9262	9,8902	9,8548	9,8200	9,7857	9,7520	9,7188	9,6860	9,6538
0	11	10,9546	10,9100	10,8662	10,8232	10,7809	10,7393	10,6985	10,6584	10,6189	10,5802
1	0	11,9455	11,8922	11,8398	11,7885	11,7381	11,6887	11,6402	11,5926	11,5459	11,5000
1	1	12,9356	12,8725	12,8107	12,7500	12,6905	12,6321	12,5748	12,5185	12,4633	12,4091
1	2	13,9249	13,8513	13,7791	13,7084	13,6389	13,5708	13,5040	13,4384	13,3740	13,3107
1	3	14,9134	14,8285	14,7452	14,6636	14,5835	14,5049	14,4279	14,3522	14,2780	14,2051
1	4	15,9010	15,8040	15,7089	15,6156	15,5242	15,4345	15,3465	15,2602	15,1755	15,0924
1	5	16,8878	16,7779	16,6702	16,5646	16,4611	16,3596	16,2601	16,1625	16,0667	15,9727
1	6	17,8738	17,7502	17,6292	17,5106	17,3943	17,2804	17,1687	17,0591	16,9517	16,8463
1	7	18,8590	18,7210	18,5858	18,4535	18,3238	18,1967	18,0722	17,9502	17,8306	17,7133
1	8	19,8434	19,6901	19,5402	19,3934	19,2496	19,1089	18,9710	18,8359	18,7036	18,5739
1	9	20,8270	20,6577	20,4922	20,3303	20,1718	20,0167	19,8649	19,7163	19,5707	19,4281
1	10	21,8097	21,6238	21,4420	21,2643	21,0905	20,9205	20,7542	20,5914	20,4322	20,2762
1	11	22,7917	22,5882	22,3895	22,1953	22,0056	21,8201	21,6388	21,4615	21,2880	21,1183
2	0	23,7728	23,5511	23,3348	23,1235	22,9172	22,7157	22,5189	22,3265	22,1384	21,9545
2	1	24,7531	24,5123	24,2774	24,0481	23,8243	23,6057	23,3923	23,1838	22,9801	22,7810
2	2	25,7326	25,4719	25,2176	24,9696	24,7275	24,4913	24,2607	24,0355	23,8156	23,6007
2	3	26,7113	26,4299	26,1555	25,8880	25,6271	25,3726	25,1242	24,8817	24,6449	24,4137
2	4	27,6891	27,3863	27,0911	26,8035	26,5230	26,2495	25,9827	25,7224	25,4684	25,2203
2	5	28,6662	28,3411	28,0245	27,7160	27,4154	27,1223	26,8366	26,5579	26,2860	26,0207
2	6	29,6424	29,2944	28,9555	28,6255	28,3041	27,9909	27,6857	27,3881	27,0979	26,8148
2	7	30,6178	30,2461	29,8843	29,5322	29,1893	28,8554	28,5301	28,2132	27,9042	27,6030
2	8	31,5925	31,1962	30,8108	30,4359	30,0711	29,7159	29,3701	29,0333	28,7051	28,3853
2	9	32,5663	32,1448	31,7352	31,3368	30,9494	30,5724	30,2055	29,8484	29,5007	29,1619
2	10	33,5393	33,0919	32,6573	32,2349	31,8243	31,4250	31,0366	30,6587	30,2910	29,9329
2	11	34,5116	34,0375	33,5772	33,1301	32,6958	32,2737	31,8634	31,4643	31,0762	30,6985
3	0	35,4830	34,9815	34,4949	34,0226	33,5640	33,1186	32,6859	32,2653	31,8563	31,4587
3	1	36,4536	35,9238	35,4101	34,9116	34,4279	33,9582	33,5022	33,0591	32,6285	32,2100
3	2	37,4234	36,8646	36,3229	35,7977	35,2881	34,7937	34,3137	33,8477	33,3950	32,9551
3	3	38,3923	37,8038	37,2335	36,6808	36,1449	35,6251	35,1207	34,6312	34,1559	33,6943
3	4	39,3605	38,7414	38,1419	37,5611	36,9981	36,4524	35,9231	35,4097	34,9113	34,4276
3	5	40,3279	39,6775	39,0480	38,4385	37,8480	37,2758	36,7211	36,1832	35,6614	35,1551
3	6	41,2945	40,6121	39,9520	39,3130	38,6944	38,0952	37,5146	36,9519	36,4063	35,8771
3	7	42,2602	41,5452	40,8537	40,1848	39,5375	38,9108	38,3039	37,7159	37,1461	36,5936
3	8	43,2252	42,4767	41,7532	41,0538	40,3772	39,7225	39,0889	38,4752	37,8808	37,3048
3	9	44,1894	43,4067	42,6506	41,9200	41,2137	40,5306	39,8697	39,2300	38,6107	38,0108
3	10	45,1528	44,3352	43,5459	42,7835	42,0469	41,3349	40,6464	39,9803	39,3357	38,7118
3	11	46,1154	45,2622	44,4390	43,6444	42,8770	42,1356	41,4190	40,7262	40,0561	39,4077
4	0	47,0772	46,1877	45,3300	44,5025	43,7038	42,9327	42,1877	41,4678	40,7719	40,0988
4	1	48,0382	47,1116	46,2185	45,3573	44,5265	43,7248	42,9506	42,2029	41,4803	40,7818

Anhang D: Tabellen

Vorschüssige monatliche Rentenbarwertfaktoren bei gemischter Verzinsung

Jahr	Monat	11%	12%	13%	14%	15%	16%	17%	18%	19%	20%
0	0	0,0000	0,0000	0,0000	0,0000	0,0000	0,0000	0,0000	0,0000	0,0000	0,0000
0	1	1,0000	1,0000	1,0000	1,0000	1,0000	1,0000	1,0000	1,0000	1,0000	1,0000
0	2	1,9910	1,9902	1,9894	1,9886	1,9878	1,9870	1,9862	1,9854	1,9847	1,9839
0	3	2,9732	2,9709	2,9685	2,9662	2,9639	2,9615	2,9592	2,9569	2,9547	2,9524
0	4	3,9469	3,9423	3,9377	3,9331	3,9286	3,9241	3,9196	3,9151	3,9107	3,9063
0	5	4,9124	4,9048	4,8972	4,8898	4,8824	4,8750	4,8677	4,8605	4,8533	4,8462
0	6	5,8697	5,8585	5,8474	5,8364	5,8256	5,8148	5,8041	5,7936	5,7831	5,7727
0	7	6,8191	6,8037	6,7885	6,7735	6,7586	6,7439	6,7293	6,7149	6,7007	6,6866
0	8	7,7609	7,7407	7,7209	7,7012	7,6818	7,6627	7,6437	7,6250	7,6065	7,5882
0	9	8,6952	8,6697	8,6446	8,6199	8,5955	8,5714	8,5477	8,5242	8,5011	8,4783
0	10	9,6221	9,5909	9,5602	9,5299	9,5000	9,4706	9,4416	9,4130	9,3849	9,3571
0	11	10,5420	10,5045	10,4676	10,4313	10,3956	10,3605	10,3259	10,2918	10,2583	10,2254
1	0	11,4550	11,4107	11,3673	11,3246	11,2826	11,2414	11,2009	11,1610	11,1218	11,0833
1	1	12,3559	12,3036	12,2522	12,2018	12,1522	12,1034	12,0556	12,0085	11,9622	11,9167
1	2	13,2486	13,1877	13,1278	13,0689	13,0111	12,9543	12,8985	12,8436	12,7896	12,7366
1	3	14,1335	14,0633	13,9943	13,9265	13,8599	13,7944	13,7301	13,6669	13,6048	13,5437
1	4	15,0108	14,9306	14,8519	14,7747	14,6988	14,6242	14,5509	14,4789	14,4081	14,3385
1	5	15,8805	15,7900	15,7011	15,6138	15,5281	15,4440	15,3613	15,2801	15,2002	15,1218
1	6	16,7429	16,6415	16,5420	16,4443	16,3483	16,2542	16,1617	16,0708	15,9816	15,8939
1	7	17,5983	17,4855	17,3748	17,2662	17,1597	17,0551	16,9524	16,8516	16,7527	16,6555
1	8	18,4467	18,3221	18,1999	18,0800	17,9625	17,8471	17,7339	17,6229	17,5139	17,4069
1	9	19,2884	19,1515	19,0174	18,8859	18,7570	18,6305	18,5066	18,3849	18,2656	18,1486
1	10	20,1235	19,9740	19,8276	19,6841	19,5435	19,4057	19,2706	19,1382	19,0083	18,8810
1	11	20,9523	20,7897	20,6306	20,4748	20,3223	20,1728	20,0264	19,8829	19,7423	19,6045
2	0	21,7747	21,5989	21,4268	21,2584	21,0936	20,9322	20,7742	20,6195	20,4679	20,3194
2	1	22,5864	22,3960	22,2099	22,0279	21,8497	21,6754	21,5047	21,3377	21,1741	21,0139
2	2	23,3907	23,1854	22,9848	22,7885	22,5966	22,4089	22,2252	22,0454	21,8694	21,6971
2	3	24,1879	23,9672	23,7516	23,5408	23,3347	23,1331	22,9360	22,7431	22,5544	22,3697
2	4	24,9782	24,7416	24,5106	24,2848	24,0641	23,8484	23,6375	23,4313	23,2295	23,0321
2	5	25,7617	25,5089	25,2620	25,0209	24,7853	24,5551	24,3302	24,1102	23,8952	23,6848
2	6	26,5387	26,2692	26,0062	25,7493	25,4985	25,2536	25,0142	24,7804	24,5518	24,3283
2	7	27,3093	27,0228	26,7432	26,4704	26,2041	25,9440	25,6901	25,4421	25,1997	24,9629
2	8	28,0736	27,7697	27,4733	27,1842	26,9021	26,6268	26,3581	26,0957	25,8394	25,5891
2	9	28,8319	28,5103	28,1968	27,8911	27,5930	27,3022	27,0184	26,7415	26,4711	26,2071
2	10	29,5843	29,2447	28,9138	28,5913	28,2769	27,9704	27,6715	27,3798	27,0952	26,8175
2	11	30,3309	29,9730	29,6244	29,2849	28,9541	28,6317	28,3174	28,0109	27,7120	27,4204
3	0	31,0718	30,6954	30,3290	29,9723	29,6248	29,2864	28,9566	28,6352	28,3218	28,0162
3	1	31,8030	31,4072	31,0221	30,6472	30,2824	29,9271	29,5810	29,2438	28,9152	28,5949
3	2	32,5276	32,1120	31,7078	31,3145	30,9319	30,5594	30,1968	29,8436	29,4995	29,1643
3	3	33,2458	32,8100	32,3863	31,9744	31,5736	31,1837	30,8043	30,4349	30,0751	29,7248
3	4	33,9578	33,5015	33,0580	32,6270	32,2079	31,8004	31,4039	31,0180	30,6424	30,2768
3	5	34,6637	34,1865	33,7230	33,2727	32,8351	32,4096	31,9959	31,5934	31,2018	30,8207
3	6	35,3637	34,8654	34,3816	33,9117	33,4553	33,0117	32,5805	32,1613	31,7536	31,3569
3	7	36,0579	35,5382	35,0338	34,5442	34,0687	33,6069	33,1582	32,7221	32,2981	31,8857
3	8	36,7465	36,2051	35,6799	35,1704	34,6758	34,1955	33,7291	33,2760	32,8356	32,4075
3	9	37,4297	36,8663	36,3202	35,7905	35,2765	34,7778	34,2935	33,8233	33,3665	32,9226
3	10	38,1075	37,5220	36,9547	36,4046	35,8713	35,3538	34,8517	34,3642	33,8909	33,4312
3	11	38,7801	38,1723	37,5836	37,0131	36,4601	35,9239	35,4038	34,8991	34,4093	33,9337
4	0	39,4476	38,8173	38,2071	37,6160	37,0433	36,4883	35,9501	35,4281	34,9217	34,4302
4	1	40,1063	39,4528	38,8204	38,2081	37,6151	37,0406	36,4837	35,9439	35,4203	34,9124

Vorschüssige monatliche Rentenbarwertfaktoren bei gemischter Verzinsung

Jahr	Monat	1%	2%	3%	4%	5%	6%	7%	8%	9%	10%
4	2	48,9984	48,0339	47,1048	46,2093	45,3458	44,5129	43,7091	42,9331	42,1835	41,4592
4	3	49,9578	48,9547	47,9889	47,0585	46,1618	45,2972	44,4633	43,6585	42,8816	42,1312
4	4	50,9163	49,8740	48,8708	47,9049	46,9744	46,0777	45,2132	44,3793	43,5746	42,7978
4	5	51,8741	50,7917	49,7505	48,7485	47,7838	46,8545	45,9590	45,0956	44,2628	43,4592
4	6	52,8311	51,7080	50,6281	49,5894	48,5899	47,6275	46,7006	45,8073	44,9462	44,1156
4	7	53,7874	52,6227	51,5036	50,4277	49,3928	48,3970	47,4382	46,5147	45,6248	44,7670
4	8	54,7428	53,5360	52,3769	51,2632	50,1926	49,1628	48,1718	47,2178	46,2989	45,4135
4	9	55,6974	54,4477	53,2482	52,0962	50,9892	49,9251	48,9016	47,9167	46,9685	46,0553
4	10	56,6513	55,3581	54,1174	52,9265	51,7828	50,6839	49,6274	48,6114	47,6337	46,6925
4	11	57,6044	56,2669	54,9845	53,7542	52,5733	51,4392	50,3496	49,3021	48,2946	47,3252
5	0	58,5566	57,1743	55,8495	54,5793	53,3608	52,1912	51,0680	49,9887	48,9513	47,9535
5	1	59,5081	58,0800	56,7121	55,4013	54,1443	52,9384	51,7809	50,6693	49,6012	48,5744
5	2	60,4588	58,9842	57,5726	56,2205	54,9246	53,6820	52,4898	51,3454	50,2463	49,1902
5	3	61,4087	59,8870	58,4309	57,0370	55,7017	54,4219	53,1947	52,0171	50,8868	49,8011
5	4	62,3578	60,7882	59,2872	57,8508	56,4756	55,1582	53,8955	52,6845	51,5226	50,4071
5	5	63,3061	61,6879	60,1413	58,6620	57,2465	55,8910	54,5925	53,3477	52,1539	51,0084
5	6	64,2536	62,5862	60,9933	59,4706	58,0142	56,6203	55,2856	54,0068	52,7809	51,6051
5	7	65,2004	63,4830	61,8433	60,2766	58,7789	57,3462	55,9749	54,6618	53,4035	52,1972
5	8	66,1463	64,3784	62,6912	61,0800	59,5405	58,0687	56,6606	55,3128	54,0220	52,7850
5	9	67,0915	65,2723	63,5371	61,8809	60,2993	58,7878	57,3426	55,9599	54,6363	53,3685
5	10	68,0359	66,1648	64,3809	62,6793	61,0550	59,5036	58,0210	56,6031	55,2465	53,9477
5	11	68,9796	67,0558	65,2228	63,4752	61,8079	60,2162	58,6959	57,2426	55,8528	54,5229
6	0	69,9224	67,9454	66,0626	64,2686	62,5579	60,9256	59,3673	57,8785	56,4553	55,0940
6	1	70,8645	68,8333	66,9001	65,0589	63,3041	61,6306	60,0336	58,5086	57,0516	55,6585
6	2	71,8057	69,7198	67,7355	65,8466	64,0473	62,3321	60,6961	59,1346	57,6434	56,2184
6	3	72,7462	70,6049	68,5689	66,6317	64,7873	63,0301	61,3548	59,7566	58,2310	56,7737
6	4	73,6859	71,4884	69,4001	67,4143	65,5244	63,7248	62,0098	60,3746	58,8143	57,3246
6	5	74,6248	72,3705	70,2294	68,1943	66,2585	64,4161	62,6612	60,9886	59,3935	57,8713
6	6	75,5630	73,2512	71,0566	68,9717	66,9897	65,1041	63,3090	61,5989	59,9687	58,4137
6	7	76,5004	74,1304	71,8818	69,7467	67,7180	65,7889	63,9532	62,2054	60,5399	58,9520
6	8	77,4370	75,0082	72,7050	70,5193	68,4434	66,4704	64,5940	62,8081	61,1073	59,4864
6	9	78,3728	75,8846	73,5263	71,2894	69,1660	67,1489	65,2314	63,4073	61,6709	60,0168
6	10	79,3078	76,7596	74,3456	72,0570	69,8857	67,8242	65,8654	64,0029	62,2308	60,5434
6	11	80,2421	77,6331	75,1629	72,8223	70,6028	68,4965	66,4961	64,5950	62,7870	61,0663
7	0	81,1757	78,5053	75,9783	73,5852	71,3171	69,1657	67,1236	65,1838	63,3397	61,5855
7	1	82,1084	79,3758	76,7914	74,3451	72,0277	69,8308	67,7463	65,7672	63,8867	62,0987
7	2	83,0403	80,2449	77,6025	75,1025	72,7355	70,4925	68,3655	66,3469	64,4297	62,6076
7	3	83,9715	81,1126	78,4115	75,8574	73,4403	71,1510	68,9811	66,9228	64,9688	63,1125
7	4	84,9019	81,9788	79,2186	76,6099	74,1423	71,8064	69,5933	67,4950	65,5039	63,6133
7	5	85,8315	82,8437	80,0237	77,3599	74,8415	72,4585	70,2021	68,0636	66,0353	64,1102
7	6	86,7604	83,7071	80,8268	78,1074	75,5378	73,1076	70,8075	68,6286	66,5630	64,6034
7	7	87,6885	84,5691	81,6280	78,8526	76,2314	73,7536	71,4096	69,1901	67,0871	65,0928
7	8	88,6158	85,4296	82,4272	79,5954	76,9223	74,3966	72,0084	69,7483	67,6076	65,5785
7	9	89,5424	86,2888	83,2246	80,3359	77,6104	75,0367	72,6041	70,3031	68,1247	66,0607
7	10	90,4682	87,1466	84,0200	81,0741	78,2959	75,6738	73,1966	70,8546	68,6383	66,5394
7	11	91,3932	88,0030	84,8135	81,8099	78,9788	76,3080	73,7861	71,4028	69,1486	67,0148
8	0	92,3175	88,8581	85,6051	82,5435	79,6591	76,9393	74,3725	71,9479	69,6557	67,4868
8	1	93,2410	89,7116	86,3946	83,2741	80,3359	77,5668	74,9545	72,4882	70,1576	67,9533
8	2	94,1637	90,5637	87,1820	84,0024	81,0100	78,1911	75,5332	73,0249	70,6557	68,4160
8	3	95,0856	91,4143	87,9675	84,7283	81,6813	78,8123	76,1085	73,5581	71,1503	68,8750

Vorschüssige monatliche Rentenbarwertfaktoren bei gemischter Verzinsung

Jahr	Monat	11%	12%	13%	14%	15%	16%	17%	18%	19%	20%
4	2	40,7591	40,0821	39,4272	38,7934	38,1799	37,5857	37,0100	36,4522	35,9114	35,3869
4	3	41,4062	40,7054	40,0277	39,3722	38,7379	38,1239	37,5293	36,9533	36,3951	35,8540
4	4	42,0476	41,3227	40,6221	39,9447	39,2895	38,6555	38,0418	37,4475	36,8718	36,3140
4	5	42,6835	41,9344	41,2106	40,5112	39,8348	39,1807	38,5477	37,9351	37,3419	36,7672
4	6	43,3141	42,5405	41,7934	41,0717	40,3741	39,6997	39,0475	38,4164	37,8055	37,2141
4	7	43,9396	43,1412	42,3706	41,6265	40,9076	40,2129	39,5412	38,8916	38,2631	37,6548
4	8	44,5599	43,7367	42,9424	42,1758	41,4354	40,7203	40,0292	39,3610	38,7148	38,0896
4	9	45,1754	44,3271	43,5090	42,7197	41,9579	41,2222	40,5116	39,8248	39,1609	38,5188
4	10	45,7860	44,9125	44,0705	43,2585	42,4750	41,7188	40,9886	40,2833	39,6016	38,9427
4	11	46,3919	45,4931	44,6271	43,7922	42,9871	42,2103	41,4605	40,7365	40,0372	39,3614
5	0	46,9933	46,0690	45,1788	44,3211	43,4942	42,6968	41,9274	41,1848	40,4678	39,7751
5	1	47,5868	46,6365	45,7216	44,8404	43,9914	43,1729	42,3835	41,6220	40,8868	40,1770
5	2	48,1749	47,1983	46,2586	45,3539	44,4825	43,6428	42,8334	42,0527	41,2995	40,5724
5	3	48,7578	47,7548	46,7900	45,8616	44,9678	44,1068	43,2772	42,4773	41,7059	40,9616
5	4	49,3357	48,3060	47,3161	46,3638	45,4474	44,5651	43,7152	42,8962	42,1066	41,3450
5	5	49,9086	48,8521	47,8369	46,8607	45,9216	45,0178	44,1476	43,3094	42,5016	41,7227
5	6	50,4767	49,3933	48,3526	47,3523	46,3906	45,4653	44,5748	43,7173	42,8912	42,0951
5	7	51,0401	49,9297	48,8634	47,8390	46,8544	45,9076	44,9968	44,1200	43,2757	42,4623
5	8	51,5990	50,4613	49,3694	48,3208	47,3134	46,3451	45,4138	44,5178	43,6553	42,8247
5	9	52,1535	50,9885	49,8708	48,7980	47,7677	46,7778	45,8261	44,9109	44,0302	43,1824
5	10	52,7036	51,5112	50,3677	49,2706	48,2174	47,2059	46,2339	45,2994	44,4005	43,5356
5	11	53,2495	52,0296	50,8602	49,7388	48,6627	47,6295	46,6372	45,6835	44,7665	43,8845
6	0	53,7913	52,5438	51,3485	50,2027	49,1037	48,0490	47,0363	46,0634	45,1284	44,2293
6	1	54,3259	53,0504	51,8288	50,6583	49,5360	48,4594	47,4261	46,4339	45,4805	44,5642
6	2	54,8558	53,5521	52,3041	51,1087	49,9630	48,8645	47,8106	47,1989	45,8273	44,8937
6	3	55,3809	54,0489	52,7744	51,5541	50,3850	49,2645	48,1899	47,1588	46,1689	45,2180
6	4	55,9015	54,5411	53,2399	51,9946	50,8021	49,6596	48,5643	47,5137	46,5055	45,5375
6	5	56,4176	55,0287	53,7008	52,4304	51,2144	50,0499	48,9339	47,8639	46,8374	45,8523
6	6	56,9295	55,5119	54,1572	52,8617	51,6222	50,4356	49,2989	48,2095	47,1649	46,1626
6	7	57,4371	55,9908	54,6092	53,2886	52,0256	50,8169	49,6596	48,5508	47,4880	46,4686
6	8	57,9406	56,4655	55,0570	53,7113	52,4247	51,1940	50,0161	48,8880	47,8070	46,7706
6	9	58,4401	56,9361	55,5007	54,1298	52,8197	51,5670	50,3685	49,2211	48,1220	47,0686
6	10	58,9357	57,4028	55,9404	54,5444	53,2108	51,9361	50,7170	49,5503	48,4332	47,3630
6	11	59,4275	57,8657	56,3763	54,9551	53,5980	52,3013	51,0617	49,8758	48,7408	47,6537
7	0	59,9156	58,3248	56,8084	55,3620	53,9814	52,6629	51,4028	50,1978	49,0449	47,9411
7	1	60,3972	58,7772	57,2335	55,7617	54,3574	53,0167	51,7360	50,5117	49,3408	48,2202
7	2	60,8746	59,2251	57,6540	56,1567	54,7287	53,3660	52,0646	50,8211	49,6322	48,4947
7	3	61,3477	59,6687	58,0702	56,5474	55,0957	53,7108	52,3888	51,1261	49,9192	48,7650
7	4	61,8167	60,1081	58,4822	56,9338	55,4583	54,0513	52,7088	51,4269	50,2021	49,0312
7	5	62,2817	60,5435	58,8901	57,3161	55,8169	54,3878	53,0247	51,7236	50,4810	49,2935
7	6	62,7428	60,9749	59,2939	57,6945	56,1715	54,7203	53,3367	52,0166	50,7562	49,5521
7	7	63,2001	61,4025	59,6940	58,0690	56,5223	55,0491	53,6450	52,3058	51,0277	49,8072
7	8	63,6537	61,8263	60,0903	58,4397	56,8693	55,3742	53,9496	52,5915	51,2958	50,0588
7	9	64,1037	62,2466	60,4829	58,8069	57,2128	55,6957	54,2508	52,8738	51,5605	50,3072
7	10	64,5502	62,6632	60,8721	59,1705	57,5528	56,0139	54,5487	53,1528	51,8220	50,5525
7	11	64,9932	63,0765	61,2578	59,5308	57,8895	56,3287	54,8433	53,4287	52,0805	50,7948
8	0	65,4330	63,4864	61,6402	59,8877	58,2230	56,6404	55,1349	53,7015	52,3360	51,0342
8	1	65,8669	63,8903	62,0164	60,2383	58,5499	56,9455	55,4196	53,9676	52,5847	51,2668
8	2	66,2969	64,2902	62,3885	60,5849	58,8728	57,2465	55,7005	54,2297	52,8296	51,4956
8	3	66,7231	64,6863	62,7568	60,9276	59,1919	57,5438	55,9776	54,4882	53,0708	51,7209

Vorschüssige monatliche Rentenbarwertfaktoren bei gemischter Verzinsung

J	M	1%	2%	3%	4%	5%	6%	7%	8%	9%	10%
8	4	96,0068	92,2636	88,7511	85,4518	82,3498	79,4305	76,6807	74,0879	71,6412	69,3303
8	5	96,9272	93,1114	89,5327	86,1729	83,0157	80,0458	77,2496	74,6144	72,1288	69,7820
8	6	97,8469	93,9579	90,3124	86,8918	83,6789	80,6581	77,8154	75,1376	72,6129	70,2303
8	7	98,7658	94,8030	91,0903	87,6083	84,3394	81,2676	78,3781	75,6575	73,0937	70,6752
8	8	99,6840	95,6467	91,8662	88,3225	84,9974	81,8742	78,9378	76,1743	73,5712	71,1168
8	9	100,6013	96,4891	92,6403	89,0345	85,6528	82,4780	79,4945	76,6880	74,0456	71,5552
8	10	101,5180	97,3300	93,4126	89,7443	86,3057	83,0790	80,0483	77,1987	74,5168	71,9904
8	11	102,4339	98,1697	94,1830	90,4518	86,9560	83,6773	80,5992	77,7063	74,9850	72,4225
9	0	103,3490	99,0079	94,9516	91,1572	87,6039	84,2730	81,1472	78,2110	75,4502	72,8517
9	1	104,2633	99,8447	95,7180	91,8598	88,2485	84,8649	81,6912	78,7113	75,9106	73,2757
9	2	105,1769	100,6801	96,4825	92,5600	88,8905	85,4538	82,2319	79,2082	76,3676	73,6964
9	3	106,0897	101,5140	97,2451	93,2580	89,5298	86,0399	82,7697	79,7020	76,8213	74,1136
9	4	107,0018	102,3466	98,0059	93,9536	90,1665	86,6232	83,3043	80,1925	77,2718	74,5275
9	5	107,9131	103,1779	98,7648	94,6471	90,8006	87,2036	83,8361	80,6800	77,7190	74,9382
9	6	108,8237	104,0078	99,5218	95,3382	91,4323	87,7813	84,3648	81,1644	78,1632	75,3457
9	7	109,7335	104,8363	100,2770	96,0272	92,0614	88,3562	84,8907	81,6459	78,6043	75,7502
9	8	110,6425	105,6634	101,0303	96,7140	92,6880	88,9285	85,4138	82,1244	79,0424	76,1517
9	9	111,5508	106,4893	101,7819	97,3986	93,3122	89,4981	85,9341	82,6000	79,4776	76,5502
9	10	112,4584	107,3138	102,5316	98,0810	93,9340	90,0651	86,4516	83,0728	79,9099	76,9458
9	11	113,3652	108,1369	103,2796	98,7614	94,5534	90,6296	86,9665	83,5429	80,3394	77,3387
10	0	114,2713	108,9588	104,0258	99,4396	95,1704	91,1915	87,4787	84,0102	80,7662	77,7288
10	1	115,1766	109,7791	104,7699	100,1151	95,7843	91,7499	87,9871	84,4734	81,1886	78,1143
10	2	116,0811	110,5981	105,5122	100,7885	96,3957	92,3055	88,4925	84,9336	81,6079	78,4967
10	3	116,9849	111,4157	106,2526	101,4596	97,0045	92,8584	88,9950	85,3907	82,0242	78,8760
10	4	117,8879	112,2320	106,9911	102,1285	97,6109	93,4086	89,4947	85,8449	82,4374	79,2523
10	5	118,7902	113,0469	107,7279	102,7953	98,2149	93,9562	89,9916	86,2963	82,8477	79,6256
10	6	119,6918	113,8605	108,4629	103,4599	98,8164	94,5012	90,4858	86,7448	83,2552	79,9961
10	7	120,5925	114,6728	109,1961	104,1223	99,4156	95,0436	90,9773	87,1906	83,6599	80,3638
10	8	121,4926	115,4838	109,9275	104,7827	100,0124	95,5835	91,4662	87,6337	84,0618	80,7288
10	9	122,3919	116,2934	110,6572	105,4410	100,6068	96,1208	91,9524	88,0741	84,4611	81,0911
10	10	123,2905	117,1017	111,3851	106,0972	101,1990	96,6558	92,4361	88,5119	84,8577	81,4507
10	11	124,1883	117,9087	112,1113	106,7513	101,7889	97,1883	92,9173	88,9471	85,2518	81,8079
11	0	125,0854	118,7145	112,8358	107,4034	102,3766	97,7184	93,3960	89,3798	85,6433	82,1625
11	1	125,9818	119,5187	113,5582	108,0530	102,9612	98,2452	93,8711	89,8087	86,0309	82,5130
11	2	126,8773	120,3217	114,2788	108,7005	103,5435	98,7693	94,3434	90,2348	86,4155	82,8606
11	3	127,7722	121,1233	114,9976	109,3458	104,1234	99,2910	94,8131	90,6581	86,7974	83,2055
11	4	128,6663	121,9235	115,7147	109,9889	104,7009	99,8100	95,2801	91,0787	87,1765	83,5475
11	5	129,5596	122,7225	116,4300	110,6301	105,2761	100,3266	95,7445	91,4966	87,5530	83,8870
11	6	130,4522	123,5201	117,1436	111,2691	105,8490	100,8407	96,2064	91,9119	87,9268	84,2238
11	7	131,3441	124,3165	117,8554	111,9061	106,4196	101,3524	96,6657	92,3246	88,2981	84,5580
11	8	132,2352	125,1115	118,5655	112,5410	106,9880	101,8618	97,1226	92,7349	88,6668	84,8898
11	9	133,1257	125,9053	119,2740	113,1740	107,5541	102,3687	97,5770	93,1427	89,0331	85,2192
11	10	134,0153	126,6978	119,9807	113,8050	108,1181	102,8734	98,0291	93,5480	89,3970	85,5461
11	11	134,9043	127,4890	120,6857	114,4340	108,6799	103,3757	98,4788	93,9510	89,7585	85,8708
12	0	135,7925	128,2789	121,3891	115,0610	109,2396	103,8758	98,9262	94,3517	90,1177	86,1932
12	1	136,6800	129,0674	122,0905	115,6856	109,7964	104,3728	99,3702	94,7488	90,4733	86,5118
12	2	137,5667	129,8546	122,7901	116,3081	110,3510	104,8673	99,8116	95,1433	90,8262	86,8279
12	3	138,4526	130,6404	123,4880	116,9286	110,9032	105,3594	100,2506	95,5353	91,1765	87,1413
12	4	139,3379	131,4250	124,1842	117,5471	111,4532	105,8491	100,6870	95,9247	91,5243	87,4523
12	5	140,2224	132,2083	124,8787	118,1635	112,0010	106,3364	101,1211	96,3116	91,8697	87,7609

Vorschüssige monatliche Rentenbarwertfaktoren bei gemischter Verzinsung

J	M	11%	12%	13%	14%	15%	16%	17%	18%	19%	20%
8	4	67,1456	65,0787	63,1214	61,2665	59,5073	57,8374	56,2511	54,7431	53,3085	51,9427
8	5	67,5645	65,4674	63,4823	61,6019	59,8190	58,1274	56,5211	54,9946	53,5429	52,1613
8	6	67,9800	65,8526	63,8398	61,9338	60,1274	58,4141	56,7878	55,2429	53,7741	52,3768
8	7	68,3919	66,2344	64,1938	62,2622	60,4324	58,6975	57,0513	55,4880	54,0023	52,5893
8	8	68,8006	66,6128	64,5445	62,5875	60,7342	58,9777	57,3117	55,7301	54,2275	52,7990
8	9	69,2060	66,9880	64,8920	62,9095	61,0329	59,2549	57,5691	55,9693	54,4500	53,0060
8	10	69,6083	67,3600	65,2363	63,2285	61,3286	59,5292	57,8237	56,2058	54,6698	53,2104
8	11	70,0074	67,7290	65,5777	63,5445	61,6213	59,8006	58,0755	56,4396	54,8870	53,4123
9	0	70,4036	68,0950	65,9161	63,8577	61,9113	60,0693	58,3247	56,6708	55,1017	53,6119
9	1	70,7945	68,4556	66,2490	64,1652	62,1956	60,3323	58,5681	56,8963	55,3107	53,8057
9	2	71,1819	68,8127	66,5784	64,4692	62,4764	60,5918	58,8081	57,1184	55,5164	53,9963
9	3	71,5659	69,1664	66,9043	64,7698	62,7538	60,8481	59,0450	57,3375	55,7191	54,1840
9	4	71,9465	69,5167	67,2269	65,0671	63,0280	61,1012	59,2787	57,5535	55,9189	54,3689
9	5	72,3239	69,8637	67,5463	65,3613	63,2992	61,3512	59,5095	57,7666	56,1159	54,5511
9	6	72,6982	70,2077	67,8626	65,6524	63,5673	61,5984	59,7374	57,9770	56,3102	54,7306
9	7	73,0693	70,5485	68,1759	65,9406	63,8325	61,8427	59,9626	58,1847	56,5019	54,9078
9	8	73,4375	70,8864	68,4863	66,2258	64,0950	62,0842	60,1852	58,3899	56,6912	55,0825
9	9	73,8027	71,2214	68,7938	66,5084	64,3547	62,3232	60,4052	58,5926	56,8782	55,2550
9	10	74,1651	71,5536	69,0985	66,7882	64,6118	62,5597	60,6228	58,7930	57,0628	55,4253
9	11	74,5247	71,8831	69,4006	67,0654	64,8664	62,7936	60,8380	58,9912	57,2454	55,5936
10	0	74,8816	72,2099	69,7001	67,3401	65,1185	63,0253	61,0510	59,1871	57,4258	55,7599
10	1	75,2338	72,5318	69,9947	67,6098	65,3657	63,2520	61,2590	59,3782	57,6014	55,9214
10	2	75,5828	72,8506	70,2862	67,8765	65,6099	63,4757	61,4642	59,5665	57,7743	56,0803
10	3	75,9287	73,1664	70,5746	68,1402	65,8511	63,6966	61,6666	59,7521	57,9446	56,2367
10	4	76,2716	73,4792	70,8601	68,4010	66,0896	63,9148	61,8664	59,9352	58,1125	56,3908
10	5	76,6116	73,7891	71,1428	68,6590	66,3254	64,1304	62,0637	60,1158	58,2781	56,5426
10	6	76,9488	74,0961	71,4227	68,9144	66,5585	64,3434	62,2585	60,2941	58,4413	56,6922
10	7	77,2832	74,4005	71,6999	69,1672	66,7892	64,5540	62,4510	60,4701	58,6025	56,8398
10	8	77,6148	74,7022	71,9746	69,4174	67,0174	64,7623	62,6412	60,6440	58,7615	56,9854
10	9	77,9439	75,0013	72,2467	69,6652	67,2432	64,9683	62,8292	60,8158	58,9186	57,1292
10	10	78,2704	75,2979	72,5164	69,9107	67,4668	65,1721	63,0152	60,9856	59,0738	57,2711
10	11	78,5943	75,5920	72,7837	70,1538	67,6882	65,3738	63,1992	61,1535	59,2272	57,4113
11	0	78,9158	75,8838	73,0488	70,3948	67,9074	65,5735	63,3812	61,3196	59,3788	57,5499
11	1	79,2331	76,1713	73,3095	70,6314	68,1224	65,7689	63,5590	61,4815	59,5264	57,6845
11	2	79,5476	76,4559	73,5674	70,8653	68,3347	65,9618	63,7344	61,6411	59,6717	57,8169
11	3	79,8592	76,7379	73,8226	71,0966	68,5445	66,1523	63,9074	61,7984	59,8148	57,9473
11	4	80,1681	77,0171	74,0753	71,3254	68,7518	66,3403	64,0781	61,9535	59,9559	58,0756
11	5	80,4744	77,2938	74,3255	71,5518	68,9568	66,5262	64,2467	62,1066	60,0950	58,2021
11	6	80,7782	77,5680	74,5732	71,7758	69,1596	66,7098	64,4132	62,2577	60,2322	58,3268
11	7	81,0794	77,8397	74,8185	71,9975	69,3601	66,8914	64,5777	62,4069	60,3676	58,4498
11	8	81,3782	78,1091	75,0616	72,2170	69,5586	67,0709	64,7403	62,5542	60,5013	58,5712
11	9	81,6747	78,3761	75,3024	72,4344	69,7550	67,2485	64,9011	62,6998	60,6333	58,6910
11	10	81,9688	78,6410	75,5411	72,6497	69,9494	67,4242	65,0600	62,8437	60,7637	58,8093
11	11	82,2606	78,9036	75,7776	72,8630	70,1419	67,5981	65,2172	62,9860	60,8926	58,9261
12	0	82,5503	79,1641	76,0122	73,0744	70,3325	67,7703	65,3728	63,1268	61,0200	59,0416
12	1	82,8361	79,4208	76,2429	73,2819	70,5194	67,9387	65,5248	63,2640	61,1440	59,1537
12	2	83,1194	79,6749	76,4711	73,4871	70,7041	68,1050	65,6747	63,3992	61,2661	59,2641
12	3	83,4002	79,9267	76,6970	73,6900	70,8865	68,2692	65,8225	63,5325	61,3864	59,3727
12	4	83,6785	80,1760	76,9206	73,8907	71,0668	68,4313	65,9685	63,6640	61,5050	59,4797
12	5	83,9545	80,4230	77,1420	74,0893	71,2451	68,5915	66,1126	63,7937	61,6218	59,5851

Vorschüssige monatliche Rentenbarwertfaktoren bei gemischter Verzinsung

J	M	1%	2%	3%	4%	5%	6%	7%	8%	9%	10%
12	6	141,1062	132,9903	125,5714	118,7780	112,5466	106,8215	101,5527	96,6962	92,2127	88,0671
12	7	141,9892	133,7711	126,2625	119,3905	113,0901	107,3042	101,9820	97,0784	92,5533	88,3709
12	8	142,8715	134,5505	126,9520	120,0010	113,6314	107,7847	102,4090	97,4582	92,8916	88,6725
12	9	143,7531	135,3287	127,6398	120,6096	114,1706	108,2629	102,8337	97,8358	93,2276	88,9720
12	10	144,6340	136,1057	128,3259	121,2163	114,7077	108,7390	103,2561	98,2111	93,5615	89,2692
12	11	145,5141	136,8813	129,0104	121,8211	115,2428	109,2129	103,6764	98,5843	93,8931	89,5644
13	0	146,3936	137,6558	129,6933	122,4240	115,7758	109,6847	104,0945	98,9553	94,2227	89,8575
13	1	147,2722	138,4288	130,3742	123,0246	116,3061	110,1536	104,5095	99,3230	94,5489	90,1471
13	2	148,1502	139,2006	131,0535	123,6232	116,8342	110,6201	104,9221	99,6883	94,8726	90,4344
13	3	149,0274	139,9710	131,7311	124,2198	117,3602	111,0843	105,3323	100,0512	95,1940	90,7194
13	4	149,9038	140,7402	132,4070	124,8145	117,8840	111,5463	105,7402	100,4117	95,5131	91,0021
13	5	150,7796	141,5082	133,0812	125,4072	118,4057	112,0061	106,1458	100,7700	95,8300	91,2826
13	6	151,6546	142,2748	133,7538	125,9980	118,9254	112,4636	106,5492	101,1261	96,1446	91,5610
13	7	152,5289	143,0403	134,4248	126,5870	119,4429	112,9191	106,9505	101,4800	96,4571	91,8372
13	8	153,4025	143,8044	135,0942	127,1740	119,9585	113,3723	107,3495	101,8317	96,7675	92,1114
13	9	154,2754	144,5674	135,7619	127,7592	120,4720	113,8235	107,7464	102,1813	97,0758	92,3836
13	10	155,1475	145,3291	136,4281	128,3426	120,9835	114,2727	108,1413	102,5288	97,3821	92,6538
13	11	156,0190	146,0895	137,0926	128,9241	121,4931	114,7198	108,5340	102,8743	97,6864	92,9221
14	0	156,8897	146,8488	137,7556	129,5039	122,0007	115,1649	108,9248	103,2178	97,9887	93,1886
14	1	157,7596	147,6067	138,4167	130,0814	122,5058	115,6072	109,3126	103,5583	98,2879	93,4519
14	2	158,6289	148,3633	139,0762	130,6569	123,0088	116,0473	109,6982	103,8965	98,5850	93,7131
14	3	159,4974	149,1187	139,7340	131,2306	123,5097	116,4852	110,0816	104,2326	98,8799	93,9722
14	4	160,3652	149,8728	140,3903	131,8024	124,0086	116,9210	110,4628	104,5664	99,1726	94,2292
14	5	161,2323	150,6256	141,0449	132,3723	124,5055	117,3548	110,8419	104,8982	99,4633	94,4842
14	6	162,0986	151,3773	141,6979	132,9404	125,0004	117,7865	111,2189	105,2279	99,7520	94,7372
14	7	162,9643	152,1277	142,3493	133,5067	125,4933	118,2161	111,5939	105,5555	100,0386	94,9884
14	8	163,8292	152,8769	142,9992	134,0712	125,9843	118,6437	111,9668	105,8812	100,3234	95,2376
14	9	164,6934	153,6249	143,6475	134,6339	126,4733	119,0694	112,3378	106,2049	100,6062	95,4851
14	10	165,5570	154,3716	144,2942	135,1948	126,9605	119,4931	112,7068	106,5267	100,8872	95,7308
14	11	166,4198	155,1172	144,9394	135,7540	127,4458	119,9149	113,0739	106,8466	101,1664	95,9747
15	0	167,2819	155,8616	145,5831	136,3114	127,9293	120,3348	113,4391	107,1647	101,4438	96,2169
15	1	168,1432	156,6046	146,2250	136,8667	128,4103	120,7520	113,8015	107,4799	101,7183	96,4563
15	2	169,0038	157,3464	146,8652	137,4201	128,8893	121,1672	114,1619	107,7931	101,9908	96,6937
15	3	169,8638	158,0869	147,5039	137,9717	129,3664	121,5804	114,5202	108,1042	102,2613	96,9292
15	4	170,7230	158,8262	148,1410	138,5215	129,8415	121,9916	114,8765	108,4134	102,5299	97,1629
15	5	171,5815	159,5644	148,7766	139,0695	130,3147	122,4007	115,2308	108,7205	102,7966	97,3947
15	6	172,4392	160,3013	149,4106	139,6158	130,7861	122,8080	115,5831	109,0258	103,0614	97,6248
15	7	173,2963	161,0370	150,0430	140,1603	131,2555	123,2133	115,9335	109,3292	103,3244	97,8531
15	8	174,1527	161,7715	150,6740	140,7031	131,7231	123,6167	116,2821	109,6307	103,5857	98,0797
15	9	175,0084	162,5048	151,3034	141,2441	132,1889	124,0183	116,6289	109,9305	103,8452	98,3046
15	10	175,8633	163,2369	151,9313	141,7835	132,6529	124,4180	116,9736	110,2284	104,1030	98,5280
15	11	176,7176	163,9678	152,5577	142,3211	133,1151	124,8159	117,3167	110,5246	104,3591	98,7497
16	0	177,5711	164,6976	153,1826	142,8571	133,5755	125,2120	117,6580	110,8191	104,6135	98,9699
16	1	178,4240	165,4261	153,8058	143,3911	134,0336	125,6057	117,9967	111,1110	104,8654	99,1875
16	2	179,2761	166,1533	154,4274	143,9232	134,4898	125,9974	118,3335	111,4010	105,1154	99,4034
16	3	180,1275	166,8793	155,0475	144,4536	134,9442	126,3872	118,6684	111,6891	105,3636	99,6175
16	4	180,9782	167,6042	155,6661	144,9822	135,3967	126,7750	119,0014	111,9753	105,6100	99,8299
16	5	181,8282	168,3278	156,2831	145,5092	135,8474	127,1611	119,3325	112,2598	105,8547	100,0406
16	6	182,6775	169,0503	156,8986	146,0344	136,2962	127,5453	119,6618	112,5424	106,0976	100,2498
16	7	183,5261	169,7715	157,5127	146,5580	136,7433	127,9276	119,9893	112,8233	106,3389	100,4573

Vorschüssige monatliche Rentenbarwertfaktoren bei gemischter Verzinsung

J	M	11%	12%	13%	14%	15%	16%	17%	18%	19%	20%
12	6	84,2281	80,6678	77,3612	74,2858	71,4214	68,7499	66,2549	63,9218	61,7372	59,6890
12	7	84,4995	80,9105	77,5783	74,4803	71,5958	68,9064	66,3955	64,0482	61,8509	59,7915
12	8	84,7687	81,1510	77,7934	74,6728	71,7683	69,0612	66,5345	64,1731	61,9633	59,8927
12	9	85,0357	81,3894	78,0065	74,8635	71,9391	69,2142	66,6718	64,2965	62,0742	59,9925
12	10	85,3007	81,6259	78,2178	75,0524	72,1081	69,3657	66,8077	64,4184	62,1838	60,0910
12	11	85,5636	81,8603	78,4271	75,2395	72,2755	69,5156	66,9421	64,5390	62,2921	60,1884
13	0	85,8246	82,0929	78,6347	75,4249	72,4413	69,6640	67,0751	64,6583	62,3992	60,2847
13	1	86,0821	82,3221	78,8388	75,6070	72,6039	69,8093	67,2050	64,7746	62,5034	60,3781
13	2	86,3373	82,5491	79,0408	75,7870	72,7644	69,9526	67,3331	64,8892	62,6060	60,4701
13	3	86,5903	82,7738	79,2407	75,9649	72,9230	70,0941	67,4594	65,0021	62,7071	60,5606
13	4	86,8410	82,9964	79,4386	76,1410	73,0798	70,2339	67,5842	65,1136	62,8067	60,6497
13	5	87,0896	83,2170	79,6345	76,3152	73,2349	70,3720	67,7073	65,2235	62,9049	60,7376
13	6	87,3361	83,4356	79,8285	76,4875	73,3882	70,5085	67,8290	65,3320	63,0018	60,8242
13	7	87,5806	83,6522	80,0206	76,6581	73,5398	70,6434	67,9491	65,4391	63,0974	60,9096
13	8	87,8231	83,8669	80,2110	76,8270	73,6898	70,7769	68,0679	65,5450	63,1918	60,9939
13	9	88,0637	84,0798	80,3996	76,9943	73,8383	70,9088	68,1853	65,6495	63,2850	61,0771
13	10	88,3024	84,2909	80,5865	77,1600	73,9853	71,0394	68,3015	65,7529	63,3771	61,1592
13	11	88,5393	84,5003	80,7718	77,3241	74,1309	71,1686	68,4163	65,8551	63,4682	61,2404
14	0	88,7744	84,7080	80,9555	77,4867	74,2751	71,2966	68,5300	65,9562	63,5581	61,3205
14	1	89,0064	84,9126	81,1361	77,6465	74,4164	71,4218	68,6410	66,0547	63,6457	61,3984
14	2	89,2363	85,1152	81,3149	77,8043	74,5560	71,5453	68,7505	66,1518	63,7319	61,4751
14	3	89,4642	85,3159	81,4918	77,9605	74,6939	71,6674	68,8585	66,2476	63,8169	61,5505
14	4	89,6901	85,5147	81,6669	78,1149	74,8303	71,7879	68,9651	66,3420	63,9006	61,6248
14	5	89,9141	85,7116	81,8403	78,2677	74,9651	71,9069	69,0704	66,4352	63,9831	61,6980
14	6	90,1361	85,9068	82,0120	78,4189	75,0984	72,0246	69,1743	66,5271	64,0645	61,7702
14	7	90,3564	86,1002	82,1820	78,5685	75,2303	72,1409	69,2770	66,6179	64,1449	61,8413
14	8	90,5749	86,2919	82,3504	78,7167	75,3607	72,2559	69,3786	66,7076	64,2242	61,9116
14	9	90,7916	86,4820	82,5173	78,8634	75,4899	72,3697	69,4789	66,7962	64,3026	61,9809
14	10	91,0067	86,6705	82,6828	79,0088	75,6177	72,4823	69,5782	66,8838	64,3799	62,0493
14	11	91,2201	86,8574	82,8467	79,1527	75,7443	72,5937	69,6763	66,9704	64,4564	62,1170
15	0	91,4319	87,0428	83,0093	79,2954	75,8696	72,7039	69,7735	67,0561	64,5320	62,1838
15	1	91,6409	87,2255	83,1691	79,4355	75,9925	72,8119	69,8684	67,1396	64,6056	62,2487
15	2	91,8480	87,4064	83,3273	79,5740	76,1139	72,9184	69,9619	67,2219	64,6781	62,3126
15	3	92,0533	87,5856	83,4839	79,7109	76,2339	73,0236	70,0543	67,3030	64,7495	62,3754
15	4	92,2568	87,7631	83,6389	79,8464	76,3524	73,1275	70,1454	67,3830	64,8198	62,4373
15	5	92,4586	87,9389	83,7923	79,9804	76,4696	73,2301	70,2354	67,4620	64,8892	62,4983
15	6	92,6587	88,1132	83,9442	80,1131	76,5856	73,3315	70,3242	67,5399	64,9576	62,5585
15	7	92,8571	88,2859	84,0947	80,2443	76,7002	73,4318	70,4120	67,6169	65,0251	62,6178
15	8	93,0540	88,4571	84,2437	80,3743	76,8137	73,5310	70,4988	67,6929	65,0918	62,6763
15	9	93,2492	88,6268	84,3915	80,5030	76,9260	73,6290	70,5845	67,7680	65,1576	62,7341
15	10	93,4430	88,7951	84,5378	80,6305	77,0371	73,7261	70,6694	67,8422	65,2226	62,7911
15	11	93,6352	88,9620	84,6829	80,7568	77,1472	73,8221	70,7533	67,9156	65,2869	62,8475
16	0	93,8260	89,1275	84,8268	80,8819	77,2562	73,9172	70,8363	67,9882	65,3505	62,9032
16	1	94,0143	89,2907	84,9683	81,0048	77,3631	74,0102	70,9174	68,0590	65,4123	62,9572
16	2	94,2009	89,4522	85,1083	81,1263	77,4686	74,1021	70,9974	68,1287	65,4732	63,0105
16	3	94,3859	89,6122	85,2468	81,2464	77,5729	74,1927	71,0763	68,1975	65,5332	63,0628
16	4	94,5692	89,7706	85,3839	81,3653	77,6760	74,2823	71,1542	68,2653	65,5923	63,1144
16	5	94,7510	89,9276	85,5197	81,4828	77,7779	74,3708	71,2311	68,3322	65,6506	63,1653
16	6	94,9313	90,0832	85,6542	81,5992	77,8787	74,4582	71,3070	68,3982	65,7081	63,2154
16	7	95,1100	90,2374	85,7873	81,7143	77,9785	74,5447	71,3821	68,4635	65,7648	63,2648

Vorschüssige monatliche Rentenbarwertfaktoren bei gemischter Verzinsung

J	M	1%	2%	3%	4%	5%	6%	7%	8%	9%	10%
16	8	184,3739	170,4916	158,1252	147,0799	137,1887	128,3082	120,3150	113,1025	106,5786	100,6633
16	9	185,2211	171,2106	158,7363	147,6001	137,6323	128,6871	120,6390	113,3801	106,8167	100,8678
16	10	186,0676	171,9283	159,3459	148,1187	138,0742	129,0642	120,9613	113,6560	107,0532	101,0709
16	11	186,9134	172,6449	159,9541	148,6357	138,5144	129,4395	121,2820	113,9302	107,2881	101,2725
17	0	187,7586	173,3604	160,5608	149,1511	138,9529	129,8132	121,6009	114,2029	107,5216	101,4726
17	1	188,6029	174,0746	161,1658	149,6645	139,3892	130,1846	121,9175	114,4732	107,7527	101,6705
17	2	189,4466	174,7875	161,7693	150,1761	139,8237	130,5541	122,2323	114,7417	107,9820	101,8667
17	3	190,2896	175,4993	162,3714	150,6861	140,2564	130,9219	122,5452	115,0084	108,2097	102,0614
17	4	191,1319	176,2100	162,9719	151,1945	140,6873	131,2878	122,8564	115,2735	108,4358	102,2545
17	5	191,9734	176,9194	163,5710	151,7011	141,1165	131,6520	123,1659	115,5368	108,6603	102,4460
17	6	192,8143	177,6277	164,1686	152,2062	141,5440	132,0144	123,4736	115,7985	108,8832	102,6362
17	7	193,6545	178,3348	164,7647	152,7096	141,9698	132,3751	123,7797	116,0586	109,1045	102,8248
17	8	194,4940	179,0408	165,3594	153,2114	142,3940	132,7342	124,0841	116,3172	109,3244	103,0121
17	9	195,3328	179,7457	165,9527	153,7116	142,8165	133,0916	124,3869	116,5741	109,5428	103,1980
17	10	196,1709	180,4493	166,5446	154,2103	143,2373	133,4473	124,6882	116,8296	109,7598	103,3826
17	11	197,0084	181,1519	167,1350	154,7074	143,6565	133,8015	124,9878	117,0835	109,9754	103,5659
18	0	197,8451	181,8533	167,7241	155,2030	144,0742	134,1540	125,2859	117,3360	110,1895	103,7479
18	1	198,6811	182,5535	168,3115	155,6966	144,4897	134,5044	125,5818	117,5863	110,4015	103,9277
18	2	199,5164	183,2525	168,8974	156,1886	144,9035	134,8530	125,8759	117,8349	110,6120	104,1061
18	3	200,3511	183,9503	169,4819	156,6790	145,3156	135,1999	126,1684	118,0819	110,8209	104,2831
18	4	201,1850	184,6470	170,0649	157,1678	145,7260	135,5451	126,4593	118,3273	111,0283	104,4586
18	5	202,0183	185,3426	170,6466	157,6549	146,1348	135,8886	126,7485	118,5711	111,2342	104,6328
18	6	202,8508	186,0370	171,2268	158,1406	146,5419	136,2306	127,0361	118,8135	111,4387	104,8056
18	7	203,6827	186,7302	171,8055	158,6246	146,9475	136,5708	127,3222	119,0543	111,6418	104,9771
18	8	204,5139	187,4224	172,3829	159,1071	147,3514	136,9096	127,6067	119,2937	111,8435	105,1474
18	9	205,3444	188,1134	172,9589	159,5881	147,7538	137,2468	127,8897	119,5316	112,0439	105,3164
18	10	206,1742	188,8033	173,5336	160,0676	148,1546	137,5824	128,1712	119,7681	112,2429	105,4842
18	11	207,0033	189,4921	174,1068	160,5456	148,5538	137,9165	128,4512	120,0033	112,4407	105,6508
19	0	207,8318	190,1797	174,6787	161,0221	148,9516	138,2491	128,7298	120,2371	112,6372	105,8162
19	1	208,6595	190,8662	175,2490	161,4967	149,3473	138,5796	129,0063	120,4688	112,8317	105,9797
19	2	209,4866	191,5515	175,8179	161,9698	149,7414	138,9085	129,2813	120,6990	113,0247	106,1419
19	3	210,3129	192,2356	176,3853	162,4413	150,1339	139,2357	129,5546	120,9277	113,2164	106,3028
19	4	211,1386	192,9186	176,9514	162,9113	150,5248	139,5614	129,8264	121,1549	113,4067	106,4624
19	5	211,9636	193,6006	177,5161	163,3797	150,9141	139,8855	130,0967	121,3807	113,5956	106,6207
19	6	212,7879	194,2813	178,0794	163,8467	151,3019	140,2081	130,3655	121,6051	113,7832	106,7778
19	7	213,6116	194,9610	178,6413	164,3121	151,6881	140,5291	130,6329	121,8281	113,9695	106,9338
19	8	214,4345	195,6396	179,2019	164,7761	152,0728	140,8487	130,8988	122,0497	114,1546	107,0885
19	9	215,2568	196,3170	179,7611	165,2386	152,4560	141,1667	131,1632	122,2700	114,3384	107,2422
19	10	216,0784	196,9934	180,3190	165,6996	152,8377	141,4834	131,4263	122,4890	114,5210	107,3947
19	11	216,8993	197,6687	180,8756	166,1592	153,2179	141,7986	131,6881	122,7067	114,7025	107,5462
20	0	217,7196	198,3429	181,4308	166,6174	153,5967	142,1123	131,9484	122,9232	114,8827	107,6966
20	1	218,5391	199,0159	181,9845	167,0738	153,9736	142,4241	132,2069	123,1378	115,0612	107,8452
20	2	219,3580	199,6877	182,5368	167,5287	154,3490	142,7344	132,4638	123,3509	115,2383	107,9926
20	3	220,1762	200,3585	183,0877	167,9820	154,7228	143,0431	132,7193	123,5626	115,4141	108,1389
20	4	220,9937	201,0281	183,6373	168,4339	155,0950	143,3504	132,9733	123,7730	115,5887	108,2840
20	5	221,8105	201,6966	184,1855	168,8844	155,4658	143,6561	133,2259	123,9821	115,7620	108,4279
20	6	222,6267	202,3641	184,7324	169,3334	155,8351	143,9604	133,4771	124,1899	115,9341	108,5707
20	7	223,4421	203,0304	185,2780	169,7809	156,2029	144,2633	133,7270	124,3963	116,1051	108,7125
20	8	224,2570	203,6957	185,8222	170,2270	156,5693	144,5648	133,9755	124,6016	116,2748	108,8532
20	9	225,0711	204,3598	186,3652	170,6717	156,9343	144,8649	134,2227	124,8056	116,4435	108,9929

Vorschüssige monatliche Rentenbarwertfaktoren bei gemischter Verzinsung

J	M	11%	12%	13%	14%	15%	16%	17%	18%	19%	20%
16	8	95,2874	90,3902	85,9192	81,8283	78,0771	74,6301	71,4562	68,5279	65,8208	63,3136
16	9	95,4633	90,5418	86,0500	81,9412	78,1748	74,7147	71,5295	68,5915	65,8761	63,3617
16	10	95,6378	90,6920	86,1795	82,0531	78,2714	74,7983	71,6020	68,6544	65,9308	63,4093
16	11	95,8110	90,8411	86,3079	82,1638	78,3671	74,8811	71,6737	68,7166	65,9848	63,4562
17	0	95,9829	90,9889	86,4352	82,2736	78,4619	74,9631	71,7447	68,7781	66,0382	63,5026
17	1	96,1526	91,1345	86,5604	82,3814	78,5548	75,0433	71,8140	68,8381	66,0902	63,5477
17	2	96,3207	91,2787	86,6843	82,4880	78,6466	75,1225	71,8824	68,8972	66,1413	63,5920
17	3	96,4873	91,4216	86,8069	82,5934	78,7373	75,2006	71,9498	68,9555	66,1917	63,6357
17	4	96,6525	91,5631	86,9283	82,6976	78,8270	75,2778	72,0164	69,0130	66,2414	63,6787
17	5	96,8162	91,7032	87,0484	82,8007	78,9156	75,3541	72,0821	69,0697	66,2904	63,7211
17	6	96,9786	91,8421	87,1674	82,9028	79,0033	75,4295	72,1470	69,1256	66,3387	63,7628
17	7	97,1397	91,9798	87,2852	83,0038	79,0900	75,5040	72,2112	69,1809	66,3864	63,8040
17	8	97,2994	92,1163	87,4020	83,1038	79,1758	75,5777	72,2745	69,2355	66,4335	63,8447
17	9	97,4579	92,2516	87,5177	83,2028	79,2607	75,6506	72,3372	69,2894	66,4799	63,8848
17	10	97,6151	92,3857	87,6323	83,3009	79,3447	75,7227	72,3992	69,3427	66,5259	63,9244
17	11	97,7712	92,5188	87,7459	83,3981	79,4279	75,7941	72,4605	69,3954	66,5713	63,9635
18	0	97,9261	92,6508	87,8586	83,4944	79,5104	75,8647	72,5211	69,4476	66,6161	64,0022
18	1	98,0789	92,7808	87,9694	83,5890	79,5912	75,9339	72,5804	69,4984	66,6598	64,0398
18	2	98,2303	92,9096	88,0790	83,6824	79,6710	76,0021	72,6388	69,5485	66,7028	64,0767
18	3	98,3804	93,0371	88,1875	83,7749	79,7499	76,0695	72,6964	69,5979	66,7452	64,1131
18	4	98,5292	93,1634	88,2949	83,8663	79,8278	76,1361	72,7533	69,6466	66,7869	64,1489
18	5	98,6768	93,2886	88,4013	83,9568	79,9049	76,2018	72,8095	69,6946	66,8281	64,1842
18	6	98,8231	93,4126	88,5065	84,0463	79,9811	76,2668	72,8650	69,7421	66,8687	64,2190
18	7	98,9682	93,5355	88,6108	84,1349	80,0565	76,3310	72,9198	69,7889	66,9087	64,2533
18	8	99,1121	93,6574	88,7141	84,2226	80,1311	76,3946	72,9740	69,8352	66,9483	64,2872
18	9	99,2549	93,7782	88,8165	84,3095	80,2049	76,4574	73,0275	69,8809	66,9874	64,3206
18	10	99,3965	93,8980	88,9180	84,3956	80,2780	76,5196	73,0805	69,9260	67,0259	64,3537
18	11	99,5371	94,0168	89,0185	84,4808	80,3504	76,5811	73,1329	69,9707	67,0641	64,3863
19	0	99,6766	94,1346	89,1182	84,5653	80,4220	76,6420	73,1847	70,0149	67,1018	64,4185
19	1	99,8143	94,2507	89,2163	84,6482	80,4923	76,7016	73,2353	70,0580	67,1385	64,4498
19	2	99,9507	94,3657	89,3133	84,7302	80,5617	76,7605	73,2853	70,1004	67,1746	64,4806
19	3	100,0860	94,4796	89,4093	84,8113	80,6303	76,8185	73,3346	70,1423	67,2102	64,5109
19	4	100,2200	94,5924	89,5044	84,8915	80,6981	76,8759	73,3832	70,1835	67,2453	64,5408
19	5	100,3529	94,7041	89,5985	84,9709	80,7651	76,9326	73,4312	70,2243	67,2799	64,5702
19	6	100,4847	94,8148	89,6916	85,0494	80,8314	76,9886	73,4786	70,2645	67,3140	64,5992
19	7	100,6155	94,9246	89,7839	85,1271	80,8969	77,0440	73,5255	70,3041	67,3477	64,6278
19	8	100,7451	95,0334	89,8754	85,2041	80,9618	77,0988	73,5718	70,3434	67,3809	64,6560
19	9	100,8738	95,1412	89,9659	85,2803	81,0260	77,1529	73,6175	70,3821	67,4137	64,6839
19	10	101,0014	95,2482	90,0557	85,3557	81,0896	77,2065	73,6628	70,4204	67,4462	64,7114
19	11	101,1280	95,3543	90,1447	85,4305	81,1525	77,2596	73,7076	70,4582	67,4782	64,7386
20	0	101,2537	95,4595	90,2329	85,5046	81,2148	77,3121	73,7519	70,4957	67,5099	64,7654
20	1	101,3778	95,5632	90,3197	85,5774	81,2759	77,3635	73,7952	70,5322	67,5407	64,7915
20	2	101,5007	95,6658	90,4056	85,6493	81,3363	77,4142	73,8379	70,5682	67,5711	64,8172
20	3	101,6225	95,7675	90,4905	85,7204	81,3959	77,4643	73,8800	70,6036	67,6010	64,8424
20	4	101,7433	95,8682	90,5747	85,7908	81,4549	77,5137	73,9215	70,6386	67,6305	64,8673
20	5	101,8630	95,9680	90,6579	85,8604	81,5131	77,5626	73,9626	70,6731	67,6596	64,8918
20	6	101,9818	96,0668	90,7404	85,9293	81,5708	77,6109	74,0031	70,7072	67,6882	64,9160
20	7	102,0995	96,1648	90,8221	85,9975	81,6278	77,6586	74,0431	70,7408	67,7165	64,9398
20	8	102,2163	96,2619	90,9030	86,0650	81,6842	77,7058	74,0827	70,7740	67,7445	64,9633
20	9	102,3322	96,3583	90,9831	86,1318	81,7400	77,7525	74,1218	70,8069	67,7721	64,9866

Vorschüssige monatliche Rentenbarwertfaktoren bei gemischter Verzinsung

J	M	1%	2%	3%	4%	5%	6%	7%	8%	9%	10%
20	10	225,8846	205,0230	186,9068	171,1150	157,2978	145,1636	134,4685	125,0083	116,6110	109,1316
20	11	226,6974	205,6850	187,4471	171,5569	157,6599	145,4609	134,7131	125,2099	116,7775	109,2693
21	0	227,5095	206,3460	187,9862	171,9975	158,0207	145,7569	134,9565	125,4104	116,9429	109,4060
21	1	228,3209	207,0057	188,5238	172,4363	158,3796	146,0511	135,1980	125,6090	117,1066	109,5411
21	2	229,1317	207,6644	189,0600	172,8737	158,7371	146,3438	135,4381	125,8064	117,2691	109,6751
21	3	229,9418	208,3220	189,5949	173,3097	159,0931	146,6350	135,6769	126,0024	117,4304	109,8081
21	4	230,7512	208,9785	190,1284	173,7442	159,4477	146,9249	135,9143	126,1973	117,5905	109,9400
21	5	231,5599	209,6339	190,6607	174,1773	159,8008	147,2133	136,1504	126,3908	117,7495	110,0708
21	6	232,3680	210,2883	191,1917	174,6090	160,1525	147,5004	136,3852	126,5832	117,9075	110,2007
21	7	233,1754	210,9416	191,7213	175,0393	160,5028	147,7862	136,6187	126,7744	118,0643	110,3296
21	8	233,9821	211,5938	192,2497	175,4683	160,8517	148,0706	136,8509	126,9644	118,2200	110,4575
21	9	234,7882	212,2449	192,7768	175,8959	161,1993	148,3536	137,0819	127,1533	118,3748	110,5844
21	10	235,5936	212,8951	193,3027	176,3221	161,5455	148,6354	137,3117	127,3411	118,5285	110,7105
21	11	236,3984	213,5441	193,8273	176,7471	161,8904	148,9159	137,5403	127,5277	118,6812	110,8357
22	0	237,2025	214,1921	194,3507	177,1707	162,2340	149,1952	137,7678	127,7133	118,8329	110,9600
22	1	238,0059	214,8390	194,8726	177,5926	162,5759	149,4727	137,9935	127,8973	118,9831	111,0828
22	2	238,8086	215,4847	195,3932	178,0132	162,9163	149,7488	138,2179	128,0800	119,1322	111,2047
22	3	239,6107	216,1294	195,9125	178,4324	163,2553	150,0236	138,4410	128,2615	119,2802	111,3255
22	4	240,4121	216,7731	196,4305	178,8502	163,5930	150,2971	138,6629	128,4419	119,4271	111,4454
22	5	241,2128	217,4156	196,9473	179,2666	163,9293	150,5692	138,8835	128,6211	119,5730	111,5644
22	6	242,0129	218,0571	197,4628	179,6817	164,2643	150,8400	139,1029	128,7993	119,7178	111,6824
22	7	242,8123	218,6976	197,9770	180,0955	164,5979	151,1096	139,3212	128,9763	119,8617	111,7996
22	8	243,6110	219,3370	198,4900	180,5080	164,9302	151,3779	139,5382	129,1522	120,0046	111,9159
22	9	244,4091	219,9754	199,0018	180,9191	165,2612	151,6449	139,7541	129,3271	120,1466	112,0313
22	10	245,2066	220,6128	199,5123	181,3290	165,5910	151,9108	139,9689	129,5010	120,2876	112,1459
22	11	246,0033	221,2491	200,0217	181,7376	165,9194	152,1754	140,1825	129,6738	120,4277	112,2597
23	0	246,7995	221,8844	200,5298	182,1449	166,2467	152,4389	140,3951	129,8457	120,5669	112,3727
23	1	247,5949	222,5186	201,0365	182,5506	166,5722	152,7007	140,6060	130,0160	120,7047	112,4844
23	2	248,3897	223,1517	201,5419	182,9550	166,8965	152,9612	140,8158	130,1852	120,8414	112,5952
23	3	249,1838	223,7837	202,0461	183,3580	167,2194	153,2204	141,0243	130,3533	120,9772	112,7050
23	4	249,9773	224,4148	202,5490	183,7598	167,5410	153,4784	141,2317	130,5203	121,1120	112,8140
23	5	250,7701	225,0447	203,0508	184,1602	167,8612	153,7351	141,4379	130,6862	121,2458	112,9222
23	6	251,5622	225,6737	203,5512	184,5593	168,1802	153,9906	141,6429	130,8512	121,3788	113,0295
23	7	252,3537	226,3016	204,0505	184,9572	168,4980	154,2449	141,8469	131,0151	121,5108	113,1360
23	8	253,1446	226,9285	204,5486	185,3538	168,8145	154,4980	142,0498	131,1780	121,6419	113,2417
23	9	253,9348	227,5544	205,0454	185,7491	169,1297	154,7499	142,2515	131,3399	121,7721	113,3467
23	10	254,7243	228,1792	205,5411	186,1432	169,4438	155,0007	142,4522	131,5009	121,9015	113,4508
23	11	255,5132	228,8031	206,0356	186,5361	169,7566	155,2504	142,6519	131,6609	122,0300	113,5543
24	0	256,3015	229,4259	206,5289	186,9278	170,0683	155,4989	142,8506	131,8201	122,1577	113,6570
24	1	257,0890	230,0476	207,0209	187,3179	170,3783	155,7459	143,0477	131,9778	122,2841	113,7585
24	2	257,8759	230,6683	207,5116	187,7067	170,6871	155,9917	143,2437	132,1344	122,4096	113,8592
24	3	258,6622	231,2880	208,0011	188,0943	170,9946	156,2362	143,4386	132,2901	122,5341	113,9591
24	4	259,4478	231,9066	208,4894	188,4806	171,3009	156,4796	143,6324	132,4447	122,6578	114,0582
24	5	260,2328	232,5242	208,9765	188,8656	171,6059	156,7218	143,8251	132,5984	122,7806	114,1565
24	6	261,0171	233,1409	209,4624	189,2494	171,9098	156,9628	144,0168	132,7511	122,9025	114,2541
24	7	261,8007	233,7565	209,9471	189,6319	172,2124	157,2027	144,2074	132,9029	123,0236	114,3509
24	8	262,5837	234,3711	210,4306	190,0133	172,5138	157,4415	144,3970	133,0537	123,1439	114,4470
24	9	263,3661	234,9847	210,9130	190,3934	172,8140	157,6792	144,5855	133,2036	123,2634	114,5424
24	10	264,1478	235,5973	211,3943	190,7724	173,1131	157,9158	144,7731	133,3527	123,3821	114,6371
24	11	264,9289	236,2089	211,8744	191,1501	173,4111	158,1513	144,9597	133,5009	123,5000	114,7312
25	0	265,7094	236,8195	212,3533	191,5267	173,7079	158,3858	145,1454	133,6482	123,6172	114,8246

Vorschüssige monatliche Rentenbarwertfaktoren bei gemischter Verzinsung

J	M	11%	12%	13%	14%	15%	16%	17%	18%	19%	20%
20	10	102,4472	96,4537	91,0626	86,1980	81,7953	77,7987	74,1605	70,8393	67,7993	65,0095
20	11	102,5613	96,5485	91,1413	86,2636	81,8500	77,8445	74,1988	70,8714	67,8262	65,0321
21	0	102,6745	96,6424	91,2194	86,3286	81,9042	77,8897	74,2367	70,9031	67,8529	65,0545
21	1	102,7863	96,7350	91,2962	86,3924	81,9573	77,9340	74,2736	70,9340	67,8788	65,0762
21	2	102,8970	96,8266	91,3722	86,4555	82,0098	77,9777	74,3101	70,9645	67,9043	65,0976
21	3	103,0068	96,9174	91,4474	86,5179	82,0617	78,0209	74,3461	70,9946	67,9294	65,1187
21	4	103,1156	97,0073	91,5218	86,5796	82,1129	78,0636	74,3816	71,0242	67,9542	65,1394
21	5	103,2234	97,0964	91,5955	86,6407	82,1636	78,1057	74,4167	71,0535	67,9786	65,1598
21	6	103,3304	97,1847	91,6685	86,7011	82,2137	78,1473	74,4514	71,0823	68,0027	65,1800
21	7	103,4365	97,2722	91,7408	86,7609	82,2633	78,1885	74,4856	71,1109	68,0265	65,1999
21	8	103,5417	97,3589	91,8124	86,8201	82,3123	78,2292	74,5194	71,1390	68,0500	65,2195
21	9	103,6461	97,4449	91,8833	86,8788	82,3609	78,2694	74,5528	71,1668	68,0732	65,2388
21	10	103,7497	97,5301	91,9536	86,9369	82,4089	78,3093	74,5859	71,1943	68,0961	65,2579
21	11	103,8525	97,6147	92,0233	86,9944	82,4565	78,3487	74,6186	71,2215	68,1187	65,2768
22	0	103,9545	97,6986	92,0924	87,0514	82,5036	78,3877	74,6510	71,2484	68,1411	65,2954
22	1	104,0552	97,7812	92,1604	87,1074	82,5498	78,4259	74,6826	71,2746	68,1628	65,3135
22	2	104,1550	97,8630	92,2276	87,1627	82,5955	78,4636	74,7138	71,3005	68,1843	65,3314
22	3	104,2538	97,9441	92,2941	87,2175	82,6406	78,5008	74,7446	71,3259	68,2054	65,3489
22	4	104,3519	98,0244	92,3600	87,2716	82,6852	78,5375	74,7749	71,3510	68,2262	65,3662
22	5	104,4490	98,1039	92,4252	87,3252	82,7292	78,5739	74,8049	71,3758	68,2467	65,3832
22	6	104,5454	98,1827	92,4898	87,3782	82,7728	78,6098	74,8345	71,4003	68,2670	65,4000
22	7	104,6410	98,2609	92,5538	87,4306	82,8159	78,6452	74,8637	71,4245	68,2870	65,4165
22	8	104,7358	98,3383	92,6171	87,4826	82,8586	78,6803	74,8927	71,4483	68,3067	65,4329
22	9	104,8299	98,4151	92,6799	87,5340	82,9008	78,7150	74,9212	71,4719	68,3262	65,4490
22	10	104,9232	98,4912	92,7421	87,5850	82,9426	78,7494	74,9495	71,4952	68,3454	65,4649
22	11	105,0158	98,5667	92,8038	87,6354	82,9839	78,7833	74,9775	71,5182	68,3644	65,4806
23	0	105,1077	98,6416	92,8650	87,6854	83,0249	78,8170	75,0051	71,5410	68,3832	65,4962
23	1	105,1984	98,7154	92,9251	87,7346	83,0651	78,8499	75,0321	71,5632	68,4015	65,5113
23	2	105,2882	98,7884	92,9846	87,7831	83,1048	78,8824	75,0588	71,5851	68,4196	65,5261
23	3	105,3773	98,8608	93,0435	87,8311	83,1440	78,9145	75,0851	71,6067	68,4373	65,5408
23	4	105,4656	98,9325	93,1018	87,8786	83,1827	78,9462	75,1110	71,6280	68,4548	65,5552
23	5	105,5532	99,0035	93,1595	87,9256	83,2211	78,9775	75,1367	71,6490	68,4721	65,5693
23	6	105,6400	99,0739	93,2166	87,9721	83,2590	79,0084	75,1620	71,6697	68,4891	65,5833
23	7	105,7261	99,1436	93,2732	88,0181	83,2964	79,0390	75,1870	71,6902	68,5059	65,5971
23	8	105,8115	99,2128	93,3293	88,0637	83,3335	79,0692	75,2117	71,7104	68,5224	65,6107
23	9	105,8963	99,2813	93,3849	88,1088	83,3702	79,0992	75,2361	71,7304	68,5388	65,6242
23	10	105,9803	99,3493	93,4399	88,1535	83,4066	79,1288	75,2603	71,7502	68,5550	65,6374
23	11	106,0638	99,4167	93,4945	88,1978	83,4425	79,1581	75,2842	71,7697	68,5710	65,6505
24	0	106,1466	99,4836	93,5486	88,2416	83,4782	79,1871	75,3078	71,7890	68,5868	65,6635
24	1	106,2283	99,5494	93,6019	88,2847	83,5131	79,2154	75,3309	71,8078	68,6021	65,6761
24	2	106,3092	99,6147	93,6545	88,3273	83,5476	79,2434	75,3537	71,8264	68,6173	65,6884
24	3	106,3895	99,6793	93,7066	88,3694	83,5817	79,2711	75,3761	71,8447	68,6322	65,7006
24	4	106,4690	99,7433	93,7582	88,4111	83,6154	79,2984	75,3983	71,8627	68,6469	65,7126
24	5	106,5479	99,8067	93,8093	88,4523	83,6487	79,3254	75,4202	71,8805	68,6614	65,7244
24	6	106,6261	99,8695	93,8599	88,4931	83,6817	79,3521	75,4418	71,8981	68,6757	65,7361
24	7	106,7037	99,9318	93,9100	88,5334	83,7143	79,3784	75,4632	71,9154	68,6898	65,7476
24	8	106,7807	99,9935	93,9596	88,5734	83,7465	79,4045	75,4843	71,9326	68,7037	65,7589
24	9	106,8570	100,0547	94,0087	88,6130	83,7785	79,4303	75,5052	71,9495	68,7175	65,7701
24	10	106,9327	100,1154	94,0575	88,6522	83,8101	79,4558	75,5259	71,9662	68,7311	65,7812
24	11	107,0079	100,1756	94,1058	88,6910	83,8413	79,4811	75,5463	71,9828	68,7445	65,7921
25	0	107,0825	100,2353	94,1537	88,7295	83,8723	79,5061	75,5665	71,9992	68,7578	65,8029

Tabelle X: Vorschüssige vierteljährliche Rentenbarwertfaktoren bei gemischter Verzinsung

Jahr	VJ	1%	2%	3%	4%	5%	6%	7%	8%	9%	10%
0	0	0,0000	0,0000	0,0000	0,0000	0,0000	0,0000	0,0000	0,0000	0,0000	0,0000
0	1	1,0000	1,0000	1,0000	1,0000	1,0000	1,0000	1,0000	1,0000	1,0000	1,0000
0	2	1,9975	1,9950	1,9926	1,9902	1,9878	1,9854	1,9831	1,9808	1,9785	1,9762
0	3	2,9926	2,9852	2,9780	2,9709	2,9639	2,9569	2,9501	2,9434	2,9368	2,9302
1	0	3,9851	3,9706	3,9563	3,9423	3,9286	3,9151	3,9019	3,8889	3,8761	3,8636
1	1	4,9752	4,9510	4,9272	4,9038	4,8810	4,8585	4,8364	4,8148	4,7936	4,7727
1	2	5,9629	5,9265	5,8909	5,8560	5,8217	5,7881	5,7552	5,7229	5,6913	5,6602
1	3	6,9481	6,8973	6,8476	6,7989	6,7513	6,7047	6,6590	6,6143	6,5704	6,5275
2	0	7,9308	7,8633	7,7974	7,7330	7,6701	7,6086	7,5485	7,4897	7,4322	7,3760
2	1	8,9111	8,8245	8,7400	8,6575	8,5771	8,4986	8,4219	8,3471	8,2739	8,2025
2	2	9,8890	9,7809	9,6756	9,5730	9,4731	9,3756	9,2806	9,1879	9,0975	9,0092
2	3	10,8644	10,7326	10,6044	10,4797	10,3584	10,2402	10,1252	10,0132	9,9041	9,7977
3	0	11,8375	11,6797	11,5266	11,3779	11,2334	11,0930	10,9565	10,8238	10,6947	10,5691
3	1	12,8081	12,6220	12,4417	12,2669	12,0972	11,9326	11,7728	11,6176	11,4669	11,3204
3	2	13,7762	13,5597	13,3501	13,1472	12,9505	12,7600	12,5753	12,3962	12,2225	12,0539
3	3	14,7420	14,4928	14,2519	14,0190	13,7937	13,5757	13,3647	13,1604	12,9624	12,7706
4	0	15,7054	15,4213	15,1472	14,8826	14,6270	14,3802	14,1416	13,9109	13,6878	13,4719
4	1	16,6664	16,3451	16,0357	15,7374	15,4497	15,1723	14,9045	14,6460	14,3962	14,1549
4	2	17,6250	17,2644	16,9176	16,5838	16,2624	15,9528	15,6545	15,3669	15,0894	14,8217
4	3	18,5812	18,1792	17,7931	17,4221	17,0654	16,7224	16,3922	16,0744	15,7683	15,4733
5	0	19,5351	19,0895	18,6623	18,2525	17,8591	17,4813	17,1183	16,7694	16,4338	16,1108
5	1	20,4865	19,9952	19,5249	19,0744	18,6426	18,2286	17,8313	17,4500	17,0837	16,7318
5	2	21,4356	20,8965	20,3812	19,8883	19,4166	18,9649	18,5322	18,1175	17,7196	17,3379
5	3	22,3824	21,7933	21,2312	20,6943	20,1813	19,6909	19,2217	18,7726	18,3425	17,9303
6	0	23,3268	22,6858	22,0751	21,4928	20,9372	20,4069	19,9003	19,4161	18,9530	18,5099
6	1	24,2688	23,5738	22,9125	22,2831	21,6834	21,1119	20,5666	20,0463	19,5493	19,0743
6	2	25,2085	24,4573	23,7438	23,0656	22,4206	21,8066	21,2217	20,6643	20,1327	19,6254
6	3	26,1459	25,3366	24,5691	23,8407	23,1489	22,4914	21,8661	21,2709	20,7041	20,1639
7	0	27,0810	26,2116	25,3884	24,6084	23,8688	23,1669	22,5003	21,8668	21,2642	20,6908
7	1	28,0137	27,0821	26,2015	25,3683	24,5795	23,8319	23,1230	22,4502	21,8113	21,2039
7	2	28,9441	27,9484	27,0086	26,1208	25,2815	24,4873	23,7353	23,0225	22,3465	21,7049
7	3	29,8722	28,8104	27,8098	26,8660	25,9751	25,1334	24,3375	23,5842	22,8707	22,1945
8	0	30,7980	29,6682	28,6052	27,6043	26,6608	25,7706	24,9302	24,1359	23,3846	22,6734
8	1	31,7215	30,5217	29,3947	28,3349	27,3376	26,3981	25,5122	24,6762	23,8865	23,1399
8	2	32,6427	31,3710	30,1782	29,0585	28,0062	27,0163	26,0843	25,2060	24,3775	23,5953
8	3	33,5616	32,2161	30,9561	29,7750	28,6668	27,6259	26,6472	25,7261	24,8585	24,0404
9	0	34,4782	33,0571	31,7284	30,4849	29,3198	28,2270	27,2011	26,2369	25,3299	24,4759
9	1	35,3926	33,8938	32,4948	31,1874	29,9644	28,8189	27,7450	26,7372	25,7903	24,8999
9	2	36,3046	34,7264	33,2556	31,8831	30,6011	29,4022	28,2798	27,2278	26,2409	25,3139
9	3	37,2144	35,5550	34,0108	32,5722	31,2303	29,9772	28,8058	27,7094	26,6821	25,7186
10	0	38,1220	36,3795	34,7606	33,2547	31,8522	30,5444	29,3235	28,1823	27,1146	26,1144
10	1	39,0273	37,1998	35,5047	33,9302	32,4661	31,1028	29,8318	28,6455	27,5370	26,5000
10	2	39,9303	38,0161	36,2433	34,5992	33,0725	31,6530	30,3316	29,0998	27,9503	26,8763
10	3	40,8311	38,8284	36,9765	35,2617	33,6717	32,1955	30,8231	29,5457	28,3551	27,2441
11	0	41,7297	39,6367	37,7044	35,9180	34,2640	32,7305	31,3070	29,9836	28,7519	27,6040
11	1	42,6260	40,4410	38,4269	36,5675	34,8486	33,2573	31,7821	30,4125	29,1395	27,9545
11	2	43,5201	41,2413	39,1439	37,2107	35,4262	33,7764	32,2491	30,8332	29,5187	28,2967
11	3	44,4120	42,0376	39,8558	37,8478	35,9969	34,2882	32,7085	31,2460	29,8900	28,6310
12	0	45,3017	42,8301	40,5626	38,4788	36,5609	34,7930	33,1607	31,6515	30,2541	28,9582
12	1	46,1891	43,6186	41,2639	39,1034	37,1178	35,2899	33,6047	32,0486	30,6096	29,2768
12	2	47,0744	44,4032	41,9601	39,7219	37,6678	35,7797	34,0412	32,4381	30,9575	29,5879

Vorschüssige vierteljährliche Rentenbarwertfaktoren bei gemischter Verzinsung

Jahr	VJ	11%	12%	13%	14%	15%	16%	17%	18%	19%	20%
0	0	0,0000	0,0000	0,0000	0,0000	0,0000	0,0000	0,0000	0,0000	0,0000	0,0000
0	1	1,0000	1,0000	1,0000	1,0000	1,0000	1,0000	1,0000	1,0000	1,0000	1,0000
0	2	1,9739	1,9717	1,9695	1,9673	1,9651	1,9630	1,9608	1,9587	1,9566	1,9545
0	3	2,9238	2,9174	2,9112	2,9050	2,8989	2,8929	2,8869	2,8811	2,8753	2,8696
1	0	3,8514	3,8393	3,8274	3,8158	3,8043	3,7931	3,7821	3,7712	3,7605	3,7500
1	1	4,7523	4,7321	4,7124	4,6930	4,6739	4,6552	4,6368	4,6186	4,6008	4,5833
1	2	5,6297	5,5997	5,5703	5,5415	5,5131	5,4853	5,4580	5,4311	5,4047	5,3788
1	3	6,4854	6,4441	6,4037	6,3640	6,3251	6,2869	6,2495	6,2128	6,1767	6,1413
2	0	7,3210	7,2672	7,2145	7,1630	7,1125	7,0630	7,0146	6,9671	6,9206	6,8750
2	1	8,1327	8,0644	7,9977	7,9324	7,8686	7,8062	7,7451	7,6853	7,6268	7,5694
2	2	8,9231	8,8390	8,7569	8,6767	8,5984	8,5218	8,4470	8,3738	8,3023	8,2323
2	3	9,6940	9,5930	9,4944	9,3983	9,3044	9,2129	9,1235	9,0362	8,9510	8,8678
3	0	10,4469	10,3279	10,2120	10,0991	9,9891	9,8819	9,7774	9,6755	9,5761	9,4792
3	1	11,1781	11,0397	10,9050	10,7741	10,6466	10,5226	10,4018	10,2841	10,1695	10,0579
3	2	11,8902	11,7313	11,5769	11,4270	11,2812	11,1395	11,0017	10,8676	10,7372	10,6103
3	3	12,5847	12,4044	12,2296	12,0599	11,8952	11,7352	11,5799	11,4290	11,2824	11,1398
4	0	13,2630	13,0606	12,8646	12,6746	12,4905	12,3120	12,1388	11,9708	11,8077	11,6493
4	1	13,9217	13,6961	13,4779	13,2667	13,0623	12,8643	12,6725	12,4866	12,3063	12,1316
4	2	14,5632	14,3137	14,0725	13,8394	13,6141	13,3961	13,1852	12,9811	12,7834	12,5919
4	3	15,1889	14,9147	14,6501	14,3946	14,1480	13,9097	13,6794	13,4568	13,2415	13,0332
5	0	15,8000	15,5005	15,2120	14,9339	14,6657	14,4069	14,1571	13,9159	13,6829	13,4578
5	1	16,3934	16,0680	15,7548	15,4533	15,1629	14,8830	14,6132	14,3530	14,1020	13,8596
5	2	16,9714	16,6193	16,2810	15,9557	15,6427	15,3415	15,0515	14,7721	14,5028	14,2432
5	3	17,5351	17,1560	16,7921	16,4427	16,1069	15,7842	15,4739	15,1752	14,8878	14,6110
6	0	18,0855	17,6791	17,2894	16,9157	16,5571	16,2128	15,8821	15,5643	15,2588	14,9648
6	1	18,6202	18,1857	17,7697	17,3713	16,9894	16,6233	16,2720	15,9348	15,6109	15,2997
6	2	19,1409	18,6780	18,2354	17,8120	17,4067	17,0185	16,6465	16,2899	15,9478	15,6194
6	3	19,6487	19,1571	18,6877	18,2392	17,8104	17,4002	17,0076	16,6316	16,2713	15,9258
7	0	20,1446	19,6242	19,1278	18,6541	18,2018	17,7697	17,3565	16,9613	16,5830	16,2207
7	1	20,6263	20,0765	19,5529	19,0538	18,5778	18,1235	17,6897	17,2752	16,8789	16,4997
7	2	21,0954	20,5160	19,9649	19,4403	18,9406	18,4642	18,0099	17,5762	17,1620	16,7661
7	3	21,5529	20,9439	20,3652	19,8151	19,2916	18,7933	18,3184	17,8657	17,4338	17,0215
8	0	21,9997	21,3609	20,7547	20,1791	19,6320	19,1118	18,6167	18,1452	17,6958	17,2672
8	1	22,4336	21,7647	21,1308	20,5296	19,9589	19,4168	18,9015	18,4112	17,9445	17,4998
8	2	22,8562	22,1572	21,4955	20,8687	20,2744	19,7106	19,1751	18,6663	18,1823	17,7218
8	3	23,2684	22,5392	21,8497	21,1974	20,5797	19,9942	19,4388	18,9116	18,4108	17,9346
9	0	23,6709	22,9115	22,1944	21,5167	20,8757	20,2688	19,6938	19,1484	18,6309	18,1393
9	1	24,0618	23,2721	22,5273	21,8242	21,1599	20,5317	19,9372	19,3739	18,8399	18,3332
9	2	24,4425	23,6225	22,8500	22,1217	21,4343	20,7850	20,1710	19,5901	19,0398	18,5182
9	3	24,8139	23,9635	23,1635	22,4100	21,6997	21,0295	20,3964	19,7980	19,2317	18,6955
10	0	25,1765	24,2960	23,4685	22,6901	21,9571	21,2662	20,6143	19,9987	19,4167	18,8661
10	1	25,5287	24,6179	23,7631	22,9598	22,2043	21,4929	20,8224	20,1897	19,5923	19,0276
10	2	25,8717	24,9308	24,0487	23,2208	22,4429	21,7112	21,0222	20,3729	19,7603	19,1818
10	3	26,2062	25,2353	24,3261	23,4737	22,6737	21,9220	21,2149	20,5492	19,9216	19,3296
11	0	26,5329	25,5321	24,5960	23,7194	22,8975	22,1260	21,4011	20,7192	20,0771	19,4718
11	1	26,8501	25,8196	24,8567	23,9560	23,1124	22,3215	21,5789	20,8811	20,2247	19,6064
11	2	27,1591	26,0989	25,1095	24,1849	23,3199	22,5096	21,7498	21,0364	20,3658	19,7348
11	3	27,4605	26,3708	25,3550	24,4068	23,5206	22,6913	21,9145	21,1857	20,5014	19,8580
12	0	27,7548	26,6358	25,5938	24,6223	23,7152	22,8673	22,0736	21,3299	20,6320	19,9765
12	1	28,0407	26,8925	25,8245	24,8298	23,9021	23,0357	22,2256	21,4671	20,7560	20,0886
12	2	28,3191	27,1419	26,0482	25,0306	24,0825	23,1980	22,3716	21,5986	20,8746	20,1957

Vorschüssige vierteljährliche Rentenbarwertfaktoren bei gemischter Verzinsung

Jahr	VJ	1%	2%	3%	4%	5%	6%	7%	8%	9%	10%
12	3	47,9574	45,1840	42,6513	40,3344	38,2113	36,2625	34,4706	32,8204	31,2982	29,8919
13	0	48,8383	45,9609	43,3374	40,9412	38,7485	36,7386	34,8932	33,1959	31,6322	30,1893
13	1	49,7170	46,7339	44,0184	41,5417	39,2788	37,2075	35,3082	33,5636	31,9583	30,4789
13	2	50,5934	47,5032	44,6943	42,1364	39,8027	37,6695	35,7161	33,9242	32,2775	30,7617
13	3	51,4678	48,2686	45,3653	42,7254	40,3203	38,1250	36,1174	34,2781	32,5901	31,0380
14	0	52,3399	49,0303	46,0315	43,3088	40,8319	38,5742	36,5123	34,6258	32,8965	31,3084
14	1	53,2099	49,7882	46,6926	43,8863	41,3370	39,0165	36,9001	34,9663	33,1957	31,5718
14	2	54,0777	50,5423	47,3488	44,4581	41,8359	39,4523	37,2814	35,3002	33,4885	31,8288
14	3	54,9433	51,2927	48,0003	45,0244	42,3288	39,8820	37,6564	35,6279	33,7753	32,0800
15	0	55,8068	52,0395	48,6471	45,5854	42,8161	40,3058	38,0255	35,9498	34,0564	32,3258
15	1	56,6682	52,7825	49,2889	46,1407	43,2971	40,7231	38,3880	36,2651	34,3309	32,5652
15	2	57,5274	53,5219	49,9261	46,6905	43,7723	41,1343	38,7443	36,5742	34,5996	32,7989
15	3	58,3845	54,2576	50,5585	47,2350	44,2418	41,5397	39,0948	36,8777	34,8627	33,0273
16	0	59,2394	54,9897	51,1865	47,7744	44,7058	41,9395	39,4398	37,1758	35,1206	33,2508
16	1	60,0923	55,7182	51,8097	48,3083	45,1639	42,3331	39,7785	37,4676	35,3724	33,4684
16	2	60,9430	56,4430	52,4282	48,8370	45,6164	42,7210	40,1115	37,7539	35,6189	33,6808
16	3	61,7916	57,1643	53,0423	49,3606	46,0636	43,1035	40,4391	38,0349	35,8602	33,8885
17	0	62,6381	57,8821	53,6519	49,8792	46,5055	43,4806	40,7615	38,3109	36,0968	34,0916
17	1	63,4824	58,5962	54,2569	50,3926	46,9418	43,8520	41,0780	38,5811	36,3279	34,2894
17	2	64,3247	59,3069	54,8575	50,9010	47,3728	44,2179	41,3893	38,8462	36,5540	34,4826
17	3	65,1649	60,0140	55,4537	51,4044	47,7986	44,5787	41,6954	39,1064	36,7755	34,6713
18	0	66,0030	60,7177	56,0456	51,9031	48,2195	44,9346	41,9967	39,3619	36,9925	34,8560
18	1	66,8390	61,4179	56,6330	52,3967	48,6351	45,2849	42,2926	39,6122	37,2045	35,0359
18	2	67,6730	62,1146	57,2160	52,8855	49,0455	45,6301	42,5834	39,8576	37,4119	35,2114
18	3	68,5049	62,8079	57,7948	53,3696	49,4511	45,9705	42,8695	40,0985	37,6151	35,3830
19	0	69,3347	63,4978	58,3695	53,8492	49,8519	46,3062	43,1511	40,3351	37,8142	35,5509
19	1	70,1624	64,1842	58,9398	54,3238	50,2477	46,6367	43,4276	40,5668	38,0087	35,7144
19	2	70,9881	64,8672	59,5058	54,7938	50,6386	46,9624	43,6995	40,7941	38,1990	35,8740
19	3	71,8117	65,5469	60,0678	55,2593	51,0248	47,2835	43,9668	41,0171	38,3854	36,0300
20	0	72,6334	66,2233	60,6257	55,7203	51,4066	47,6002	44,2300	41,2362	38,5681	36,1826
20	1	73,4529	66,8963	61,1794	56,1767	51,7835	47,9120	44,4884	41,4508	38,7465	36,3313
20	2	74,2704	67,5659	61,7290	56,6286	52,1558	48,2192	44,7425	41,6612	38,9211	36,4764
20	3	75,0859	68,2323	62,2746	57,0762	52,5237	48,5222	44,9924	41,8677	39,0921	36,6182
21	0	75,8994	68,8954	62,8162	57,5196	52,8873	48,8209	45,2383	42,0706	39,2597	36,7570
21	1	76,7108	69,5552	63,3538	57,9584	53,2462	49,1151	45,4798	42,2692	39,4234	36,8921
21	2	77,5202	70,2117	63,8873	58,3929	53,6008	49,4049	45,7173	42,4641	39,5836	37,0240
21	3	78,3276	70,8650	64,4170	58,8233	53,9511	49,6907	45,9508	42,6553	39,7405	37,1529
22	0	79,1330	71,5151	64,9429	59,2496	54,2974	49,9726	46,1807	42,8431	39,8942	37,2790
22	1	79,9364	72,1619	65,4648	59,6715	54,6392	50,2501	46,4064	43,0271	40,0444	37,4019
22	2	80,7378	72,8056	65,9829	60,0893	54,9769	50,5235	46,6283	43,2075	40,1914	37,5218
22	3	81,5372	73,4461	66,4971	60,5031	55,3106	50,7931	46,8466	43,3845	40,3353	37,6390
23	0	82,3347	74,0834	67,0077	60,9131	55,6404	51,0590	47,0614	43,5584	40,4764	37,7537
23	1	83,1301	74,7176	67,5144	61,3188	55,9659	51,3208	47,2723	43,7288	40,6142	37,8654
23	2	83,9236	75,3486	68,0173	61,7205	56,2875	51,5788	47,4797	43,8958	40,7490	37,9744
23	3	84,7151	75,9765	68,5166	62,1184	56,6053	51,8331	47,6837	44,0598	40,8810	38,0809
24	0	85,5046	76,6014	69,0123	62,5125	56,9194	52,0840	47,8845	44,2208	41,0104	38,1852
24	1	86,2922	77,2231	69,5043	62,9027	57,2295	52,3310	48,0816	44,3785	41,1368	38,2867
24	2	87,0778	77,8418	69,9926	63,2890	57,5358	52,5743	48,2754	44,5332	41,2605	38,3858
24	3	87,8615	78,4574	70,4773	63,6716	57,8384	52,8143	48,4661	44,6850	41,3817	38,4827
25	0	88,6432	79,0700	70,9586	64,0505	58,1375	53,0509	48,6537	44,8341	41,5004	38,5774

Vorschüssige vierteljährliche Rentenbarwertfaktoren bei gemischter Verzinsung

Jahr	VJ	11%	12%	13%	14%	15%	16%	17%	18%	19%	20%
12	3	28,5906	27,3846	26,2654	25,2252	24,2570	23,3546	22,5124	21,7252	20,9886	20,2983
13	0	28,8557	27,6213	26,4768	25,4143	24,4263	23,5063	22,6484	21,8473	21,0983	20,3971
13	1	29,1132	27,8504	26,6810	25,5963	24,5888	23,6515	22,7783	21,9636	21,2025	20,4905
13	2	29,3640	28,0731	26,8789	25,7725	24,7457	23,7913	22,9031	22,0751	21,3022	20,5797
13	3	29,6086	28,2899	27,0712	25,9432	24,8974	23,9264	23,0234	22,1824	21,3979	20,6653
14	0	29,8475	28,5011	27,2583	26,1090	25,0446	24,0571	23,1396	22,2859	21,4902	20,7476
14	1	30,0795	28,7057	27,4389	26,2687	25,1859	24,1823	23,2507	22,3844	21,5778	20,8254
14	2	30,3054	28,9046	27,6141	26,4232	25,3223	24,3029	23,3573	22,4789	21,6615	20,8998
14	3	30,5258	29,0981	27,7842	26,5730	25,4543	24,4193	23,4602	22,5698	21,7420	20,9711
15	0	30,7410	29,2867	27,9498	26,7184	25,5822	24,5320	23,5595	22,6575	21,8195	21,0396
15	1	30,9500	29,4694	28,1097	26,8585	25,7051	24,6399	23,6544	22,7410	21,8931	21,1045
15	2	31,1535	29,6469	28,2647	26,9940	25,8237	24,7439	23,7456	22,8211	21,9635	21,1665
15	3	31,3521	29,8197	28,4153	27,1254	25,9385	24,8442	23,8335	22,8981	22,0311	21,2259
16	0	31,5459	29,9881	28,5618	27,2530	26,0498	24,9414	23,9184	22,9725	22,0962	21,2830
16	1	31,7342	30,1513	28,7033	27,3759	26,1566	25,0344	23,9995	23,0433	22,1580	21,3371
16	2	31,9176	30,3098	28,8404	27,4948	26,2598	25,1240	24,0774	23,1111	22,2172	21,3887
16	3	32,0964	30,4640	28,9737	27,6100	26,3596	25,2105	24,1525	23,1764	22,2740	21,4382
17	0	32,2711	30,6144	29,1033	27,7219	26,4563	25,2943	24,2251	23,2394	22,3287	21,4859
17	1	32,4407	30,7601	29,2285	27,8297	26,5493	25,3745	24,2944	23,2994	22,3807	21,5309
17	2	32,6059	30,9016	29,3499	27,9340	26,6389	25,4517	24,3610	23,3569	22,4304	21,5739
17	3	32,7671	31,0393	29,4679	28,0351	26,7257	25,5263	24,4252	23,4122	22,4782	21,6152
18	0	32,9244	31,1736	29,5826	28,1333	26,8099	25,5985	24,4873	23,4656	22,5242	21,6549
18	1	33,0772	31,3036	29,6934	28,2278	26,8907	25,6677	24,5465	23,5164	22,5678	21,6924
18	2	33,2261	31,4300	29,8008	28,3193	26,9686	25,7343	24,6035	23,5651	22,6096	21,7283
18	3	33,3712	31,5530	29,9052	28,4080	27,0441	25,7986	24,6583	23,6120	22,6497	21,7627
19	0	33,5130	31,6728	30,0067	28,4941	27,1173	25,8608	24,7114	23,6573	22,6884	21,7957
19	1	33,6507	31,7889	30,1048	28,5771	27,1875	25,9204	24,7620	23,7003	22,7251	21,8270
19	2	33,7847	31,9018	30,1999	28,6573	27,2553	25,9778	24,8106	23,7416	22,7602	21,8569
19	3	33,9155	32,0116	30,2922	28,7351	27,3210	26,0332	24,8575	23,7814	22,7939	21,8856
20	0	34,0432	32,1186	30,3821	28,8106	27,3846	26,0869	24,9029	23,8197	22,8264	21,9131
20	1	34,1673	32,2223	30,4688	28,8834	27,4457	26,1383	24,9462	23,8562	22,8572	21,9392
20	2	34,2881	32,3230	30,5530	28,9538	27,5046	26,1878	24,9877	23,8912	22,8867	21,9641
20	3	34,4059	32,4210	30,6347	29,0220	27,5617	26,2356	25,0278	23,9249	22,9150	21,9880
21	0	34,5209	32,5166	30,7142	29,0883	27,6170	26,2818	25,0666	23,9574	22,9423	22,0109
21	1	34,6327	32,6092	30,7910	29,1521	27,6702	26,3261	25,1035	23,9883	22,9682	22,0327
21	2	34,7415	32,6991	30,8655	29,2138	27,7214	26,3688	25,1391	24,0180	22,9930	22,0534
21	3	34,8476	32,7867	30,9378	29,2737	27,7710	26,4100	25,1733	24,0465	23,0168	22,0733
22	0	34,9513	32,8720	31,0081	29,3318	27,8191	26,4498	25,2065	24,0741	23,0398	22,0924
22	1	35,0520	32,9546	31,0761	29,3878	27,8654	26,4880	25,2381	24,1003	23,0615	22,1106
22	2	35,1500	33,0349	31,1420	29,4420	27,9099	26,5248	25,2685	24,1254	23,0824	22,1278
22	3	35,2456	33,1131	31,2060	29,4945	27,9531	26,5603	25,2977	24,1496	23,1024	22,1444
23	0	35,3390	33,1893	31,2683	29,5454	27,9949	26,5947	25,3260	24,1729	23,1216	22,1604
23	1	35,4297	33,2631	31,3284	29,5946	28,0351	26,6276	25,3531	24,1952	23,1399	22,1755
23	2	35,5180	33,3348	31,3867	29,6421	28,0739	26,6593	25,3790	24,2165	23,1575	22,1899
23	3	35,6042	33,4045	31,4434	29,6881	28,1114	26,6899	25,4040	24,2369	23,1743	22,2037
24	0	35,6883	33,4726	31,4985	29,7328	28,1478	26,7196	25,4282	24,2567	23,1905	22,2170
24	1	35,7700	33,5384	31,5517	29,7759	28,1827	26,7479	25,4513	24,2756	23,2058	22,2295
24	2	35,8496	33,6025	31,6033	29,8176	28,2164	26,7753	25,4735	24,2936	23,2205	22,2416
24	3	35,9272	33,6648	31,6534	29,8580	28,2490	26,8017	25,4949	24,3110	23,2347	22,2531
25	0	36,0030	33,7255	31,7022	29,8972	28,2807	26,8272	25,5156	24,3277	23,2483	22,2641

Tabelle XI: Vorschüssige halbjährliche Rentenbarwertfaktoren bei gemischter Verzinsung

Jahr	HJ	1%	2%	3%	4%	5%	6%	7%	8%	9%	10%
0	0	0,0000	0,0000	0,0000	0,0000	0,0000	0,0000	0,0000	0,0000	0,0000	0,0000
0	1	1,0000	1,0000	1,0000	1,0000	1,0000	1,0000	1,0000	1,0000	1,0000	1,0000
1	0	1,9950	1,9902	1,9854	1,9808	1,9762	1,9717	1,9673	1,9630	1,9587	1,9545
1	1	2,9851	2,9706	2,9563	2,9423	2,9286	2,9151	2,9019	2,8889	2,8761	2,8636
2	0	3,9703	3,9414	3,9130	3,8854	3,8583	3,8318	3,8059	3,7805	3,7557	3,7314
2	1	4,9506	4,9025	4,8556	4,8099	4,7653	4,7218	4,6793	4,6379	4,5974	4,5579
3	0	5,9261	5,8543	5,7845	5,7167	5,6507	5,5866	5,5242	5,4634	5,4043	5,3467
3	1	6,8967	6,7966	6,6997	6,6057	6,5146	6,4262	6,3405	6,2573	6,1765	6,0980
4	0	7,8625	7,7297	7,6015	7,4776	7,3578	7,2421	7,1301	7,0217	6,9168	6,8152
4	1	8,8234	8,6535	8,4900	8,3324	8,1805	8,0342	7,8930	7,7567	7,6252	7,4982
5	0	9,7797	9,5683	9,3655	9,1708	8,9837	8,8038	8,6309	8,4645	8,3044	8,1502
5	1	10,7311	10,4741	10,2281	9,9927	9,7672	9,5511	9,3439	9,1451	8,9543	8,7711
6	0	11,6779	11,3709	11,0782	10,7988	10,5321	10,2772	10,0336	9,8005	9,5774	9,3638
6	1	12,6199	12,2589	11,9156	11,5891	11,2783	10,9822	10,6999	10,4307	10,1737	9,9283
7	0	13,5573	13,1381	12,7409	12,3642	12,0067	11,6672	11,3445	11,0375	10,7454	10,4671
7	1	14,4900	14,0087	13,5540	13,1242	12,7174	12,3322	11,9672	11,6210	11,2924	10,9803
8	0	15,4181	14,8707	14,3553	13,8695	13,4112	12,9785	12,5696	12,1829	11,8168	11,4701
8	1	16,3416	15,7242	15,1447	14,6001	14,0880	13,6059	13,1516	12,7231	12,3187	11,9366
9	0	17,2605	16,5693	15,9226	15,3168	14,7487	14,2155	13,7146	13,2434	12,7999	12,3819
9	1	18,1749	17,4061	16,6890	16,0194	15,3933	14,8074	14,2585	13,7437	13,2603	12,8060
10	0	19,0847	18,2346	17,4443	16,7084	16,0226	15,3826	14,7846	14,2254	13,7017	13,2108
10	1	19,9900	19,0550	18,1884	17,3840	16,6365	15,9410	15,2930	14,6886	14,1241	13,5964
11	0	20,8908	19,8673	18,9216	18,0466	17,2358	16,4836	15,7847	15,1346	14,5291	13,9644
11	1	21,7871	20,6716	19,6440	18,6962	17,8205	17,0104	16,2598	15,5635	14,9166	14,3149
12	0	22,6790	21,4679	20,3559	19,3333	18,3912	17,5222	16,7194	15,9765	15,2881	14,6494
12	1	23,5664	22,2564	21,0573	19,9578	18,9481	18,0192	17,1634	16,3736	15,6437	14,9681
13	0	24,4495	23,0372	21,7485	20,5704	19,4917	18,5021	17,5929	16,7560	15,9845	15,2722
13	1	25,3281	23,8102	22,4294	21,1710	20,0220	18,9709	18,0078	17,1237	16,3107	15,5619
14	0	26,2025	24,5757	23,1005	21,7600	20,5397	19,4265	18,4092	17,4778	16,6234	15,8384
14	1	27,0724	25,3336	23,7616	22,3375	21,0447	19,8688	18,7970	17,8182	16,9227	16,1017
15	0	27,9381	26,0840	24,4131	22,9039	21,5378	20,2986	19,1722	18,1461	17,2096	16,3531
15	1	28,7994	26,8270	25,0549	23,4591	22,0188	20,7159	19,5346	18,4613	17,4841	16,5925
16	0	29,6565	27,5627	25,6875	24,0037	22,4884	21,1213	19,8852	18,7649	17,7473	16,8210
16	1	30,5093	28,2912	26,3106	24,5376	22,9465	21,5150	20,2239	19,0568	17,9992	17,0386
17	0	31,3579	29,0125	26,9247	25,0613	23,3937	21,8975	20,5516	19,3379	18,2407	17,2463
17	1	32,2023	29,7267	27,5297	25,5747	23,8300	22,2688	20,8682	19,6081	18,4717	17,4442
18	0	33,0425	30,4338	28,1259	26,0782	24,2559	22,6297	21,1744	19,8684	18,6933	17,6330
18	1	33,8785	31,1340	28,7133	26,5718	24,6714	22,9800	21,4702	20,1186	18,9053	17,8129
19	0	34,7104	31,8273	29,2922	27,0559	25,0770	23,3205	21,7564	20,3596	19,1085	17,9846
19	1	35,5381	32,5137	29,8625	27,5306	25,4728	23,6510	22,0329	20,5913	19,3030	18,1481
20	0	36,3618	33,1934	30,4244	27,9961	25,8591	23,9721	22,3004	20,8145	19,4894	18,3042
20	1	37,1813	33,8664	30,9781	28,4525	26,2360	24,2839	22,5588	21,0290	19,6679	18,4528
21	0	37,9968	34,5328	31,5237	28,9001	26,6039	24,5869	22,8088	21,2356	19,8389	18,5947
21	1	38,8083	35,1925	32,0613	29,3389	26,9628	24,8811	23,0503	21,4343	20,0026	18,7298
22	0	39,6157	35,8458	32,5910	29,7693	27,3132	25,1669	23,2839	21,6256	20,1596	18,8588
22	1	40,4191	36,4927	33,1129	30,1913	27,6551	25,4444	23,5096	21,8095	20,3098	18,9817
23	0	41,2185	37,1332	33,6272	30,6051	27,9888	25,7141	23,7280	21,9866	20,4537	19,0989
23	1	42,0139	37,7673	34,1339	31,0108	28,3144	25,9759	23,9389	22,1570	20,5915	19,2106
24	0	42,8054	38,3953	34,6332	31,4087	28,6322	26,2302	24,1429	22,3210	20,7236	19,3172
24	1	43,5930	39,0170	35,1251	31,7989	28,9422	26,4772	24,3401	22,4787	20,8500	19,4187
25	0	44,3767	39,6326	35,6099	32,1815	29,2449	26,7172	24,5308	22,6305	20,9712	19,5156

Vorschüssige halbjährliche Rentenbarwertfaktoren bei gemischter Verzinsung

Jahr	HJ	11%	12%	13%	14%	15%	16%	17%	18%	19%	20%
0	0	0,0000	0,0000	0,0000	0,0000	0,0000	0,0000	0,0000	0,0000	0,0000	0,0000
0	1	1,0000	1,0000	1,0000	1,0000	1,0000	1,0000	1,0000	1,0000	1,0000	1,0000
1	0	1,9505	1,9464	1,9425	1,9386	1,9348	1,9310	1,9274	1,9237	1,9202	1,9167
1	1	2,8514	2,8393	2,8274	2,8158	2,8043	2,7931	2,7821	2,7712	2,7605	2,7500
2	0	3,7076	3,6843	3,6615	3,6391	3,6172	3,5957	3,5747	3,5540	3,5338	3,5139
2	1	4,5192	4,4815	4,4446	4,4086	4,3733	4,3389	4,3052	4,2722	4,2399	4,2083
3	0	5,2906	5,2360	5,1827	5,1308	5,0802	5,0308	4,9826	4,9356	4,8897	4,8449
3	1	6,0218	5,9478	5,8758	5,8058	5,7377	5,6715	5,6070	5,5442	5,4831	5,4236
4	0	6,7168	6,6214	6,5290	6,4393	6,3523	6,2679	6,1860	6,1064	6,0292	5,9541
4	1	7,3755	7,2569	7,1423	7,0314	6,9241	6,8202	6,7196	6,6222	6,5278	6,4363
5	0	8,0016	7,8584	7,7203	7,5871	7,4585	7,3344	7,2145	7,0987	6,9867	6,8784
5	1	8,5951	8,4258	8,2631	8,1065	7,9557	7,8105	7,6706	7,5358	7,4057	7,2803
6	0	9,1591	8,9629	8,7746	8,5940	8,4205	8,2538	8,0936	7,9396	7,7913	7,6487
6	1	9,6938	9,4695	9,2549	9,0495	8,8528	8,6643	8,4835	8,3100	8,1435	7,9836
7	0	10,2019	9,9490	9,7076	9,4772	9,2569	9,0464	8,8450	8,6522	8,4675	8,2906
7	1	10,6836	10,4013	10,1327	9,8768	9,6329	9,4002	9,1782	8,9661	8,7634	8,5696
8	0	11,1414	10,8295	10,5333	10,2519	9,9843	9,7296	9,4872	9,2561	9,0357	8,8255
8	1	11,5753	11,2333	10,9095	10,6024	10,3112	10,0347	9,7719	9,5221	9,2844	9,0580
9	0	11,9877	11,6156	11,2640	10,9315	10,6168	10,3187	10,0360	9,7679	9,5132	9,2712
9	1	12,3786	11,9762	11,5969	11,2390	10,9010	10,5816	10,2794	9,9933	9,7222	9,4650
10	0	12,7502	12,3175	11,9106	11,5276	11,1668	10,8264	10,5052	10,2016	9,9145	9,6427
10	1	13,1024	12,6395	12,2052	11,7974	11,4139	11,0531	10,7132	10,3926	10,0901	9,8042
11	0	13,4371	12,9442	12,4828	12,0505	11,6450	11,2642	10,9061	10,5691	10,2517	9,9522
11	1	13,7544	13,2317	12,7435	12,2872	11,8600	11,4596	11,0839	10,7311	10,3992	10,0868
12	0	14,0560	13,5037	12,9892	12,5092	12,0609	11,6415	11,2488	10,8806	10,5350	10,2102
12	1	14,3418	13,7604	13,2199	12,7168	12,2478	11,8100	11,4008	11,0178	10,6590	10,3224
13	0	14,6135	14,0033	13,4374	12,9116	12,4225	11,9668	11,5417	11,1446	10,7731	10,4252
13	1	14,8710	14,2325	13,6415	13,0937	12,5850	12,1121	11,6716	11,2609	10,8773	10,5186
14	0	15,1157	14,4494	13,8340	13,2646	12,7370	12,2473	11,7921	11,3683	10,9732	10,6043
14	1	15,3477	14,6540	14,0146	13,4243	12,8783	12,3725	11,9031	11,4668	11,0608	10,6822
15	0	15,5682	14,8477	14,1849	13,5742	13,0104	12,4890	12,0060	11,5579	11,1413	10,7536
15	1	15,7772	15,0304	14,3448	13,7143	13,1333	12,5969	12,1009	11,6414	11,2149	10,8185
16	0	15,9759	15,2033	14,4955	13,8458	13,2482	12,6974	12,1889	11,7185	11,2826	10,8780
16	1	16,1642	15,3664	14,6370	13,9687	13,3550	12,7905	12,2700	11,7893	11,3445	10,9321
17	0	16,3431	15,5208	14,7704	14,0840	13,4549	12,8771	12,3452	11,8547	11,4014	10,9817
17	1	16,5128	15,6664	14,8956	14,1918	13,5479	12,9573	12,4146	11,9147	11,4533	11,0267
18	0	16,6740	15,8043	15,0136	14,2930	13,6347	13,0320	12,4788	11,9701	11,5012	11,0680
18	1	16,8268	15,9343	15,1244	14,3876	13,7155	13,1011	12,5381	12,0209	11,5448	11,1056
19	0	16,9721	16,0574	15,2288	14,4763	13,7911	13,1655	12,5930	12,0679	11,5850	11,1400
19	1	17,1097	16,1735	15,3269	14,5593	13,8613	13,2251	12,6437	12,1109	11,6217	11,1713
20	0	17,2406	16,2834	15,4193	14,6371	13,9270	13,2806	12,6906	12,1507	11,6555	11,2000
20	1	17,3646	16,3871	15,5061	14,7099	13,9881	13,3320	12,7339	12,1872	11,6863	11,2261
21	0	17,4825	16,4852	15,5879	14,7782	14,0452	13,3798	12,7740	12,2210	11,7147	11,2500
21	1	17,5943	16,5777	15,6647	14,8420	14,0984	13,4241	12,8110	12,2519	11,7406	11,2718
22	0	17,7005	16,6653	15,7371	14,9019	14,1480	13,4654	12,8453	12,2805	11,7644	11,2917
22	1	17,8011	16,7480	15,8050	14,9579	14,1942	13,5036	12,8769	12,3067	11,7862	11,3098
23	0	17,8968	16,8262	15,8691	15,0104	14,2374	13,5391	12,9063	12,3309	11,8063	11,3264
23	1	17,9875	16,9000	15,9292	15,0596	14,2776	13,5720	12,9333	12,3531	11,8245	11,3415
24	0	18,0737	16,9698	15,9859	15,1057	14,3151	13,6027	12,9583	12,3737	11,8414	11,3553
24	1	18,1554	17,0357	16,0392	15,1487	14,3501	13,6311	12,9814	12,3925	11,8568	11,3679
25	0	18,2331	17,0980	16,0893	15,1892	14,3827	13,6575	13,0029	12,4099	11,8709	11,3795

LITERATURHINWEISE

H. ALT: Finanzmathematik, Braunschweig, 1986.

F. AYRES: Finanzmathematik, Düsseldorf, 1979.

K. BOSCH: Finanzmathematik, 6. Aufl., München-Wien, 2002.

N. BÜHHLMANN und B. BERLINER: Einführung in die Finanzmathematik, Band 1, Bern, 1992.

K.F. BUSSMANN: Kaufmännisches Rechnen und Finanzmathematik, 4. Aufl., Stuttgart, 1980.

E. CAPRANO und A. GIERL: Finanzmathematik, 5. Aufl., München, 1992.

K.-D. DAÜMLER: Finanzmathematisches Tabellenwerk, 4. Aufl., Herne-Berlin, 1998.

F.J. FAY: Finanzmathematik, 3. Aufl., Baden-Baden, 1974.

M. FRÜHWIRTH: Handbuch der Renditeberechnung, München-Wien, 1997.

W. GIMBEL und R. BOEST: Die neue Preisangabenverordnung, Beck'sche Gesetzestexte mit Erläuterungen, München, 1985.

H.L. GROB und D. EVERDING: Finanzmathematik mit dem PC, Wiesbaden, 1992.

O. HASS: Finanzmathematik, 8. Aufl., München-Wien, 2006.

D. HEMMERLING und H.G. KRIEG: Ausgewählte Finanzberechnungen auf dem Microcomputer, Gensingen, 1985.

E. KAHLE und D. LOHSE: Grundkurs Finanzmathematik, 4. Aufl., München-Wien, 1998.

W. KEMPFLE: Duration, Wiesbaden, 1990.

H. KOBELT und P. SCHULTE: Finanzmathematik, 8. Aufl., Herne-Berlin, 2006.

J. KOBER, H.-D. KNÖLL und U. C. ROMETSCH: Finanzmathematische Effektivzins-Berechnungsmethoden, Mannheim, 1992.

H. KÖHLER: Finanzmathematik, 4. Aufl., München-Wien, 1997.

W. KONRADT und W. HAAS: Finanz- und Wirtschaftsmathematik, 18. Aufl., Darmstadt, 1982.

E. KOSIOL: Finanzmathematik, 10.Aufl., Wiesbaden, 1966.

L. KRUSCHWITZ: Finanzmathematik, 4. Aufl., München, 2006.

H. LOCAREK: Finanzmathematik, 3. Aufl., München-Wien, 1997.

K. LOHMANN: Finanzmathematische Wertpapieranalyse, 2. Aufl., Göttingen, 1989.

B. LUDERER: Starthilfe Finanzmathematik, 2. Aufl., Stuttgart, 2003.

T. MARTIN: Finanzmathematik, München-Wien, 2003.

M. NICOLAS: Finanzmathematik, Berlin, 1967.

P. PFLAUMER: Investitionsrechnung, Übungsfälle mit Excel, 5. Aufl., München-Wien, 2004.

P. PFLAUMER: Klausurtraining Finanzmathematik, Norderstedt, 2005.

P. PFLAUMER: Excel-Funktionen für Finanzmathematik und Investitionsrechnung, Kempten, 2007 (www.lulu.de/content/769245).

P. PFLAUMER, B. HEINE und J. HARTUNG: Statistik für Wirtschaftswissenschaften: Deskriptive Statistik, 3. Aufl., München-Wien, 2005.

J. RAHMANN: Praktikum der Finanzmathematik, 5. Aufl., Wiesbaden, 1976.

K. RENGER: Effektivzinsberechnung nach den neuen EU-Regelungen, Finanz-Betrieb 2.2000/10, S. 640 - 650.

K. RENGER: Finanzmathematik mit Excel, .2. Aufl., Wiesbaden, 2006.

H. RINNE: Tabellen zur Finanzmathematik, Meisenheim a. Glan, 1973.

J. TIETZE: Übungen zur Finanzmathematik, 4. Aufl., Wiesbaden, 2005.

J. TIETZE: Einführung in die Finanzmathematik, 8. Aufl., Wiesbaden, 2006.

K. WIMMER und E. STÖCKL-PUKALL: Die Preisangabenverordnung der Banken: Effektivzinsregelungen nach geltendem und künftigem Recht, München, 1998.

R.E. ZIETHEN: Finanzmathematik, 2. Aufl., München-Wien, 1992.

SACHVERZEICHNIS

Abschreibung
    degressive - 146 ff.
    degressive - mit Abschwächung 148 f.
    degressive - mit Übergang zur linearen - 149 f.
    digitale - 150
    lineare - 146
Abschreibungsplan 149, 151
Abzinsen 7
Abzinsungsfaktor 12
AIBD 70, 214 f.
Agio 123
Annuität 94, 102
Annuitätenschuld 132 ff., 139
Annuitätentilgung
    jährliche - 102 ff.
    unterjährliche - 106 ff.
Aufgeld 123
Aufzinsungsfaktor 12

Baldwin-Zinsfuß 80, 82
Barwert
    einfache Verzinsung 6 f.
    ewige Rente 59 f.
    ewige dynamische Rente 63
    kaufmännische Diskontierung 8
    Kursrechnung 121 ff.
    Rentenrechnung 38, 43 f., 56
    stetige Verzinsung 20
    Zinseszinsrechnung 19 ff.
Begebungskurs 121
Buchwert 145

Cash Flow 78

Damnum 17, 133
Disagio 123
Diskont 6 f.
Diskontierung
    bürgerliche - 7 f.
    kaufmännische - 7 f.
Diskontsatz 7
360-Tage-Methode 67
Duration 71 ff., 128 ff.
Dynamisierungsrate 62, 64

Effektivzins 6, 16 f., 19, 66 ff., 98, 120, 136 ff.
    anfänglicher - 67

Ersatzrentenrate 51, 53 f., 107
Eulersche Zahl 15
Ewige Anleihe 131 f., 136
Ewige Rente 59 ff.

Faustformel
    Effektivzinsfuß eines Darlehens 139
    Effektivzinsfuß eines Teilzahlungskredits 69
    Realzinsfuß 26
    Rendite einer Anleihe 138
    Verdopplungszeit 25

Gesamtaufwendungen
    Annuitätentilgung 98, 109, 111 ff.
    Ratentilgung 100

Habenzins 1
Halbierungszeit 24 f.
Hypothekendarlehen 111 ff.

Inflationsrate 26, 61 f., 64
Interner Zinsfuß 81, 83
Investitionsrechnung 78 ff.

Kapitalwert 79, 81
Kredit
    variabler - 67
Kurs 117 ff.
    Annuitätenschuld 132 ff.
    ewige Anleihe 131 f.
    Ratenschuld 134 ff.
    Zinsschuld 121 ff.
Kurssensitivität 128
Kurswert 124

Laufzeit
    bei einfacher Verzinsung 5
    bei der Rentenrechnung 40 f., 45, 48, 57, 59
    bei der Tilgungsrechung 104 f.
    bei der Zinseszinsrechnung 13
Leasing 56, 58

Marktzins 119 ff.
    Einfluß des - auf den Kurs 127 f.

Mittel
    arithmetisches - 166
    geometrisches - 22
Mittlerer Zahlungstermin 71 f.

Näherungsformel zur Berechnung
    der Effektivverzinsung 69
    der realen Verzinsung 26
    der Rendite einer Zinsschuld 138
    der Verdopplungszeit 25
Nennwert 119 f.
Nominalwert 120
Nominalzins 26, 119 ff.
Nullkupon-Anleihe 20, 126, 137

pari 119
pränumerando-Rente 36
Preisangabenverordnung
    (PAngV 1985) 66 f., 215 f.
    (PAngV 2000) 70 f., 214 f.
postnumerando-Rente 36
Prozentannuität 112

Rate 35 ff.
Ratenschuld 134 ff., 139
Ratentilgung
    jährliche - 95 ff.
    unterjährliche - 98 ff.
Realzins 26
Reihe
    arithmetische - 158
    arithmetisch-geometrische - 159 f.
    geometrische - 158 f.
    stationäre - 159
Rendite 136 ff.
    laufende - 136
Rentabilität 136 ff.
Rente 35 ff.
    abgebrochene - 49 f.
    aufgeschobene - 49 f.
    bei gemischter Verzinsung 65 ff.
    dynamische - 61 f.
    ewige - 59 f.
    nachschüssige - 37 ff.
    unterbrochene - 49 f.
    unterjährliche - 51 ff., 56 ff.
    vorschüssige - 42 ff.
Rentenbarwert 36, 38, 43 f., 56
Rentenendwert 36, 38, 43 f., 50 f., 54 f.,
    Rentenrate
    Berechnung der - 39, 45, 47, 57
Restschuld 96 ff.

Schatzanweisung 126
Schuldverschreibung 120

Skonto 6
Sollzins 1

Tageszinsen 5
Tilgung 94
    Annuitätentilgung 95, 102 ff.
    Ratentilgung 94, 95 ff.
Tilgungsdauer 104 f.
Tilgungsfuß 112
Tilgungsplan 95 f., 101, 103, 105

Uniformmethode 69
Unternehmenswert 61

Verdopplungszeit 24 f.
Verdreifachungszeit 24 f.
Vermögensendwert 79
Verrentung 38 f., 44, 58 f.
Verzinsung
    gemischte – 27 f., 65 f., 109
    interne - 81, 83
    reale - 26
    stetige - 15, 21
    unterjährliche - 3, 14 f., 54 ff.,
        109 ff., 125 f., 134
Vorfälligkeitsentschädigung 117, 191

Wachstumsfaktor 21 ff.
Wachstumsrate 21 ff.
    durchschnittliche - 21 f., 24
    stetige - 23 f.
Wechsel 7
Wechseldiskont 8

Zerobond 20, 137
Zins 1 f.
Zinsdivisor 5
Zinsfaktor 11
Zinsfuß
    anfänglich effektiver - 67
    Berechnung des - 5, 13, 27, 40 f.,
        46, 49, 58, 66 ff.,106, 136 ff.
    effektiver - 6, 16 ff., 66 ff., 106,
        136 ff.
    interner - 81, 83
    konformer - 18
    pro Zinsperiode 2, 19
    realer - 26
    unterschiedlicher - pro Periode 22
Zinsperiode 2
Zinsschuld 121 ff., 137 f.
Zinstage
    Berechnung der - 5 f.
Zinszahl 5